高等学校安全科学与工程系列教材

ANQUAN JIAOYUXUE JIAOCHENG

安全教育学教程

吴超　王秉　编著

化学工业出版社

·北京·

内容简介

《安全教育学教程》共12章，内容包括：安全教育学概述、安全相关行为、安全传播、安全教育学原理、安全教育的主体和客体、安全教育方法论、安全教育的教学设计、安全教育评价、现代安全教育技术、安全教育培训项目开发、安全培训项目和课程的设计与实施、安全培训的质量控制与管理等。

《安全教育学教程》可作为高等院校安全工程专业与应急管理专业等相关专业本科、研究生的教材，也可作为安全与应急培训机构教师培训及其继续教育的教材，还可供广大安全与应急管理工作者参阅。

图书在版编目(CIP)数据

安全教育学教程/吴超，王秉编著. —北京：化学工业
出版社，2021.10（2023.6重印）
ISBN 978-7-122-39858-1

Ⅰ.①安… Ⅱ.①吴…②王… Ⅲ.①安全教育学-高等
学校-教材 Ⅳ.①X925

中国版本图书馆CIP数据核字（2021）第178390号

责任编辑：高 震 杜进祥　　　　　　文字编辑：段曰超 师明远
责任校对：刘曦阳　　　　　　　　　　装帧设计：韩 飞

出版发行：化学工业出版社（北京市东城区青年湖南街13号　邮政编码100011）
印　　装：北京建宏印刷有限公司
787mm×1092mm　1/16　印张19½　字数480千字　2023年6月北京第1版第2次印刷

购书咨询：010-64518888　　　　　　　　售后服务：010-64518899
网　　址：http://www.cip.com.cn
凡购买本书，如有缺损质量问题，本社销售中心负责调换。

定　　价：79.00元

⇥ 前　言

　　安全是人类的基本需求。每一位公民具有较高的安全素养是人类迈向文明的重要条件。安全教育是提升人类安全素养和实现安全的根本，安全教育是终身教育。安全教育是有规律的，遵循安全教育规律是实现安全教育科学化和最优化的主要途径。安全教育学正是为了上述目的而创设的。安全教育学是一门以提高各类安全教育的绩效为主要目标，对人类一切与安全教育活动有关的现象、规律、方法、原理和技术及其应用等进行研究和实践的交叉学科，安全教育学是安全科学与工程和教育学两个一级学科的交叉所形成的一门分支学科。

　　多年来，大量承担安全素质教育的讲师甚至是职业安全教育的培训师和高校安全相关专业的教师都没有专门系统学习过安全教育学，对安全教育学原理和方法了解甚少。相当部分安全教师基本靠自己在教学实践中的摸索和对安全的体会获得安全教学经验，这样很难达到事半功倍的效果和系统掌握安全教育学的精华。

　　安全领域的安全培训是安全教育实施最为重要和广泛的领域之一，安全教育是事故预防的三大策略之一，搞好安全教育必须要用安全教育学作理论支撑。安全教育学是从事安全教育的教师和培训师最重要的理论基础之一，由于许多安全管理工作者经常需要承担安全教育的工作，安全教育学也是他们的必修课。

　　在安全工程与应急管理专业的高等教育中，许多毕业生工作阶段都承担安全培训的任务，有的甚至成为专职从事安全培训工作的培训师，他们学习和掌握安全教育学理论和方法更是至关重要。基于上述原因，早在2002年中南大学安全科学与工程系在编制安全工程本科专业培养方案时，就在全国率先将"安全教育学"列为一门专业课。在多年安全教育学的教学实践中和安全培训机构教师继续教育的培训课程教学中，该课程一直受到学习者的欢迎和认可，也充分证明了安全教育学的重要性。

　　教育学的许多理论和方法与原理虽然也适用于安全教育，但安全教育在教育内容和所面对的安全教育主体与客体等方面具有安全的特殊性，因而安全教育学具有不可替代性。即使在安全教育开展最为普遍和悠久的安全生产领域，安全教育的水平也落后于其他领域，能够开展安全教育学研究的学者也很少。迄今出版的安全教育学著作或教材还很少，可作为高等院校安全科学与工程类本科专业的教科书更少。鉴于此，本书作者吴超等于2016年在化学工业出版社出版了《现代安全教育学及其应用》一书，并将其作为安全教育学课程的配套教材。随着时代的进步和安全教育学研究与实践的发展，《现代安全教育学及其应用》一书内容也需更新和完善。正因如此，我们在《现代安全教育学及其应用》一书基础上组织编著了本书。

　　本教材是基于以下几点指导思想编写的：（1）本教材所介绍的安全教育理论与方法具有通用性，可应用于所有安全领域的安全教育培训。但为了讨论和举例方便，本教材所涉及的具体案例和安全培训的应用实践内容主要集中在安全生产（职业安全）教育培训方面。（2）现阶段我国安全教育的最大领域是安全生产培训，在校安全工程专业本科生毕业以后从事安全教育的主要任务也是企业安全生产培训，因此，本教材专门针对安全培训教育的需要，设置了安全教育学的应用篇——安全培训。（3）教育是一个古老的课题，而当今教育理论和方法及技术（特别是教育技术）迅猛发展，因此，本教材尽量纳入一些新的教育方法和技术，比如现代教育媒体、网络教学技术、慕课等较新的内容。（4）本教材的读者是高层次的安全专业人才，教材的内容有一定的理论深度，使读者学习以后能够达到领会安全教育的规律、原理和方法，同时也区别于现有的安全教育培训科普读物。（5）由于作为教材使用，在安全教育学的概念、内涵、方法、原理、机制、体系等方面做了比较清晰的描述，每章结尾附有思考题，以便让读者复习思考。（6）在安全教育与培训活动中，教育者有很多称谓，如教师、指导者、授课者、讲师、培训师等，本教材采用大家比较习惯的称呼，尽量统一称为教师，部分内容中称作培训师；而被教育者也有很多的称呼，如学生、学员、受众、受训者等，考虑到安全培训的受众群体较广，本书尽量统一称为学员。

　　湖南工学院胡鸿、中南大学孙胜对本书的编写工作提供了大量帮助，在此表示衷心感谢。

　　本教材出版得到了国家社会科学基金重大项目（编号：18ZDA049）和中南大学 2020 年度本科教材建设项目的资助，作者在此表示衷心感谢。

　　衷心感谢出版本教材的化学工业出版社，以及负责本书的各位编辑所付出的辛勤劳动，衷心感谢本教材所引用的参考文献的所有作者。

　　由于编著者水平有限，文中疏漏之处在所难免，恳请大家批评指正。

编著者
2021 年 7 月

⇥ 目 录

第9章 现代安全教育技术   210

第10章 安全教育培训项目开发   238

第11章　安全培训项目和课程的设计与实施 ·············· **253**

第12章　安全培训的质量控制与管理 ·············· **277**

第1章

安全教育学概述

1.1 安全教育学的内涵与范畴

安全教育是以规范人的行为安全为基本目标的社会活动。安全教育与人类生存和发展密不可分，因此安全教育是终身教育。人类要生存须基于社会生产与安全的保障，而保障安全的知识等内容需要用安全教育的方式来传承，所以安全教育是人类生存活动最基本的重要形式之一。

现代安全科学技术实践表明，安全教育与安全管理和安全工程并重，是预防事故的3E原则之一。作为从事职业安全教育的专门人才，他们必须掌握一些开展安全教育的理论、方法、原理、技巧和技术等知识，以便使安全教育最优化。安全教育学正是针对上述需要而建立的一门学科，对安全教育人员意义重大。

安全人才是安全发展第一资源，是实现安全状况根本好转的重要保障。我国现阶段安全人才的培养主要包括三方面，第一是学历教育，第二是职业教育，第三是安全培训教育。如何有效提高对安全人才的教育与培训的质量，离不开先进科学的安全教育理论、方法和教育技术。

1.1.1 安全教育学的内涵

安全教育学是以安全科学与教育科学为主要理论基础，以保护人的身心安全健康，保障社会生活、生产安全及探索安全教育活动的本质、发展规律为目的，综合运用社会科学与自然科学的理论与方法，对安全科学领域中一切与教育活动有关的现象、规律、方法和原理等进行研究和实践的一门应用型交叉学科。安全教育学的内涵包括以下内容：

（1）安全教育学是关于安全教育方法论、安全观、安全知识等的传播方法的论述。

安全教育学的理论基础是关于安全原理和教育原理的交融，两者交融得出的基本理论与方法在一定条件下可以用来指导安全教育的研究与实践，并为安全学科的发展提供借鉴。

（2）安全教育学研究的直接目的是探索关于安全教育活动的发展规律与本质，形成安全教育学的理论、研究方法与学科体系，用于指导安全教育实践、管理与研究等活动；其最终目的是通过教师对安全意识、知识与技能等的教授，提高学员的安全水平，进而减少事故和人员伤亡及财产损失，促进安全水平提高。

（3）安全教育学的核心目的是对人的安全教育，其教育对象、教师与受益者均为人。关于人的生理、心理、行为与认知等活动的规律与理论都是安全教育学学科发展、理论形成与应用实践的基础，以人为本和坚持人的核心地位是安全教育基本前提之一。

（4）安全教育学是一门应用型的交叉学科，实践性是其突出的学科属性与特征。安全教育理论来源于大量的社会教育实践，其研究的终点也是社会教育实践，因此对安全教育的思考与研究，都要遵循"来自安全教育实践，再回到安全教育实践"的原则。

（5）安全教育学是涉及多门学科的应用型交叉学科，其理论基础与研究方法可广泛吸取众多相关学科知识，这决定其研究手段与模式可广泛借鉴哲学、人文社会科学与自然科学的相关内容，其研究方法具有综合性与多维视角的特征，需要满足研究不同对象、不同领域与不同层次人群安全教育的需要。

（6）安全教育学的研究对象范畴包括关于安全教育活动及其有关的一切现象，涉及安全教育学方法论、安全教育基础理论、安全教育的学科体系、安全教育培训实践、安全教育组织与管理及安全教育技术等领域，研究领域与内容十分宽广。

（7）安全教育学属于安全科学重要的分支学科，涉及哲学、教育学、法学、管理学、医学、工学等多门学科，具有综合与交叉属性，其理论基础源于上述学科理论的综合、渗透与融合，而非教育学在安全科学中的简单应用，也非安全教育实践活动的简单总结。未来安全教育学可以发展为独特的学科体系。

1.1.2　安全教育学研究范畴

安全教育学的通俗理解即为对安全教育的研究，其研究的对象范畴有狭义与广义之分。广义安全教育学研究范畴指的是各个领域中与安全教育和培训有关的一切现象、活动与规律。狭义安全教育学研究范畴局限于目前的安全生产与生活领域，针对教师开展的安全观念意识、安全法律法规、安全知识与安全技能的教育和培训活动，以及与之对应的安全教育形式、师资力量、教育技术、教育资源（教材、经费与场地等）、安全教育学科学研究、安全教育管理、组织机构与保障等方面的总和。本书对安全教育学内容的阐述是基于狭义安全教育学研究范畴，其主要包括以下研究内容：

（1）安全教育学方法论。主要包括安全教育哲学、价值观、方法论及其体系，安全教学方法与教育技术，安全教育信息加工处理的方法，以及安全教育培训方针与指导思想等。这些均属于安全教育学的上层建筑。

（2）安全教育学基础理论。主要包括安全教育学概念、内涵与外延、意义与功能、性质与特征、学科理论、应用理论、安全教育史以及安全教育活动规律等宏观性基础理论；安全教育学原理、教学过程与规律、教学模式、内容与层次，安全教育生理学、心理学基础与安全教学认知机理，安全教育立法、安全教育投入产出、安全教育资源分配、安全教育绩效评估体系以及安全教育管理机制与组织等微观性基础理论。

（3）安全教育学的学科体系。主要包括安全教育学学科分类及其划分标准、与其他相关学科的关系、学科层次与地位、学科体系框架、学科体系的层次结构与关系、分支体系的内容与特征，以及各分支体系间的关系与作用等。

（4）安全教育培训实践。即各种形式的安全教育与培训活动的组织、管理与研究，主要包括安全教育对象特征、教学模式与形式设计、课堂教学设计、组织与控制、教学方法与手段、教学内容、课程设置与开发、教材编写、安全教育应用等。

（5）安全教育组织与管理。即各类安全教育的管理与组织，涉及安全教育的行政管理、专业发展与科研管理三方面，具体包括安全教育政策规划、制定与实施，安全教育实践的监管，安全教育资源投入与分配，安全教育法制建设，安全教育体制及管理组织机构的设置，学科专业的设置与发展，人才培养层次与要求、培养机构设置，以及安全教育科学研究管理等。

（6）安全教育技术。主要包括安全教育技术方法学，安全教育技术基础理论，安全教育技术发展及其与学科的关系，安全教育技术体系，安全教学技术模式，安全教育技术的推广应用与安全教育技术开发、创新等。

上述安全教育学研究的内容具有递进的层次关系，安全教育学方法论处于安全科学哲学层次，安全教育学基础理论与安全教育学的学科体系处于安全教育学学科理论层次，安全教育培训实践、安全教育、教学与科研管理以及安全教育技术处于安全教育学应用层次。上一层次的内容是下一层次内容的指导方针与抽象，下一层次内容是上一层次内容的实践基础、具体内容与应用。按照研究对象层次深度与逻辑关系而言是自上而下展开，按照研究的递进关系是自下而上开展。

安全教育学作为安全工程专业本科的一门课程时，其内涵和范畴不可能拓展到上述所有方面，也不可能对学习者提出过高的要求。作为一门课程，主要是使学习者掌握安全教育学的基本概念、基本理论、原理和方法，安全教育的主客体，安全教育的设计，安全教育技术等基本内容，并能灵活运用上述所学知识，科学开展安全教育活动和实施各种安全培训工作，达到提高安全水平的目的。

1.2 安全教育学的特征与功能

1.2.1 安全教育学的特征

基于安全教育学的内涵和范畴，可以归纳出安全教育学的学科特征。

（1）安全教育学具有显著的实践性特征。安全教育学既是源于社会与企业的安全教育、安全培训等实践活动，又为安全教育、安全培训等实践活动提供理论指导，以促进安全教育、安全培训等实践的科学与持续发展。因此，在安全教育研究过程中始终要抓住其实践特征，研究的手段、内容与目标都要围绕安全教育实践去开展，以是否有利于安全教育实践的发展为判断标准。

（2）安全教育学学科体系具有综合与交叉属性。安全教育学研究任务与对象广泛涉及安全教育学的理论、方法、实践、教育技术与教育管理等安全教育活动领域的所有问题，因此，从学科体系的目的性与指导性来看，其学科体系具有明显的综合性。安全教育学学科理论基础广泛涉及哲学、人文社会科学和自然科学，其学科体系的交叉性是显然的。

（3）安全教育内在因素具有系统性的特征。安全教育实践是安全教育学研究的出发点与归宿点，安全教育活动与过程是其主要的表现形式，且其各种因素（元素）在教育活动实施过程中，按其固有规律和属性运动与交互，对外界其自身构成一个开放的系统，包括人、物、环境与管理四方面因素（见图1-1）。

图1-1　安全教育系统内在各因素关系

（4）安全教育学的人本特征。一切安全教育活动的直接对象均为人，安全教育内容、方式与过程都须从师生的生理与心理的角度来考虑，开展安全教育学活动与研究须以人的生理与心理等人因为基础。

1.2.2　安全教育学的功能

基于安全教育学对安全教育实践的指导功能及其作为安全科学传播与发展的重要平台，其功能与作用可归纳如下：

（1）传播与诠释安全科学思想、理论与技术，推动安全科学持续发展。安全教育学作为教育学分支之一，其基本功能就是传播安全科学观念、知识与技能等，是安全知识再生产的基础。安全科学要持续发展离不开安全教育学，一方面要对已有的安全科学思想观念、知识与技能等进行传承；另一方面就是基于社会需要与学科发展对其进行再生产、发展与创新，开拓安全科学的新理论、方法与领域，推动安全科学持续发展。

（2）提高教师的安全知识、技能与素质，为社会培养更多安全型劳动者。安全科学技术也是第一生产力，安全教育学就是发展与推动这种生产力的最有效的手段之一。安全教育的基本任务之一就是培养各层次的安全管理、技术与科研人员，提高人的安全意识、技能与素质。一方面，为企业培养合格的安全型生产者与专职安全管理人员，为政府培养安全监管人员；另一方面，为社会培养优秀的安全科技工作者。

（3）传播与普及大众安全科学知识，提高民众安全意识与应急能力。安全教育学的另一主要社会功能是安全科普教育与宣传，构建安全和谐型社会。要预防与减少事故、保障劳动者生命健康与社会财物安全，以及实现社会的和谐与可持续发展，安全型社会的构建是前提，而普及与提高民众的安全意识、技能与素质是基础。

（4）发展与完善安全教育学理论与学科体系，为安全教育实践提供指导。安全教育学的建立与发展，能有效推动对安全教育基础理论的研究与学科体系的完善，为社会与企业安全教育培训实践提供指导。

1.3 安全教育学的学科体系

根据《学科分类与代码》（GB/T 13745—2009），安全教育学隶属于二级学科"安全学"下的三级学科（620·2140），是介于基础学科与工程学科之间的应用学科，是安全教育学理论应用于安全教育实践的桥梁，是安全科学传播与发展不可或缺的工具，具有承上启下的作用。

安全教育学涉及社会科学与自然科学，是多学科交融的综合型交叉学科，学科理论与方法涉及哲学、教育学、法学、管理学、医学、工学等几十个分支学科（如图1-2所示）。

图1-2 安全教育学与其他学科的关系

根据学科基础理论的构成原则与内容，基于安全教育学本质属性与研究对象，安全教育学的基础理论包括安全教育的本体论、方法论、基础论、原理论、评价论与实践论六方面内容（如图1-3所示）。

安全教育学研究对象、内容及各层次之间的关系，构成了逻辑递进型的金字塔（如图1-4所示）。

图 1-3　安全教育学理论框架

图 1-4　安全教育学研究对象与内容金字塔逻辑关系图

根据学科体系划分与构建的一般原则，基于安全教育学的综合与交叉学科属性，参考安全科学与教育科学的学科体系，可以构建安全教育学纵向与横向的学科体系。借鉴安全科学与教育学的学科体系结构，依据科学体系分类方法与原则，从哲学、基础学科、技术科学与工程技术四个层次划分安全教育学的横向学科体系（如图 1-5 所示）。

图 1-5　安全教育学横向学科体系

1.4　安全教育的分类及其内容

人的生存依赖于社会的生产和安全，显然，安全条件是重要的方面。而安全条件是由人的安全活动去实现的，安全教育又是安全活动的重要形式，这是由于安全教育是实现安全目标的重要手段之一，即防范事故发生的主要对策之一。由此看来，安全教育是人类生存活动中的基本而重要的活动。

（1）按培养对象与目标分类。按培养对象与目标进行分类，现阶段我国安全教育可分为三种类型，见表 1-1。

表 1-1　按照培养对象与目标划分安全教育类型

安全教育类型	层次	培养目标	教育形式案例	对象	主要教育内容实例
学历型安全专业教育	中等安全教育	初级安全专业人才	学校专业教育	在校学员	安全态度，系统安全知识、技能与初步的安全科学技术等
	高等安全教育	高级安全专业人才	学校专业教育	在校学员	安全观念、系统的安全专业知识、技能与安全科学技术及科学研究能力培养等
	业余学历安全教育	非全日制安全专业人才	自考、函授与远程教育	社会人员	安全态度、特定领域的安全相关知识、技能与安全科学技术等
职业安全教育	企业安全教育培训	安全型生产者	教育培训	生产者、管理者	安全思想、安全纪律与岗位安全技能等
	社会安全技能教育培训	专业型安全工作者	教育培训	社会人员	安全意识，特定行业的安全知识、安全技能与安全工程技术等
	专业资格教育	安全专门人才	教育培训与考核	特定安全工作者	安全态度、某类安全职业技能与安全工程技术等
安全科普教育	基础安全科普教育	树立安全意识	宣传教育	小学、初中、高中与大学生	安全习惯、法律法规、安全知识与应急救援等
	大众安全科普教育	普及安全知识文化	宣传教育	民众	安全理念、安全法律法规、安全常识与事故应急救援等
	灾害应急安全教育	普及灾害应急技能	宣传教育、教育培训	民众	各种灾害形式、安全应急技能与心理干预等

（2）按安全教育的内容层次分类。

① 安全思想观念教育，如安全观、安全意识、安全态度、安全思想与指导方针、安全价值、安全科学发展形势与规律等；

② 安全法律法规教育，如对国内外安全法律法规体系与内容进行解读，包括国家安全法律、国家安全法规、行业安全规范，以及安全标准等；

③ 安全基础知识教育，如安全常识、安全科学基本概念、安全学原理、安全系统工程、安全文化、安全管理、安全经济、个体防护、职业安全卫生、事故预防与控制、安全人机等知识；

④ 安全技能与素质教育，如安全分析与评价，安全管理与应急，安全功能设计与开发，事故预测、控制与处理，以及各领域安全工程专业技能等；

⑤ 行业安全科学技术教育，如电气、机械、特种设备、消防、矿业、化工与建筑等行业的安全技术教育等。

（3）按安全教育内容性质分类。

① 安全理论教育，如各种安全科学与技术的基本理论、原理与知识点等教育内容，一般以课堂教育为主。

② 安全实践教育，如安全实验、安全操作、安全管理、安全检测与安全工程设计等。

（4）按安全教育的形式分类。

① 安全专业教育，如安全类专业的中专、大专、本科、硕士与博士等学历学位教育，

形式覆盖全日制学历教育、自考、电大、夜校、函授与远程教育等；

②　安全培训教育，如社会各种短期的安全技能培训、安全职业资格教育培训与企业的安全生产培训（安全培训）等；

③　安全宣传教育，即大众安全教育，通过媒介（图片、影像、动画、网页、微信、报纸与宣传栏等）向民众宣传安全知识、法律法规、事故案例与应急救援措施等，内容简单形象，方式多样有趣，如安全挂图、安全漫画与动画、安全电影、安全板报、安全口号与标识等。

1.5　我国学历型安全类专业教育概况

1.5.1　我国学历型安全类专业的发展沿革

我国高等学校"安全工程"本科专业确立于 1984 年，是在 1958 年建立的"工业安全技术""工业卫生技术"和 1983 年建立的"矿山通风与安全"本科专业基础上发展起来的。在 1996 年教育部本科专业目录中，"安全工程"本科专业（代码：081002）与"环境工程"本科专业（代码：081001）同属"环境与安全类"（代码：0810）一级学科。在 1999 年国务院学位委员会颁布的《授予博士、硕士学位和培养研究生的学科、专业目录》中，还没有与安全学科相关的一级学科的名称，二级学科、专业目录中也没有安全工程的名称。经过许多安全界人士的努力，2011 年，国务院学位委员会颁布了修订的《学位授予和人才培养学科目录》，安全科学与工程增设为研究生教育一级学科（代码：0837），其下设安全科学、安全技术、安全系统工程、安全与应急管理、职业安全健康五个二级学科方向。在 2012 年教育部修订颁布的高等学校本科专业目录中，安全科学与工程类也成为一个类，下设安全工程等专业。

高等学校"安全科学与工程"人才培养对减少事故损失，提高安全增效作用，补充安全高级人才市场的巨大缺口，优化高级安全人才的知识结构等具有特别重要的意义，也是体现以人为本，全面、协调、可持续的科学发展观，构建社会主义和谐社会的积极行动。从社会发展过程来看，随着人类社会的不断发展，人民生活水平及受教育程度的不断提高，人类对安全的需求必然愈加强烈。重大事故的发生势必导致劳动关系紧张甚至使矛盾激化，人民对政府的安全保障信任度降低，从而影响社会的安全稳定；同时，重大事故的频发对我国在国际上的形象也会产生很大的负面影响。解决这一问题的主要手段就是创造一个安全健康无害的良好社会环境，保护人民在一切领域从事活动享有安全、健康、舒适的权利。解决这些问题，需要大批具有扎实的安全科学技术知识的高素质安全人才。

1.5.2　我国学历型安全类专业的现状

目前，我国开办安全工程本科专业的高等院校有 170 多所。其中，大多数高校的安全工程专业是近年开办的，其增长速度极快。目前我国已有 20 多所高校有"安全科学与工程"一级学科博士学位授予权，约有 70 所高校有"安全科学与工程"硕士学位授予权。开办安全工程专业的高等院校的类型很多，已有军工、航空、化工、石油、矿业、土木、交通、能源、环境、经济等十几个领域，证明了安全学科是一门应用领域涉及面极广的综合学科。

近年来，我国各高等院校安全工程专业教育的软、硬件有了很大的发展，具备比较完善的实验条件和强大的师资队伍，为安全工程专业的生存和发展奠定了基础。由于安全学科的综合和应用上的交叉特性，其他学科的本科毕业生也可作为安全学科研究生的生源。

安全工程专业的主干学科方向包括：安全科学（含安全社会科学和安全自然科学）、安全工程学（含各行各业的职业健康工程和安全工程）、安全管理学（含宏观和微观安全管理学）等。安全科学的主要研究内容是安全事故发生的自然科学、社会科学机理及规律，是对事故这种客观事物的认识，为运用工程技术手段和管理手段预防事故奠定基础；安全工程学包含预防各行业内各类事故的工程技术手段，如人机工程、安全系统工程、各行业的安全工程等；安全管理学就是在宏观和微观两个层面上管控人的不安全行为的手段的集合，如宏观上的安全法规、微观上的行为纠正以及影响微观安全行为的宏观安全文化等。

安全工程专业培养具备安全科学观、安全科学基础知识、解决安全问题的基本技能，具备各行业安全工程技术基础知识、安全管理科学知识，掌握多种事故预防手段，且具备应用能力，能够有效预防事故、有效进行事故后损失控制的综合型专业人才。总之，所培养的人才应当既能解决安全技术问题，也能解决安全管理问题。

安全工程本科专业教育的知识结构，已逐步形成了自己的专业科学技术体系，其横向为文理学科基础（文理结合）、安全基础理论（基本原理）、安全工程理论（基本知识）、安全工程技术（基本技能）四个知识平台；其纵向以安全工作的专业技术类别为依据，设置了安全设备工程、安全设施卫生工程、安全社会工程、安全系统工程、安全检测检验技术五个学科、专业分支方向。

据近几年的调查，安全类专业毕业生约有66％在企业就业，14％在事业单位就业，5％在政府就业，15％在其他领域（包括考研究生、出国深造、自主创业等）工作。可以看出企业是安全工程专业毕业生的主要吸纳体，在很大程度上对安全工程专业的人才培养方向和发展规模起到了导向作用。随着安全专业教育体系的逐步完善，安全工程专业硕士点和博士点的持续增加，安全工程专业本科生毕业后继续深造读研的人数也在持续增多。另外，随着就业压力的逐渐增大，也有少部分毕业生选择自主创业。随着近十年安全工程专业的毕业生人数的逐渐增多，在企业就业的安全工程专业的毕业生比例也在不断增长。

教师的职称结构在较大程度上反映出师资队伍教学水平和学术水平的高低。近年调查结果显示，从整体上来看，我国安全工程专业教师具有高级职称（副教授及以上）的平均比例约为68％，高于教育部对全国重点大学60％的要求。但应指出，各校情况参差不齐，差异较大。教师的学历是基础理论水平和科研能力状况的重要综合标志。师资队伍的学历结构是教师基础理论水平和科研能力培养训练状况的总体反映。

教师年龄结构是保证学科建设队伍的整体优化和保证教学、科研工作的连续性的重要标志。根据近年调查，从整体上来看，我国安全工程专业教师的平均年龄约为39岁，比较合理。其中，40～50岁之间的教授人数占教授总人数的81％，30～45岁之间的副教授人数占副教授总人数的96％。

通过全面推进安全专业人才素质教育，优化安全工程专业人才培养体系，提高安全人才培养质量的专业教学改革，安全工程专业高等学校教学质量得到明显提高，安全工程学科的地位和作用得到大幅提升；人才培养模式和课程体系趋于合理，学员的专业核心能力、实践能力和创新精神显著增强；安全工程专业高等教育规模、结构、质量、效益与安全生产发展需求基本达到协调发展，可持续发展的机制基本形成；安全工程专业教师队伍整体素质与该专业人才培养的要求能够较好地匹配和适应；与国际接轨的安全工程专业认证工作正在得到深入开展；一批安全工程专业精品教材得到推出并不断优化；产、学、研的合作和国内外学术交流活跃展开并稳步发展；安全工程专业高等教育在落实科教兴安、实现安全生产形势稳定好转、构建社会主义和谐社会中的作用得到有力的发挥。

1.6 我国职业安全教育培训概况

1.6.1 我国职业安全教育培训立法的发展

安全教育制度、法规的建设对保证社会主义市场经济体制下安全教育与安全培训工作意义重大，半个多世纪的安全教育法规、制度建设与发展历程总结如下。

1.6.1.1 初步形成阶段（20 世纪 50～70 年代）

新中国成立以后，我国百废待兴，国家领导人清楚认识到劳动保护与职业病防护等安全工作的重要性，并致力于加强安全教育制度制定与立法工作，从制度与法律法规高度强制规范各级政府与单位安全教育培训工作，以提高劳动者安全素质与技能，减少生产事故，保障劳动者的安全与健康，基本上形成了安全教育培训制度与法规的基础框架。一些典型的事件简述如下：

（1）1954 年，劳动部发布了《关于进一步加强安全技术教育的决定》，规定了新员工的三级安全教育制度，并对教育形式与内容等都作出明确规定。

（2）1956 年 5 月，国务院颁发了"三大规程"，要求对各级管理生产的干部和技术人员进行安全生产、工业卫生科技知识教育和考核。

（3）1963 年 3 月，国务院颁发《关于加强企业生产中安全工作的几项规定》，特别列出安全教育这一项，对特殊工种的工人安全教育培训与考核作出明确规定，并指出安全生产教育是安全生产工作的重要内容，是须坚持的一项基本制度。

（4）20 世纪 60～70 年代，企业的许多安全教育制度遭到了不同程度的冲击和影响，安全教育培训立法停滞不前。

1.6.1.2 高速发展阶段（20 世纪 80～90 年代中期）

自 20 世纪 80 年代初，我国改革开放以来，经济与工业迎来高速发展时期，同时，工业安全生产形势也日趋严峻。此期间国家出台了大量的安全教育培训法律法规，安全教育培训的法规体系日趋完善。一些典型的事件简述如下：

（1）1980 年 4 月，国务院在《关于在工业交通企业加强法制教育，严格依法处理职工伤亡事故的报告》中强调：要有计划地组织职工学习国家制定的劳动保护法令、法规、条例、规定、规程和规章制度，教育大家增强法治观念，遵章守纪。

（2）1981 年，国家劳动总局出台了《劳动保护宣传教育工作五年规划》，提出在全国建立劳动保护教育中心和劳动保护教育室，有计划地开展劳动保护教育和培训工作。

（3）1982 年，国务院在《关于加强领导，防止企业继续发生重大伤亡事故的紧急通知》中重申：要加强对广大职工的安全教育和安全技术培训工作。

（4）1982 年 2 月，国务院颁发的《矿山安全条例》对瓦斯检查员、爆破工、信号工、把钩工、电工和各种设备司机以及其他技术性较强的工人的安全培训与教育做了明确规定。

（5）1990年10月，劳动部颁发《厂长、经理职业安全卫生管理资格认证规定》，并制定了《厂长、经理职业安全卫生管理知识培训大纲》，首次将厂长、经理的安全教育纳入法制轨道。

（6）1991年9月，劳动部颁发《特种作业人员安全技术培训考核管理规定》，明确特种作业人员安全技能培训及考核要求。

1.6.1.3 完善阶段（20世纪90年代中期至今）

随着我国对安全生产要求的提高，国家加强安全生产立法工作，相继出台几部重要的安全法律，安全教育培训的法理依据逐步完善，安全教育培训的法律法规体系逐渐形成。一些典型的事件简述如下：

（1）1994年7月颁布的《中华人民共和国劳动法》（简称《劳动法》）规定了劳动者拥有接受职业技能培训的权利，以及用人单位须承担对劳动者进行劳动安全卫生教育的义务，还对从事特种作业的劳动者的安全技能培训、发展职业培训事业、开发劳动者的职业技能等做了明确的规定。

（2）1995年11月，劳动部颁发《企业职工劳动安全卫生教育管理规定》。该规定要求，企业必须开展安全教育，普及安全知识，倡导安全文化，建立、健全安全教育制度，并首次将倡导安全文化写入了安全教育制度。

（3）2002年6月颁布的《中华人民共和国安全生产法》（简称《安全生产法》）对各级政府、生产经营单位、从业人员在安全教育方面的责任、权利和义务做了明文规定，不执行或违反者，必须追究法律责任。《安全生产法》的实施，使安全教育和培训法制化、科学化、规范化和制度化，被纳入原国家安全生产监督管理部门的督导之中，违者要依法追究经营单位及从业人员的法律责任。之后修订的《安全生产法》，对有关企业安全教育的内容有了更多的补充和完善。

（4）2002年12月，原国家安全生产监督管理总局印发了《关于生产经营单位主要负责人、安全生产管理人员及其他从业人员安全生产培训考核工作的意见》，对生产经营单位主要负责人、安全生产管理人员、从业人员的安全生产教育和培训考核工作提出了若干条政策和法规性意见。原国家安全生产监督管理总局印发了《关于特种作业人员安全技术培训考核工作的意见》。

（5）2003年以后，原国家安全生产监督管理总局对有关安全教育规章制度、安全培训法规标准、安全科技人才规划等做了大量的建设工作，先后颁布了《安全生产培训管理办法》《生产经营单位安全培训规定》《安全教育培训管理标准》等一系列文件，取得了前所未有的成绩。

（6）2018年3月，应急管理部设立。应急管理部非常重视安全教育培训工作，在官网专门设置"科普"栏目，包括应急指南、生活安全、自然灾害和事故灾难四个子栏目。

1.6.2 我国职业安全教育培训的发展

新中国成立以来，我国对安全生产教育培训工作十分重视，原劳动部、煤炭部和国家经贸委等部门先后颁布了一系列安全生产培训的法规、规章，建立了一批劳动保护宣传教育中心、职业卫生安全培训中心和煤矿安全技术培训中心，开展了各个领域、各种人员的安全生产培训，尤其是企业经营者任职资格培训、安全监察（检查）员安全工作资格培训、特种作业人员安全操作资格培训和新工人安全教育，初步形成了安全生产培训网络。目前，我国已初步形成了 4 个层次的安全法规制度培训体系，即以《安全生产法》为核心的法律法规、安全培训的部门和地方规章、一系列安全培训规范性文件、较为系统的安全培训标准体系。全国共依法认定了 4000 多家有资质的安全培训机构，全国安全培训基地网络基本形成。在师资队伍建设上，先后分级开展了全国安全培训机构的教师岗位的培训，并构建专家师资库，形成了高水平的专兼结合的师资队伍。在教材建设上，组织编写了煤矿、金属非金属矿山、危险化学品经营单位等各类安全管理培训教材数百种。各地相关部门培训机构组织编写的适合地区、行业特色的培训教材更是多达成千上万种，为提高培训质量提供了重要保障。近年来，每年全国接受安全培训的各类人员有两千多万人次。总的来看，我国企业安全教育培训主要经历以下四个阶段。

　　（1）奠基阶段（1949～1980 年）。安全生产教育、培训工作处于发展初期，主要在一些高危行业与特种作业岗位开展了部分专业的安全教育培训，但鉴于当时形势等因素，安全教育培训工作推动得很慢，在生产中发生很多因缺乏安全知识、技能与意识而导致的事故，这些血的教训从反面为"三级安全教育"与特种作业岗位的安全技术培训等制度的建立奠定了基础。

　　（2）发展阶段（1981～1994 年）。国家开始积极推进企业安全教育培训，1979 年以来在劳动部的积极推动下，全国迎来劳动保护教育中心和劳动保护教育室的蓬勃发展时期。这一时期全国建立了许多劳动保护教育中心和企业的劳动保护教育室，三级教育制度得以完善，特殊工种的教育培训制度建立起来，将厂长、经理职业安全卫生教育纳入法制轨道，并推行了资格认证制度；在安全知识及安全技能的宣传普及、安全干部及安全技术人才的培养、劳动者安全意识和自护能力的提高等方面有长足进步，促进了生产的发展。

　　（3）法制建设阶段（1995～2002 年）。安全教育、培训工作进入法制化、科学化、制度化阶段。在《劳动法》中，把职工享受劳动卫生保护、接受职业安全卫生教育和培训当成一种权利。该法中有多项条款涉及职业教育与培训，要求用人单位建立职业培训制度，各级人民政府要把发展职业培训纳入社会经济发展规划。

　　（4）深入完善阶段（2003 年至今）。经过前面三个阶段的发展，安全教育培训体制已经基本完备，为了更加适应社会主义市场经济发展的新阶段，国家从政府、生产经营单位、从业人员三方的权利和义务入手，重新调整了安全教育培训工作的地位和作用，充分利用《安全生产法》的有关条款，发挥法制的强制作用，加大了安全教育、培训工作的力度，推动安全教育制度化、培训规范化，将考核发证、监督检查等纳入法制轨道，积极推动安全管理、教育培训与国际接轨，全面提升我国安全教育培训工作水平。

1.7　我国职业安全教育的目的和内容

1.7.1　职业安全教育的目的

　　如果说安全是一种满足人的身心安全健康需要的存在状态，安全教育就是教师按照一定社会要求，有目的、有计划、有组织地对受教育者的身心施加影响，使之在安全知识、安全技能、安全态度等方面得以形成和发展的活动过程。

在企业，安全教育是为了增强企业各级领导与职工的安全意识与法治观念，提高职工安全知识和技术水平，减少人的失误，促进安全生产所采取的一切教育措施的总称。安全教育是企业安全生产管理的基本制度之一，也是预防和防止事故发生的一项重要对策。

安全教育的目的、性质是由社会体制所决定的。计划经济为主的体制，企业的安全教育的目的较强地表现为"要你安全"，被教育者偏重被动地接受；在市场经济体制下，需要做到变"要你安全"为"你要安全"，变被动地接受安全教育为主动要求安全教育。安全教育的功能、效果，以及安全教育的手段都与社会经济水平有关，都受社会经济基础的制约。并且，安全教育为生产力所决定，安全教育的内容、方法、形式都受生产力发展水平的限制。过去由于生产力的落后，生产操作复杂，对人的操作技能要求很高，相应的安全教育主体主要是人的技能；随着现代科技的发展，生产过程对于人的操作要求越来越简单，安全对人的素质要求主体发生了变化，即强调人的态度、文化和内在的精神素质，因此，安全教育的主体也在发生着改变。

安全教育的目的是使各级领导、全体职工正确认识安全生产的重要性与必要性，懂得实现安全生产、文明生产的科学知识，提高他们的生产技术水平和管理水平，使他们能够自觉地执行安全生产方针和各项法律与规章制度，从而使其行为规范化、标准化，减少人为失误与差错。安全教育对于预防人为事故，加强安全管理，促进安全生产都具有十分重要的意义。

1.7.2 职业安全教育的内容

安全教育，人们往往认为它只是传授安全知识。诚然，传授安全知识可以说是安全教育的一部分，然而它并不是安全教育的全部。应该说，安全教育是从传授安全知识开始，但它是安全教育的第一步。如果只进行到这一步，那就达不到安全教育的目的。

譬如说，通过安全教育，尽管被教育者已充分掌握了安全知识，假如他不付诸实践，仅仅停留在"知"的阶段，那么就达不到实际的效果，只能是空谈而已。同样，如果不去培养把"知"运用到实际工作中的能力，那么，"知"也只不过是储存在大脑记忆系统中的信号而已。因此，安全教育不仅要"应知"，而且要"应会"，也就是说，操作者只掌握安全知识而不具备安全技能，那么安全就会落空。

安全教育一般是通过以下三个阶段逐步进行的，绝不能半途而废，一定要坚持下去，直至全部完成为止。而且，当安全教育达到最后阶段时，安全教育工作仍然不能松懈，还需有信心和耐心，只有通过反复的安全教育，才能完成安全教育的目标。安全教育的基本内容包括以下几方面。

1.7.2.1 安全态度教育

安全态度教育主要是针对教育对象的具体情况，从思想认识、安全思想、法治观念等方面，提高其对安全生产方针、政策的认识，正确处理安全与生产的关系，增强其法治观念和安全生产的自觉性，主要包括安全的价值观和地位、安全生产方针政策教育、劳动纪律和安全法规教育、典型经验及事故案例剖析教育等。

（1）通过学习安全生产方针、政策，提高企业各级领导和全体职工对安全生产重要意义的认识，使其在日常工作中坚定地树立"安全第一"的思想，正确处理好安全与生产的关系，确保企业安全生产。

（2）通过劳动纪律和安全生产法规教育，各级领导和全体职工了解国家有关安全生产的法律、法规和企业各项安全生产规章制度；企业各级领导能够依法组织企业的经营管理，贯彻执行"安全第一，预防为主，综合治理"的方针；全体职工依法进行安全生产，依法保护自身安全与健康权益。

（3）通过典型经验和事故案例剖析教育，人们了解安全生产对企业发展、个人和家庭幸福的促进作用；了解发生事故对企业、个人、家庭带来的巨大损失和不幸，从而坚定安全生产的信念。

1.7.2.2　安全知识教育

安全知识教育主要是提高人们的判断和反应能力，使他们在工作过程中明确哪些是危险因素，怎样消除；哪些不应该做，应该怎样做；哪些行为不正确。安全知识教育也是一种全员的安全教育。安全知识教育内容主要包括：

（1）生产过程中的不安全因素、潜在的职业危害及其发展成为事故的规律；

（2）企业内部特别危险的设备、区域及其安全防范措施；

（3）安全防护的基础知识和尘毒防治的综合措施；

（4）有关电气设备、机械设备、工具等基本安全知识；

（5）厂内运输的有关安全知识；

（6）消防知识及灭火设备的正确使用方法；

（7）伤亡事故报告程序、发生事故时的紧急救护及自救措施等；

（8）安全管理、安全技术、职业健康规章制度等。

1.7.2.3　安全技能教育

安全技能教育是指对从事各种作业的人员进行的安全操作技术教育，其教育内容有以下几方面：

（1）岗位操作规程；

（2）特殊工种劳动环境改善、设备的安全、工艺操作的安全、个人防护用品的正确使用等；

（3）对特殊工种人员，要实行专门的安全教育和操作训练；

（4）采用新的方法，添置新的技术设备，制造新产品或调换工人工作时，要对工人进行新工作岗位和新操作方法的安全技术教育。

应该指出的是，安全技能教育并不仅对操作工人进行教育，其实对领导干部和安全管理人员开展应急救援指挥培训等，也属于安全技能教育。

根据接受教育的对象的不同，安全教育主要有如下类型：

（1）以新进人员为教育对象的三级安全教育；

（2）以特种作业人员为教育对象的专门安全教育；

（3）以"五新"和变换工种人员为教育对象的安全教育；

（4）以复工人员为教育对象的安全教育；

（5）以管理干部为教育对象的安全教育；

（6）以安全专业技术人员为教育对象的安全教育；

（7）以全体职工为教育对象的全员安全教育等。

目前企业对职工进行安全教育的形式主要有：

（1）组织专门的安全教育培训班（包括脱产、半脱产和利用业余时间进行培训，开展安全生产的职业培训教育等）；

（2）班前班后交代安全注意事项，讲评安全生产情况；

（3）施工和检修前进行安全技术措施交底；

（4）各级负责人员和安全生产管理人员进行现场安全宣传教育，督促安全法规制度的贯彻执行；

（5）组织安全生产技术知识讲座、竞赛；

（6）召开生产安全事故分析会，分析事故发生的原因、责任、教训等，进行实例教育；

（7）组织安全技术交流，安全生产先进展览，张贴宣传画、标语，设置警示标志，利用网络、广播、电影、电视、录像等方式进行安全教育；

（8）安全技术部门召开安全例会、专题会、表彰会、座谈会或采用安全信息、简报通报等形式总结、评比安全生产工作，达到教育的目的。

1.8 安全教育与公民安全素养

1.8.1 安全素养概述

安全素养是公民素质的重要组成部分，也是一个社会文明与进步的重要标志。目前，学界尚未明确提出安全素养这一概念。但是，日趋复杂的安全问题强烈要求人们需提高自我安全促进能力，在这种情况下安全素养便应运而生。就字面含义而言，安全素养是由"安全"（在安全科学领域，安全被普遍认为是人的身心免受外界不利因素影响的存在状态）与"素养"（素养是决定一个人行为习惯和思维方式的内在特质，其被认为是由训练和实践而获得的技能和知识）两个词所构成的合成词。由此可知，首先，需基于"大安全"观，界定安全素养这一概念；其次，安全素养是经训练与实践所获取的安全能力，其是一个动态变量，可通过人的不同安全行为所外显其所拥有的安全知识与安全技能等来体现。基于此，将安全素养定义如下：人所具有的降低安全风险和提升安全保障水平的技巧或能力。安全素养是指人在具备适宜的安全知识储备基础之上，主动寻求安全知识和信息，并能够正确利用安全知识和信息来维护和促进自己、他人及所在组织（系统）安全这一过程的外化表现。

显然，就安全素养的内涵而言，应包括安全理念、安全知识、安全技能与安全行为4个要素，且它们处于不同层面（其中，安全知识与安全技能是核心要素）。安全素养以人所获取（包括已储备的）的安全知识为起点。安全理念与安全知识间可相互转化，可将安全理念视为一种特殊的安全知识，安全知识经理解与吸收可转化为安全理念，最终安全理念、安全知识与安全技能共同通过安全行为得以显现与外化。

此外，安全素养还受安全背景（即与安全相关的环境因素，如人口统计学特征及所处的安全文化与经济等环境）的影响。由此，构建安全素养的内涵模型（如图1-6所示）。由以上分析可知，安全素养实则包含两个主要层面，即安全知识层面（基本的安全知识与技能储备）与安全能力层面（如何获取与运用安全信息等），显然，后者是安全素养的核心。总之，安全素养是安全教育活动的直接结果，它包括个人的安全知识、安全认知与安全技能，这些将会直接影响人获取、理解与利用安全信息并保持安全的能力，而安全素养改变的结果则为安全行为的改变，最终影响人所在组织的安全绩效。

图 1-6　安全素养的内涵模型

1.8.2　安全教育与安全素养之间的关系

新中国成立后，我国的安全工作指导方针为"预防为主"。安全科技无论怎么发达，通过"预防"把安全事件（包括事故及伤害）于萌芽状态消除始终是最有效也是成本最低的方式。提高公民安全素养，推行安全文明的生产生活方式，营造安全健康的环境，尽可能减少安全事件的发生，这些都是简单有效的预防。无数安全事件的发生给我们敲响了警钟，安全事件的背后是公民安全素养水平的亟待提高。

安全素养需要培养，也需要引导。安全教育的终极目标是提升人的安全素养。因此，安全教育是提升公民安全素养水平的基础和必需手段。例如，安全的生产生活方式源于安全的文化理念和安全的生活知识，这需依赖于安全教育来实现。再者，良好的安全习惯和安全的行为习惯也是需要培养的，这也是通过安全教育不断强化实现的。由此可见，灾难和损失的背后既直接折射出人的安全素养的缺失，也折射出安全教育的欠缺。在我国，汶川地震之后，应对突发事件的安全教育得到了重视，避震演练和逃生演习也成了很多学校的必修课，让更多的人通过安全教育拥有了保护自己生命安全的能力。只有通过安全教育，用安全科学知识武装头脑，才能让各类安全事件不再重演。

从安全教育角度看，为提升公民安全素养，应着重做好以下两方面工作：

（1）多渠道进行安全宣传教育。正确的意识是行动的前提，只有加大安全宣传教育，让民众接受正确的安全理念和安全知识，才能培养出良好、安全的生产生活行为习惯。针对不同地区、不同群体、不同年龄层次居民的特点和接受情况，安全宣传教育也要因地制宜，因人制宜，让安全教育更加接地气，更接近生产生活。对儿童可以采用故事或绘本等容易理解的形式进行宣传，对年轻人可以采用直播、微信、微博等各种自媒体的形式进行宣传，而对老年人群体采用一些喜闻乐见的形式进行宣传，让安全教育融入生活，让教育保障安全。

（2）提高安全教育服务能力。安全教育是民众获取安全信息的重要途径，只有正确的安全知识才能有助于提高安全保障水平和能力，在这个资讯发达的社会里，我们缺的不是安全信息，而是选择安全信息的能力，如果没有权威官方的安全信息获取渠道，有可能会因为安全信息渠道不畅和虚假安全信息而引发安全事件。这需要相关机构提高安全教育服务能力，在机构设置、人员配备和信息发布等各个方面都要做到专业、严谨、科学，让专业的人做专业的事情，为公民安全保驾护航。

本章小结

　　本章阐述了安全教育学是以人为核心的安全科学分支，安全教育学源于安全实践活动，具有综合交叉的学科属性。从学科视角给出安全教育学概念、内涵与外延，阐述了安全教育学的学科属性、特征、范畴、功能及其与相关学科的关系；概述了安全教育学六个层面的基础理论体系，安全教育学三层次、六方面研究内容，安全教育学横向与纵向学科体系；简述了我国安全类专业学历教育、职业安全教育、安全教育法规、企业安全培训等的发展过程；分析了安全教育与公民安全素养之间的关系。

思考题

1. 试阐述安全教育学概念，并归纳出安全教育学的学科属性。
2. 根据安全教育对象，安全教育可以分为哪几类？
3. 试剖析安全教育学的内涵，阐述安全教育学的学科特征、功能及其与其他学科的关系。
4. 试归纳安全教育学的主要研究内容。
5. 试分析安全教育学的横向学科体系。
6. 试评述我国安全类专业学历教育的发展过程。
7. 试讨论我国职业安全教育的发展过程。
8. 职业安全培训的内容主要包括哪些？
9. 试分析安全教育与安全素养之间的关系。

第 **2** 章

→ 安全相关行为

2.1 行为概述

2.1.1 行为的基本概念

　　行为是完整有机体的外显活动，由内外部刺激作用于动物和人所引起。有机体的行为过程可以与生理反应共享一个公式："S—O—R"（如图 2-1 所示）。其中，S（stimulation）代表机体内外环境的刺激；O（organization）代表有机体；R（reaction）代表行为反应。行为既是内外环境刺激的结果，又反过来对内外环境产生影响。

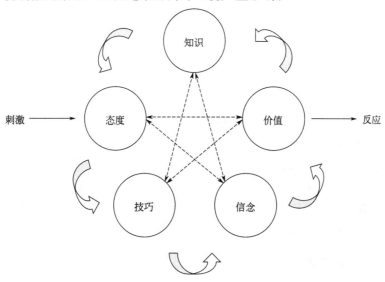

图 2-1　S—O—R 模式图示（强调生物体：头脑中的复杂内因）

人的行为指具有认知、思维能力并有情感、意志等心理活动的人对内外环境因素刺激所做出的能动的反应。人的行为可以分为外显行为与内隐行为。外显行为：可以被他人直接观察到的行为，如言谈举止。内隐行为：不能被他人直接观察到的行为，如意识、情绪等，即通常所说的心理活动。但一般可通过观察人的外显行为，来了解其内隐行为。外显行为和内隐行为，如闯红灯、违章及"七情六欲"，都可能影响安全。

行为要素：人的行为由五个基本要素构成，即行为主体、行为客体、行为环境、行为手段、行为结果。

行为主体指人；行为客体指人的行为所指向的目标；行为环境指行为主体与行为客体发生联系的客观环境；行为手段指行为主体作用于行为客体时的方式方法和所应用的工具；行为结果指行为对行为客体的影响。

安全教育实践活动对人类行为的五个基本要素都需要进行考察研究。

2.1.2 行为的特征

2.1.2.1 人的行为既有生物性，又有社会性

人类行为与动物行为的主要区别在于人的行为既有生物性，又有社会性，即人的行为除了受本能支配外，还受社会生活的支配和制约。

首先，人的生物性决定其行为的生物性，有以下表现。

（1）一切行为反应都以生理形态和功能作为基础和前提，受生理机能的限制和调控。如外显行为以人体运动系统的结构和功能为基础得以表现；内隐行为则以人体的神经系统及大脑的结构和功能为基础。

（2）行为表现特征与遗传因素有关。排除其他因素影响后，亲代和子代、孪生子之间行为的相似性，则证实了行为与遗传因素有关。19世纪80年代英国人类学家F·高尔顿曾研究过一些名人的家谱，发现天资和能力在近亲之间有一定的相似性，可能与遗传因素有关。

（3）人的本能行为。人的本能行为由人的生物属性所决定，是人的生物遗传信息作用的结果，而非后天习得，人的生理需要是这些行为的原始动力。如：与基本生存有关的本能行为（如摄食行为和睡眠行为）；与种族保存有关的本能行为，典型的表现是性行为；攻击与自我防御行为。上述本能行为广泛存在于低等动物乃至人类，表现为对外来威胁的反抗、妥协和逃避。

人的社会性决定人的社会行为，人的社会行为的促成和发展都来自社会环境。人的社会性行为是通过社会化过程确立的，人类在进行物质生产的同时逐渐形成了各种文化形态，还产生各种关系，这些因素调节影响身处其中的人的行为，使之符合社会的要求和愿望。人类个体通过与他人的交往、模仿、学习、教育、工作等就形成了得到社会承认、符合社会道德准则、行为规范和价值观念的人类社会行为。社会行为的涵盖面非常广，如职业技能、社会角色行为、娱乐行为等。人是生物性与社会性的统一体，人无论何种行为都带有一定的社会性，包括人的摄食行为与性行为。安全教育就是通过社会化，使每个社会成员养成有益于自身、他人和社会安全的行为和生活方式。

2.1.2.2 人的行为的目的性

人类行为有明显的目的性。动物多出于本能的驱使，被动地适应自然环境；人的绝大多

数行为是有目的性和计划性的，人类不仅能够适应环境，更能通过劳动按照自己的愿望改造和维护环境，包括自然环境和社会环境，以适应人类的发展。人类行为的目的性是安全教育的前提。

2.1.2.3　人的行为的可塑性及可控制性

人的行为不是千篇一律、一成不变的，不同个体、个体的不同时期，其行为都是在不断变化的，这与其所接受的教育、生活的环境均有很大关系。尤其是当某些行为反应有相对冲突的结果导致正负两方面的强化时，个体常常对自己的部分行为进行控制，以达到社会适应。行为的可塑性特点是实施培养的前提。年纪小者可塑性较大，安全教育应抓住人们社会化的关键期进行教育训练，帮助人们改变不良行为，培养文明、安全的行为。

2.1.2.4　人的行为的差异性

个体遗传因素不同，其反应存在差异性；行为受个体心理特征的支配，对同一刺激反应不同；受外部环境条件（如地理环境、时代特点）的影响，个体行为有较大的差异。这就决定了安全教育的实施必须因人而异，因势利导。

2.1.2.5　人的行为的适应性

适应是指人为了在社会更好生存而进行的心理上、生理上以及行为上的各种适应性的改变，与社会达到和谐状态的一种执行适应能力。机体通过不断调整自身的行为合乎环境的要求，并满足本身的需要。

2.1.2.6　人的行为的发展性

人的行为是一个连续发展、不断完善的过程。一般认为，在行为主体和客体相互作用的过程中，社会和实践向行为主体提出的要求所引起的新的需要与其他已有的心理水平之间的矛盾，是行为发展的内因与动力。当个体生理、心理发展到某一阶段，某些主导性的行为就由量变发生质变，使得行为处于不断发展变化过程中。

2.1.3　行为的分类

人类行为的种类很多，可以从不同角度对其分类。

2.1.3.1　根据行为的生物性与社会性分类

将行为分为本能行为和社会行为。本能行为包括生存本能、种族保存本能、自我防御本能；社会行为包括社会生活基本技能、社会生活行为规范、社会角色、社会地位等。

2.1.3.2　根据行为是否符合常模分类

将行为分为正常行为和偏差行为。正常行为包括符合社会和文化所赞许的标准的行为、个人行为与大多数人的行为相似或一致的行为、行为发展符合个人生理或心理发展的行为、个人"生理—心理—社会"适应良好及平衡的行为。偏差行为则恰与正常行为相反。

2.1.3.3　根据行为是否需要训练分类

将行为分为反应行为和操作行为。反应行为是指不需要训练就具备的行为，也称为不随意反应或无条件反射，如进食时分泌唾液、针刺手时手会立即缩回；操作行为指人出生以后通过学习而获得的行为，也称目的反应或条件反射，如生活生产方式、安全技能。

2.1.3.4　根据对行为的理解分类

将行为分为狭义行为和广义行为。狭义行为是指表现于外的、可直接观察或可记录、可测量的行为；广义行为指各种外显行为和不能被人直接观察到的思想、意识、情感、态度及动机等内在的潜在行为。

2.1.4　行为的发展与适应

2.1.4.1　行为的发展

行为发展是指个体在其生命周期中行为形成和发展的过程，即在个体出生以后，随着生理的发育、心理的成熟以及社会交往的不断扩大和学习的深入，个体行为不断变化、发展和完善的过程。在这个过程中，个体行为由于遗传因素与后天学习的作用，从偶然的、非系统的行为逐渐发展为连续而系统的行为，行为内容也越来越复杂。社会和实践向行为主体提出的要求所引起的新的需要与其已有的心理水平之间的矛盾是行为发展的内因与动力。

人的行为的发展通过量的累积而表现出质的变化，且随着生长发育，日臻完善和复杂化。行为发展的特点主要体现在以下5方面。

(1) 个体认识活动的深刻化和复杂化。个体通过社会实践活动，认知由具体的、表面的、零碎的感性认识到理性认识并向概括高度发展。

(2) 个体行为日臻完善。随着生长发育及社会化过程，人的内在心理活动和外在行为表现均日趋成熟；此外，还表现在个体与环境的协调与适应关系上。

(3) 个体行为发展的连续性。连续性意味着在每一个人的整个一生中其行为是发展变化的：旧的行为反应不断被打破与新的行为反应建立，现在的行为是过去行为的延续，而将来的行为又必然是现在行为的延续，不可能跳过其中的某一阶段而进入下一阶段。

(4) 个体行为发展的阶段性。阶段性意味着人的行为在不间断发展过程中呈现出阶段特点。个体行为发展在某一阶段内呈量变，这种量变累积到一定程度后发展为质变，进入行为发展的下一阶段，呈现出阶段性特征。不同年龄阶段，行为特征与规律有其不同的表现。

(5) 个体行为发展的不平衡性。尽管人类行为的发展按照一定的模式进行，但在个体行为的发展过程中存在个体差异和发展的不均衡性。

根据行为发展自身的特征，可将人整个生命周期的行为发展分成4个阶段：

(1) 被动发展阶段（0～3岁）。通过遗传、本能力量的驱使，以及无意识的模仿来发展行为，多种动作、简单语言、基本情绪及部分社会行为初步形成。这个阶段的行为虽大都是被动发展的，但它们是人的社会化最基本的准备时期，而且很容易被训练，培养出一些基本行为。

(2) 主动发展阶段（3～12岁）。开始主动模仿、探究，行为发展带有明显的主动性，对本能冲动的克制能力迅速提高，婴幼儿期形成的行为进一步发展。由于主动发展受环境的影响很大，人与人之间这种克制能力的差异很大。

（3）自主发展阶段（12 岁至成年）。人们开始通过对自己、他人、环境、社会进行综合认识，调整自己的行为发展。本阶段有两大关键性特征：一是这种自我行为调控主要是通过个体的社会化进程和不断适应，逐步实现；二是在自己的成长过程中发展起来的行为，大都已经定型。

（4）巩固发展阶段（成年以后）。人的行为定式已经形成，且与周围环境相适应。但是，时代、环境、社会和个人状况（如年龄、身体状况、社会地位、家庭角色等）都在不断改变，人的行为还须不停地加以调整、完善、充实和提高。因此，对过去建立的不正确行为要改正，对过去从没有过的行为则要新建。通过对行为的不断调整实现对自己和周围环境的最佳适应。

2.1.4.2　行为的适应

行为的适应是指个体与环境之间保持动态平衡的过程。人类个体为了适应环境，就需要认识环境、与其他个体交流，从而发展了语言、感知觉、思维与智力，这种发展反过来又提高了人类适应环境的能力。

概括而言，行为的适应形式有以下 6 种。

（1）反射。人体通过"反射弧"对外界刺激做出反应，如：与本能行为相联系的基本反射，这为人类适应社会奠定了基础。而且，许多适应性较强的行为方式被作为种族生存与繁衍的基础传承下来，如觅食行为、抚幼行为、自我防御行为。

（2）自我控制。当某种行为反应可导致正反两方面结果时，个体就会对自己的部分行为进行控制，增加奖励性后果发生的概率和频率，减低惩罚性后果发生的概率和频率，以达到社会适应。

（3）调试。在人际交往过程中，人与人之间相互配合、相互适应、协调矛盾、解决冲突，以达到社会适应。

（4）顺应。个体不断接受新的经验，改变自己的行为，以适应客观环境的变化。

（5）应对。为使行为适合目前或长远的需要，个体决定是否做或如何做某件事情，个体不断修正自身的行为以适应环境。

（6）应激。个体对紧张刺激的一种非特异性反应，是有益的，可以提高人们的警戒水平，动员机体的内部潜能，以应付各种变化。但过分强烈的应激状态可导致机体功能失调，有害于身心健康。

2.2　安全相关行为概述

2.2.1　行为与安全的关系

人的行为既是安全状态的反映，同时又对安全产生重要的影响。许多环境中的危险有害因素一般都需要通过人自身的行为作为中介来作用于人体并产生事故伤害。行为可以加强、减弱或避免对环境危险有害因素的接触，人的行为也影响着对安全的接受、利用或排斥。

随着人类社会的进步与发展，与安全相关的资源越来越丰富，如安全技术与设备的发展、安全管理体系的建立等，为安全水平的提高奠定了坚实的基础。但是仅仅有安全资源是不够的，这是因为：第一，已有的安全服务与资源需要人们采取行动去利用；第二，大量的研究证实人类的行为生活方式与安全事件的发生极为密切，改善行为可以预防安全事件的发生。行为与安全的关系已经被大量事实所证实，影响安全的行为也多种多样。

总之，人的不安全行为（安全阻碍行为）是导致安全管理失败与一系列不安全事件（如发生事故、伤害、损失与网络安全事件等）发生的重要原因之一，这已成为安全科学学术界与实践界的重要共识。鉴于此，近年来，安全行为干预（管理）已引起安全管理研究者与实践者的广泛关注，甚至有学者认为，狭义的安全管理就是"安全行为干预"。

2.2.2　安全相关行为的概念、分类与特点

良好的行为与生产生活方式是保障安全的重要手段。安全相关行为（本节统一称为"安全行为"）指的是与人类个体和群体安全有关的行为。安全行为是人的行为的一种类型。就安全行为主体而言，安全行为是安全行为主体发出的对其所在组织的安全绩效有影响的一切行为活动的总和。

由上文可知，根据行为主义心理学对人的行为的分类，可将安全行为划分为隐性安全行为（指安全行为主体的安全心理活动。若从安全信息加工的角度看，安全心理活动是安全行为主体通过大脑进行安全信息的摄取、储存、编码和提取的活动。由于安全行为主体的安全心理活动一般不能被外界直接观察、测量和记录，即其具有隐蔽性，故习惯于将其称为隐性安全行为）与显性安全行为（指安全行为主体所产生的可对组织安全绩效产生影响的外在行为活动）。

根据安全行为对组织安全绩效的影响的不同，可将安全行为分为两类，即安全促进行为（指对组织安全绩效具有促进作用，即正面影响作用的安全行为，如安全遵规行为）与安全阻碍行为（指对组织安全绩效具有阻碍作用，即负面影响作用的安全行为，如安全违章行为）。

2.2.2.1　促进安全的行为

安全促进行为指个体或团体表现出的、客观上有利于安全的行为，主要特点有：

（1）有利性。行为表现有益于自身、他人和整个组织、社会的安全。

（2）规律性。行为表现保持恒常的有序重复，不是偶然行为。

（3）和谐性。个体行为表现出自己的鲜明个性，但又能根据环境调整自身行为使之与其所处的环境和谐。

（4）一致性。个体外显行为与其内在的心理情绪一致，无矛盾、无冲突。

（5）适宜性。行为的强度能被理性地控制，无明显冲突表现，且该强度是有利于安全的。

（6）行为动力定型。也称为"自动化"，即一些经常重复的安全行为已成惯性，无须投入多少精力就能较好地完成。

2.2.2.2　安全阻碍行为

安全阻碍行为是指偏离个人、他人、组织乃至社会的安全期望，即不利于安全的行为，主要特点有：

（1）危害性。行为对人、对己、对组织、对社会安全有直接或间接的、明显或潜在的危害或威胁。

（2）潜伏期长。行为形成以后，一般要经过相当长的时间才能对安全产生影响，出现明显的安全事件致因作用。

（3）特异性差。行为与安全事件之间没有明确的对应关系，表现为一种行为与多种安全事件或安全状态有关，而一种安全事件或安全状态又与多种行为有关。

（4）协同作用强。当多种行为同时存在时，各因素之间能协同作用、互相加强，这种协同作用最终产生的危害，将大于每一种行为单独作用之和。

（5）变异性大。行为对安全的影响大小、发生时间早晚存在明显的个体差异。

（6）广泛存在。行为广泛存在于人们的日常生活中，且存在不良安全行为的人数量较多，其对安全的危害是广泛的。

（7）习得性。不利于安全的行为都是个体在后天的生活经历中学会的，故又称"自我制造的危险有害因素"。

2.3 安全相关行为的影响因素

行为学认为，人的安全相关行为是一系列自然和社会因素共同作用的产物。安全教育要有效地干预对象人群的行为，就必须对安全相关行为的影响因素进行研究。人类的行为由内因和外因共同决定，即同时受到自身因素和外界环境因素的双重影响。

2.3.1 遗传因素

许多动物实验和跨文化人类学研究都证实，人的行为是有遗传基础的。基因除了影响行为，还能决定人的一系列行为性状和趋势。人类通过遗传物质把一些生物特征传递给后代，如性别、相貌、气质特征及某些动作特点等，其中包括某些能影响行为的潜能，如素质的潜能、气质的潜能等。研究证明，不少先天愚型的病态行为与遗传有密切关系，同卵双生者之间在生理指数，如血压、心率、呼吸、脑电波图形及一些动作特征都相似。不难理解，子代的生长发育、生活习惯、行为特点无不受到亲代遗传因素的影响。行为的遗传机制体现在以下两方面。

2.3.1.1 行为遗传的物质基础

一般认为，遗传因素对行为的控制和影响表现为基因的原发效应。其作用途径为：来自机体内外环境的刺激信息，通过各种感觉器官，传入神经系统，在内分泌腺的参与和大脑的控制调节下，经过综合分析，做出反应，产生行为：刺激→感受器→改变输入信号，作用于调控系统（神经系统和内分泌腺），改变协调和理解能力，作用于效应器，产生反应。

（1）每一种动物行为都是相对稳定的。不同种类的动物，即使形态相似，而且生活在同一个环境中，它们的行为也会有很大差别，这些行为是由遗传因素决定的。基因上的遗传密码，包含使细胞生长、分裂、分化的各种信息和决定整个动物形体和行为习性的全部信息。

（2）由于控制一个个体发育的遗传密码由亲代的生殖细胞传给子代，这种传递在某些情况下可能会出现误差，使子代的基因与亲代的不完全相同。同时，每种动物个体间有基因差异，而且动物个体的数量极多，后代的再组合过程中也会发生基因的改变，从而导致某些行为上的差异。

2.3.1.2 基因突变与行为的改变

基因对行为的影响主要是通过影响某些酶的作用，而酶的改变又间接地影响到神经系统发育、肌肉发育等情况。研究表明，单个基因的突变即可改变行为。

此外，大量研究资料表明，所有的行为包括学习行为的能力都是能够遗传的。基因的传递，使人类在长期进化中获得的优点得以继承，而基因的复杂性导致人类行为的多样性。由于遗传基因具有相当大的稳定性，所以行为能代代延续；由于遗传基因又在不断地突变、选择和整合，所以人类的行为得以不断地发展和延伸。

2.3.2 心理因素

人的行为是心理活动的外在表现，个性心理特征在个体选择行为目标时起很大作用。心理因素可以从不同的方面、不同程度影响人的行为：

2.3.2.1 需要与动机

人的一生中，时时会出现对有关的安全行为做出选择，在决定选择的因素中，首要因素是人的需要和动机。需求和需要是人的能动性源泉，是人类活动的推动者和积极性的根源。需求是客观的，不以人的意志为转移的。需求包括生理需求和社会需求。被意识到的需求即为需要，需要是客观需求的主观反映。如胃肠的空虚和血糖浓度的降低产生进食的需求，这种客观情况通过感受器反映到大脑皮层，人意识到这一需求即出现需要。需要并非被动、消极地反映客观需求，需要是在人与环境相互作用的积极过程中发生的。安全是人的客观需求，但许多情况下由于种种原因人并未意识到安全需求。安全教育活动应激发对象的安全需要，这是安全教育活动的重要内容。

人在需要的基础上产生动机。动机是推动人行动的内在力量、导向某一目标的愿望或意念。它以需要为活动基础，为满足一定的需要服务。当需要停留在某种紧张或不适状态，且与需要的具体对象及获得这种对象的途径相联系时，需要就转化为从事活动的动机。动机是人的行为的直接发动者，对人的行为起着发动、调节、维持和终止的作用。安全动机是推动人们安全行为的内部动力。一种安全相关行为可以由几种动机引起，一种动机也可以产生不同的行为。如青年员工违章施工可能有好奇、炫耀、偷懒、攀比、从众等多种动机；青年女职工爱美的动机可引发不着工作服、不按规定盘发、违规佩戴首饰等多种行为。

动机不但在实施行为的客观条件具备时满足需求，也可推动人去创造行为条件，最终实现行为。旧的需求满足了，新的需求又会产生，推动人去从事新的行为，如图 2-2 所示。

图 2-2 需要、动机与行为的关系

任何改善安全相关行为的工作若忽视对象的需求和需要，必定失败。人在同一时间常常是多种需要并存，由此产生的不同动机可能相互矛盾，形成动机冲突。冲突的结果是产生出优势动机，决定着发生相应的行为。动机冲突中何种动机成为优势动机，受各种主客观因素的影响。其中，认知因素起着举足轻重的作用。

2.3.2.2 认知

人的认知过程是一个非常复杂的过程，是指人认识客观事物的过程，即对信息进行加工处理的过程，是人由表及里，由现象到本质反映客观事物特征与内在联系的心理活动。心理学家 Neisser 认为：认知是指"人们获得和利用信息的全部过程和活动"。认知由人的感觉、知觉、记忆、思维和想象等认知要素组成。认知过程可简单概括为图 2-3。

图 2-3　人的认知过程

认知过程的第一步是注意到传来的刺激、信号；第二步是把传来的信号、刺激转化为某种信息，并做出解释；第三步是采取适当的行为，对信息做出反应。机体内外部刺激信号很多，大脑往往把无关的刺激都过滤掉了，而从无数信号中选择了感兴趣的有特殊意义的信号。例如，当一个人一边看书一边在候车室里等车，广播员的播音声音他并不很关注，但当听到他要乘的火车的车次时，他会立即警觉起来。所以认知过程对具体信号的刺激是选择性的注意，然后将信号转化为信息（赋予意义）并做出适当反应，产生行为或修改行为。同样道理，人们在获得有关安全的信息时，也是一个选择性"拾取信息"的过程。因此安全教育所提供的安全信息应该清晰、鲜明、适合对象与环境，从而能尽快引起对象注意。这种对信号的选择与人们的兴趣有关。如果人们关心自己的某一安全生产问题，往往力图获得这方面的知识。这种选择也与人们的恐惧有关，如某些人非常害怕看到违章操作导致安全生产事故的惨状，就会有意回避有关的信息。

人们对安全知识有了一定的认知，并不一定有与之一致的行为，这种情况称为"认知不协调"。例如，大部分生产事故是由人的违规操作造成的，而他们中绝大多数人认为违规操作是不安全的。认知不协调的发生可能有多种原因：

（1）同一时间存在不同需要及相应的动机冲突，冲突的结果是人们选择了自认为较重要者或较急迫需应付者，如作业人员可能因疲劳或懒惰而选择违章操作。

（2）行为条件不具备，如我们提倡下井前要携带便携式多功能气体检测仪，但在一些规模较小的矿企，由于经济原因，往往没有按要求配备。

（3）从众行为，如一个小群体中占主导地位的人都违章作业，个别成员尽管有相关安全知识但为了取得他人的认同也一起违章作业。

（4）在获得正确的知识之前已形成某种不利安全的行为，后来虽然有了正确知识，但改变行为的代价是行为者不愿付出的或行为者一时还不能改正行为。

（5）虽然人们都力求认知的一致性，但认知元素之间常常发生矛盾，即知识、信念、态度、价值观、能力等发生矛盾，于是不协调便发生了。

认知不协调是一种不愉快的心理感觉，具有动机作用，会驱使个体设法减轻或消除失调的状态，使关联的认知与行为变得协调起来。

总之，认知是行为转变的前提，促使人们理解安全、幸福和生活质量的提高，很大程度上将取决于对行为和生活生产方式的选择。人们对安全的关注越大，就越容易做出安全的选择。

2.3.2.3 态度

态度是个体对某种事物或对象所持有的一种肯定或否定、接近或背离、拥护或反对的心理和行为的反应倾向，这是一种内部准备状态。态度包括人对对象的某种情感体验，对该对象与自己的需要的关系，以及社会意义的认识和评价。其主要特征是评价性，态度必定具有特定的对象，即评价指向的东西。态度是较稳定的倾向，是跨越时间和情境的。一般认为态度的结构包括三部分：认知成分、情感成分和意向成分。认知成分反映出个人对对象的赞同或不赞同、相信或不相信；情感成分反映出个人对对象的喜欢或不喜欢；意向成分反映出个人对对象的行动意图、行动准备状态。

态度产生常导致某种与之相符合的行动。态度在心理活动中有各种不同的表现，一个人已形成的个性倾向性、世界观等是最概括的态度体系。态度对人有指导性和动力性作用，人们在不同的条件下形成不同的态度，不同的态度决定人的不同行为和生活方式。当企业在进行安全检查活动时，广大员工为了自己不被抓为典型进行教育，往往都有意识地克服违章操作。在企业做安全工作的管理人员，定期进车间进行安全检查，宣传相关安全生产知识，排查事故隐患，防止发生事故，表现出对广大员工生命负责的态度。

有人认为，态度改变可能经历三个阶段：服从、同化、内化。

（1）服从阶段。这是从表面上转变自己看法和态度的阶段，也是态度转变的第一阶段。处在此阶段的人们只是被迫表现出一些顺从行为，内心并非心甘情愿，比如一个新员工慑于群体的压力，才改正自己之前违规作业的毛病。

（2）同化阶段。人们不是被迫而是自愿接受他人的观点、知识、信念、行为等，使自己的态度自觉自愿地顺从他人。比如，员工会很开心地按安全规定生产，以期能被别人表扬认同。

（3）内化阶段。真正从内心深处相信和接受他人的观点、知识、信念，彻底地转变态度，成为内在倾向行为。如员工越来越感到安全生产能够带来的成就感和幸福感，从而恪守安全规章制度。

对严重不利于安全的行为可依法采取强制手段促其转变态度，如安全法治对策。

态度概念从一开始就是用来说明社会行为的。既然态度是行为倾向，那么态度就要引导或决定行为。一般而言，积极态度可以预期引起赞同行为，消极态度引起不赞同行为。但是，态度与行为的关系并不只是单向的，二者可以相互影响。例如，禁止在公共场所吸烟，大家都接受此规定而不在公共场所吸烟，这样的行为也会使相应态度发生变化。

虽然通常态度与行为有密切联系，但态度与行为也可能不一致。例如，调查对象回答真心愿意参加找出身边员工不安全行为的活动，但实际上在活动开展时并未积极参加。这种情况如同上述认知不协调，可能有种种原因。有人认为，人具有两种态度：一是对客体的态度，二是对"情境"的态度。在回答问题时表示的是对客体的态度，而行为中表示的是对情境的态度。这种解释强调了情境因素的作用。态度理论在安全教育实践中有广泛的应用。

2.3.2.4 情感

人们在认识客观事物的过程中，产生不同性质的体验和内心感受，这种人对客观事物是否符合其需要而产生的态度体验，就是情绪和情感。情绪和情感也是一种心理过程，但有别于认知，它具有特殊的主观体验、显著的生理变化和外部表情。

情绪指人从事某种活动时产生的兴奋心理状态，如愤怒、恐惧、狂喜等；情感相比于情绪更内涵化，多指稳定而持久的、深刻的、具有深沉体验的感情反应，如自尊心、责任感、热情、亲人之间的爱等。情感是情绪的内在体现，而情绪则是情感的外在表现。

在情感和"情绪—认知—行为"的相互作用中，情感和情绪可以是认知发展的契机，它激发人去认识、去行动；也可以强烈影响认知过程发展和行为表现，例如痛苦、愤怒或紧张情绪使认知活动变得刻板和狭窄，限制知觉和思维，干扰信息解释利用和做出反应。

情感和情绪在一定环境中发生发展，在人的安全相关行为中有重要作用。积极情绪有益于安全，消极情绪有害于安全。保持愉快稳定的情绪，要提高道德修养；保持安全的心理状态，还要学会适应外部环境的变化；自觉运用积极情绪克服消极情绪，是促进安全的有效途径。

2.3.2.5 意志

意志是人有意识、有目的、有计划地调节和支配自己行为的心理过程。人的行为由动机决定，动机在需要的基础上产生。当一个人在动机驱动下有意识地拟订计划、采取行动，这种行动是自觉的、指向目标并与努力克服障碍相联系的，它所涉及的心理过程就是意志。意志行为属于受意识发动和调节的高级活动，不同于生来具有的本能活动和不随意行为。人的生活、学习和劳动都体现了人类所特有的意志行为。

人的意志品质主要表现在：①自觉性，表现为自觉地、有意识地确定行为目标和选择达到目标的方法，并积极主动地执行计划，它的反面是行为的盲目性；②果断性，表现为遇到问题时能经过周密考虑而采取果断决定，毅然决然地去完成的意志品质，其对立面是优柔寡断、动摇不定；③坚持性，表现在为达到目标而长时间坚持不懈，不因困难而退缩，不因挫折而灰心；④自制力，即克制个人情感、控制自己行为、使行为服从于目标的实现的能力，是一种善于控制自我的意志品质。

改善安全相关行为也涉及意志活动。例如消除违章行为，在确定目标、制订行动计划和实施消除违章的过程中可能会遇到动机冲突和实际困难，能否最终成功实现消除违章需要一定的意志力量。

人的心理是认知、情感、意志的统一体，三者相互促进、相互影响、相互渗透。意志以认识为基础并随认识的发展而发展。人只有认识客观事物的发展规律，才能有意识地确定行为目标和实施行为，所以意志自由以正确认识客观现实为前提。此外，许多情况下意志过程与人的情感密切联系，积极的情感可以成为意志的动力，而消极的情感往往成为意志的阻力。

2.3.3 自然环境因素

自然环境指与人类生活和行为相互关联、相互影响的自然条件的总和，是人类赖以生存的自然条件，是人类一切活动的场所，是人类取得各种生活资料的源泉，包括人类生活于其中的一定地理环境、生物环境和地下资源环境等。

不同的自然环境对人的生活和行为有不同的影响，对安全相关行为而言，同一自然环境又总是既存在有利的因素，也存在不利的因素。人类行为是对环境适应的结果，这种适应首先是对自然环境的适应。我国北方和南方、东部与西部、山区与平原、沿海和内地，气温、降雨量、地貌、生物种类、地下资源等条件的不同，以及社会经济条件的差异，使人的行为形成一些不同的特点，所以自然环境对安全相关行为的影响首先体现在相应的风俗习惯上。自然环境对安全相关行为的影响还表现在与人类行为有关的可得资源上。自然环境不同，经济活动的内容不同，居民的性格特点往往也不同，性格特点必然影响到行为取向。

因此，安全教育工作者在对某一地区的具体对象的目标行为进行分析时必须注意物理、化学、地理、气象等自然环境因素的影响。

2.3.4 社会环境因素

社会环境是指人们所处的社会条件，包括社会的政治、经济、文化、风俗习惯、生活方式等，这些条件对人的行为，尤其是安全相关行为有极大的影响。安全教育发生于一定社会中，所以，社会对个体人的行为影响无所不在。

2.3.4.1 经济发展

经济发展是人类社会发展的主要形式，是社会进步和社会生活的基础，它的发展是人类生存和安全得以保障、人群安全水平得以提高的决定力量，它的发展也必须以人群为前提条件。

（1）经济发展对行为的积极影响。经济的发展，创造出越来越丰富的物质财富，为人们采取维护和增进安全的行为提供了最重要的物质基础。从历史来看，经济发展水平与地区安全发展水平间呈正相关，经济发达的国家和地区，能为其安全发展提供更丰富的资源、良好的教育和安全服务等；社会经济发展，改善了人们的生产和生活环境；经济发展为人们提供了受教育的机会，有利于提高人们的知识水平，促其采取安全行为。因此，经济是影响安全不可忽视的重要因素。经济水平的提高，使人不必再为解决温饱发愁，有机会去重视自己的安全权，希望不仅有机会赚钱，还有机会安全地工作后去花钱。

（2）经济发展对行为的消极影响。社会经济的发展提高了人们安全水平，但也导致一些不利安全的因素发生发展。生活水平的提高，使某些人盲目去追求自己的"诗和远方"，如户外探险被困乃至殒命、各种跑酷引起意外等现象。有部分人在解决了温饱等生存问题后向更美好生活追求的过程中，出现了一系列不安全的行为，不仅给自己，同时也给家人和社会带来了不好的影响。经济发展带来的具体经济活动的变化导致人们的安全相关行为发生相应变化，并对安全教育提出新的要求。如城市流动人口文化程度低、安全相关知识不足、缺乏社会网络支持、劳动和生活条件差，安全问题较多，易受到安全威胁。所以，应通过安全教育，全面提高人们的安全意识和行为水平，促进安全，以降低由安全问题带来的经济上的巨大损失，减小对社会和个人的严重影响。

2.3.4.2　社会制度

社会制度是一定历史条件下一定组织在某种活动领域中各种基本行为规范的总称。社会制度从本质上说是为了限制、制约人们的社会行为，是一定组织控制其成员行为的重要手段，目的在于保证群体的共同利益。它包括：就社会形态而言的社会制度，建立于不同经济形态下的各种具体制度的总和，以区别人类社会的不同发展阶段和不同性质，这一层次的社会制度制约着人的一切行为，对人们的安全相关行为有着根本的影响，如奴隶制度、封建制度、社会主义制度等；就某一特定的社会活动领域而言的社会制度，如政治、经济、教育、法律、文化制度等；就某一特定的社会活动而言的社会制度，如作息制度、学习制度、安全制度、清洁制度、服务制度等。如奴隶制度下，奴隶没有做人的资格，因而从根本上被剥夺了寻求安全信息、采取促进安全行为的权利；又如教育制度决定了社会成员系统地接受安全信息的可能性，进而对其有关态度和行为发生影响。社会制度对人的安全的影响有双向性、普遍性或稳定性、变异性、强制性等特点。

2.3.4.3　社会文化

文化是一种思考和行动的范型，广义的文化指社会物质财富和精神财富的总和；狭义的文化即精神文化，包括思想意识、宗教信仰、文学艺术、道德规范、风俗习惯、教育、科学技术和知识等。文化对行为的影响有无形性、本原性、软约束性、稳定性等特征。社会文化对人的行为及安全的影响体现在以下五方面：

(1) 思想意识对行为的影响。思想意识是人们对客观世界认识的理性化产物，表现为观点、信念等。思想意识的核心是世界观。社会思想意识对人的安全相关行为影响的作用机制在于：通过认知过程作用于个体的意识倾向，进而影响需要、动机和行为。因此，安全教育不但要传播安全信息，而且应该在传播安全信息和行为干预过程中，提倡进步、乐观、安全、积极的思想意识，促进良好的社会风尚和安全行为的形成，由此也说明安全教育是精神文明建设的重要组成部分。

(2) 法规对行为的影响。法规是国家制定认可，并由国家强制力保证其实施的社会行为规范。法规首先规定了行为模式，即人们在一定的条件可以做什么事情、必须做什么事情和不准做什么事情；其次规定了行为后果，即人们的行为在符合行为模式时的肯定性后果，以及违反行为模式时的否定性后果。法规通过教育、威慑、惩罚作用来制约人的行为，因此它是调节和控制人们行为的最强有力的手段。如安全法规对于民众采取促进安全的行为、维护和提高安全水平已经发挥了积极而重要的作用。尽管安全教育强调通过信息传播、培训、行为矫正等方式促使对象人群自愿采取促进安全行为，但是对影响范围较大的危害安全的行为还需通过法规手段解决，即宣传法规、普及法律知识、培养守法意识。安全教育是宣传执行法规的手段，同时，其工作的开展也需法律给予保障。

(3) 道德舆论对行为的影响。道德是以善恶和荣辱观念来评价和调节人们的社会行为的一种社会规范。作为一种行为规范，道德的社会作用主要通过对人的行为提出善与恶、正义与非正义、公正与偏私、诚实与虚伪的社会评价舆论而对社会成员的行为产生导向和制约功能。道德舆论将一定的社会行为准则推荐给社会成员，经过个体的认知过程在其内心树立起某种初步的道德信念，并逐步使其道德认识深化。通过舆论的褒扬、贬抑而产生作用力，控制和影响个人的需要、动机和行为。道德对行为的调节范围比法规制度更广，其作用程度比风俗习惯更强。安全教育必须重视在安全知识基础上强有力的社会道德的力量，推动道德的进步，积极运用道德舆论来影响人们的安全认知，促使人们的行为有利于安全。

（4）风俗对行为的影响。风俗是特定地域的特定人群在长期日常生产生活中自然形成的、世代沿袭与传承的习惯性行为模式，是一种最普遍、最广泛的行为规范。风俗是一种社会传统，是历史形成的，在人的幼年就对其产生影响，对其有强烈的制约作用，是社会道德和法律的基础和相辅部分。其作用是潜移默化的，然而却又是强大的。风俗体现于人之行为，影响人之思维，且与环境相关。风俗具有四个特征：广泛性、地域性、约束性、稳定性。习俗对安全相关行为有正反两方面的影响。传统节日、婚礼喜庆、各类庆典、庙会活动等场合几乎都会燃放爆竹，特别是在春节期间，爆竹的使用更是比比皆是。当人们在为高科技烟花爆竹的绚丽多彩惊叹、喝彩、尽兴时，有谁会想到因为燃放烟花爆竹给城市带来了火灾频发、噪声增加、烟尘不散的诸多后果，带来了诸多安全问题。

（5）教育对行为的影响。广义的教育指一切增进人们知识技能、身体安全以及形成和改变人们思想意识的活动，即人们社会化的过程和手段。从根本上讲，教育的基本职能可以归纳为：一是传授知识和技能；二是传播思想意识和社会行为规范。其目的都是把个人转变成为社会中合格的一员，即社会化。在经济水平比较一致的情况下，受教育水平不同的人可能会采取不同的行为与生活方式，由此对安全产生的影响也是不一样的。一般来说，一个人受教育的程度越高，其理性化也会越高，由于其获取信息的渠道多，相比较而言获取安全知识的能力就强，可能会更偏重生活、工作条件的改善及精神生活的丰富，把闲暇时间作为增长知识的机会，能采用比较安全合理的方式安排其生产生活。

教育对安全相关行为的影响：教育通过传授知识的活动，增进教育对象的科学知识和技能，提高其接受和理解应用安全信息的能力；教育通过传授知识的活动，直接为教育对象提供安全信息；教育通过传播社会行为规范，使教育对象了解掌握与安全有关的法规制度、道德标准等，系统地按社会的需要培养出符合社会行为规范的相应角色行为。

2.3.4.4 社会关系

关系是指社会中人与人之间关系的总称。人生活在由一定社会关系构成的社会群体之中，包括家庭、邻里、朋友、工作团体等，这些基本的社会群体编织成社会网络。人在社会网络中的相互关系将直接或间接影响人的行为。

（1）社会网络和社会支持。社会支持是指个人从社会网络中所获得的情感、物质和生活上的帮助。社会支持建立在人与人之间相互关心、相互信任、彼此尊重的基础上。支持是人的基本社会需要。社会支持对行为的影响主要体现在人际关系、社会网络和社会凝聚力三个方面。社会支持是各种生理、心理、信息、工具或物质的协助与帮助，可以使个人更能适应压力，维持心理安全并促进适应。融洽的人际关系不仅可以获得情感上的支持，也是获得社会支持的基础；完善的社会网络和强大的社会凝聚力均可促使人们采取安全的行为或完成行为的转变。

（2）家庭对行为的影响。家庭是以婚姻和血缘关系为基础的人类社会生活的基本群体。每个成员的发育成长、事业爱好、生老病死与其家庭息息相关。安全与家庭有着密切的关系。模仿是人社会化的首要一步，家庭内部错综复杂的关系提示每个家庭成员都可能模仿其他成员的行为，并提供"行为前件"和"行为后件"而影响其他成员的行为。行为前件是可以引发某种行为的提示事件。人们的生活环境中充满了这种提示，如符号、规则、提醒等，在家庭环境中，物质提示是行为强有力的影响因素。行为后件是紧接行为反应之后发生的，对该行为重复发生的频率或趋势发生影响的事件。行为反应后的继发事件如要成为能对该行为发生影响的行为后件，必须是与行为者的某种需求有关联的条件性事件。

2.4　安全相关行为转变理论

安全相关行为是一种复杂的活动，受心理、自然与社会环境等因素的影响，相对来说，安全相关行为的改变也比较复杂。安全教育的核心是改变目标人群的不安全生产生活方式和行为习惯，鼓励并引导人们养成促进安全的行为，进而达到预防安全事件、提高安全保障水平的目的。但是并不是所有的安全教育活动都能有效实现，行为的发生发展是有一定过程的，而且在这一链条上受很多因素的影响，所以我们有必要对行为改变涉及的各个环节进行了解，以便抓住关键步骤，进行有效的安全行为干预。各国学者、专家提出多种改变行为的理论，通过学习，有助于安全教育工作者改变人们的安全相关行为，促进安全。

2.4.1　知-信-行模式

知-信-行理论（知识、信念和行为的简称），也称为 KAP（knowledge，attitude，belief and practice，KABP 或 KAP）理论，是一种应用于个体水平的行为改变理论，是西方学者 20 世纪 60 年代提出的行为理论模式。知-信-行理论认为：安全知识和信息是建立积极、正确的安全信念与态度，进而改变安全相关行为的基础，而安全信念和态度则是安全相关行为改变的动力。只有当人们了解了有关的安全知识，建立起积极、正确的安全信念与态度，才有可能主动地形成有益于安全的行为，改变不利于安全的行为。

知-信-行理论可以简单地表示为：

信息→知识→信念→行为→促进安全

"知"指知识和学习，是基础；"信"指信念和态度，是动力、是关键，它常与感情、信念一起支配人的行动；"行"包括产生安全促进行为，消除安全阻碍行为等行为改变过程，是目标。知识、信念、行为三者之间存在着因果关系，安全知识和积极的安全态度是改变不利于安全的行为必不可少的要素，但有了前者并不一定导致后者的产生。例如，人们接收到信息，了解了知识，但感到这些知识与自身的安全需求无关，或对信息来源不信任，都不能促使人们行为发生相应的改变，这也是知-信-行理论在预测和解释安全相关行为时的不足之处。因此，在安全教育实践中，只有全面掌握知、信、行转变的复杂过程（见图 2-4），才能及时、有效地消除或减弱不利影响，促进形成有利环境，进而达到改变安全相关行为的目的。

从图 2-4 可以看出，知、信、行三者间只存在因果关系，没有必然性。在信念确立以后，如果没有坚决转变态度的前提，实现行为转变的目标照样会失败。要使人们接受知识转化到改变行为是一个非常复杂的过程，在行为改变的过程中，任何一个环节或因素都可能影

图 2-4 接受信息和改变行为的过程

响到知识到行为的顺利转化，其中有两个关键步骤：确立信念和改变态度。

通常可采用下列促进态度转变的方法。

（1）利用促进信念建立的方法，如增加信息的权威性、增强传播效能、利用恐惧等因素等，只要适时、适当，也有助于态度的转化。

（2）针对明知故犯、知而不行者的具体原因，有针对性地强化干预措施。如习惯性违章难除，有些人是缺乏毅力和信心，有些人是担心招致团体的排斥，有些人是心存侥幸。所以除分别有针对性地采取干预措施外，借助外力如政策、法律、经济和组织手段，公众场合秩序，公众舆论等，也能加速态度和行为的改变。

（3）根据"服从、同化、内化"态度改变三阶段理论，对严重不利于安全的行为可依法采取强制手段促其态度转化。但在行为改变过程中，认知不协调、认知元素间存在矛盾使得人们从接受知识到改变行为是一个非常复杂的过程，对行为及其影响因素的分析也难以进行，所以该模式指导安全教育实际工作作用有限。

2.4.2 行为改变阶段模式

以往人们把行为变化简单理解为一个事件，但其实人的行为变化实际上是一个连续、动态的过程，人们采取和放弃某种行为时实质是一个决策过程。基于此，人们提出了行为改变的阶段模式。该模式以变化发展的观点看待安全相关行为。

行为改变阶段理论认为，人的行为变化通常需要经过以下 5 个阶段：

（1）无转变打算阶段。在这一阶段的人们在未来 6 个月内没有改变自己行为的打算。这些人属于无动机群体，他们常常会提出一些理由来对行为干预进行抵触。

（2）打算转变阶段。处在该阶段的人们打算在未来 6 个月内采取行动，改变不安全行为。他们已经意识到行为改变的益处，但同时意识到行为改变的代价。利益与代价之间的均衡常常使人们处于极度矛盾之中，导致他们停留在此阶段，不再继续前进。

（3）转变准备阶段。进入该阶段的人们将在未来 1 个月内改变行为。这种人在过去已经有所行动，并对所采取的行动已有计划，如参加一些有关的课程培训或购买相关的资料等。

（4）转变行为阶段。在此阶段的人们，在过去的 6 个月里已做出了行为改变。但不是所有的行动都可以看成行为改变。他们行为的改变必须符合科学家或专家的判断，已达到足以降低安全风险的程度。

（5）行为维持阶段。处于此阶段的人们保持已改变了的行为状态达 6 个月以上，已达到预期目的。他们努力防止复发，已经比较自信，不易再受到诱惑而复发旧行为。

行为改变阶段模式从个体水平的角度将人的行为改变分为 5 个阶段，但行为改变并不是单向移动的，一种行为的形成不是一件容易的事，往往经过多次重复尝试才能形成。行为改变阶段模式中行为的改变往往不是以线性的模式来移动，而是以螺旋的模式来改变。

行为变化过程主要是心理活动，包括认知层面和行为层面。

（1）认知层面。

① 提高认识。发现和学习科学、正确的事实、思想、知识等，奠定向安全行为转变的理论基础。

② 情感唤起。知觉到如果采取适当的行动，可降低不良行为给个人和社会带来的负面影响。

③ 自我再评价。在认知和情感上通过对自己的不安全行为的自我评价，认识到行为改变的重要性。

④ 环境再评价。在认知和情感上通过对自己的不安全行为的负面影响进行评价。

⑤ 自我解放。在建立行动信念的基础上做出要改变行为的承诺。

⑥ 社会解放。社会支持，意识到有一种尊重个人和有利于安全的社会环境的支持。

（2）行为层面。

① 反思习惯。对自身不良行为进行反思，认知到它的危害，有建立安全促进行为的愿望，并学习一种安全的行为取代它。

② 强化管理。增加对安全促进行为的鼓励和奖赏，以保证该行为继续坚持下去。

③ 控制刺激。消除诱使不安全行为发生的因素，增加安全促进行为建立的有利提示。

④ 求助关系。在安全促进行为形成过程中，向社会网络寻求支持。在安全教育过程中，了解人们的心理活动，有助于人们清楚其行为发展到哪一阶段，有何需要，以便有针对性地采取措施，帮助对象进入下一阶段，最终改善安全行为。

该模式局限性体现在：对环境影响作用考虑较少；对行为变化是描述性解释，而非原因性解释；行为变化各阶段划分和相互关系不清。在实际工作中，安全教育工作必须建立在调查研究基础上，清楚了解目标人群行为的实际情况，以及不同阶段对象的实际需要，然后设计干预措施和方案，方能发挥其实际价值。

2.4.3　计划行为理论

计划行为理论是在理性行为理论的基础上发展起来的。理性行为理论假设行为的发生，皆能够由个人的意志所控制；可是实际的情况是，个人对行为意志控制往往受到许多其他的因素的干扰，大大地降低了理性行为理论中对个人行为的解释力。因此，Ajzen 便将理性行为理论加以延伸，提出了计划行为理论，期望能够对个人行为的预测及解释更适当。

Ajzen 认为，所有可能影响行为的因素都是经由行为意向来间接影响行为的表现。而行为意向受到三项相关因素的影响，其一是源于个人本身的"态度"，即对于采取某项特定行为所抱持的"态度"；其二是源于外在的"主观规范"，即会影响个人采取某项特定行为的"主观规范"；其三是源于"知觉行为控制"。由于安全相关行为特点各异，所以该理论对不同安全相关行为的预测能力也不尽相同，在运用计划行为理论时，还需要与行为本身的特点相结合，从而彻底理解人们安全相关行为的发生与变化。

2.4.4　社会认知理论

社会认知理论是 1986 年由 Bandura 提出的，社会认知理论的主要观点认为：个体在特

图 2-5 个人-行为-环境交互作用示意图

定的社会情境中，并不是简单地接受刺激，而是把外界刺激组织成简要的、有意义的形式，并把已有的经验运用于要加以解释的对象，在此基础上才决定行为方式。该理论认为个体的行为是由认知因素、环境因素和行为因素三者交互作用决定的，而非内部或外部因素单独驱动或控制的（图 2-5）。这三种因素不一定同时出现，三种因素对人的行为的影响因人而异，有的因素作用可能强些，有的可能弱些，这主要由特定行为和行为发生的特定情况决定。该理论可用于理解安全相关行为，进而设计促使有利安全行为形成的干预活动。

社会认知理论的主要内容有：

（1）交互作用。行为的影响因素之间及影响因素与行为之间的作用是双向的，它们之间相互作用、相互影响。如行为与环境之间，环境塑造、影响人的行为；反过来，人的行为又时刻影响、改变着环境（人与自然）。环境和个人特征也存在双向作用。

（2）观察学习。大量心理研究结果显示，人类的多数行为都是通过观察学会的。人通过观察来了解社会，解读他人行为，进而形成自己的行为。如模仿，人的行为很多都是由模仿而来的。那么安全教育就可通过榜样的示范作用，通过模仿，诱导人们建立有利于安全的行为。行为的调节和维持由刺激、强化、认知来决定：特定的刺激可以决定某些行为在适宜的时间、地点出现；可以通过奖励手段强化人的行为，使之一旦形成便可持续下去；把行为与内在标准比较，提供自我强化或惩罚，从而指导行为。

观察学习需具备以下条件：

第一，首先引起对象的注意，才能使其接受有关的外界刺激加以学习；

第二，对象要将观察的行为保持在记忆中，以便在一定的情境中加以模仿；

第三，对象具有言语和动作能力，才能模仿一定的行为；

第四，对象要有适当的动机，才会提高学习的效率；

第五，实施正确行为之后应加以强化。

（3）自我效能。即相信自己能在特定环境中恰当而有效地实施行为，不同于一般意义上的自信，是对能力的自我认识，是一种信念，是社会认知理论的核心内容，对行为的形成和改变很重要。它以多种方式影响着人的行为。自我效能不是与生俱来的，它在行为实践过程中不断增强。

（4）情绪。在行为形成和改变过程中，不可避免出现一些情感性问题，如不愿改变旧行为、感到紧张、否定新行为等。不同的人，不同的环境中，人们的情感反应不同，这些情感反应直接、间接影响人的行为，所以，情绪的控制是行为形成和改变的重要因素，安全教育过程中对情绪的控制不可忽略。

（5）环境通过人的主观意识（情境）在行为形成过程中起重要作用。当人们意识到环境提供了行为改变的有利机会时，人们就会努力克服障碍，促进行为形成。当人们未意识到环境提供的机会时，环境的影响力就会受到限制。

（6）强化。强化有助于行为的巩固或中断。行为发生与否或发生的频度与行为前件和行为后件相关，尤其是行为后件，其作用强度更大些。强化可分为外部强化和内部强化。外部强化，通过他人的反应或其他环境因素来实现。人们通过观察了解到周围的人对某些行为的正面或负面的反应，因而自己的行为受到强化，既可是自己的，也可是他人的。内部强化，来自个人的经验或自身的价值观。结果预期和结果期望是两个重要成分。结果预期是通过在类似情境中的经验，或观察其他人在该情境的情况，使人相信这样做会达到某种预期的结果。结果期望是对行为结果的价值判断，有助于进一步加强内部强化作用。社会认知理论为解释、预测安全相关行为和制定安全教育干预策略提供了有用的理论工具。由于该理论内容广泛、结构复杂，应用该理论需要更广泛的知识、经验和训练。

2.4.5　安全行为干预的 S-IKPB 模型

安全行为干预是指改变安全行为主体的安全行为，具体包括"纠正与消除安全行为主体的安全阻碍行为"及"使安全行为主体采取与实践安全促进行为"。从行为科学角度看，完整的行为（包括安全行为）过程应包括产生行为动机、确定行为目标、行动过程与发生行为结果四个关键过程。由此观之，以安全行为动机和安全行为目标为依托，通过一系列合理的行为活动，安全行为主体可实现预期的安全行为结果。

因此，安全行为干预的实质是通过对安全行为主体的整个安全行为过程进行干预或控制，使之得到特定的安全行为结果。由此，成功的安全行为干预可分为两个基本过程：①给安全行为主体以安全行为目标，控制其安全行为进入特定轨道，并得到期望的安全行为结果；②在安全行为主体拥有安全行为目标的情况下，控制安全行为主体的安全行为过程，使安全行为结果不偏离目标。

2.4.5.1　模型构建

在行为科学领域，目前已形成以下四方面重要共识：①行为具有可控性，这是进行行为干预（管理）的先决条件；②信息可直接影响人的脑部活动（即隐性行为），故信息是进行内隐行为控制的首选控制信号与切入点；③认知心理学认为，人的行为活动过程就是信息的流动与转换的过程，人的外显行为的本质是人的内在信息认知过程的外在表现；④人的内隐行为决定其外显行为。

综上可知，人的行为不仅因信息而引发，同时需在信息的支持下完成，信息是对人的行为具有控制作用的元素，基于信息进行行为干预科学可行。其实，已有的一些与信息有关的典型行为干预理论［如"信息-决策-行动（IDA）模型"与"信息-动机-行为技巧（IMB）模型"等］也可证明上述观点的正确性与科学性。有鉴于此，安全行为作为人的行为的一种，基于安全信息的安全行为干预理应科学而可行。同时，已有的部分人因事故模型（如瑟利模型）与安全行为模型（如基于信息认知的个人行为安全机理模型）也可表明，安全信息是安全行为主体安全行为的重要影响因素之一，应基于安全信息对安全行为主体的安全行为进行干预。

若从设计科学角度看，"构建模型"相当于"设计模型"，符合设计的一般步骤，即"发现与明确问题"、"制定设计方案"、"制作模型"与"测试、评估及优化"四个关键步骤。上文已明确本书要构建的安全行为干预模型的问题立足点和出发点（即"基于安全信息对安全行为主体的安全行为进行干预"），这里扼要论述本书要构建的安全行为干预模型的基本设计方案（即构建思路），具体如下：①以"信息就是安全，安全就是信息"为基本设计理念；②以心理认知学、行为科学与信息科学知识为基础；③以安全信息为基本切入点（即逻辑起点）；④以安全行为主体的安全信息流（即"自在安全信息→自为安全信息→再生安全信息"，具体定义见表 2-1。其中，自在安全信息向自为安全信息的转化以积存安全信息的存在为条件；从自在安全信息中获取更多有用的自为安全信息与再生安全信息，就是安全信息资源的开发利用过程）为主线；⑤以"安全信息（safety information，SI）→安全知识（safety knowledge，SK）→安全认识（safety perception，SP）→安全行为（safety behavior，SB）"的过程为安全行为逻辑链；⑥融合安全行为主体安全行为的关键影响因素（主要包括安全信息因素、安全知识因素、安全认识因素、安全行为诱因、安全行为能力、安全人性因素与背景因素七类）。

表 2-1　安全信息的主要类型

类型	定义
自在安全信息	指系统(组织)未来安全状态的客观显示,是安全信息还处在未被安全行为主体认识与掌握的那种初始状态。换言之,自在安全信息指客观存在而不以是否被安全行为主体接收或分析处理为转移的安全信息
积存安全信息	指安全行为主体已有的先验安全信息,是安全行为主体对自在安全信息的解释系统
自为安全信息	指安全行为主体对自在安全信息的主观直接显现、把握或认识。换言之,自为安全信息指安全行为主体依据特定目标与实际能力所得到的安全信息
再生安全信息	指安全行为主体通过思维活动对自为安全信息进行的一种改造过程中创造的新形态的安全信息。产生再生安全信息的主要活动是安全行为主体的思维活动

在此，根据模型构建的基本思路，建立基于安全信息的安全行为干预新模型，即"安全信息-安全知识-安全认识-安全行为（S-IKPB）"模型，如图 2-6 所示。需补充说明的是，由 S-IKPB 模型的构建思路可知，S-IKPB 模型在吸收传统安全行为干预模型"精髓"的基础上，对传统安全行为干预模型进行了一定的创新和完善（如构建模型的基本理念不同，具有明确的安全行为干预切入点，安全行为干预具有逻辑性和直观性，以及考虑融合了影响安全行为的非安全信息因素等），构建思路中的 5 方面（即第①、③、④、⑤与⑥点）可充分体现 S-IKPB 模型与已有的安全行为干预模型的区别与优点。

2.4.5.2　模型的内涵解析

这里，详细解释 S-IKPB 模型的基本内涵。需指出的是，在 S-IKPB 模型的"评估与测试"方面，这里仅阐释理论层面的模型的优点及有效性，实证层面的验证可通过后续相关研究开展。由图 2-6 可知，S-IKPB 模型共涉及 9 个基本构成要素，即安全信息供给（暴露/刺激）、安全信息行为实施、安全知识形成及利用、安全认识塑造、安全行为改变、安全行为诱因、安全行为能力、安全人性因素与背景因素。这里，对它们的基本含义进行扼要解释。

（1）安全信息供给（暴露/刺激）。安全信息供给（暴露/刺激）指安全行为主体所在的组织通过书面形式（如安全标识牌、安全法律法规、安全制度规范等）、活动形式（如各类安全文化活动等）、交流沟通形式（如安全警告、安全宣教与安全劝服等）等形式向安全行为主体（即安全信息使用者，或称为安全信息用户）提供揭示组织安全状况的安全信息（其目的是使安全信息暴露至安全行为主体），以刺激安全行为主体产生安全信息需求并满足安全行为主体的安全信息需求。

因此，安全信息供给是安全行为主体产生安全信息需求与满足安全行为主体安全信息需要的基本前提。由此观之，安全信息的有效供给是安全行为干预的基本起点与突破口。从信息哲学的角度看，就安全行为主体而言，所供给的安全信息均是"自在安全信息"。

图 2-6 安全信息-安全知识-安全认识-安全行为 (S-IKPB) 模型

（2）安全信息行为实施。安全信息行为指所有的与安全信源、安全信息需求、安全信息获取、安全信息检索、安全分析利用、安全信息扩散等有关的安全行为主体的行为。所谓安全信息行为实施，是指安全行为主体所表现出来的安全信息需求、安全信息动机、安全信息获取、安全信息分析与安全信息处理等行为。

安全行为主体实施安全信息行为是安全行为主体学习与获得安全知识的前提条件（即必需手段与必经过程）。从信息哲学的角度看，安全行为主体实施安全信息行为的直接目的或结果是将"自在安全信息"转化为"自为安全信息"。由此观之，产生"自为安全信息"的活动主要是安全行为主体的安全信息行为。

（3）安全知识形成及利用。安全信息经过安全行为主体的分析、加工与处理，就可用于指导其安全行为实践，则转变为安全知识。换言之，任何安全知识都是在安全行为主体获得安全信息后，通过加工整理而转化成为安全知识的。由此观之，所谓安全知识，是指安全行为主体从各种途径中获得，并经过提升总结与凝练的安全信息。简言之，安全知识是指已被安全行为主体学习和掌握的安全信息。

从信息哲学的角度看，安全知识的本质是"自为安全信息"与"再生安全信息"的总和。概括而言，安全行为主体的安全知识形成及利用过程主要包括 4 个主要阶段，即安全信息转化、安全知识形成、安全知识储备与安全知识利用。

（4）安全认识塑造。安全认识（实质亦是"自为安全信息"与"再生安全信息"的总和）是指人脑对系统客观安全状态（系统客观安全状态的实质反映是"自在安全信息"）的反映，并基于自身所拥有的安全知识（包括"积存安全信息"）揭示安全（这里主要指安全促进行为）对人的意义与作用的思维活动。由此观之，安全认识实际也是一种特殊的安全信息形态，是建立在掌握充分安全信息基础上的理性思考。

概括而言，安全认识主要包括 3 个核心元素，即安全意识（指安全行为主体对安全问题所引发的威胁的感知，以及对采取某种安全促进行为的心理期望，具体解释见表 2-2）、安全认同（指安全行为主体对安全价值及采取安全促进行为等认可的态度，具体表现为安全行为主体对采取安全促进行为重要性与必要性的认识）与安全意愿（指安全行为主体对采取安全促进行为的倾向程度，即意向与愿望，其是一种持久的情绪性心理倾向）。

表 2-2　安全意识的核心要素

一级要素	二级要素	具体解释
知觉到安全问题所引发的威胁	知觉到安全问题的严重性	指安全行为主体知觉到某种安全问题（包括事故、伤害、网络攻击或暴露于某种不安全因素等）的严重性或对自身的不安全行为不进行改变的严重性。具体而言，行为主体对安全问题的严重性的判断，主要包括 3 方面：①对安全问题的生物学后果（如死亡、伤残、疾病与疼痛等）的判断；②对安全问题所引起的其他损失（如效益损失、财物损失、环境污染、名誉形象受损、信息泄露与隐私泄露等）后果的判断；③对安全问题所引起的社会后果的判断，如经济负担、工作生活问题、心理负担、家庭生活、对亲人与亲戚朋友等的影响，以及社会关系受影响等。行为主体对所面临的安全问题的严重性的估计不足或过度均是不宜的。例如：①若估计不足，可能对安全的重要性的认同度会偏低，可能拒绝采纳安全促进建议；②若估计过度，可能引起过度恐慌或采取某些过激行为
	知觉到安全问题的易发性	指安全行为主体对出现某种安全问题或陷入某种不安全状态的可能性的判断（包括对安全促进建议的接受程度与自身对安全问题发生、复发可能性的判断等）。换言之，行为主体对安全问题易发性衡量的侧重点在于对某一安全问题产生行为主体所不希望安全后果（安全问题的严重性）的概率大小的判断

续表

一级要素	二级要素	具体解释
对采取某种安全促进行为的心理期望	知觉到安全促进行为的益处	指安全行为主体对于实施或放弃某种安全行为后,能否有效降低某种安全问题的危险性、发生概率或减轻其不良后果(包括能有效预防该安全问题或降低该安全问题所引发的不良后果影响等)的判断。唯有当安全行为主体认识到自己所决定采纳的安全促进行为有益有效时,安全行为主体才会积极主动地采取并重复有关安全促进行为
	知觉到实施安全促进行为的障碍	指安全行为主体对采取与实施安全促进行为的障碍,即困难(包括有形成本与心理成本)的认识。例如,有些安全促进行为可能成本(如经济成本与时间成本等)投入较大,甚至可能带来不便感、不愉悦感与日常生产生活的时间安排有冲突。对上述类似困难有足够的认识,且相信克服这些障碍,采纳与实施安全促进行为值得时,才有可能采纳与实施安全促进行为并巩固持久。否则,安全行为主体则可能依旧维持原有的安全阻碍行为
	自我安全效能	指安全行为主体对自己实施或放弃某安全行为能力的自信,即对自身的安全行为能力有正确的评价与判断,相信自己一定能通过努力成功地采取一个能导致期望结果的安全行动。自我安全效能的重要作用在于,当认识采取某种安全促进行为会面临的障碍时,需要有克服障碍的信心与意志,才能执行这种安全促进行为。决定自我安全效能的因素不仅来自安全行为主体的内心与能力,有时也来自其客观条件(如经济地位与组织支持等)

根据表 2-2,这里对安全行为主体知觉到安全问题所引发的威胁进行进一步解释:安全行为主体知觉到某种安全问题(主要指某种不安全因素)所引发的安全威胁。需特别指出的是,若某一行为主体仅知觉到某一安全问题的严重性而未知觉到其易发性,则其并非一定会知觉到这一安全问题的安全威胁。尽管行为主体知道某一安全问题的严重性,但若其认为自身绝不,或基本不可能会面临或陷入该安全问题时,其就极可能不会采取相应的预防保护措施。例如,在安全教育工作中,经常出现这样的情况:某些高风险行为主体已知道某一安全问题的严重性,但未真正明白安全问题的随机性与隐匿性,认为"我周围无这一安全问题,我根本不可能遇到或陷入该安全问题",故对相应的安全防控保护措施嗤之以鼻。

由上可知,行为主体知觉到安全问题的严重性与易发性,可统称为行为主体知觉到安全问题的安全威胁,这一过程实则是行为主体的安全风险感知过程。此外,安全意识、安全认同与安全意愿三者间的基本关系是:①强烈的安全意愿是特定安全行为形成的前提;②强烈的安全意愿源自对实践某种安全行为的强烈认同;③强烈的安全认同源自强烈而正确的安全意识。

(5)安全行为改变。从行为科学角度看,完整的行为过程应包括产生行为动机、确定行为目标、行动过程与发生行为结果 4 个关键过程。基于此,可得出安全行为改变(干预)的 4 个关键步骤,即决定改变安全行为(具体包括产生改变安全行为的动机,以及确定改变安全行为的目标)、开始改变安全行为(具体表现为尝试实践某种安全促进行为)、坚持改变安全行为(具体表现为持续反复实践某种安全促进行为)与确认安全行为(具体表现为安全行为主体已养成采取和实施某种安全促进行为的习惯)。

从安全信息角度看,安全行为改变实则是安全行为主体的内在安全信息认知处理过程的外在表现,即基于安全信息的安全行为干预。

(6)安全行为诱因。安全行为诱因指激发安全行为主体采取安全促进行为的"导火线"。

安全行为诱因主要指一系列安全提示性因素，其可以是安全宣传教育、别人的安全劝服、安全管理人员的安全提醒、其他人（主要指同事与亲友）遭遇过某种安全问题，以及安全规范等。

此外，安全行为条件的可及性也会构成安全行为诱因。例如，安全防护设施设备的伸手可及可能会成为某些情况下使用安全防护设施设备的主要诱因之一。

（7）安全行为能力。安全行为能力指安全行为主体实施（实践）某种安全促进行为的知识与技能，可通过安全信息（包括安全知识）传播与技能训练促使其掌握有关实施某种安全促进行为的能力。

（8）安全人性因素。安全人性因素是影响安全行为主体的安全行为的主要因素之一，主要包括安全需要因素与安全恐惧因素。

① 安全需要因素。著名心理学家马斯洛（Maslow）认为，安全需要（仅高于生理需要）是人的第二层基本需要，人的安全需要是人的内隐安全行为（如人的安全信息需求产生、安全行为改变意愿产生等）的关键影响因素之一。

② 安全恐惧因素。安全恐惧指安全行为主体感知到安全问题的安全威胁而又不明情况，不知如何应对安全问题而产生的逃避情绪反应，其也是人的内隐安全行为的关键影响因素之一。

在安全信息供给过程中，应通过有针对性的工作，帮助对象个体或群体了解相关安全信息，让安全行为主体既作出正确的安全认识，又满足其安全需要并消除其安全恐惧，从而有利于安全问题的解决与防控，保护所有人的安全权益。

（9）背景因素。一些背景因素也是安全行为主体是否采取某种安全促进行为或放弃安全阻碍行为的主要影响因素，主要包括以下 4 方面因素：①人口学因素（年龄、性别与种族等）；②社会心理学与组织心理学因素（个性、情绪、情感、社会地位、社会压力与组织角色等）；③积存安全信息因素（包括以往的安全经验，以及与安全问题的接触及经历等）；④环境因素（指安全行为主体的外在环境因素，为安全行为主体实施某种安全行为提供机会与社会或组织支持，如安全文化因素）。

综上，可概括出 S-IKPB 模型的核心思想。

（1）以安全信息为主线的安全行为干预流程主要包括 5 个基本步骤，即"Ⅰ安全信息供给（暴露/刺激）"、"Ⅱ安全信息行为实施"、"Ⅲ安全知识形成及利用"、"Ⅳ安全认识塑造"与"Ⅴ安全行为改变"。

（2）上述 5 步可归纳为 4 个典型阶段，即"安全信息→安全知识→安全认识→安全行为"。

（3）"安全信息"是指表征安全行为主体所在组织的安全状态的信息，其是安全行为改变的前提。"Ⅰ安全信息供给（暴露/刺激）"是安全行为干预的必要条件（但并非是充分条件），"Ⅱ安全信息行为实施"是"自在安全信息"转化为"自为安全信息"必经过程。

（4）"安全知识"是指安全学习，其本质是"自为安全信息"与"再生安全信息"的总和，其是安全行为改变的基础，其依赖"Ⅲ安全知识形成及利用"这一过程产生和实现效用。

（5）"安全认识"是指正确而积极的安全认识（具体包括安全意识、安全认同与安全意愿），是安全行为主体在对安全知识进行积极思考的基础上而逐渐形成的，其是安全行为改变的动力，其依赖"Ⅳ安全认识塑造"这一过程增强、纠正或更新等。

（6）"安全行为"是指安全行动（特指显性安全行为），是安全行为改变的目标，其依赖"Ⅴ安全行为改变"这一过程。

（7）隐性安全行为（主要包括安全信息行为实施、安全知识形成及利用与安全认识塑造）决定显性安全行为，安全行为干预应从隐性安全行为干预着手。

（8）安全行为除受安全信息及其延伸因素（即安全知识因素与安全认识因素）影响外，还受安全行为诱因、安全行为能力、安全人性因素与背景因素的影响，故在进行安全行为干预时，不仅要重视安全信息的有效供给与传播，也要关注其他安全行为影响因素。

（9）安全信息、安全知识、安全认识与安全行为之间并非仅是单方面的"正向"的影响关系，也会"逆向"相互影响。

2.4.5.3　模型实施的基本要素与方法

由 S-IKPB 模型的内涵可知，S-IKPB 模型可为基于安全信息的安全行为干预提供理论依据与基本思路，但尚未给出 S-IKPB 模型应用实施的基本要素与方法。这里，对此进行扼要探讨。

根据 S-IKPB 模型的中心思想（即运用安全信息控制安全行为主体的安全行为），给出应用实施 S-IKPB 模型的 3 个基本要素，即安全信息（SI）、安全教育（safety education，SE）与安全传播/交流/沟通（safety communication，SC），三者可统称为"S-IEC 要素"。其中，安全信息是基础，安全教育是手段，安全传播/交流/沟通是目标，通过三者的有效协作，可实现以安全信息（包括安全知识）传播/交流/沟通为主的安全教育活动，进而干预安全行为主体的安全行为。简言之，"S-IEC 要素"的核心在于安全教育、安全传播与安全行为之间的关系，而安全教育与安全传播的内容是安全信息。

基于 S-IKPB 模型实施的"S-IEC 要素"，提出 S-IKPB 模型实施的基本方法，即 S-BC-CEI 模式（见图 2-7）。由图 2-7 可知，S-BCCEI 是安全行为（SB）、安全变化（safety change，SC）、安全传播/交流/沟通（SC）、安全教育（SE）、安全信息（SI）的英文缩写。在 S-BCCEI 模式实施的每一步骤，实施者均需回答和解决一个关键问题（见图 2-7）。概括而言，S-BCCEI 模式的重点是关注安全行为主体的安全行为，需要知道通过供给什么安全信息和采取什么安全教育措施使某安全行为主体的安全行为发生哪些变化，以及需要做哪些安全传播和安全沟通工作。

图 2-7　S-BCCEI 模式

显然，S-BCCEI 模式较一般安全教育方法更为系统、科学且切入点明确。此外，因为安全信息（包括安全知识）传播活动操作起来较为简单，容易取得即时效果（并非具有好的效果），且无须进行复杂的效果评价。因此，S-BCCEI 模式易被普遍采用。但需指出的是，正因如此，S-BCCEI 模式仅是在提高安全行为主体的安全知识与安全认识方面会发挥好的促进作用，而在安全行为干预方面的作用也是有限的，还应考虑其他安全行为影响因素。

2.4.6 行为安全管理元模型

2.4.6.1 模型的构建

以某一具体组织系统（如企业及其子部门）为对象，以组织系统安全绩效的变化为结果事件，以探求行为主体的安全行为的产生机理、作用过程、行为结果及处置方式（即行为安全管理的基本思路和流程）等为目的，直接从安全行为本体出发，结合心理学与行为科学相关知识，运用严密的逻辑推理，融合对人（包括个体与组织）的安全行为有重要影响的因素，构建行为安全管理元模型，如图 2-8 所示。需说明的是，在该模型中，为区别于其他组织系统，不妨将模型中选定的某一具体组织系统称为自组织系统，而将其他组织系统统称为他组织系统（如家庭、社会或政府安监相关部门等）。

图 2-8　行为安全管理元模型

此外，为进一步明晰所构造的行为安全管理元模型的科学性、有效性和适用性，有必要对"以某一具体组织系统为对象"、"以组织系统安全绩效的变化为结果事件"和"直接从安全行为本体出发"的原因进行扼要说明，具体如下：

（1）以某一具体组织系统为对象的原因：①限定或圈定研究和讨论的范围，以便于具体问题的分析与探讨；②行为安全管理的直接目的是预防人因事故，而就发生学角度而言，任何事故均发生在组织系统（包括所有社会组织）之中，故须将事故置于某一具体组织系统之中来分析其人为原因；③就（安全）管理学角度而言，人（包括个体人与组织人）的所有安全行为活动都在组织系统之中进行。

（2）以组织系统安全绩效的变化为结果事件的原因：在传统的行为安全管理研究中，均以事故为结果事件分析人因，这既不利于解决部分对组织安全绩效有负面影响但尚未导致事故发生的人因，亦不利于从人因改善方面正面促进组织安全绩效的提升。反之，若以组织系统安全绩效的变化为结果事件分析人因，可全面分析对组织系统安全绩效有负面影响的所有人因因素（包括对组织系统安全绩效有负面影响但尚未导致事故发生的人因因素），亦有利于从人因改善方面正面促进组织系统安全绩效的提升。

（3）直接从安全行为本体出发的原因：①人因事故的直接原因是人的不安全行为，唯有直接从安全行为本体出发，才可导出人的不安全行为产生的一般机理及其干预策略；②行为安全管理的直接管理对象是人的安全行为，"安全行为"理应是行为安全管理的元概念，因而，行为安全管理元模型的构造需直接从行为安全管理的元概念，即"安全行为"为逻辑起点；③就事故致因角度而言，个体人或组织人的安全行为活动过程就是人因事故的发生、发展与演变的过程。

2.4.6.2 模型的构成要素

由图2-8可知，行为安全管理元模型由个体人、组织人、安全人性、个体安全文化、内隐安全行为与显性安全行为等若干关键要素构成。在此，对各构成要素的含义分别进行扼要说明。

（1）个体人与组织人。组织系统的安全行为主体包括个体人与组织人两类。个体人即组织个体，而组织人是相对于个体人而言的（在安全科学领域，其源于中国学者田水承提出的第三类危险源理论，如组织及其子组织均可视为组织人），其与个体人一样，也是具有安全行为能力的"生命体"。

（2）安全人性。安全人性指所有人生而固有的普遍的安全属性，是人的安全特性与人的动物安全属性之和（例如，生理安全欲，即安全需要是人与其他动物共同的安全属性，而安全责任心与人的理性安全选择等则是人与其他动物区别开来而为人所特有的属性）。细言之，安全人性主要是指人的精神、物质、道德和智力等需求在保障安全中的体现，即人的各种需求在涉及安全问题时，人的本能反应，其是由生理安全欲、安全责任心、安全价值取向、工作满意度、好胜心、惰性、疲劳与随意性等多种要素构成的。此外，安全人性有积极与消极之分，是不变与变化的统一体，这是安全人性研究的意义所在：①对于必然的、不可改变的安全人性，不能制定违背安全人性的安全伦理道德准则或法律规范，而应制定符合安全人性的安全伦理道德准则或法律规范；②对于偶然的、可以改变的安全人性，应改良消极安全人性，增进与发扬积极安全人性。

（3）个体安全文化与组织安全文化。就安全文化的类型而言，若从安全文化的主体来划分，可将安全文化划分为个体安全文化和群体安全文化（需明确的是，就某一具体组织而言，群体安全文化即为组织安全文化）。①个体安全文化是指存在于个体身上的安全观念、态度与知识等个体安全素质要素的总和；②组织安全文化以保障组织安全运行和发展为目标，是组织的安全价值观与安全行为规范的集合，通过组织体系对组织系统安全施加影响。显然，个体安全文化是构成组织安全文化的基础，二者相互影响，相互融合，它们之间的关系可用式（2-1）来进行抽象表达，即

$$A = \{a_1, a_2, a_3, a_i, a_n\} \tag{2-1}$$

式中，A 表示组织安全文化；a_i 表示第 i 个组织个体的个体安全文化；n 表示组织个体数。

（4）个体安全文化的关键构成要素包括个体安全观念、个体安全意识、个体安全意愿、个体安全知识与个体安全技能（当然，无法用列举的方式列出个体安全文化的所有构成要素，这里仅列出其关键要素）。①个体安全观念是个体对安全相关各事项所持有的认识和看法，它既是个体对安全问题的认识表现，又是个体安全行为的具体体现；②个体安全意识存

在诸多定义（如哲学、生理学与心理学等角度的定义），学界尚未对其形成统一定义。显然，在该模型中，心理学与行为学角度的个体安全意识的定义更为适宜，即个体安全意识是个体对待安全问题的心理觉知，其主要包括两方面的心理活动（对外在客观安全状况进行认知、评价和判断，即对危险因素的警觉和戒备，以及在此基础上，对个人行为进行适当心理调节，使自己或他人免受伤害）；③个体安全意愿指个体为保障自身及他人安全而付出的自主心理努力程度；④个体安全知识指个体在安全学习和实践中所获得的安全认识和经验的总结；⑤个体安全技能指个体在练习的基础上形成的，按某种安全规则或操作程序安全顺利地完成某项任务的能力。

（5）安全心理活动与内隐安全行为。个体安全心理活动是指个体大脑对客观安全问题的反映过程。若从安全信息加工的角度看，安全心理活动是个体通过大脑进行安全信息的摄取、储存、编码和提取的活动。人的安全心理活动包括安全认知、安全思维与安全情感等活动。根据现代心理学研究习惯，由于人的安全心理活动一般不能被外界直接观察、测量和记录，即其具有隐蔽性，故习惯于将其称为内隐安全行为。简言之，在该模型中，安全心理活动近似等同于内隐安全行为。

（6）外显安全行为及其类型划分。外显安全行为指组织或个体所产生的可对组织安全绩效产生影响的外在行为活动。显然，上述所定义的"安全行为"的含义完全有别于传统的"安全/不安全行为（不会/有可能造成事故的行为）"之意。需说明的是，为方便起见，除特别指明外，本节所提及的"安全行为"一般均指"外显安全行为"。就安全行为的类型而言，可从不同角度对其类型进行划分（见表2-3）。显然，表2-3中对安全行为类型的划分，十分契合组织行为安全管理实际。

表 2-3　安全行为的类型划分

分类依据	类型	具体解释
不同的行为主体	个体人安全行为	组织为预防组织发生事故和实现组织安全目标而作出的现实反应,如安全投入行为等
	组织人安全行为	个体在任务执行过程中为实现安全目标而做出的现实反应,如安全遵从行为和安全参与行为等
不同的行为活动内容与目的	安全预测行为	安全行为主体对某一系统未来的安全状态作出推断和估计的行为
	安全决策行为	安全行为主体根据某一系统的安全预测信息,对系统未来安全状态的控制与优化方案或策略作出决定的行为
	安全执行行为	安全行为主体根据某一系统的安全决策信息,对系统未来安全状态的控制与优化方案或策略进行落实的行为
不同的行为的目标对象	待人安全行为	安全行为主体对保障自身或他人安全方面的行为反应,如个体层面的对保护自身或他人免受伤害的行为等,以及组织层面的对组织成员的安全保护行为或对肇事者的处置行为等
	处事安全行为	安全行为主体在处理安全相关事务中的行为反应,如安全沟通与安全教育等行为
	接物安全行为	安全行为主体在免除"物的不安全状态"方面的行为反应,如个体层面的个体安全防护行为及对设施设备的操作行为等,以及组织层面的安全功能设计、技术更新与设施设备淘汰等

（7）安全行为结果包括正常后果、未遂后果和异常后果三种基本类型。理论而言，安全行为的作用结果可能会对组织安全绩效产生三种影响，即正面影响（促进组织安全绩效提升）、负面影响（降低组织安全绩效或阻碍组织安全绩效提升）或无影响（对组织安全绩效基本无影响）。基于此，并根据实际中安全行为的作用结果对组织安全绩效的影响是否真正已发生，可将安全行为结果划分为正常后果、未遂后果和异常后果三种基本类型：①正常后果指对组织安全绩效所产生的影响是正面影响或无影响的安全行为结果（如遵章守纪或积极的安全参与行为）；②未遂结果指实际中尚未发生的，但理论上会对组织安全绩效产生负面影响的安全行为结果（如未遂事故）；③异常结果指实际中已发生的理论上会对组织安全绩效产生负面影响的安全行为结果（如已发生的事故）。

（8）安全行为结果的处置方式主要包括"发扬为主"与"防控为主"两种。概括而言，为确保组织安全绩效不下降，根据安全行为结果对组织安全绩效所产生的影响的不同，可对安全行为结果采取两种处置方式（即"发扬为主"与"防控为主"）：①对正常后果，特别是对组织安全绩效会产生积极影响的正常后果，应采取"发扬为主"的处置方式，以保持良好的组织安全绩效或促进组织安全绩效的进一步提升；②对未遂后果和异常后果应及时分析原因，并在此基础上，采取多种有效措施进行防控，即应采取"防控为主"的处置方式，以避免其对组织安全影响再次产生负面影响。

（9）行为安全管理的目的包括"预防伤害损失"与"提升安全感"两个基本目的。在该模型中，将组织（行为）安全管理的目的概括为两方面，即"预防伤害损失"与"提升安全感"：①在传统的安全管理研究与实践中，人们一致认为，预防事故（即预防因事故造成的伤害损失）是安全管理的直接目的；②就安全管理的延伸目的（或深层目的）而言，其应是为组织安全发展提供安全感，即提升组织安全感。所谓组织安全感，从安全学角度看，可分两个层面来理解：①就组织个体而言，组织安全感是指组织成员对可能出现的会对其身心产生伤害的危险有害因素的预感，以及组织成员对可能产生的外界伤害的可控感；②就组织而言，组织安全感指组织对可能产生的危险有害因素及伤害损失的预感，以及组织应对危险有害因素及其伤害损失时的信心（即有力或无力感）。总而言之，无论组织个体还是组织，组织安全感主要表现为组织个体或组织本身对危险有害因素及伤害损失的确定感与可控感。显而易见，组织安全管理水平直接影响组织安全感的高低，提升组织安全感极为重要（如万祥云等研究指出，企业员工在生产作业过程中获得的安全感，直接影响着员工的生理和心理的变化，以及员工的工作态度和对企业的态度，这一切都将导致员工相关安全行为的改变）。此外，"提升安全感"囊括"预防伤害损失"这一安全管理目的，其内涵与内容更为丰富。

2.4.6.3　模型的基本内涵

显而易见，行为安全管理元模型的主体部分是组织系统之中的安全行为主体的安全行为的产生及作用过程，即其旨在阐明组织系统内的行为安全管理的程式与框架。细言之，可从以下 6 方面来解析行为安全管理元模型的内涵，具体如下。

（1）个体人或组织人层面的安全行为作用机理。就个体人或组织人而言，其安全行为的基本作用过程是"内隐安全行为→外显安全行为→安全行为结果"。细言之，内隐安全行为决定外显安全行为，外显安全行为决定安全行为结果。因而，行为安全管理的重点在于内隐安全行为控制，其次是外显安全行为控制。

（2）组织系统层面的安全行为管理内容。显然，组织系统内的完整的安全行为管理内容应包括两方面，即个体人安全行为管理与组织人安全行为管理。简言之，就某一具体组织系统而言，行为安全管理＝个体人安全行为管理＋组织人安全行为管理。

（3）行为安全管理的逻辑起点。①从正向看，行为安全管理的逻辑起点应是"内隐安全行为"，即控制人的安全行为"源头"，以保证人的外显安全行为正确，进而确保安全行为结果正常；②从逆向看，行为安全管理的逻辑起点应是"安全行为结果"，即根据安全行为结果采取相应的处置方式。显然，在实际行为安全管理过程中，需正向、逆向逻辑起点相结合，实施行为安全管理工作。细言之，应根据安全行为结果，并沿着安全行为的基本作用过程（内隐安全行为→外显安全行为→安全行为结果），分析内隐安全行为与外显安全行为方面的原因，以避免安全行为结果出现异常情况。

（4）行为安全管理包括 4 个关键节点（即内隐安全行为、外显安全行为、安全行为结果与处置方式）和 1 个辅助节点（管理目的）。显然，上述 4 个关键节点是行为安全管理的要点，且应按先后次序依次做好防控：①识别不良的内隐安全行为，分析原因并进行早期防控；②识别不良的外显安全行为，分析原因并进行干预或改良；③判别安全行为对组织安全绩效的影响类型，即正常后果、未遂后果和异常后果；④根据安全行为结果的类型，有针对性地采取相应的处置方式（即"发扬为主"的处置方式或"防控为主"的处置方式）；⑤此外，安全行为结果的处置方式选择不仅应以安全行为结果的类型为根本依据，同时还应考虑安全管理目的，简言之，需将安全行为结果的类型与安全管理目的二者相结合，来选择和实施相应的安全行为结果的处置方式。

（5）安全信息认知反馈环节是组织系统的行为安全管理的重要环节。安全行为结果及其处置方式会通过安全信息形式反馈于安全行为主体，以促进安全行为主体完善或改良自身的内隐安全行为与外显安全行为，这是行为安全管理发挥作用的基本原理。

（6）行为安全管理失败的直接原因、根源原因与间接原因。由图 2-8 可知，根据行为安全管理元模型，可清晰地划分行为安全管理失败的原因，具体见表 2-4。

表 2-4　行为安全管理失败的原因

原因类型	原因定位	备注说明
直接原因	外显安全行为	由于外显安全行为直接导致不同的安全行为结果，因此，外显安全行为应是行为安全管理失败的直接原因。此外，根据安全行为的类型还可对行为安全管理失败的直接原因进行分类，此处不再赘述
根源原因	安全文化缺失	诸多研究一致认为，事故的根源原因是安全文化。基于此，在该模型中，分两方面来剖析行为安全管理失败的根源原因：①就个体人而言，其安全行为结果出现异常情况的根源原因是个体安全文化缺失；②就组织人而言，其安全行为结果出现异常情况的根源原因是组织安全文化缺失。此外，需特别说明的是，个体安全文化与组织安全文化缺失二者间相互影响，且个体安全文化主要由组织安全文化来决定。因而，概括而言，行为安全管理失败的根源原因主要是组织安全文化缺失
间接原因	他组织系统因素	就某一具体组织系统而言，其行为主体的安全行为必还受他系统的影响（如就企业而言，其安全行为受政府安监部门、安全中介机构与社会系统等影响），其可视为行为安全管理失败的间接原因，这里不再详述

本章小结

　　安全教育的目的是干预和改变人的安全相关行为。因此，了解安全相关行为理论知识是学习安全教育学的基础。本章在行为相关理论基础上，介绍安全相关行为，分析安全相关行为的影响因素，并介绍典型的安全相关行为转变理论，包括知-信-行模式、行为改变阶段模式、计划行为理论、社会认知理论、安全行为干预的 S-IKPB 模型，以及行为安全管理元模型。

思考题

1. 分析行为的主要特征。
2. 分析安全与行为的关系。
3. 什么是安全相关行为？介绍它的分类与特点。
4. 安全相关行为的主要影响因素包括哪些？
5. 请列举典型的安全相关行为转变理论。

第 3 章 · 安全传播

3.1 传播概述

传播，主要为交流、交往、沟通和通信，含有通信、通知、交流、口信、通报、传达、交通、联络以及疫病传染等不同的含义。1988 年出版的《新闻学字典》将传播定义为"一种社会性传递信息的行为，是个人之间、集体之间以及个人与集体之间交换、传递新闻、事实和意见信息的过程"。1999 年郭庆光主编的《传播学教程》中提出："传播是人类通过符号和媒介交流信息，以期发生相应变化的活动"；在 2011 年《传播学教程》再版中提出："传播，即社会信息的传递或社会信息系统的运行"。上述有关传播的定义从不同角度反映了人类社会的信息传播所具有的社会性、普遍性、互动性、共享性、符号性和目的性等基本特性。

传播是一种社会性传递信息的行为，是人类生存与发展的一种基本方式。人们从远古开始，便依赖于传播，比如利用绳子打结来计数，捕猎时打手势以保持安静。延续到近代，则采用广播和电视等方法来交流信息。传播可从多种角度进行分类，按照传播的符号分，可分为语言传播和非语言传播；按照使用的媒介分，可分为印刷传播和电子传播；按照传播的效果分，可分为告知传播、说服传播和教育传播等；按照传播的规模，可将人类传播活动分为自我传播、人际传播、群体传播、组织传播、大众传播和新媒体传播共六种类型。

3.2 安全传播概述

安全传播则属于传播的一个重要分支，其含义为通过各种渠道，运用各种传播媒介和方法，为维护和促进人类安全而收集、制作、传播和分享安全信息的过程。安全传播是安全教育和安全促进的重要手段和策略。安全传播活动是应用传播策略来告知、影响和激励公众、社区、组织机构（企业、政府、非政府机构、社会团体和私人机构）、专业人员以及领导，促使相关个人及组织掌握安全知识与信息、转变安全态度、作出决定并采纳有利于安全的行为活动。

安全传播活动形式多样，按照传播的规模分，可将安全传播活动分为人际传播、群体传播、组织传播、大众传播和新媒体传播共五种类型（如图 3-1 所示），将在后续小节进行讲述。

图 3-1 安全传播分类

3.2.1 安全传播要素分析

安全传播要素与一般传播要素相同，包括传播者、受传者、信息与讯息、传播媒介以及传播效果。

3.2.1.1 传播者

传播者（communicator）又称为传者，是传播行为的引发者，即在传播过程中信息的主动发出者，在社会传播过程中，传播者可以是个人，也可以是群体或组织。以往的安全传播，更多是个人的言传身教，如资深工人对新工人的入厂安全教育。而由于现在人们对于安全水平要求的提高，传播者的主体开始向群体或组织进行转化，以更为科学、系统的角度对人们进行安全传播。安全教育工作者都是从事"传者"工作的，作为安全知识和安全信息的传播者，具有 4 项基本职能。

（1）收集信息。即从繁多的信息源中发现、选择并取得那些对受者有价值的信息的过程。信息的采集、整理与积累是传播研究与传播实践的基础和必要前提。

（2）加工制作讯息。根据传播目的，将收集到的信息进行加工处理，优选信息内容，用适当的传播符号和传播媒介表现出来，使其形成讯息。讯息质量的优劣，直接影响到传播的效果。因此，讯息的加工制作要力求做到准确、鲜明、生动、易懂和适用。

（3）发出讯息。将加工制作好的讯息通过相应的传播渠道传递出去。作为一个传者，把一种讯息制作出来并传出去，都是出于个人的需要或群体的需要，其目的是通过讯息进行交流与沟通。

（4）收集与处理反馈信息。收集与处理反馈信息是指传者获知受者接收信息后的心理或行为反应。为实现传播目的，传者必须了解受者对信息的反应，了解传播效果，以便不断调整其传播行为，不断拓深双方的交流和沟通。如果传者发出的安全信息不能被受者所理解、所采纳，那就没有达到传播工作的目的，就是一次失败的安全传播活动。

3.2.1.2 受传者

受传者（audience，又称为受者或受众）是讯息的接受者和反应者，传播者的作用对象。同样，受传者可以是个人、群体或组织。安全教育伴随人的一生，但人更多是接受一种普遍化的安全教育，根据《工业 4.0 大革命》，未来的生产将会是定制化的生产，那么安全教育根据受传者进行定制化，会成为安全传播发展的一大方向。在完成定制化之前，首先必须把握住受传者的 5 大心理特点，即求新心理、求真心理、求近心理、求短心理和求情厌教心理。其次需要考虑到受传者对信息的选择性，包括选择性接受、选择性理解和选择性记忆。最后还要考虑受传者的动机，一般有消遣时间、社交需要、心理需要、寻找情报和解决疑难。

3.2.1.3　信息与讯息

就一般意义讲，信息（information）泛指人类社会传播的一切内容，讯息（message）是由一组相关联的有完整意义的信息符号所构成的一则具体的信息。讯息是一种信息，通过讯息，传受双方发生意义的交换，达到互动的目的。就信息传播载体而言，信息载体的演进大致经历了8个阶段，而随着电子革命，随着网络载体不断深化，以纸型载体为主体的信息交流格局正在不断改变。网络载体逐渐发展成为主流，因此安全传播所需的信息与讯息，应逐步转向网络。

安全信息泛指与安全有关的信息。安全信息具有以下特点。

（1）符号通用。即安全信息传递过程中所使用的符号必须是通用的，以避免传而不通。如果用受者不懂或难懂的语言和文字等来传播安全信息，受者将难以理解并接受安全信息，从而无法达到安全教育的目的。

（2）科学性。科学性是安全信息的生命，是取得安全传播效果的根本保证。不正确和不科学的信息不仅不会促进人们的安全，甚至会草菅人命。

（3）针对性。根据受者的需要，因时、因地、因人有针对性地制作和传递有关安全的信息。

（4）适用性。应保证所传播的安全信息不被错误理解，并能在现有的社会经济水平上加以应用。

（5）指导性。安全信息应具有较强的现实指导意义，告诉人们如何运用安全知识和技能，规劝人们采纳安全的行为方式。

（6）通俗性。力求用受者易于接受的符号来传递信息，少用专业术语。

3.2.1.4　传播媒介

传播媒介（media）又称传播渠道，是讯息的载体，也是将传播过程中各种要素互相关联起来的纽带。美国在2012年掀起MOOC风暴，宣布了MOOC时代的来临。MOOC即大规模开放在线课程，其灵活性、丰富性等特点就不再赘述。在MOOC时代，安全传播必须要跟上时代脚步，MOOC的多种优点，使得MOOC也可以看作是另一种定制化的生产，但不是由传播者决定，而是由受传者自己决定。

3.2.1.5　传播效果

传播效果（effect）是传播对人的行为产生的有效结果。具体讲，指受传者接收信息后，在知识、情感、态度、行为等方面发生的变化，通常意味着传播活动在多大程度上实现了传播者的意图或目的。

传播活动是否成功，效果如何，主要从受传者身上反映出来。根据安全传播的目的，安全传播的效果可分为以下4个层次。

（1）知晓安全信息。传播效果中的最低层次，是仅作用于受传者的感觉、知觉的浅层传播效果。只要受众或受传者感知这些信息就行，一般不要求他们动脑筋思考。这一层次传播效果的取得，主要取决于传播信息的强度、对比度、重复率、新鲜度、定位点和创意性等信息的结构性因素。安全传播者通过多种渠道向受众传递安全信息，就是要使受传者在保障安全和防范危险因素等方面与其共享信息。通过这类信息的共享，使受众的安全意识水平不断提高，为其安全技能的提高打下良好的基础。

（2）安全信念认同。传播活动不仅作用于受众的感知，还进一步影响其思维、情感的传播效果。受传者接受所传播的安全信息，并对信息中倡导的安全信念认同一致。这是由认知进而形成一个人的价值观念的基础和先导。只有以受传者个人自己为中心所形成的价值观念才能真正地影响其态度和行为。受传者就会自觉或不自觉地依照这样的信念对自我在安全方面的态度、行为和客观环境进行分析判断，有利于受传者的态度和行为的转变以及对安全环境的追求与选择。

（3）态度转变。"态度"是指人们对特定对象的认知、情感和意向的比较持久的内在结构。受众的态度是其行为改变的先导，先有态度转变，才会有行为的改变。安全传播者通过安全信息的传播，使受传者获得安全知识，促进态度从不利于安全的方面向有利于安全的方向转变。态度一旦形成就具有固定性，成为一种心理定势，一般不会轻易改变。

（4）采纳安全的行为。这是传播效果中的最高层次。受传者接受安全信息后，在知识增加、信念认同、态度转变的基础上，改变其原有的不利于安全的行为和生活方式，采纳有利于安全的行为和生活方式，这是安全传播的最终目标。只有实现了这一层次的传播效果，才能彻底改变人类的安全状况，实现人人享有安全的宏伟目标。

3.2.2 安全传播的特点

安全传播是一般传播行为在安全领域的具体和深化，它具有一切传播行为共有的基本特性，同时，有其特点和规律。

（1）安全传播活动具有公共性和公益性。这种公共性和公益性表现在两方面：一方面，安全传播活动是现代社会不可缺少的安全信息的提供者，在满足社会和公众的安全信息需求方面起着公共服务的作用；另一方面，安全传播是安全教育与安全促进的基本策略和方法，有着明确的社会公益性。

（2）安全传播对传播者有特殊的素质要求。从传播的一般意义讲，人人都具有传播的本能，人人都可以作传播者。但安全传播者是专门的技术人员，有特定的素质要求。担负安全传播职能的机构和人员是安全传播的主体。

（3）安全传播传递的是安全信息。安全信息是一种宝贵的信息资源，泛指一切有关人的安全的知识、观念、技术、技能和行为模式。

（4）安全传播具有明确的目的性。以安全为中心，安全传播力图达到改变个人和群体的知识、态度和行为，使之向有利于安全方向转化的目的。依据安全传播对人的心理和行为的作用，可按达到传播目的的难度，由低到高将安全传播的效果分为4个层次：知晓安全信息、安全信念认同、形成安全态度以及采纳安全行为。

（5）安全传播过程具有复合性。在安全传播活动中，从信息来源，到最终目标人群，安全信息的传播往往经历了数次乃至十数次的中间环节。复合性传播的特点包括：多级传播、多种传播途径和多次传播。在安全传播计划设计、实施与评价过程中，传播双方多次进行信息交流。

（6）安全传播强调互动性。安全传播不仅要把安全信息传递出去，还要考虑如何改变人们不利安全的态度与行为习惯。因此，安全传播应注重受众的需求和反馈。在开展安全传播活动之前，注重受众需求评估和安全教育计划及安全教育材料的成形研究；安全传播活动过程中，注重传播双方的双向交流；安全传播活动之后还应收集反馈信息以便及时修正传播计划，改进传播工作。

3.2.3　安全传播的意义

3.2.3.1　安全传播是安全教育的基本策略和手段，贯穿于安全教育与安全促进的各项任务

（1）收集信息。进行安全教育需求调研。

（2）影响领导。影响决策者制定安全促进政策。

（3）社会动员。激发各社会团体和群众关注、支持和参与安全教育及安全促进。

（4）传播干预。针对不同目标人群开展多种形式的安全教育与安全促进活动，可以有效地促进不安全行为改正。

（5）收集反馈信息，用监测、评价、改进和完善等手段推进安全促进计划。

实践证明，充分应用安全传播的原理，可为安全教育与安全促进决策提供科学依据；有效运用其方法与技巧，有助于挖掘安全教育与安全促进资源，减少盲目性，提高效率，以最有效的安全投入获取最大的安全成果。

3.2.3.2　安全传播是提升公众安全素养的重要手段，对目标人群产生多层次的影响

（1）个体水平。个人的行为直接对个体安全发生影响，因此，安全传播的最主要目标人群是个人。安全传播可以作用于影响个人行为改变的倾向因素，即安全行为相关的知识、信念、态度、技能与自我效能；而其他水平的安全传播活动的最终目标是影响和支持个体水平的知-信-行改变。

（2）群体水平。个人所归属的社会网络和社会关系对个人及其安全状况会产生重大影响。安全传播活动可以通过班组、家庭、朋友、班级等小群体内部的特定传播形式传递安全信息，影响群体行为。

（3）组织水平。通过有确定结构的正式团体如企业（工作场所）、协会和学校等，可以向其成员提供安全信息、行为支持及开发促进行为改变的政策。

（4）社区水平。通过信息传播，倡导和促进社区来创建支持安全生活方式的政策或社区组织，减少不利于安全的社会或物质环境因素，从而促进社区整体安全水平的提高。

（5）社会水平。主要通过大众传播手段，促使社会作为一个整体环境对个人和群体的行为发生影响，包括社会习俗、观念、法律、政策、经济、文化与信息环境等方面。

3.2.4　安全传播过程模式

为了研究传播现象，传播学者采用简化而具体的图解模式对复杂的传播现象进行描述，以解释和揭示传播的本质，从而形成了不同的传播过程模式。这里介绍两个最基本传播过程模式。

3.2.4.1 拉斯韦尔的五因素传播模式

1948 年，美国著名社会学家、政治学家哈罗德·拉斯韦尔（Harold Lasswell）在一篇题为《社会传播的构造和功能》的论文中，提出了一个被誉为传播学研究经典的过程文字模式，即 "5W" 模式，又称 "五因素模式"（如图 3-2 所示），即传播行为要回答谁（who）、说什么（says what）、对谁（to whom）、通过什么渠道（through what channel）以及取得什么效果（with what effect）5 个问题。

图 3-2　拉斯韦尔公式及其相应的传播过程诸要素的五因素传播模式

拉斯韦尔五因素传播模式在传播学史上第一次把复杂的传播现象用五个部分高度概括，虽然这是一个单向性的传播过程，不能解释传播的全部内涵，但已抓住了问题的主要方面。该模式的提出为传播学研究奠定了理论基础，并在此基础上形成了传播学研究的五大领域（见图 3-3），包括控制研究（传播者）、内容研究（传播信息）、媒介研究（传播媒介）、受众研究（受传者）和效果研究（传播效果）。

图 3-3　拉斯韦尔的五因素传播模式

根据拉斯韦尔的五因素传播模式理论，安全传播机制应做到：一是增加安全传播主体间的联系，传播者主体能够做到互相沟通，分工合作，将各自的环节做好，这对于形成一个有序的系统，有着事半功倍的效果；二是加强政府在安全传播中的主导作用，加快推行信息平台的建设，利用政府的公信力，能够给民众更加正确、可信的途径来学习安全；三是增加危险状态下的安全传播内容，利用已经发生的安全事件对民众进行劝导，不仅能让民众认识到危险无处不在，也能让民众更贴切地明白在面对危险时，应该怎么做；四是丰富安全传播媒介，这一点是现代安全传播者正在努力，也会持续努力的方面，只有不断推进现代化，安全传播才能覆盖范围更广，覆盖深度更深；五是提高公众安全素养，只有民众本身能够认识到安全的重要性，安全传播才能有所为、有可为。

3.2.4.2 施拉姆双向传播模式

1954 年，美国传播学者威尔伯·施拉姆（Wilbur Lang Schramm）用双向传播模式将传播过程描述为一种有反馈的信息交流，对人际传播的研究做出了杰出贡献。这一传播模式强调传播双方都是传播的主体，在传播过程中，传受双方的角色并不是固定不变的，一个人在发出信息时是传播者，而在接受信息时则又是受传者（如图 3-4 所示）。

该传播模式引进了两个重要的传播要素：一是传播符号，类似文字、图画等。传播者与受传者对符号有着共同的理解。二是传播反馈，双向传播模式的精髓便在此处，受传者通过反馈才能成为传播者。与此同时，传播者也成为了受传者。

图 3-4 施拉姆双向传播模式

3.3 人际传播

人际传播又称人际交流和亲身传播，是指人与人之间（包括两人或多人之间）直接的信息交流，是一种双向交流活动。人际传播是最典型的社会传播活动，是人际关系得以建立的基础，也是人与人之间社会关系的直接体现。

3.3.1 人际传播社会功能

（1）信息沟通，即获得与个人有关的信息。
（2）思想沟通，即建立与他人的社会协作关系。
（3）情感沟通，即通过人际传播，达到认知他人和自我认知。

3.3.2 人际传播特点

（1）全身心传播。即传播双方要用视、听、说、触等多种感官来传递和接受信息。因此，有人称之为真正意义上的"多媒体传播"。
（2）全息传播。即信息交流比较全面、完整且接近事实。人际传播是面对面的和多媒体的，可以通过形体语言和情感表达来传递用语言和文字难以传达的信息，这种表达往往是无意识的流露。可以说，人际传播是最真实的传播，这一点是其他任何传播形式无法代替的。
（3）以个体化信息为主。情感信息和非语言信息的交流在人际传播中占了很大部分。
（4）交流充分且反馈及时。在人际传播过程中，交流双方互为传者和受传者，可及时了解对方对信息的理解和接受程度，从而根据对方的反应来随时调整传播策略、交流方式和内容。

（5）与其他传播形式比较，人际传播的信息量较小，传播的范围较小，速度较慢。

3.3.3 人际传播形式

安全教育中常用的人际传播形式包括：咨询、交谈或个别访谈、劝说和指导等。

（1）咨询。安全教育工作者为来询者答疑解难，面对工作中的各种安全问题，帮助其梳理正确安全观念，作出行为决策。

（2）交谈或个别访谈。通过面对面的直接交流，传递安全信息，帮助教育对象学习安全知识，端正安全态度。

（3）劝说。安全教育工作者在安全教育干预工作中针对教育对象存在的具体问题，通过传播安全知识，传授安全技能，说服其改变不良态度、信念或行为习惯。

（4）指导。通过传授安全知识和技术，帮助教育对象学习和掌握相关安全技能。

3.3.4 人际传播技巧

传播技能是指在传播活动中为有效地达到预期目的而采用的方式方法。熟练掌握运用自如的传播技能便成为传播技巧。人际传播是通过语言和非语言交流来影响或改变教育对象的知识结构、态度和行为的双向交流的过程，主要包括说的技巧、倾听技巧、反馈技巧和非语言传播技巧等。

（1）说的技巧。要掌握谈话的技巧，就是要使用对方能够理解的语言和能够接受的方式，向教育对象提供适合个人需要的信息。

① 内容明确，重点突出。一次谈话紧紧围绕一个主题，避免涉及内容过广。

② 语调平稳，语速适中。

③ 适当重复重要的概念。一般在一次交谈过程中，重要的内容应重复两三次，以加强理解和记忆。

④ 把握谈话内容的深度。应根据谈话对象的身份、文化层次及安全素质水平选用适当的安全术语。

⑤ 注意观察，及时取得反馈。交谈过程中对方常常不自觉地以表情、动作等非语言形式表达其感受，要注意观察其情感变化及其内在含义，这将有助于对其谈话的深入。

⑥ 适当停顿，给对方以提问和思考的机会。

（2）倾听技巧。倾诉与倾听，共同构成了交流的基础。倾听是通过有意识地听清每一个字句，观察和了解每一个字句的表达方式，借以洞察说话人的真正含义和感情。只有了解了教育对象存在的问题、对问题的想法及其产生的根源，才能有效地进行安全教育工作。要做到这些，倾听是必不可少的。

① 主动参与，给予积极的反馈。在听的过程中，采取稳重的姿势，力求与说话者保持同一高度，双目注视对方，不断用点头、发出"嗯、嗯"等鼻音或重复关键词语的方法，表明对对方的理解和关注。

② 集中精力，克服干扰。很多原因会打断听的过程，如环境中有噪声，谈话中有人来访等，除了这些客观原因，还有分心、产生联想、急于表态等主观上的心理因素。对外界的干扰，要听而不闻，即使是偶尔被打断，也要尽快把注意力集中回来；对于主观因素，要有意识地加以克服和排除，培养安全的心理机制。

③ 充分听取对方的讲话，不轻易做出判断，也不要急于作出回答。听的过程中，不断进行分析，抓住要点。不轻易打断对方的讲话，但对离题过远或不善言表者，可给予适当的引导。

④ 提问技巧。提问是交流中获取信息，加深了解的重要手段。一个问题如何问，常常比问什么更重要。有技巧的发问，可以鼓励对方倾谈，从而获得所期望的信息。提问的方式可分为封闭式提问、开放式提问、探索式提问、偏向式提问和复合式提问五种类型，每种提问都会产生不同的谈话效果。

（3）反馈技巧。反馈及时，是人际传播的一个重要特点。反馈技巧是指对对方表达出来的情感或言行作出恰当的反应，可使谈话进一步深入，也可使对方得到激励和指导。常用的反馈方法有以下几种。

① 肯定性反馈。对谈话对方的正确言行表示赞同和支持。祈求得到他人对自己的理解和支持，是人们在袒露情感、表明态度和采取新行为时的一种普遍心态。在交谈时，适时地插入这样一些话："是的""很好"，这种肯定性反馈会使对方感到愉快，受到鼓舞而易于接受。在技能训练、安全咨询、行为干预时，运用肯定性反馈尤为重要。除了语言外，也可用点头和微笑等非语言形式予以肯定。

② 否定性反馈。对对方不正确的言行或存在的问题提出否定性意见。为了取得预期效果，否定性反馈应注意两个原则：一是首先肯定对方值得肯定的一面，力求心理上的接近；二是用建议的方式指出问题所在。否定性反馈的意义在于，使谈话对方保持心理上的平衡，易于接受批评意见和建议，敢于正视自己存在的问题。

③ 模糊性反馈。向对方作出表示没有明确态度和立场的反应。如说"是吗?"或"哦。"，用于暂时回避对方某些敏感问题或难以回答的问题。

（4）非语言传播技巧。非语言传播技巧指以动作、姿态等非语言形式传递信息的过程。美国学者雷·伯德惠斯特尔（L. Bird Whistell）认为，人际交流中大约65％的信息是通过非语言形式传播的。非语言传播常常是人的心理活动的自然反应，因此，表情、眼神、语音和语调等都有着丰富而真实的信息内涵。非语言传播形式融会贯通在说话、倾听、反馈和提问等技巧之中。

① 运用动态体语。即通过无言的动作来传情达意。如用手势来强调某事的重要性；以皱眉、点头的表情来表示对对方理解；以注视对方的眼神表明在认真地听，表明对对方的重视和尊重。

② 注意个人的仪表形象。仪表服饰、体态和姿势等属于静态体语，与行为举止一样，它能够显示人的身份、气质、态度及文化修养，有着丰富的信息功能。在与群众接触时，衣着整洁大方，举止稳重，使人易于信任，易于接近。

③ 恰当运用类语言。指说话时的语音、语调、节奏以及鼻音、喉音等辅助性发音。在交谈中适时适度地改变声调、音量和节奏，可有效地引起注意，调节气氛。

④ 创造适宜的时空语。首先，安排适宜的交谈环境，安静整洁的环境给人以安全感和轻松感；其次，与交流对象保持适当的距离。人们在交往中的人际距离是在无意识中形成的，它反映了人们之间已经建立或希望建立的关系，并常常受到民族文化和风俗习惯等社会因素的影响。谈话双方的相对高度也是创造交流气氛的一个要素。

（5）人际交流过程中的注意事项。为保证人际交流取得有效成果，交流过程中应防止出现下列不良的沟通方式。

① 交谈中突然改变话题；

② 不适当的保证和不负责任的承诺；

③ 过分表述自己的意见，主导交谈过程，在交谈中唱"独角戏"；

④ 连珠炮式提问，使人难以承受；

⑤ 对交谈对象的问题所答非所问；

⑥ 对对方表现出不耐烦、轻蔑的态度或使用生硬、命令、教训式的语言；

⑦ 过早下结论。

3.4 群体传播

3.4.1 群体传播的特点与社会功能

日本学者岩原勉认为："群体传播就是将共同目标和协作意愿加以连接和实现的过程。"这个过程形成了群体意识和群体结构，而这种意识和结构一旦形成，又反过来对群体成员的态度和行为产生制约，以保证群体的共同性。研究与实践表明，良好的沟通能够使群体成员更有效地一起工作和学习；由于社会影响力量的存在，群体传播可以作为一种促进个人和群体成员态度、行为改变的工具。群体传播具有如下特点。

① 信息传播在小群体成员之间进行，这是一种双向性的直接传播。

② 群体传播在群体意识的形成中起重要作用。群体意识越强，群体的凝聚力就越强，越有利于群体目标的实现。

③ 在群体交流中形成的一致性意见会产生一种群体倾向，这种群体压力能够改变群体中个别人的不同意见，从而产生从众行为。

④ 群体中的"舆论领袖"对人们的认知和行为改变具有引导作用，往往是开展安全传播的切入点。

3.4.2 群体传播在安全教育与安全促进中的应用

利用社会生活中自然存在的群体形式如家庭、生产班组、居民小组等传播安全信息，是实现社会动员的一个常用途径，群体也可以是为了某一特定目标把人们组织起来成为一个活动群体。在实践中，群体传播可适用于不同目的的安全教育与安全促进活动。

（1）收集信息。通过组织目标人群中的代表，召集专题小组讨论，深入收集所需的信息。这是社会市场学的一种定性研究方法，20世纪90年代以来引入安全教育领域，目前广泛运用于社区安全需求评估和安全传播材料制作的成形研究中。

（2）传递安全信息。以小组形式开展安全教育活动，传播安全知识和技能。在活动过程中，强调合作与互助，通过交流经验，互帮互学，调动每个人的积极性。

（3）促进态度和行为改变。利用群体的力量来帮助人们改变安全相关行为，是行为干预的一种有效策略。实践证明，对于依靠个人努力难以实现的行为和态度改变，如改变个人饮食习惯、戒烟、坚持锻炼等，在群体中，在家人、同伴和朋友的帮助、督促和支持下，就较容易实现。作为积极的强化因素，语言鼓励、行为示范、群体规范和压力，以及群体凝聚力，为促进个人改变不良行为习惯，采纳和保持新行为提供了良好的社会心理环境。

3.4.3　小组讨论技巧

小组讨论是指在主持人的带领下，一小组人围绕某个专题进行座谈讨论。选择适宜的主持人，做好必要的准备工作，掌握必要的小组讨论技巧，是组织小组讨论的关键。

（1）小组讨论的准备步骤。

① 明确讨论主题，拟定讨论提纲。讨论提纲包括讨论的目的、准备讨论的一系列问题和预期达到的目标。讨论提纲有助于主持人熟悉讨论内容，并在讨论中起到备忘录作用，使讨论不脱离既定的目标和内容。

② 组成小组。讨论小组应根据讨论的主题选择一些有着相似背景和共同需求与兴趣的人，参加小组讨论的人数一般以 6～10 人为宜。

③ 时间和地点的选择。要尽量安排在所有参与者都认为较为合适的时间，讨论时间的长短要根据讨论内容和参与者的情况而定，一般掌握在一个半小时左右。地点应选择人们感到比较舒适、方便、不受外界干扰的地方。室内布置得整洁、宽松，安置易于移动的桌椅，播放些人们喜爱的音乐，可以引起人们的兴趣，调动人们的积极性。

④ 座位排列。座位的合理布置是保证小组讨论成功的一个要素。座位应围成圆圈式或马蹄形，以利于参与者面对面交谈。

（2）主持小组讨论的技巧。

① 热情接待。主持人应提前到达会场，对每一位来参加小组活动的人表示欢迎。在小组讨论正式开始前，可以拉拉家常或谈一些轻松的话题，使人们放松，尽快地熟悉起来。

② 说好"开场白"。通过开场白向人们说明讨论的目的和主题，并做好自我介绍。开场白应通俗易懂，简单明了，有幽默感，并表明每一位与会者对于讨论都是十分重要的，使他们感到自己的作用和参加讨论的意义。

③ 建立关系。开场白之后，请小组每位成员做一下自我介绍，使人们相互初步了解，建立起和谐的关系。

④ 鼓励发言。根据讨论提纲，依次提出一些开放式问题，鼓励大家积极发言。对发言踊跃者给予适当的肯定性反馈，可用个别提问、点名法来征求发言不积极者的意见。

⑤ 打破僵局。小组讨论开始时，常常会出现与会者沉默不语的困境。预先设计一些组织讨论方法可有效地克服这一局面。例如，使用宣传画或播放一段短小的录像片作为引发材料，然后提出一个可以引起争论的开放式问题，可以为人们提供生动形象的讨论情境和主题。

⑥ 控制局面。当大家情绪高涨，讨论热烈时，难免出现偏离主题的现象。主持人要及时提醒与会者。对于成员之间的争论，不要急于制止，待每人的见解都已表达时，对有争议的问题作出小结，转向其他问题。如果有人非常健谈，形成了"一言堂"局面，这时主持人要有礼貌地插话，如"这个想法的确很好，不过我也希望听听他人的意见。"或者通过向他人提问，改变对话方向。

⑦ 结束讨论。讨论结束时，主持人应对讨论的问题作出小结，并对大家的参与表示感谢。

3.5 组织传播

3.5.1 组织传播的特点

现代社会是高度组织化的社会，也是组织传播高度发达的社会。与一般群体不同，组织是在一定的组织目标下建立起来的结构严密、管理严格的社会结合体，政党、军队、机构、社团等，都属于组织的范畴。组织传播是有组织、有领导进行的有一定规模的信息传播活动。组织传播包括组织内传播和组织外传播，这两个方面都是组织生存和发展必不可少的保障。组织传播的功能主要包括内外协调、指挥管理、决策应变和形成合力。组织传播的特点如下。

（1）沿着组织的结构进行，包括下行传播，如下发红头文件；上行传播，如工作汇报；横向传播，如开展公关活动。

（2）具有明确的目的性，其内容都与组织有关。

（3）组织传播的反馈是强迫的。因为组织传播行为有明确的目的，要求必须产生效果，因而受传者必须对传播者作出反应。

3.5.2 组织传播在安全教育与安全促进中的应用

安全教育与安全促进"社会动员"目标的实现，"促成、赋权和协调"三大策略的实施，无不与组织传播息息相关。各级各类安全教育与安全促进机构和团体，为了更好地生存和发展，开展有计划、有目的自我宣传，是组织与其所处的社会环境建立和保持和谐关系，协调发展的重要活动。安全教育机构的对外宣传活动大致分为三种类型。

（1）公关宣传。"公关"是公共关系的简称，指的是社会组织与其他组织、机构、团体和公众的关系与联系。公关宣传有多种形式，例如举行形式多样的联谊、交流或服务性活动，重大安全宣传日的安全教育活动，发行宣传刊物。举办大型公共活动以引起大众媒介的注意和报道、主办新闻发布会等为传播媒体提供报道材料，是现代公关活动的重要手段。

（2）公益广告。指不以营利为目的，通过大众传播媒介所进行的，涉及公众利益及问题的广告宣传和信息传播活动。公益广告的目的是宣传安全理念，唤起公众意识，倡导安全行为。公益广告的效果取决于广告主题的确立和广告的艺术表现形式。广告主题要解决的是"说什么"。"说什么"是科学性问题，要通过受众分析，依据科学的理论和方法来确定。广告的表现形式要解决"怎么说"问题，要通过广告创意来形成，必要时也要进行受众调查，通过试验进行修改完善。

（3）安全教育标识系统宣传。指安全教育机构使用统一的象征符号系统来塑造、保持或更新事业形象，包括名称、颜色、图标和徽章等。标识系统这一概念来自企业标识系统。企业标识系统一般由三个要素构成：一是企业理念和价值标识，二是行为示范标识，三是视觉或听觉形象标识。企业标识系统宣传，主要是利用普遍接触和重复记忆机制来系统塑造企业形象。

3.6 大众传播

3.6.1 大众传播的概念

大众传播是指职业性传播机构和人员通过报刊、广播、电视、书籍、电影和互联网等大众传播媒介向公众传播信息的过程。

3.6.2 大众传播的特点

（1）大众传播者是职业性的传播机构和人员，控制着信息传播的过程和内容。

（2）大众传播的信息是公开的、公共的，传播速度快、扩散距离远且覆盖区域广泛。

（3）大众传播的对象是社会上的一般大众，它是以满足社会上大多数人的信息需求为目的的大面积传播活动。受众的广泛性，意味着大众传播具有广泛的社会影响。

（4）大众传播属于单向性很强的传播活动，信息反馈间接迟缓，且缺乏主动性。

（5）大众传播媒介是以先进技术为基础的分发系统和设备，决定着信息的物理形式、时空范围、速度和数量。传播材料的统一成批生产和重复利用，可保证信息的标准化和规范化。

（6）大众传播是一种制度化的社会传播，在维护特定的社会秩序方面发挥着作用。

3.6.3 传播媒介选择原则

（1）针对性原则。针对目标人群状况，选择传播媒介。如对低文化层次人群，不宜使用文字材料；对需唤起公众意识，引起普遍关注的信息，宜选择大众媒介。

（2）速度快原则。力求将安全信息以最快的速度和最通畅的渠道传递给目标人群。

（3）可及性原则。根据媒介在当地的覆盖情况和受众对媒介的拥有情况及使用习惯来选择媒介。

（4）经济性原则。从经济实用的角度考虑媒介的选择，如有无足够的经费和技术能力来制作和发放某种材料或使用某种媒介。

（5）综合性原则。采用多种媒介渠道的组合策略，达到优势互补，保证传播目标的实现。

3.6.4 安全传播材料的制作

安全传播材料是指配合安全教育与安全促进活动使用的印刷材料与声像材料。在制订安全传播计划时首先应考虑从现有的传播材料中选择可利用的材料，以便节约时间和资源。但是，在现有的信息或材料不充足时，需要制作新的传播材料。

（1）安全传播材料制作程序。作为安全教育与安全促进的重要干预策略，有效的安全传播活动必须致力于协助目标人群改变不良的行为习惯，采纳安全的生活方式。这就要求安全教育工作者强化以受众为中心的思想，在安全传播项目中加强受众研究，制定适宜的传播策略，研制适用的传播材料。依据上述指导思想，安全传播材料的制作应遵循如下程序。

① 分析需求和确定信息。以查阅文献、受众调查等方法对有关政策、组织机构能力、媒介资源、受众特征及其需求进行调查分析，为制作安全传播材料掌握第一手资料，初步确定安全传播材料的信息内容。

② 制订计划。在需求分析的基础之上，根据信息内容和其他条件制订材料制作计划，计划应包括确定目标人群、材料的种类、使用范围、发放渠道、使用方法、预试验与评价方法以及经费预算等。

③ 形成初稿。初稿的设计过程就是信息的研究与形成过程。要根据确定的信息内容和

制作计划，设计出材料初稿，根据目标人群文化程度和接受能力决定信息的复杂程度和信息量的大小。

④ 预试验。传播材料预试验是指在材料最终定稿和投入生产之前，在目标人群的典型代表中进行试验性使用，系统收集目标人群对该讯息的反应，并根据反馈意见对材料进行反复修改的过程。预试验的目的是通过了解目标人群是否理解材料的内容，是否喜欢材料的表现形式，以及讯息的易读性、实用性、可接受性和趣味性等，以保证材料制作的质量。各种安全传播材料，如印刷材料（小册子、传单、活页和宣传画等）、声像材料（录像片、幻灯片、广播稿等），均可作为预试验的对象。预试验的次数需根据初稿的质量、预试验对象的意见以及修改稿的质量等情况来确定，一般来说需要 2～3 次。预试验的方法主要采用定性研究的快速评估方法，包括专题小组讨论、中心场所阻截式调查、个人访谈、把关人咨询和音像资料观摩法等。

⑤ 生产。发放与使用预试验结束后，将材料终稿交付有关负责人员审阅批准，按照计划安排制作和生产。确定和落实材料的发放渠道，以保证将足够的材料发放到目标人群手中，同时对材料的使用人员（社区积极分子、专职安全教育人员）进行必要的培训，使他们懂得如何有效地使用这些材料。

⑥ 监测与评价。在材料使用过程中，认真监测材料发放和使用情况，在实际条件下对材料的制作质量、发放与使用状况、传播效果作出评价，以便总结经验，发现不足，用以指导新的传播材料的制作计划。如此循环往复，形成安全传播材料制作的不断循环发展的过程。

（2）讯息形成与材料设计。研究目标人群的信息需求，并据此以适宜的形式将信息内容表达出来，便是讯息形成的过程。在安全讯息设计过程中应避免单纯从传播者的主观意志出发，应遵循讯息设计的基本原则：根据目标人群特征及其信息需求设计安全讯息。

① 针对目标人群，分析讯息需求。一项安全促进项目，往往涉及不同的目标人群，他们对信息的需求和兴趣存在着差异，这是设计安全讯息时必须首先考虑的问题。

② 根据传播主题，形成核心信息。任何安全传播项目，都有其传播主题。根据传播项目中所要强调的传播主题，在受众研究的基础上形成核心信息，是进行安全讯息设计的重要环节。

③ 讯息表达形式的设计。根据传播目的和受众人群的特征来设计具体的安全讯息：用说理性讯息晓之以理，或情感性讯息动之以情；以积极肯定的语言或形象施以正面教育，或恐怖性讯息引起警觉，施以反面教育；以幽默性讯息引人深思，或以严肃性讯息告之问题的严重性；以一面性讯息强化人们的固有观念，或提供正反两方面的讯息使人作出自己的抉择；以大众化讯息广而告之，或以个人性讯息给予个别指导。讯息的表达形式不同，传播效果也会各异。

在安全传播中，一则好的讯息具有以下特征：紧扣预期目标和传播主题；内容准确、具体、清楚且易懂；对受众有吸引力，有说服力；符合目标人群的心理、社会、经济、生活和能力等状况；适用于所选择的媒介；实用性强，具有行为指导性。

（3）传播材料的预试验。

① 预试验的意义。预试验是市场预测和商业广告界广泛使用的一种成形研究技术。有效的传播材料预试验是体现安全传播科学性的一个标志，做好传播材料预试验，具有重要的实际意义，包括加强对目标人群的了解和提高传播效果。同时，传播材料预试验有助于我们

有效地使用经费和资源。

② 传播材料预试验方法。大多数预试验可以通过在目标人群的典型代表中进行小范围的预调查，借以为修订、完善和确定安全材料提供反馈意见。根据传播材料的性质，需采用不同的预试验方法。例如，凡是适用于群体教育的印刷材料，如宣传画、画册、歌曲、广播稿等，都可以用专题小组访谈的形式。

3.6.5 安全传播材料使用技巧

在安全教育活动中适当地使用安全教育材料，可以起到如下作用：吸引受众的注意；提高教育对象对安全知识的理解和记忆；有助于解释抽象的或敏感性问题，在不同场合向不同教育对象准确和完整地提供标准化信息，从而保证安全传播的效果。根据对象不同，安全教育材料的使用技巧可分为以下几种。

（1）使用面向个体的材料。一般来说，发放给个人或家庭中使用的安全教育图片、折页和小册子等安全教育材料，应当对材料的使用方法给予具体指导。主要技巧有以下几种。

① 向教育对象强调学习和使用材料的重要性，引起对方的重视。

② 提示材料中的重点内容，引导教育对象加强学习和记忆。

③ 讲解具体的使用或操作方法，使教育对象能够遵照有关步骤自行操作。

（2）使用面向群体的材料。在组织安全教育培训、专题讲座或小组讨论时，常常需用挂图、幻灯片和模型等辅助性工具。在使用这些面向群体的安全教育材料时，主要技巧如下。

① 距离适中，向教育对象显示的文字、图画要让他们看得见、看得清。

② 面向大家，身体站在一侧，避免挡住部分与会者的视线。

③ 重点讲解材料中的主要内容，边讲解边指示。

④ 有计划地提出问题或让大家提问题，对不清楚的地方做进一步的解释。

⑤ 活动结束前，总结要点，以加强印象。

（3）使用面向大众的材料。在公共场所或单位张贴的宣传画、安全报刊和布置的宣传栏等属于此类。使用时应注意以下几点。

① 地点便利，选择目标人群经常通过又易于驻足的地方。

② 位置适宜，挂贴的高度应以成人看阅时不必过于仰头为宜。

③ 定期更换，一种材料不宜留置过久，应适时更换，以使读者保持新鲜感。

④ 注意维护和保管，发现有损坏应及时修补或更换。

3.7 新媒体传播

新媒体是在新的技术支撑体系下，利用数字技术、网络技术和移动技术，通过互联网、无线通信网和卫星等渠道以及电脑、手机和数字电视机等终端，向用户提供信息和娱乐服务的传播形态和媒体形态，如数字杂志、数字报纸、数字广播、手机短信、移动电视、网络、桌面视窗、数字电视、数字电影和触摸媒体等。相对于报刊、户外、广播和电视四大传统意义上的媒体，新媒体被形象地称为"第五媒体"。较之于传统媒体，新媒体具有交互性与即时性、海量性与共享性、多媒体与超文本以及个性化与社群化等特点。它必须具备价值（value）、原创性（originality）、效应（effect）和生命力（life）四个要素，因此真正意义上的新媒体又可简称为"VOEL 媒体"。

当前，可用于安全传播的新媒体主要包括互联网新媒体（如互联网、博客、网络电视、网络广播、网络报刊、微博和微信等）、手机媒体（如手机报刊和手机电视等）、电视新媒体（如数字电视、交互式网络电视、移动电视与户外新媒体等）。

3.8 影响安全传播效果的因素

依据传播对受传者的心理行为变化的作用，可将安全传播效果分为三个层面：外部信息作用于人的知觉和记忆系统，引起人的知识量的变化和知识结构的变化，属于认知层面的效果；作用于人的观念或价值体系而引起情感、信念或态度的变化，属于心理层面的效果；这些变化通过人的行为表现出来，即形成行为层面的效果。从认知到态度再到行为改变，正是安全教育所追求的"知-信-行"改变的统一。研究影响安全传播效果的因素，目的在于探索干扰因素产生的原因与影响，注意防止和排除干扰因素的影响，才能使安全传播活动达到传得快、传即通、传有效。影响安全传播的因素主要包括传者因素、信息因素、受者因素、媒介因素以及环境因素。

3.8.1 传者因素

安全传播者是安全传播的主体，既要具有安全教育意识和以"人人安全"为传播的出发点，又要具有安全科学知识和必要的传播与教育技能，还要具有收集、制作与传递安全信息，处理反馈信息，评价传播效果等多项职能。因此，安全传播者的素质直接影响到传播效果。

针对传者因素对安全传播效果的影响，提出以下解决方法：

3.8.1.1 做好安全信息的把关人

把关人是传播者理论的一个重要概念，指对在采集、制作和发放信息各个环节乃至决策产生影响的人，由他们决定着信息的取舍和流向。

在安全传播过程中，安全主管部门和安全教育工作者是安全信息的把关人。提高"把关质量"的对策有以下几种。

（1）不断更新安全知识、安全观念和安全技术，提高自身的业务水平，避免传递错误或陈旧的安全信息。

（2）加强业务指导和管理，尤其对基层安全专业人员加强培训和业务指导，帮助他们不断提高安全教育基本理论和技能水平。

（3）要有精品意识，制作和使用内容科学、通俗易懂且符合受众需要的安全传播材料。

（4）加强媒介管理，建立监督和评价机制，对信息流通渠道和传递过程进行质量控制，防止内容陈旧或违背科学的传播材料进入传播渠道。

3.8.1.2 树立良好的传播者形象

研究与实践均表明，传播者的信誉和威望越高，传播效果就越好。传播者的信誉主要是由传播者的专业知识水平、态度以及信息的准确性和可信性决定的。只有建立起权威性的安全信息网，不断提高安全教育机构和人员的业务水平，加强自身修养，树立言行一致的良好形象，使安全教育与安全促进活动贴近群众、贴近生活，才能不断提高在人民群众中的可信度。

3.8.1.3　加强传播双方共通的意义空间

传播双方共通的意义空间又称共同经验范围，是指交流双方大体接近的生活经验和文化背景，以及对传播中所使用语言和文字等符号含义的共通的理解。传播双方的共通意义空间越大，传播效果就会越好。安全传播的成功，有赖于传播者有能力引起受传者的共同意识和情感共鸣。从认知上讲，要注意传播对象的价值观念、知识结构、文化程度和接受能力；从语言和文字等传播符号的使用上，要注意准确和通用，能够被对方理解和接受；从态度上讲，要获得传播对象的好感，争取成为他们的"知心朋友""自己人"。安全传播者应努力寻找和扩大与受传者之间的共同语言，并以此为切入点，传播安全新知识和新观念，双方的共通意义空间越大，产生的传播效果越好。

3.8.2　信息因素

安全传播就是用安全信息来刺激受传者的安全需求、动机和行为。依据传播目的和受众需要适当地取舍信息内容，科学地设计安全信息，是取得良好传播效果的重要环节。

3.8.2.1　提高安全信息的针对性、科学性和指导性

安全传播活动传播的是有关安全的知识、技术、观念和行为模式的安全信息。一个意义完整的安全信息应能有效地指导人们的安全行为。因此，完整的安全信息内容不仅要包括"是什么""为什么"，还要告诉人们"如何做"。要提高信息内容的针对性和指导性，应做到：信息内容要单一，行为目标要明确，实现目标的方法要具体、简便、易行而且可行。

3.8.2.2　结合目标人群需求，选择热点话题

只有根据目标人群的需求选择信息内容，才能获得较好的传播效果。如根据行业领域和人群职位等的不同，选择不同热点话题。

3.8.2.3　同一信息，反复强化

研究表明，简短且反复出现的信息可使受传者加强记忆。一则好的电视公益广告用语能让人记住不忘，就在于其生动形象，短小精悍，朗朗上口，反复播放。

3.8.2.4　注重信息反馈

安全传播机构应建立健全信息反馈机制，不断了解受众反应，分析传播工作状况，找出存在问题，从而提高安全传播质量。

3.8.3　受者因素

安全传播的受者是社会人群，他们存在各种个体差异和群体特征，有着多样性的安全需求和信息需求。建立信息反馈机制，收集、分析和研究受众的需求，根据受众的个体差异和群体心理特点制定安全传播策略，是提高安全传播效果的重要途径。

3.8.3.1　受传者的选择性心理

人们每时每刻都在通过感官接受来自周围的大量信息，同时也在对这些信息作出选择。

选择性心理主要表现为选择性接触、选择性注意、选择性理解和选择性记忆，人们倾向于接触、注意、理解、记忆和自己的观念、经验、个性、需求等因素相一致的信息。

3.8.3.2 受传者对信息需求的共同心理特征

除了四种选择性心理因素外，受传者在接触信息时还普遍存在着"五求"心理，即求真（真实可信）；求新（新鲜、新奇、吸引人）；求短（短小精悍且简单明了）；求近（与受传者在知识、生活经验、环境空间及需求欲望方面接近）；求情厌教（要求与传播者情感交流，讨厌过多居高临下的说教）。

3.8.3.3 受传者接受新信息的心理行为发展过程

受传者在接受一种新信息或采纳一种新行为时，要经历一个心理行为发展过程，这一过程可大致分为知晓、决策、采纳和巩固四个阶段。如果按受众的心理行为发展阶段制订干预计划，决定信息内容，选择传播渠道，就会取得更佳效果。其基本策略是：

(1) 无知阶段（当人们尚处于无知状态时）：宣传发动，使其知晓；

(2) 知晓阶段（当人们已经知晓该信息时）：提供知识，进行劝服；

(3) 决策阶段（对信息已形成积极态度，准备尝试）：提供方法，鼓励尝试；

(4) 采纳阶段（已经尝试新行为）：支持鼓励，加以强化；

(5) 巩固阶段（已经采纳新行为）：继续支持，不断强化。

3.8.3.4 受传者对信息的寻求与使用

人们不仅选择性地接受信息，还会主动地寻求和使用信息。人们寻求信息的一般动机主要是为了消遣时间、社会交往和咨询解疑等。具体到安全传播领域，人们对安全问题的关注，会直接影响其对安全信息的需求、选择和迫切程度。每个人都有接受安全信息的客观需求，但往往缺乏主观意识，这就要求运用强有力的传播手段，激发群众的安全需求，实现安全教育和安全促进。

3.8.4 媒介因素

在安全传播活动中，充分利用媒介资源，注意媒介渠道的选择与综合运用，使用两种或两种以上的传播媒介，使之达到优势互补，保证传播目标的实现，可起到减少投入、扩大产出的效益。在安全教育与安全促进活动中，常采用的综合手段是：

(1) 以大众传播为主，辅以对重点目标人群的人际传播和群体传播；

(2) 以人际传播或群体传播为主，辅以安全教育材料如幻灯片、画册、录像片和挂图等作为口头教育的辅助手段；

(3) 人际、群体、组织和大众传播等多种传播形式并用，开展综合性的安全教育与安全促进活动。

3.8.5 环境因素

传播活动赖以发生的自然环境和社会环境是影响安全传播效果的重要因素。具体讲，创造良好的传播环境，主要从以下三方面着手。

3.8.5.1 合理利用自然环境和物质条件

传播活动的时间、天气、地点、场所、距离、环境布置、座位排列等，这些环境因素的处理与安排，对营造交流氛围有着积极的影响。因地制宜，合理利用现有的自然环境和物质条件，可以减少许多因环境因素带来的传播阻力。如选择适当的活动场所，进行必要的布置和美化，可以起到使传播对象保持愉快心境，减少干扰，强化信息的作用，从而取得较好的传播效果。

3.8.5.2 创造安全的社会环境

宏观社会环境，如特定目标人群的社会经济状况、文化习俗和社会规范，政府决策、政策法规和社区支持力度等，都是影响安全信息传播的社会因素。应运用安全促进的原则，通过规章制度、组织领导和经济奖罚等行政管理手段，创造一种有利于安全传播的社会大环境。近年来传播学的研究热点围绕着政府、大众媒介和安全信息三者之间的关系。基于传播学基础的安全传播研究认为，安全信息的发布和控制是拥有决定性影响的环节。而影响安全信息传播过程的两种主要力量来自政府和媒介机构。国外研究者强调要想有效地进行安全传播，政府有责任提供真实准确的信息。

3.8.5.3 充分利用群体心理环境

对受传者有重要影响的周围人对其态度和行为的影响等，是影响安全传播效果的微观社会环境。安全传播工作者要事先研究，深入了解，并在安全传播计划、设计和实施时加以考虑。

本章小结

安全传播理论和方法是安全教育的主要理论和方法基础。本章介绍安全传播基本知识。首先，在传播概念基础上，分析安全传播的要素、特点、意义和安全传播过程模式。其次，分别介绍人际传播、群体传播、组织传播、大众传播、新媒体传播，以及影响安全传播效果的因素。

思考题

1. 什么是安全传播?
2. 安全传播要素有哪些?
3. 安全传播的特点和意义是什么?
4. 扼要介绍人际传播、群体传播、组织传播、大众传播、新媒体传播的内容和特点。
5. 影响安全传播效果的因素主要有哪些?

第 4 章

安全教育学原理

4.1 安全教育的机理

4.1.1 安全教育的本质和一般过程

教育使人能通过抽象的理性思维反映事物的本质和规律，教育是人类社会特有的一种社会现象，是人类特有的一种有意识的活动。教育就是根据一定社会需要进行的培养人的活动，或者说是培养人的过程。

人类教育中无论是生产经验的传授，还是社会行为规范的教导，都不是产生于人的本能需要，而是人们意识到的社会需要，在明确意识的驱动下产生的有目的的行为。

教育是人类社会特有的传递经验的形式，人类借助语言文字的信息载体功能，不仅可使人类的经验存在于个体系统之中，也可以存在于个体意识之外，脱离每个个体而独立存在；不仅可使人类获悉感官所及范围之内的经验，而且可超越时间限制和空间地域的阻隔。人类传递经验的这一特点也证明了教育是一种社会现象。

安全教育是人类教育活动的一小部分。安全教育是人类有意识的以保障人的身心安全健康为目的的社会活动，与其他以人为直接对象的活动的区别在于它是以人的身心安全健康为直接目标的。

安全教育的一般过程遵循着心理学的规律。例如，生产生活过程中的潜变、异常、危险、事故给人以刺激，由神经传输于大脑，大脑根据已有的安全意识对刺激做出判断，形成有目的、有方向的行动。所以，安全教育的基本出发点如下。

（1）尽可能地给受教育者输入多种"刺激"，如讲课、参观、展览、讨论、示范、演练、实例等，使其"见多""博闻"，增强感性认识，以求达到"广识"与"强记"。

（2）促使受教育者形成安全意识。将安全科学观念、知识和经验等经过一次、两次、多次、反复的"刺激"，促使他们形成正确的安全意识。

（3）促使受教育者做出有利于安全的判断与行动。判断是大脑对新输入的信息与原有意识进行比较、分析、取向的过程。行动是实践判断指令的行为。安全教育就是要强化原有安全意识，培养辨别是非、安危、福祸的能力，坚定安全行为。这就涉及受教育者的态度、情绪和意志等心理问题。

（4）创造条件促进受教育者熟练掌握操作技能。技能是指凭借知识和经验，操作者运用确定的劳动手段作用于劳动对象，安全熟练地完成规定的生产工艺要求的能力。培养安全操作技能是安全生产教育的重点，是安全意识、安全态度的具体体现。

4.1.2　安全理性传达的机理

所谓理性是指人在正常思维状态下时，遇事有自信和勇气尽快做出分析与归纳，恰当地选择多种方案（这些方案可以是预备的或是临时的）中的一种方案去行动或进行处理，达到事件需要的效果。理性是基于正常的思维结果的行为，理性就是抓住了客观事物的本质。

安全教育是把安全科学观念、知识和技能等传达给其他人，使其他人拥有相同的安全科学观念、知识和能力，遇到危险能够作出正确的判断和采取正确的行为。上述过程也可以描述为安全理性的传达。

4.1.2.1　安全理性的传达分析

如图 4-1 所示，当人 A 希望把某些安全知识传达给人 B 时，因人 A 不能把这些知识原封不动地直接拷贝到人 B 的大脑中，所以就要在人 A 和人 B 之间采用某种媒介物，才能使人 B 掌握人 A 所拥有的安全知识。这种传达方法是通过媒介物传达使人 B 掌握的安全知识的程度接近于人 A。这种传达过程会由于传达手段的巧拙而有所差异。实际上，安全知识传达的效率存在着很大的差别，有时可使人 B 几乎全部掌握人 A 所拥有的安全知识，但有时却只能使人 B 部分掌握人 A 所拥有的安全知识，甚至有时还会因人 B 的意识（人格）问题，而出现反理解的情形。

图 4-1　安全知识的传达图示

安全知识的传达通常可以有多种途径，如用声音作媒介物，用图形、符号作媒介物，用动作做演示，甚至还可以利用触觉、嗅觉等方式，或者是多种媒介的组合使用。

4.1.2.2　用语言传达安全理性

从原始社会开始，人们就一直用声音作为媒介物。通过声音这种方式可以把非传播人本身经验的东西，作为理性传达而变为他人的知识。因此，对于那些发生过的事故灾难所形成的经验教训，也可以通过这种理性传达而使更多人获得这些经验教训。

现用图 4-2 表示以语言媒介为安全理性传达的机理。图 4-2 表示了人 A 把他所拥有的安全知识传达给人 B 的情形。例如，根据已整理过的安全知识积累，把安全知识译成相应的音素（译音），也就是说，首先应在头脑中思考是否用语言的方式传达安全知识之后，再进行编排翻译。若要变换成实际的声音，则由大脑对发音器官发出指令进行声音传达。变换成声音的声波在空气中传播，而人 B 则通过听觉器官接收，并对其进行音的翻译，这样就能知道和理解声音中安全知识的含义。

图 4-2　用语言媒介传达安全知识的机理图示

然而，尽管人 A 已拥有正确的安全知识，如果将这些安全知识翻译成声音的方法欠佳，那么即使传达机理正确，也不能把他所拥有的正确安全知识传达给人 B。上述情况实属人 A 个人方法选择的巧拙问题。

不过，即使人 A 能确切地表达安全知识，而人 B 若不能把它正确地翻译，也难以达到目的。有时还由于人 B 的注意力不集中使译音中断或处于间断状态，人 A 拥有的安全知识也不能充分地传达给人 B。在这种情况下，就存在提高安全教育效率的技术问题。

4.1.2.3　用文字传达安全理性

用声音作为安全知识传达的媒介物，自然会受到时间的限制。因为发出的声音随时间推移而传播和消失，所以用声音进行安全知识传达是有时限的。也就是说，用声音作为媒介物只能成为对话的形式。此外，还会受到距离的限制。若用图形、符号作媒介物，就不会受到时间和距离的限制。而且，只要以文字的形式传播，那么不管谁都能根据文字把安全知识传达给别人。图 4-3 表示用文字传达安全知识的机理。

用文字作为传达媒介物，其前提是需要学习社会所确定的文字规则。如果不懂其文字规则，那么不管用什么方式表达也是徒劳的。

一般认为，靠多种感官学习要比单靠一种感官学习更有效。因此，要提高安全知识传达效率，不仅要动员视觉、听觉，而且还要动员触觉、嗅觉，以扩大大脑的活性中枢范围，并使之受到强烈的刺激，这样就能增强记忆，提高安全教育效果。

4.1.3　安全动作传达的机理

安全教育通过动作来传达非常重要。例如，操作一台设备，安全知识与设备使用安全知

图 4-3 用文字传达安全知识的机理图示

识是不相同的。对操作者来说，如果"不会"使用安全知识以确保生产过程中的安全，那么这种安全教育就没有意义了。于是，要使操作者"会用"安全知识，可以靠动作的传达来达到目的。为此，可由教师来进行"安全技能的传达"（如图 4-4 所示）。教师为了表现"安全技能"，需要将积累在大脑记忆系统中的安全知识译成适当的语言，同时由大脑发出指令，指挥手、足，端正姿势，动员全部感觉器官，全力以赴地把安全技能表现出来。

图 4-4 用动作传达安全技能的机理图示

而接受者则必须通过视觉、听觉的生理机能把教师表现出来的安全动作译成信息接收，并通过大脑的记忆系统对接收的信息进行翻译，再由大脑发出指令动员所有的感觉器官，以模仿教师的安全动作。然后，当教师发现接受者的姿势，手、足的安全动作不能达到标准时，就要再一次示范以纠正其动作，必须使他反复操作而逐渐接近标准。

因此，在安全技能的传授过程中，为了动员所有感觉器官，并使之接近标准，就必须对已动员起来的各种感觉器官进行适当的控制。因为传播安全技能相比传授安全知识在生理机能方面所动员的感觉器官更多，而且还必须一边控制各个感觉器官，一边综合动作的结果，使其接近标准，所以传授安全技能阶段的难度较大。

4. 1. 3. 1 安全技能传送过程

安全技能传送过程是在向标准接近所经过的时间里表现出来的，图 4-5 为安全技能传送过程的简单例子。图 4-5 中，操作者接受由仪表 a 所表示状态的信息，也就是说，把那种状态输入（input）给人。于是人的大脑 b 就觉察到输入的信息，并由此作出判断。当仪表上的指示值与目标值不一致时，大脑就向手发出指令，使手在 c 处进行调整控制，而调整控制的结果作为输出（output），就显示在仪表上。这时，如果仪表上的指示值与目标值还不一致，将反馈到操作者，反馈后的信息又输入大脑，再由大脑向手发出调整控制指令，通过这样的过程进行调整控制直至达到目标值为止。

图 4-5　安全技能操作过程的机理图示

4.1.3.2　信息的输入机理

为了正确地传达技能，输入的信息必须准确无误。事故大多是由"看错""听错"或者"没有听清"等情况造成的（特别是在多人操作的场合）。

人有目的的行动首先是从输入信息开始的，而这需要动员人的全部感觉器官来进行。然而输入信息的主体为视觉器官，可以认为在人们有目的的行动中，有 $80\%\sim83\%$ 是来自视觉器官，$12\%\sim15\%$ 是来自听觉器官。

图 4-6　靠视觉掌握信息的生理机理图示

图 4-6 表示从视觉输入的信息传达至大脑到觉察过程的机理。若要觉察到物体 a_0，首先得通过眼睛①的虹膜和晶状体将输入的信息映在视网膜上，这种映像再通过视神经③传入大脑，在大脑⑤的部分形成物体的像 a_1，于是就觉察到那个物体了。为使成像清晰准确，则由④所示的细胞和神经的连接点即突触来进行控制，调节眼球中的晶状体②和虹膜使其得到清晰的焦点。为了准确地抓住信息，转动眼球的肌肉也能起到类似电流的调节作用，通过这种调节机构，就能更准确地输入信息。

有企业就人操作机器受伤事故原因进行调查，结果显示受害者约 10% 在视觉方面存在缺陷。

就信息输入而言，听觉输入的重要性仅次于视觉。图 4-7 表示从听觉输入信息的机理。信息以声波刺激外耳鼓膜，通过内耳，再通过听觉神经及突触①、②到达听觉皮质，从而察觉到信息。听觉神经通过突触①之后分至网状活动组织，再从网状活动组织又分一部分至自律神经中枢。另外，声音的刺激还涉及整个意识领域，有时妨碍睡眠，有时使性情急躁，这就会成为产生事故的间接原因。

图 4-7　靠听觉掌握信息的生理机理图示

内耳有缺陷就会丧失觉察声波的机能，也就听不清别人的话，从而妨碍准确地输入信息。

4.1.3.3　动作的控制机理

根据所输入的信息，若人们觉察到所涉及的对象，就能立即据此作出准确的判断，再由大脑发出指令而控制手足动作，如图 4-8 所示。人通过视觉获得信息，然后发出指令抓住球 a。当眼睛看见球 a 时，其信号就经突触①送至大脑皮质 A，送到 A 的信号经过 B，向手发出"抓"的指令。此指令再经过突触②给肌肉以刺激，使手产生收缩作用，就靠这种肌肉的收缩作用而把球 a 抓住。抓住球后的触感反馈到大脑皮质，告诉大脑是否已达到目标。如果反馈信号与目标不同时，大脑就会再向肌肉发出修正的指令。

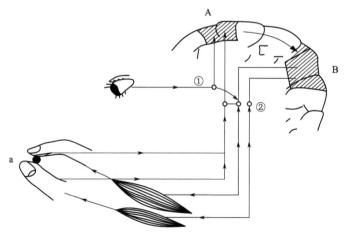

图 4-8　抓物体时的生理机理图示

一般认为肌肉收缩一次大约需要 0.1 秒。所谓指令通常都以开、关方式进行，正因为是开、关方式，所以会引起循环现象动作滞涩。因为运动肌是由许多肌纤维组成的，所以技能熟练程度以及动作的灵活性要靠肌纤维在收缩还未返回原来长度时，是否又继续收缩来决定。

为了控制活动就必须有"加强"和"抑制"两个系统，通过这两个系统的适当调节就能达到目标。而起到这种调节作用的就是网状体，它能传送在脊髓里所发生的忽强、忽弱的反射信号。从环境来的信号，在途中必然形成分支而把信号传送到网状体，再从这里把信号传至大脑皮质，大脑皮质接受刺激后就发出指令。图 4-9 就是进行这种控制的生理机理图。

图 4-9　控制作用的生理机理图示

掌管其控制作用的网状体起着"增强和使其活动"的正作用和"减弱、抑制"的负作用。另外，研究事故原因可知，由于操作时"位置不对"或"姿势不正确"而造成事故的情况较多。对于姿势来说有以下两种情形：静止时的姿势和运动过程中的姿势。

所谓姿势，就是指肌肉不是处于松弛的状态。譬如，即使是静止时的姿势，为了保持身体的某种形态，肌肉也总是要有一定程度的收缩。对于事故原因的"操作位置不对"来说，也必定是进行操作时姿势不合适的缘故。所谓静态姿势的稳定性，那就是指身体支撑面越宽，重心位置越低时，其稳定性越大。而所谓动态姿势的稳定性则是这样的概念，即在运动过程中，每一瞬间的动态姿势总是恰好地适合于运动，当肌肉进行收缩时，总能保持良好的平衡而不致摔倒。若从姿势的稳定性方面来分析事故原因，则 70%～75% 的事故是由缺乏稳定性造成的。

4.1.3.4　疲劳和肌肉的收缩

肌肉是能收缩的。要想运动，就可根据从大脑传来的指令一边适当地收缩调节肌肉，一边不断保持身体平衡。不过，当长时间持续这种动作时，就会逐渐消耗体内的能量而疲劳。

一旦疲劳，人体感觉器官对从外界输入信息的灵敏度就会降低，也就很难向运动器官传达准确的指令。而且，即使肌肉接受从大脑发来的指令，但在进行收缩作用时，也可能不能达到目标。因此，其动作就会缺乏准确性，于是就包含着发生事故的可能性。

图 4-10 为由疲劳所引起的肌肉收缩力的变化情况示意图。图中①为作业前肌肉未疲劳时，其收缩力的情况；②为进行了中等劳动强度的作业后，稍微疲劳时肌肉收缩力的情况；③为激烈地从事劳动强度大的操作而产生严重疲劳时，肌肉收缩力的情况；④为进行了过分激烈的劳动而产生过度疲劳时，肌肉收缩力的情况。

图 4-10　由疲劳所引起的肌肉收缩力的变化

4.1.4　安全信息认知的机理

4.1.4.1　安全信息认知通用模型的构建

为了构建一个系统中的安全信息认知通用模型（SICUM），首先有必要给出一些相关的定义。

（1）如果将系统的主体（安全信息的认知者）称为信宿（information home，用 H_I 表示），将认知者所要感知的主要东西称为信源（information source，用 S_I 表示），信源体可以是人、事、物、社会现象、组织、制度、体系、文化等，甚至是一个子系统。

（2）认知者感知的信源通常是信源的载体。因此，将表征信源的本原（原原本本的东西）称为真信源（real information source，用 S_{RI} 表示），真信源转化成能够被信宿感知的信息称为信源载体（carrier of information source，用 C_{IS} 表示），信源载体可以与真信源完全一致，也可以完全不符，或是在一致与不符之间。

（3）将信宿与信源载体之间媒介称为信道（channel，用 C 表示），信道中存在着影响信宿感知信源载体的各种因素，这种因素称为信噪（signal noise，用 N_S 表示）。信噪可以有，也可以无；信噪的影响效果可以是负的，也可以是正的；信噪不仅可以影响信宿，还可以影响信源载体等。

（4）信源载体经过信噪的干扰之后，通过信宿的感知器官功能（如视、听、触、嗅等）变为信宿的感知信息（sense information，用 I_S 表示）。之后，信宿还需要根据大脑的功能和其中的知识储备等，对感知信息进行检测、转换、简约、合成、编码、储存、重建、判断等复杂的生理和心理过程，形成认知信息（understood information，用 I_U 表示）。被认知的信息与感知的信息可能相同、相似、相关，甚至可能相异、相反，还可以添加大脑的创新思维意识等。

（5）信宿根据理解的认知信息，得出优化方案和形成决策，然后通过大脑指挥其功能器官（如手、脚、声等）采取动作（action，用 A 表示），并达到或是获得某一行动结果（result，用 R 表示）。

（6）行动结果又可以反馈给信宿，并作出循环调整，简称为信馈 F_I。信馈可以是简单的信息反馈，也可以是一个新的复杂的安全信息认知过程，后者是因为信宿能感知到的行动结果（其实也属于一种信源），可能只是其真实结果的表象或载体。

（7）上述讨论的这个系统可能与其他系统关联和相互作用。我们把这个正在分析的系统称为自系统，把与之相互作用的系统称为它系统。自系统是随时间变化而动态变化的，并且与它系统相互影响和相互作用。

基于上述的定义和描述，可以构建出一个系统某一瞬间的安全信息认知通用模型，如图4-11 所示。

图 4-11　安全信息认知通用模型（SICUM）

4.1.4.2　模型的内涵

从图 4-11 可以分析得知，建立的安全信息认知通用模型包含以下的内容。

（1）安全信息认知过程主要由 7 个事件组成。它们内容和所处的时间状态分别是：1 真信源 S_{RI}，时间状态 S_{t1}；2 信源载体 C_{IS}，时间状态 S_{t2}；3 信噪 N_S；4 感知信息 I_S，时间状态 S_{t3}；5 认知信息 I_U，时间状态 S_{t4}；6 响应动作 A，时间状态 S_{t5}；7 行动结果 R，时间状态 S_{t6}。

（2）安全信息认知过程的 6 个时间状态，两两之间分别形成了 5 级时间差和 5 级信息失真或信息不对称。它们分别是：真信源转化成信源载体的时间差等于 $S_{t2}-S_{t1}$，其信息失真值称为 1 级误差 Δ_1，失真率为 η_1；信源载体到被信宿感知的时间差等于 $S_{t3}-S_{t2}$，其信息失真值称为 2 级误差 Δ_2，失真率为 η_2；感知信息变成认知信息的时间差等于 $S_{t4}-S_{t3}$，其信息失真值称为 3 级误差 Δ_3，失真率为 η_3；信宿将认知信息付诸行动的时间差等于 $S_{t5}-S_{t4}$，其信息失真值称为 4 级误差 Δ_4，失真率为 η_4；从采取动作到有了行动结果的时间差等于 $S_{t6}-S_{t5}$，其信息失真值称为 5 级误差 Δ_5，失真率为 η_5。

（3）如果参照香农和韦弗（Claude Shannon-Warren Weaver）提出的信息传播模式，

则图 4-11 所示的安全信息认知过程 7 事件可以简化为信源、信道、信宿和信馈 4 要素。但两者有很大不同，香农模型描述的是信息传播过程，此处模型表达的是安全信息认知过程。从上述对信源、信道、信宿和信馈的定义可知，它们与香农和韦弗的相关定义有很大的不同。

（4）如果要给本节建立的安全信息认知通用模型起个更加具体的名字，根据上述（1）～（3）的说明可知，可称为安全信息认知 7-6-5-4 模型，7-6-5-4 的由来和表达的意义如上述。

（5）真信源 S_{RI} 指信宿要感知的真实东西，不仅是指人可见的物体，还可以包括他人、事件、现象、组织、制度等，其实这些内容也可以用子系统表达。

（6）信源载体 C_{IS} 主要是指信宿用肉体能感知的信息，如电、光、声、热、色、味、形等。当借助仪器设备感知时，问题会更加复杂，实际上已经变成了新的安全信息认知子系统了。

（7）信噪 N_S 是对信源载体和信宿感知产生影响的相关因素，它包括的内容可以非常广泛，不仅是我们通常理解的自然环境因素，还可以包括情感、文化氛围、爱好诱惑、思想压力等。

（8）感知信息 I_S 通常指人的感知器官（视、听、触、嗅等）获得的信息，它感知的效果是因人因时因地因情等而异的。

（9）认知信息 I_U 是因人因智因脑等而异的，它与人的天分、年龄、知识、健康程度等密切相关。

（10）响应动作因人因机因环等而异，常用的部位有手、指、腕、臂、身、腿、脚等，常见的动作有碰、触、抓、放、踏、走、压、按、旋、弯、起、坐等。信宿的响应动作还可以包括发声、眼动甚至意念等，随着科技的进步，动作的内涵将不断拓宽。

（11）行动结果可以是成功的或是失败的，可以是正面的或负面的，也可以完全无效。而对行动结果的反馈，实际上可以当作新一轮的安全信息认知过程。

（12）如果系统的安全信息认知过程的信息失真率用 η 表示，用简单叠加的方式，则：

$$\eta = |\eta_1| + |\eta_2| + |\eta_3| + |\eta_4| + |\eta_5| \tag{4-1}$$

当 $\eta=0$ 时，整个安全信息认知过程和达到的效果无误。由 η 的大小并将其分级，可以评价系统中安全信息认知过程失真的程度和等级。同样，由各级 $|\eta_i|$ 的大小并将其分级，可以评价系统中安全信息认知过程各级失真的程度和等级，并找出最大的失真环节，这一点更加重要。η_i 用绝对值表示，是由于它可正可负。

（13）由于系统的安全信息认知过程存在信息失真或信息不对称，也证明了认知过程存在故障，并由此可以导致信宿对风险的错误认知，从而造成错误的动作和行动，以致发生事故和灾难。另外，如果信宿的感知和认知过程有超常或创新的效果，则可能抵消由信噪和信源载体带来的误差或负面影响。

（14）如果把安全（或不安全）行动结果当作新信源，新信源被新信宿所认知又产生新的安全（或不安全）行动结果，这样不断循环下去，就构成了多级安全认知的过程模型。当新信源同时被多个新信宿所认知，并不断传递循环下去，就可能构成了复杂的安全（或不安全）信息串并联过程，甚至出现类似"蝴蝶效应"的过程。例如，有些谣言恶性传播造成大量人群恐慌以致引发重大恶性事件就属于上述过程。

（15）由以上分析可知，建立的安全信息认知模型具有普适性和元模型的功能。

4.2　安全教育的身心影响规律

4.2.1　安全教育的记忆规律

4.2.1.1　艾宾浩斯遗忘曲线

安全教育的记忆规律与一般学习的记忆规律相同。当然，如果运用惨痛的事故开展安全教育，可能其记忆深度比一般知识深刻一些。人的学习过程具有渐进性、重复性，这是人的生理与心理的特性决定的，如人对学习的知识会产生遗忘。遗忘就是对记过的材料不能再认或回忆，或者表现为错误再认或回忆。艾宾浩斯经过研究人类大脑对新事物遗忘的规律，并用一条曲线来描述，该曲线称作艾宾浩斯遗忘曲线，见图 4-12。实际上对不同的人和不同的学习材料进行识记，会有不同的遗忘曲线。

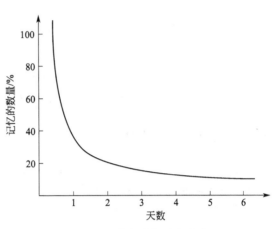

图 4-12　艾宾浩斯遗忘曲线

艾宾浩斯遗忘规律表明：在其设计特定实验条件下，遗忘速度最快的区间段是在第 1 天，比如学习经过 20 分钟、1 小时、24 小时后，分别遗忘 42%、56%、66%；2～31 天遗忘率稳定在 72%～79% 之间；遗忘的速度是先快后慢。

复习的最佳时间是记忆材料后的 1～24 小时，最晚不超过 2 天，在这个区间段内稍加复习即可恢复记忆。过了这个区间段，因已遗忘了材料的 72% 以上，所以复习起来就事倍功半。我们在复习时感觉碰到的好像是新知识似的，这就是因为复习的时间间隔太长了。

睡前醒后是记忆的黄金时段。记忆时，先摄入大脑的内容会对后来的信息产生干扰，使大脑对后接触的信息印象不深，容易遗忘，这就是前摄抑制（先摄入的抑制后摄入的）；后摄抑制（后摄入的干扰、抑制先前摄入的）正好与前摄抑制相反，由于接受了新内容而把前面看过的忘了，使新信息干扰旧信息。

睡前的这段时间可主要用来复习白天或以前学过的内容，对于 24 小时以内接触过的信息，根据艾宾浩斯遗忘规律可知约能保持 34% 的记忆，这时稍加复习便可恢复记忆，更由于不受后摄抑制的影响，使记忆的材料易储存，会由短时记忆转入长期记忆。另外根据研究，睡眠过程中记忆并未停止，大脑会对刚接收的信息进行归纳、整理、编码、储存。所以睡前的这段时间真的是很宝贵。

早晨起床后，由于不会受前摄抑制的影响，记忆新内容或再复习一遍昨晚复习过的内容，则整个上午都会记忆犹新。所以说睡前醒后这段时间如能充分利用，可收事半功倍之功。

明白了上述道理，对我们如何开展安全教育具有实际的意义。例如，对新员工即使认真地进行了安全三级教育，并且考试合格，但假若以后不去管他，那么要不了多久，按照遗忘规律，他将会忘掉大部分的安全知识，最终必然产生失误行为，从而导致事故发生。

为了防止遗忘量越过管理的界限，就要定期或及时地进行安全教育，使记忆间断活化，从而保持人的安全素质和意识警觉性。反复教育使记忆活化的规律如图 4-13 所示。

图 4-13　反复教育使记忆活化的规律示意图

4.2.1.2　戴尔学习金字塔

戴尔学习金字塔是用数字形式形象显示：采用不同的学习方式，学习者在两周以后还能记住内容（平均学习保持率）的多少，如图 4-14 所示。它是一种现代学习方式的理论，是由美国著名的学习专家爱德加·戴尔（Edger Dale）于 1946 年首先发现并提出的。

图 4-14　学习金字塔

如图 4-14 所示，在塔尖，第一种学习方式"听讲"，也就是教师在上面说，学员在下面听，这种我们最熟悉最常用的方式，学习效果却是最低的，两周以后学习的内容只能留下约 5％。但大家还要注意到，很多学习内容经常需要靠讲授才能传达，而且不能用其他方法来替代。另外，同样的时间里，讲授的信息量可以比实践等教学方法的信息量要多得多，学习的信息量多自然记住的就多。因此，"听讲"的方式仍然是最常用的和不可废弃的教学方法。

第二种通过"阅读"方式学到的内容，可以记住约 10％。"阅读"方式虽然记住的比例不算高，但单位时间里"阅读"的信息量很大，也非常方便，所以阅读仍然是最常用的学习方法。

第三种用"视听"（图片、声音）的方式学习，可以记住约 20％。声音和图片加强了对感知器官的刺激，使人记住的信息量稍大一点，但学习起来不太方便，而且一些学习内容不容易同时用声音和图片表达。

第四种是"演示"，采用这种学习方式，可以记住约 30%。

第五种"讨论"，可以记住约 50% 的内容。

第六种"实践"，可以记住约 75%。

第七种"教授给他人"是金字塔基座位置的学习方式，是"教别人"或者"马上应用"，可以记住 90% 的学习内容。实际上如果能"教别人"意味着已经掌握学习的内容，能够记住的比例最高也就不足为奇了。

戴尔提出学习效果在 30% 以下的几种传统方式，都是个人学习或被动学习；而学习效果在 50% 以上的，都是团队学习、主动学习和参与式学习。因此，在有条件的情况下，我们尽量采用后者，或是前后两者相结合的学习方式。

戴尔提出学习金字塔以后，许多教育研究者又继续该课题的研究，并对学习金字塔内容进行了补充，构建出许多种新的学习金字塔模型。此外，戴尔学习金字塔上的数字也并非原本就有，很有可能是后人主观臆想加上去的。这个假说之所以广为流传，是因为它在某种程度上符合人们的常识。许多人及教育机构不断推广和尝试，然而却始终没有完整而严谨的实证研究推出，但这并不会影响到学习金字塔对选择高效学习方法的重要指导作用。因为不同的学习者对知识的保持率是不一样的，所以平均学习保持率不会是一个定值，金字塔上的数字原本只是参考数值。数字也可理解为宏观角度的概率，对具体的个体而言，可能会有较大变化。

4.2.2　安全教育的心理影响规律

安全教育的目的在于培养受教育者形成正确的安全意识，掌握安全知识，从而促使受教育者做出正确的安全判断和安全行为。可以说，安全教育的最终目的就是使受教育者表现出有利于安全的行为。但是，安全教育无法时时刻刻对受教育者的安全行为产生直接影响，而是更多地通过对受教育者的安全心理进行干预，从而影响到受教育者的实际安全行为。

与一般行为相同，在处于理性的情况下，人受到自身安全心理状态的影响表现出安全行为，而在安全事件发生时的紧急状态下，人会倾向于在身体安全本能作用下表达安全行为。在这里，我们假定人处于完全理性状态，并有着足够的能力去思考安全行为的意义，控制自己的安全行为，承担安全行为的后果。此时，人的安全心理和安全行为之间的关系能够用计划行为理论解释。计划行为理论起源于多属性态度理论，又演变为理性行为理论，最后发展为计划行为理论。Fishbein 和 Ajzen 提出理性行为理论，从社会心理学的角度进行研究，是研究认知行为的基础理论。该理论包括行为态度、主体规范、行为意向和实际行为四个要素。其中，行为态度是个体能够感受到行为产生的后果和评价，受到行为主体对于结果所具有的信念和对结果的评价两个要素的影响。主观规范指的是个体感知外在重要群体而产生的社会压力，这种压力来源于家人、组织其他成员等。行为意向是个体想要实施某种特定行为的意图。实际行动是个体外在表现出来的实际行为。在理性行为理论中，行为态度和主观规范能够一起影响行为意向，而行为意向便是预测实际行为最可靠的前置行为。1985 年，Ajzen 完善了理性行为理论的框架，增加了知觉行为控制这一要素。知觉行为控制是个体感知到自己完成某件事情的难易程度，并同行为态度、主观规范一同决定了主体的行为意向，甚至能够直接预测和反映实际行为。计划行为理论模型如图 4-15 所示。

基于计划行为理论，可以认为，排除安全事件发生时的紧急状态，受教育者在理性状态

图 4-15　计划行为理论模型

下，其安全行为取决于受教育者个人的安全态度、安全知识、安全能力以及所处的安全环境。在实际的安全教育中，通过教育前和教育后的受教育者安全心理测评，研究者们发现合适的安全教育能够提高受教育者的安全技能，改善受教育者的安全态度，长期的安全教育能够显著提高受教育者的安全知识水平，具体体现为：

（1）安全教育对受教育者安全态度的影响。安全心理学研究表明，恰当的安全教育能够充分激发受教育者的安全动机和正向的安全情感，因此只需要半天的时间就能够对受教育者的安全态度起到明显的正向促进作用。然而，后续的跟进研究表明，短期的安全教育无法对受教育者的安全态度产生长久影响。此外，不恰当的安全教育无法对受教育者的安全态度施加影响，例如强制性的安全教育和偏理论型的安全教育对于企业工作人员的安全态度改变基本无效。因此，通过安全教育的方式改善受教育者的安全态度，首先需要提高安全教育的接受度，安全教育者需在保证自身专业能力的同时，尽量与受教育者站在相同的利益立场，才能够充分激发受教育者的安全认同感；其次，可在安全教育过程中，灵活使用真实的安全事故案例等材料，并加入亲情、家庭等渲染因素，充分唤起受教育者的正向安全情感；最后，需保证安全教育的长期性，通过持续的干预和自主报告确保安全态度的持续改进。

（2）安全教育对受教育者的安全知识和安全技能的影响。安全知识是安全主体在安全实践、安全教育等安全活动中获得的关于风险、危险源等安全事物的理解、认识和经验等。安全技能是安全实践者从事某项安全工作所必须具备的技巧和能力，安全知识和安全技能均可通过长期的安全教育获得，短期的安全教育对二者水平的提高几乎可以视为无效。从内容上看，安全知识是外在安全知识和个人安全知识之间的互动和转化，受教育者在安全教育过程中获得的便是外在安全知识，只有外在安全知识向个人安全知识转化，受教育者所学习的安全知识才能被真正掌握。因此，安全教育不仅要让受教育者理解教育内容，还需要让受教育者能够在自我意识中内化所得到的安全知识，并在安全实践中充分运用安全知识、掌握安全技能。为此，安全教育可分为理解性安全教育、自我导向型安全教育、实践性安全教育三个阶段。

① 在理解性安全教育中，首先需要安全教育者自身理解所授安全知识中的事实以及背后的逻辑、思想、方法、关系和意义；其次需要安全教育者结合受教育者群体的工作环境、生活环境和社会环境，完成对所授安全知识的理解性处理；最后则是遵循安全知识建构规律，帮助受教育者在安全知识的符号和安全事实、关系、意义之间建立关联，进而构建自己的理解。在这一过程中，需要注意的是，安全知识是否被有效传递，还与受教育者的注意力水平有关。注意力变化曲线如图 4-16 所示。高水平的注意力状态下，受教育者能够捕捉到

更多的安全知识。因此，安全教育者在较为晦涩的理论型安全教育中，应当更灵活地使用图片、视频展示等教育方法，以使受教育者的注意力保持较高水平。

图 4-16 注意力变化曲线

② 在自我导向型安全教育中，需要充分调动受教育者的积极性和自主性，培养受教育者对安全知识的认同感，引导受教育者在安全实践中充分内化所学习的安全知识。为此，应当持续地进行安全教育，并引导受教育者在每个阶段进行安全教育的自我总结，自主报告学习成果和实践成果。值得一提的是，在安全教育有关实验中，在安全教育过程中长期进行自主学习和报告的受教育群体往往能具备更高程度的安全知识水平，这一特点也促使该类群体表现出更少的安全失误。

③ 实践性安全教育是对安全知识实践属性的回应，通过实践性安全教育能够实现安全知识的真正价值。可通过安全体验学习、安全操作学习和安全交往学习实现实践性安全教育。其中，通过安全体验学习，例如现代安全教育常利用 VR 技术创建真实的安全体验空间，使得受教育者从安全体验中获得正确的安全情感、经验和感悟，从而达到安全教育效果；通过安全操作学习，即安全技能学习，通过使用具体的安全工具或对象进行学习，掌握安全操作技能；通过安全交往学习，使得受教育者感受组织良好的安全氛围，学习安全标兵的安全事迹、安全经验，经过耳濡目染增长安全知识，获得良好的安全态度，从而提升自己的安全素质和能力。

4.2.3 安全教育的生理影响规律

4.2.3.1 人的生理发展规律与安全教育

安全教育的对象是人。安全教育必须从人身心实际出发，适应他们的身心发展规律，并且利用这些规律。这样，才能保证安全教育工作取得好的效果。

(1) 人的身心发展的顺序性。人的身心发展具有顺序性，人从出生到成人，身心的发展是一个由低级到高级、由量变到质变的连续不断过程，具有一定的顺序性。

一个生命从受精卵开始直至衰亡，就是一个由低级到高级，由量变到质变的连续不断的发展过程。人出生后的发展是有顺序的，要经历乳儿期、婴儿期、幼儿期、童年期、少年期、青年期、中年期、老年期等阶段。每个阶段在生理上都有其特征。幼儿期身高体重增长速度快；童年期身体发育比较平稳，骨骼硬度小、韧性大、易变形，大肌肉群比小肌肉群先发展，大脑发育快，脑重量逐渐接近成人；少年期进入了迅速发育的青春期，身高猛长，体内机能和神经系统发育趋于健全，出现了第二性征，性逐步成熟；青年期身体发育已经完成，而在心理方面也经历了由低级到高级、由简单到复杂的过程。如注意就是先发展无意注意，再发展有意注意，后才是有意后注意。因此，安全教育要循序渐进地进行，切忌拔苗助长，否则欲速则不达。

（2）人的身心发展的阶段性。人的身心发展有明显的阶段性。在童年期，人的心理由不随意性向随意性过渡。他们感知较笼统、不精确，无意注意占优势，以机械记忆为主，从具体形象思维为主要的形式向抽象思维过渡，好奇、好问，情感鲜明、外露、不稳定，意志薄弱、自制力差等。进入少年期，人的心理发展处于半幼稚、半成熟的过渡状态。他们既有独立性又有依赖性，既有自觉性又有幼稚性，既懂事又不懂事，既像大人又像小孩。到了青年初期，已进入了人生的黄金时代。他们的抽象思维能力已发展得较好，富有想象力和创造力，热烈追求理想，并且开始探索人生的意义，是开始形成人生观的重要时期。上述每个阶段所具有的典型身心特点，就是各个阶段的年龄特点。在每个阶段内主要量的变化，经过一段时间，就由量变发展到质变，使身心发展从一个阶段推进到一个新的阶段。前阶段是后阶段发展的基础，后阶段是前阶段发展的必然结果。前阶段的后期孕育着后阶段的一些特点，后阶段的初期还有前阶的痕迹，人的身心发展具有阶段性，就是指个体在不同的年龄阶段表现出身心发展不同的总体特征及主要矛盾，面临着不同的发展任务。因此，安全教育要依据不同阶段的年龄特点，采用的方法内容要有针对性、分阶段地进行，切忌"一刀切""一锅煮""成人化"。

（3）身心发展的不平衡性。人的身心发展的速度是不平衡的，出现时快时慢、时高时低的现象。身心发展的不平衡性表现在两个方面：一是同一个人的同一方面在不同时期的发展不平衡，比如同一个人在身高这一方面就有两个生长高峰期；二是同一个人在同一个时期的不同方面的发展上也是不平衡的，有的方面在较早的年龄阶段就达到较高的发展水平，有的方面则要到较晚的年龄阶段才能达到较为成熟的水平。关键期是指生理或心理的某方面机能最适宜发展的时期，也叫最佳期。一般来说，智力在11岁、12岁以前增长较快，以后较慢，到了20岁左右达到高峰，35岁以后缓慢下降，60岁以后则急剧下降。安全教育要善于抓住"关键期"，不失时机地采取有效的安全教育措施，积极促进人的身心健康地发展，切忌有"亡羊补牢"的思想。

（4）身心发展的稳定性和可变性。个人只要具备基本的社会生活条件，在种系遗传的基因控制下就会按一定顺序发展成长，所以每个人的身心发展的顺序、发展阶段、年龄特征和变化速度总是大体相同的，具有相对的稳定性。但在不同的社会生活条件下，同一年龄阶段的人身心发展水平就会有差异，具有一定的可变性。安全教育条件不同，人的身心发展也会有不同的变化。在不同的教育思想指导下，采用不同的教育内容、不同的教育方法和手段，人就会出现不同的发展。然而，人的身心发展的稳定性与可变性都是相对的。稳定性并不是固定不变，随着各种条件的改变，不同阶段人身心发展的特点会在一定程度上发生某些变化，但这种变化有一定的限度，这就是稳定性中的可变性。人的身心发展的这一特点，要求安全教育者必须掌握人的年龄阶段特征，并依此确定安全教育的内容与方法。另外，安全教育者还应重视人身心发展的可变性，挖掘每个个体的发展潜力，改变僵化的教育模式，及时更新教育、教学的内容、方法，促使人更快、更好地接受安全知识。

（5）身心发展的个别差异性。人的发展在各年龄阶段既具有普遍的生理特征和心理特征，又存在着个体差异，人都有其自身的特点。这种差异性，一是表现为生理差异。由于遗传因素和生活条件的影响，人的身高、体重有差别，体质有强弱，生理发育有迟早，长相各不相同等。二是心理差异。每个人的认识能力有不同，兴趣爱好不一样，个性差异很大。有的长于抽象思维，有的长于形象思维；有的喜欢文学，有的爱好音乐；有的具有表演才能，有的具有组织才能；有的热情奔放，有的沉着冷静；有的粗豪泼辣，有的细致谨慎。即使是孪生子，他们的生理和心理也存在着差异。三是表现为性别差异，在一些方面男生与女生之间存在差异。四是不同个体同一方面发展速度和水平存在差异。五是不同个体不同方面存在差异。六是不同个体具有不同的个性倾向性。人的身心发展的不同特点，要求安全教育者必须深入人的实际，了解他们各自的发展背景和水平，做到因材施教、有的放矢，切忌"一把钥匙开多把锁"。

（6）人的身心发展具有互补性。互补性反映了人的身心发展各个组成部分的相互关系。人的心理机能和生理机能之间也具有互补性。人的身心发展的互补性要求教育者从生理或心理、技能方面帮助人树立起信心，相信他们可以通过某方面的补偿性发展达到学习目标。其次，要帮助人善于发挥优势，鼓励人通过自己的心理调节的发展控制人的行为。

4.2.3.2　安全教育的生理规律

（1）生物节律。生物节律又称生物钟现象，它是一种普遍存在于一切生物体内的自然规律。在自然界中，植物的开花，昆虫的繁殖，候鸟的迁徙，都有一定的时间和规律。许多动植物的生理机能和生活习性都存在着随时间的变化而出现周期性变化的现象，它们似乎是受着某种内在时间的控制，这种现象称为"生物钟"。它反映着生物为适应昼夜、季节的变化而进行自我调节的规律，因而也称为生物节律。

20 世纪初，德国的一位内科医生威尔赫姆·弗里斯和一位奥地利心理学家赫尔曼·斯瓦波达通过长期临床观察，发现病人的症状、情感和行为的起伏变化，存在着以 23 天为周期的体力变化和以 28 天为周期的情绪波动规律。大约 20 年后，奥地利的一位大学教授，研究了几百名高中生和大学生的考试成绩以后，发现人的智力也存在着一个以 33 天为周期的波动规律。后来的一些学者经过反复试验，认为每个人从他出生那天起，直至生命终止，都存在着周期分别为 23 天、28 天、33 天的体力、情绪、智力的变化规律，并绘制出变化周期曲线，如图 4-17 所示。

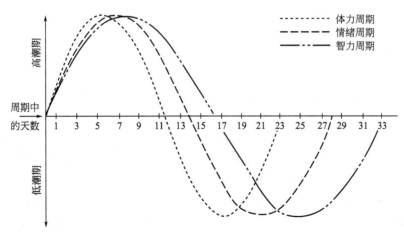

图 4-17　生物节律曲线

在每一个周期中，上半周期对人的活动起到积极、良好的作用，称为高潮期；下半周期对人的活动有消极、抑制的作用，称为低潮期。在所有3个周期中，由高潮期向低潮期或由低潮期转向高潮期的那一天称为临界日。各时期的特点如表4-1所示。在体力周期和情绪周期临界日发生事故的可能性很大；而智力周期临界日在安全方面则认为是不重要的，但如果和其他临界日相重，则产生的综合效果增大。在情绪周期与体力周期的临界日相重时，发生事故的概率更大，双重临界日一年中大约有六次。三重临界日一年中有一次，按生物节律的理论，发生危险的概率将增长到最高程度。

表4-1　各时期的特点

时期＼类别	体力曲线（周期23天）	情绪曲线（周期28天）	智力曲线（周期33天）
高潮期	体力充沛、浑身有劲	心情愉悦、心胸开朗、乐观、有创造力	头脑灵敏、思维敏捷、记忆力强，具有良好的创造力和解决复杂问题的能力
低潮期	容易疲劳、做事拖拉	喜怒无常、烦躁、意念沮丧	注意力不集中、健忘、判断准确性下降
临界期	临界期为高潮期和低潮期转换时的前后各一天，这一时期身体各方面频繁变化与调整，机体各方面的协调性较差，人会产生一时差错，进而导致事故发生		

科学研究证明，生物节律是一种客观存在的自然现象，它和事故发生有着密切的关系。应用生物节律理论可以提示人们，在某一时间人的体力、情绪和智力所处的状态是高潮期、低潮期或临界期，这样就可以充分利用生物节律理论来更有效地指导安全生产，提醒操作者注意，合理安排工作。例如俄罗斯莫斯科市、瑞士苏黎世市和德国汉诺威市交通部门，为所有的司机绘制了生物节律曲线图表，当司机处于低潮期时，就发给红色行车证，提醒他们加倍小心；当司机处于体力或情绪临界期，就尽量不让他出车。莫斯科市公交公司某车场运用生物节律来安排轮休，事故减少了42.9%。

生物节律理论在安全教育上的应用主要是两方面：一是安全教育的实施设计，二是避开临界期提高安全教育效果。受教者掌握了自己的节律后，可以自我调整状态，通过调节心理状态，提高自己的安全学习效果。教师掌握了受教育者的生物节律后，可以适当调节培训内容、顺序、进度，进而充分调动受教育者的安全学习积极性。

（2）需求层次理论。1943年马斯洛在其所著的《人的动机理论》一书中，提出了需要的层次理论。人的需要可划分为五个层次，从低到高依次为生理需要、安全需要、归属和爱的需要、尊重需要和自我实现的需要。其中，低层次的需要称为缺失性需要，如生理需要、安全需要、归属和爱的需要，高层次的需要称为成长性需要，如尊重需要和自我实现的需要。

① 生理需要指的是人们维持生存和种族延续的最基本的要求，如对衣食住行、水、空气和休息等的需要。只有最基本的生理需要满足到维持个体生存所必需的程度后，其他的需要才能发挥出激励作用，成为激励因素。

② 安全需要包括世界和平、社会安定、个人安全、道德保障、健康保障、工作保障等，是人生命财产安全、秩序、稳定、免除恐惧和焦虑的需要。在一个人的生理需要得到了一定的满足后，就会产生满足安全的需要，即不仅考虑眼前，还要考虑长远，希望自己的身体以及利益等处于安全中，避免威胁，希望已满足的需要和已经获得的利益等不再丧失。

③ 归属和爱的需要是指个人对归属、爱与情感的需要。归属需要是指个体要求隶属于某一群体并在群体中享有地位的需要；爱的需要包括友情需要、爱情需要等，指给予他人爱和接受他人的爱的需要。在生理及安全需要得到相对的满足后，归属和爱的需要便占据主导地位。在归属和爱的需要的支配下，每个人都希望与别人进行交往，与伙伴和同事之间和睦相处，都希望能处于一个融洽的集体中，得到他人与集体的关心、爱护、支持、友谊和忠诚；同时，人们也希望自己有能力给予别人爱，希望得到别人与集体的认可、尊重。

④ 尊重需要指人们都希望自己有稳定的、牢固的地位，渴望得到他人较高的评价，主要有自尊和他尊的需要，即受到他人的尊重并尊重他人的需要。在一个人归属感的需要开始满足以后，就会产生更高层次的需要，希望在群体中有地位和威望，得到尊重，而不甘于只做群体成员，这样自尊需要就产生了。即希望别人尊重自己的人格和劳动，对自己的工作、人品、能力和才干给予公正的评价，在群体中得到别人的尊重并发挥一定的影响力。

⑤ 自我实现的需要是指人对于自我发挥和自我完成的欲望，也就是一种使人的潜能得以实现的倾向，是个体希望不断完善自己，完成与自己能力相称的一切事情，实现自己理想、获得成就、实现自我价值的需要。

马斯洛把需要划分成高低两大类：一类是缺失性需要，另一类是成长性需要。大多数人的需要符合以上规律，按等级排列，但是人的需要也不是死板的、固定不变的。就其关系而言，需要的各层次之间是相互影响、渗透与转化的，如图4-18和图4-19所示。

① 人的需要具有层次性和优劣之分，就像阶梯一样从低到高，按层次排列。但是这种次序也不是完全固定的。

② 人的需要满足程度具有相对性。主要表现为一个层次的需要相对地满足了，就不再是积极的推动力了，就会向高一层次的需要发展，越到上层，满足的百分比越小。

图4-18　马斯洛需求层次模型

图4-19　需要的发展

③ 同一时期内，可能同时存在几种需要，但是只有一种需要占优势地位，支配着人的行为。人多种不同层次的需要是重叠交叉存在的，是共存的。

④ 五种需要又可分两个级次，其区分主要以是否能够以外部条件得以满足为依据，其中前三个层次的需要属于低一级需要，一般来说通过外部条件就可以得到满足；后两个层次的需要属于高一级需要，主要是通过内部因素才能满足，并且是无止境的。一般而言，高层次需要满足的比例与个体身心健康程度成正比。

⑤ 各层次需要虽然呈现递进关系，但各层次需要又相互依赖和重叠，高一层次需要得到满足后，低一层次的需要仍然存在，只是对人的行为影响力大大减弱。

通过了解受教育者的需求层次类型，教师可编制有针对性的安全培训内容。在培训实施过程中，以人需求层次作为切入点，充分调动课堂气氛，进而提高安全教育效果。

4.2.3.3　安全教育的生理分析技术

心理生理学认为，生理信息与人们的身体状况、心理状态有关，可以通过呼吸、体温、脑电波、血压等衡量人的身体健康情况及运动状态。生理信号是生理信息的反映，包含心率、心电图、皮肤电反应、脑电波、眼动等多种信号。其中，心率是指人在安静状态下每分钟的心跳次数；心电图是当人的心脏搏动时，心脏细胞产生的动作电位整合之后产生的电信号；皮肤电反应是当人在紧张或者兴奋状态下皮肤内出现汗液分泌产生流动电流，出现皮肤电导变化的反应；脑电波是大脑活动产生的自发电位活动，包含丰富的大脑活动信息；眼动是眼球的运动，研究中利用特定的眼动设备或者眼动系统来记录一个人在某一环境中注视物体产生的眼动数据，如浏览文本、图像、视频、网页、真实场景的具体事物等。教育研究中关注的眼动指标有：注视区域、注视时间、注视次数、回视轨迹、瞳孔大小和眼跳等。人学习知识是一种内部心理过程，与生理现象密切相关。通过各种生理现象给出的生理信息，可以帮助我们认识、研究学习过程中的人内部状态和精神变化。随着大数据技术在教育领域的广泛应用，数据驱动教育逐步成为主流的教学研究范式，并呈现出科学化、精准化、智能化、个性化等四大特征。因此，生理信息分析技术引入教育领域，促使未来的教学范式、教育科学更具精准性。

随着互联网技术和传感器技术的发展，在教学环境中可以方便采集受教者的心率、皮肤电、脑电、眼动等生理信号，获取的数据经过分析称为"教育数据"。学习分析技术可以对学习进行评估、预测和优化，提出教育大数据下的学习分析框架、典型案例和应用策略。

（1）心率检测及安全教育应用。心率是生物体内各种生理变化的综合指标，反映个体在不同情况下的情绪波动和身体运动变化等。教育领域对于心率数据的监测应用，一般采用光电式传感器，代表工具是智能手环，具有携带方便的特征。心率监测在教育中的应用主要是对人的学习行为状态、情绪状态、运动状态等进行监测分析。应用光电式传感器，开发可穿戴式心率信息监测系统，分析人课堂互动行为后的心率特征与行为之间的关系。采用蓝牙技术，开发光学传感器手环及基于安卓（Android）的心率监测系统 APP，实现智能手环数据实时向云平台传输的功能。当人采取自主互动行为时，心率相对稳定；当人受到外界干预互动时，会产生应激反应，心率数据趋于变高。

（2）眼动追踪及安全教育应用。眼球运动与认知活动密切相关，是注意、记忆、推理等能力反应的指标之一。阅读过程中的人眼运动包含眼跳和注视两个重要指标。多媒体学习眼动研究中要特别关注注视、眼跳和瞳孔直径等指标。其中，注视是眼睛相对保持静止的行为，注视次数和注视时间体现了对兴趣区域的关注程度；眼跳是眼球在注视点之间产生跳动的行为，眼跳的幅度体现了阅读效率和材料加工难度；瞳孔直径是刺激情境下观看者的瞳孔直径大小。瞳孔直径的变化与被试者认知加工的努力程度及认知负荷正相关。教育研究中应结合研究需求，综合选择分析指标、佐证实验假设。眼动研究在教育中的应用主要集中在多媒体学习认知、数字阅读等领域，关注学习者的注意力分配及认知负荷等问题。

在多媒体学习认知方面，研究者利用眼动追踪技术研究了人对多媒体课件、网络课程、网页设计、电子教材等多媒体资源的注意力分配情况。例如，人对 PPT 上图片区域的平均注视时间较长，对含有文字的图片页面具有较高的兴趣。提供视觉线索的多媒体文件更能将人注意力引导到正确区域，可以有效地促进学习。视频网络课程比纯文本课程更能吸引人注意力并有利于迁移，带字幕比纯文本视频网络课程对人的认知负荷要求小。人在文本和动画类教育网页设计中，对上下文动画结构的网页设计注视时间、注视点个数最高，建议在教育类网页设计中要避免采取左文右动画、左动画右文的结构。

研究者应用眼动追踪技术，为多媒体资源设计的文本、图像、视频等画面要素排列及优质电子教材设计提出了整体策略。在数字阅读方面，研究者们利用眼动追踪技术研究了数字阅读材料的排列对人阅读理解的影响，以及阅读设备对数字阅读中人认知负荷的影响。例如，阅读材料的难度是影响阅读理解的主要因素，文本与图片共同呈现的方式更易于人理解；在增强人的激励性方面，移动设备学习可视化材料比台式设备效果好，但也会增加人的认知负荷。以上分析可知，眼动追踪技术是检测人多媒体学习注意力和认知负荷的有效手段。未来可将眼动追踪技术应用于浏览视频画面过程、数字化阅读过程、问题解题过程、游戏教学过程、自适应学习过程等，探索人的注意力及认知负荷情况，对多媒体资源设计与开发、教学设计与实施提供指导策略。

（3）皮肤电反应及教育应用。皮肤电反应是检验情绪状态的主要指标，包含电子式检测和计算机检测两种系统。皮肤电反应在教育领域的应用主要是对人的情绪、认知等进行监测分析。皮肤电反应是一种与精神作用直接关联的放松生理反应，受整体环境的影响；教学互动时，教师的表扬行为会让受教者和教师皮肤电反应最大，受教者的应答发言和自发发言行为会产生大幅度的皮肤电反应。除了课堂教学，皮肤电反应研究还用在人对多媒体材料的认知负荷检测以及专注程度检测中。通过对浏览含有动画导航界面的用户进行皮肤电反应分析，发现富含动画的页面能带给用户更轻松舒适的使用体验。通过对应用不同难度任务多模式界面的用户进行皮肤电反应分析，并评估被试者的认知负荷水平，发现皮肤电反应可以作为检测用户认知负荷水平的客观指标。发现儿童和成人在专注程度较高时，皮肤电反应幅度都显示最大，提出皮肤电反应可作为衡量人专注程度指标的观点。以上结果表明，未来可以将皮肤电反应分析方法应用于数字化学习环境或智慧学习环境中，研究不同的教学方式、互动形式、媒体资源等对受教者情绪、认知负荷及专注度的影响。此外，皮肤电反应研究还可结合多模态可穿戴技术（眼动、脑电、心率等），对学习小组的情绪、认知进行综合分析。

（4）脑电信息处理及教育应用。脑电信号是人外在精神状态在头脑内部的具体反映。当人处于不同精神状态时，会产生不同频率的脑电波。人在紧张与适当放松的学习状态时，脑电波是 α 波，对其研究可以探究学习者的学习状态和达到最佳状态所需采取的措施。脑电信号采集使用多电极脑电信号装置和单电极脑电信号装置。单电极脑电信号装置具有便携性、低成本、实用性的特点，适合应用于教育领域。

脑电研究在教育中的应用主要是研究在线学习中人的情绪、注意力等。通过脑电信号可以监测人在线学习时的情绪，弥补远程学习无法监控人注意力和情绪的不足，并应用 NeuroSky 脑波仪和随机森林分类方法开发智能电子系统。受教者的先前情绪对评价有影响，通过脑电信号预测人对智能辅导系统反馈的评价。"全字幕＋关键词"的课件最能吸引人注意力，且高注意力水平受教者在观看关键词字幕时成绩最好。随着可穿戴脑电探测仪的普及，未来可将脑电研究应用于数字化学习环境和移动学习领域中的个性化学习、游戏化教学等方面，并结合其他生理信息分析技术开展多模态研究，以期为媒体资源设计、教学设计、智能学习系统开发等提供好的建议。

4.3 安全教育学六原理

根据安全教育学的理论研究和实践，安全教育学的原理主要有：安全教育双主导向原理、安全教育反复原理、安全教育层次经验原理、安全教育顺应建构原理、安全教育环境适应原理和安全教育动态超前原理。

4.3.1 安全教育双主导向原理

安全教育学很重视学员对安全教育信息的选择和观念改造的能力，充分调动学员的主观能动性与内驱力以呈现其系统中的主体性。安全教育双主导向原理可以理解为：以教育学的双边性理论为基础，充分发挥教师在安全教育活动中的主导性，将安全知识、安全技能以及安全素养等教育信息以系统化、有序化的方法传播给学员；同时通过刺激机制，激发学员的内在潜力与学习动机，使学员自发产生进行安全教育的需求。对安全教育双主导向原理的内涵可以从以下四个方面加以解释。

（1）安全教师的角色能够对整个安全教育过程进行科学系统的安排，并且通过自身的教育影响使学员在最大程度上获取知识，其自身所表现出的教育态度直接影响着学员接纳安全知识的程度，因此安全教师在教育活动中起着直接的主导作用。

（2）由于安全教育所产生的安全效益具有间接性、潜在性的特征，因此很多人对安全教育活动产生懈怠，主要表现在安全意识薄弱，安全责任心不强。所以要将安全教育的"要我安全"转变为"我要安全"，真正地从心理层面上调动员工的积极性，使安全教育成为员工的内在需求，即变被动接受安全教育为主动要求安全教育，实现从客体到主体的实质性转变。

（3）强调安全教育的内驱动力。通过内在响应的刺激来重塑学员的意识、情绪、行为、态度、素质，学员认清自身在安全生产工作中的主体地位、价值和作用。当企业员工的内驱力方向与社会所期望的方向一致时，安全教育才能最大限度地发挥效用。

（4）事故发生的"木桶规律"表明，事故往往在系统最薄弱的地方发生，将该规律运用到安全教育领域，可以形象地表明安全生产的水平取决于安全技能、安全意识最薄弱的那部分员工，因此安全教育的实施要保证全员性。安全教育是安全生产的前提与基础，接受安全教育应是每个员工发自内心的要求。只有员工的安全意识水平、责任感得到提升，安全教育才算是有成效的。

4.3.2　安全教育反复原理

安全教育的机理遵循着生理学和心理学的一般规律：生产过程中的潜变、异常、危险、事故给人以刺激，由神经传输于大脑，大脑根据已有的安全意识对刺激做出判断，形成有目的、有方向的行动。由于人的生理、心理特性决定人在新鲜事物的学习过程中都会出现遗忘现象，同时事故发生的偶然性会引起正确反应的消退，导致的后果便是对安全教育信息的错认，因此要定期反复地进行安全教育，以确保学员的安全技能、安全意识等处在正确的反应状态下。人的安全行为、意识需要反复持续的教育刺激，其记忆才能得以维持和加强。对安全教育反复原理的内涵可以从以下三个方面解释。

（1）安全技能是通过练习巩固起来的动作方式，安全教育最终要应用于实践操作，而操作性质的行为需要通过反复的刺激来形成强化效果。

（2）安全教育包含安全意识的培养，而意识需要通过反复多次的刺激才能形成，其形成历程是长期的甚至贯穿人的一生，并在人的所有行为中体现出来。所以只有不断地反复教育，才能有助于员工形成正确的安全意识。

（3）安全教育反复原理并不是为了巩固知识而进行的单调重复，而是要将知识概念与多样的实例、环境、情境相联系、相结合，建构多角度的背景意义，从不同的侧面理解教育内容的含义，以此维持和加深安全教育的刺激。

4.3.3　安全教育层次经验原理

安全教育应尽可能地给学员输入多种"刺激"，促使学员形成安全意识，促使学员做出有利于安全的判断与行动，创造条件促进学员熟练掌握操作技能。安全教育层次经验原理即是从"刺激"的层面出发，强调安全教育信息的传递须在遵循传播通道多样性的基础上，实现从抽象经验—观察经验—行为经验—抽象经验三个层次间的循环。强化原有的抽象经验、观察经验并逐步提升，培养学员正确处理、判断事故及紧急情况的能力，以规范安全行为、塑造安全意识。对层次经验原理的内涵可以从以下几个方面解释。

（1）多次感官的接触积累才能形成一定内容和层次的意识，保障传播通道的多样性，利用视觉、听觉、触觉多种感官的特点和功能提高教育信息传播的效果。

（2）抽象的经验是由诸如安全制度理论、安全操作规程等由语言符号构成的信息；观察经验是指诸如事故记录、教育片观赏等视觉信息；行为经验则是指诸如事故应急救援演练、现场实践操作等行为动作。安全教育最终要回归于实践，因此要将所学安全知识转化为行为经验，以此对事故进行防范或是对已发生的事故进行应急处理。

（3）获得行为经验后也并非安全教育的终点，更多更新的具体行为经验还要转化为新的抽象的概念加入安全教育的内容中去，以此保证安全教育紧跟实际，这也充分体现出安全教育作为预防事故发生手段的前瞻性。所以说安全教育若没有从行为经验层次到抽象经验层次的再提升，就不能搭建起安全教育理论体系的框架。

4.3.4　安全教育顺应建构原理

顺应即顺从适应，当社会安全大环境发生改变时，安全教育信息也要随之改变。对于具有经验构成的学员来说，以往的背景经验就可能成为接纳新安全知识的阻力，而克服安全教育和生产操作的实际问题之间存在矛盾，也就成了顺应的过程。安全教育活动受学员原有知识结构的影响，新的信息只有被原有知识结构所容纳才能被学员所接受。安全教育顺应建构原理，即基于学员的文化层次和已有的经验基础，将新知识与其已有的知识结构相结合，对新旧知识进行重组改造，从自身背景经验角度出发对所学安全知识建构新的理解，同时保证建构的新的知识体系符合当前的安全大环境。

接受安全教育的学员往往是有一定经验基础或是有相关知识概念的成年人群体，他们在获得新技术、新知识的过程中会受已掌握的技能的影响，也会不自觉地在自己的经验背景和认知结构的基础上理解新事物。而因为各人背景不同，看事物的角度也不同，那么对于事物的意义也有着不同的建构，学员由于惯性会排斥与原有认知有差异的新信息，甚至引起技能学习的负迁移。所以在安全教育实施过程中要重视学员的背景经验构成，不能一味地将教育信息强加于学员，同时也要提升学员的纳新能力。

4.3.5 安全教育环境适应原理

适应性用于描述系统内的子系统与整个系统的一致性程度。安全教育最终要回归于社会实践，其目标设定、组织安排也最终取决于社会的客观需要，因此它不能与社会的发展脱节。安全教育需要符合社会对于安全人才的需求，教育内容要反映实际生产的需要，教育内容应与实际安全生产工作相结合，教育结构应与社会产业结构、科技结构相协调适应。社会关系决定着教育的性质、内容，安全教育也可称为适应性教育，它是为了员工适应安全工作需要而进行的教育，同样也要适应社会当前政治经济制度以及国家现行法律规范。

安全教育内容应该结合企业实际情况，能满足企业目前和将来安全生产发展的需要。对环境适应原理的内涵可以从以下两方面解释。

（1）社会不断发展，人类改造自然的方式在发生变化。科技水平落后时期，生产操作复杂，因此对人的操作技能要求很高，相应的安全教育主体是人的技能；而当科技发展，机械自动化逐步取代人的操作，安全教育则着重人的安全态度、素养、行为习惯以及文化的教育，即安全教育的主体也发生了改变。

（2）现代工业发达，设备不断更新，生产工艺逐步实现自动化，这些发展也从根本上改变了事故种类、事故原因、事故特点甚至发生规律，因此安全教育的形式与内容也应该做出与之相适应的调整。

4.3.6 安全教育动态超前原理

正如一个系统若没有与外界物质、能量、信息的交换，其系统就是一个封闭状态，最终系统内各有序的环节也会瓦解，因此要不断与外界交流，才能维持系统的生命力和有序性。安全教育系统是一个开放的系统，教师与学员之间的反馈通路使得安全教育持续保持动态性。通过实践经验总结以及教育反馈，系统薄弱之处才会逐渐被修复，而安全教育的原理、规律也可以从教育实践中升华、提炼出来。随着安全科学技术的进步，新材料、新技术的不断开发运用以提升经济效益的同时，也要求安全教育能够紧跟安全科学的发展。

不同的社会关系、生产力水平、政治经济制度、科学技术水平决定安全教育的规律、内容乃至教育的性质。从安全教育的角度来讲，安全教育知识不是一成不变的，它紧随社会生产的发展而改变。有效的教育活动要适应社会发展的速度、满足时代要求，并一定要有超前性，做到用教育引领科技水平的提高，通过安全教育培养大量优秀的安全专业人才，促进安全科技创新。

4.3.7　安全教育学原理的体系构建

安全教育也是一个系统工程，其中各原理也应构成相应的体系，彼此间相互融合、渗透。同时安全教育学原理作为安全科学原理的下属原理之一，在安全大环境中也应符合基本的安全学原理。首先，安全教育是一个完形的组织、动态发展的系统，所以安全教育原理必定被系统原理所囊括；其次，安全教育作为一项有目的、有计划的社会活动，若没有目标，强化教育效果会逐渐削弱，所以安全教育原理也应符合安全目标管理的理念。将上述六条安全教育学原理结合起来，可以绘出如图 4-20 所示的安全教育学原理轮形结构图。根据图 4-20 还可以做进一步分析。

图 4-20　安全教育学基本原理的体系结构

（1）安全教育的主体是教师与学员，与二者相关的原理构成轮子的中心。安全教育双主导向原理强调教师的主导性与学员的主动性，它体现了学员的正确角色定位和需求动机；安全教育反复原理关注人的遗忘现象对安全教育造成的错认影响；安全教育顺应建构原理表明学员的知识结构、经验背景与安全大环境的关系。这三条原理都是从安全系统中"人"的角度出发，以人的特性与主观能动性作为安全教育系统动态前行和保持系统有序的内在驱动力。

（2）安全教育层次经验原理体现安全教育媒介多样性对安全教育效果的影响，安全教育环境适应原理也表明安全教育的内容应与设备、工艺的发展相适应，这两个原理也可理解为从安全系统中"机"的角度出发分析安全教育的影响因素；而动态超前原理与环境适应原理是为满足安全大环境不断变动的需求而提炼出来的，因此这两条原理也可理解为从安全系统中"环境"的角度出发分析安全教育的影响因素。以上这三条原理构成了保持该安全教育系统平衡稳定的支架。轮辐的外框由系统原理与目标管理原则构成，二者共同决定了安全教育的前进方向。

（3）安全科学原理体系的发展则成为安全教育系统的外推力。轮辐的滚动前行表明安全教育学六原理之间要协同配合以实现安全教育系统的功能。无论是何种系统、何种活动，都先要从宏观的角度把握其目标，并用安全目标管理的理念对任务层层分解，再用系统原理将各个环节有机、有序地整合，最终实现系统功能。

安全教育活动的一般步骤归纳为安全教育设计、安全教育传播、安全教育反馈三个阶段。在应用各个原理时，可按照步骤分层递进使用。制定安全教育目标是实施教育活动的前提；在设计阶段尽可能设计出发挥学员对象的主体性以及适应社会环境的教育方案，即符合安全教育双主导向原理和安全教育环境适应原理；传播阶段主要讲求教育的长效性、多样性和针对学员特殊性的变通性，体现了安全教育反复原理、安全教育层次经验原理、安全教育顺应建构原理；在反馈阶段，要根据安全教育的效果及时调整跟进教育革新，即应用安全教育动态超前原理。安全教育学原理应用的过程可用图 4-21 来表示。

图 4-21　安全教育学基本原理应用于安全教育的三阶段

4.4　安全教育的基本原则和要素

4.4.1　安全教育的基本原则

安全教育原则是进行安全教学活动中所应遵循的行动准则。它是从安全教育工作实践中总结出来的，是安全教育过程客观规律的反映。安全教育原则主要有以下几项。

4.4.1.1　安全教育的目的性原则

企业安全教育的对象包括企业的各级领导、安全管理人员、企业的职工、特种岗位作业人员等。对于不同的对象，安全教育的主要目的是不同的。各级领导的安全教育内容主要是安全观念、安全法规、安全管理知识和安全决策技术等方面的教育；安全管理人员的安全教育内容主要是安全管理方法、安全科学技术等方面的教育；企业职工的安全教育内容主要是安全态度、安全知识和安全技能等方面的教育；特种岗位作业人员的安全教育内容主要是安全态度、安全技能等方面的教育。只有准确地掌握了教育的目的，才能有的放矢，提高教育的效果。

4.4.1.2　理论与实践相结合的原则

安全教育的主要目的是预防和控制事故，其活动具有明确的实用性和实践性。进行安全教育的最终结果是减少事故的发生和提高安全水平。因此，安全教育过程中必须做到理论联系实际。为此，现场说法、案例分析等是安全教育的重要形式。

4.4.1.3 调动教与学双方积极性的原则

安全事业是积德行善的公益事业，从业者需要有高度的工作热情和奉献精神。从学员的角度，接受安全教育，利己、利家、利人，是与自身的安全、健康、幸福息息相关的事情，所以接受安全教育应是发自内心的要求。安全教育教与学双方都是发自内心自愿的，也只有这样才能搞好安全教育工作。

4.4.1.4 巩固性与反复性原则

人们的安全知识随着时间的推移会逐渐遗忘，对安全的重要性也会随无事故周期的延长而淡化。另外，随着生活和工作方式的变化以及科学技术与装备的发展，人们需要不断补充完善自己的安全知识。因此，安全教育要反复进行，不断学习，对事故预防要警钟长鸣。这些都道出了安全教育需要坚持巩固性与反复性原则。

4.4.2 安全教育的基本要素

安全教育活动包含的基本要素有以下几点。

4.4.2.1 安全教育的学员

安全教育活动是为谁而组织的？当然是为有需求的学员（对象）。没有学员就没有组织安全教育活动的必要与可能。在安全教育活动中是谁在学习？学员是学习的主体。没有学员就不存在安全教育活动，所以学员是安全教育活动的根本要素。学员这个要素主要指的是学员的身心发展状态、知识水平、知识结构、个性特点、能力倾向和学习前的准备情况等。

4.4.2.2 安全教育的目的

组织安全教育活动是为了达到一定的教育目的。安全教育活动是有目的的活动。所以，教育目的也是安全教育活动必不可少的要素之一。这里说的目的是广义的。目的有远的，有近的；有抽象的，有具体的。它所包括的范围大小也可能很不一样，大的目的如获取安全工程专业的学历学位教育，一个特殊岗位的安全技能教育等；中级的目的如完成安全学科体系中一门课程教学任务，一个安全培训专题的培训工作等；小的目的如一个安全知识学习单元或一节课所完成的具体目标等。

比如安全工程专业人才的培养，所有课程、实验和实践环节以及毕业设计等这些不同层次、不同性质教学内容的目的都应该形成一个完整的体系或结构落实到学员身上。应该说，体现在每个课时计划上的教育目的必须是具体的，但这些具体的教育目的又必须是为完成某个学习阶段乃至整个教育过程完整的培养目标服务的。

4.4.2.3 安全教育的内容

安全教育活动的目的凭借什么去实现？这主要靠安全教学内容。安全教学内容是安全教育活动中最有实质性的要素。它包括各种安全科学技术知识、安全技能训练、安全思想与创新思维等方面的内容，具体表现为现在人们常说的各级各类的安全教育计划、各类安全培训课程的大纲和具体的各种安全学科的教材等。

4.4.2.4　安全教育的方法

安全教育的教师怎样根据并运用课程教材来使学员学习，从而达成安全教育的目的呢？这就必须依靠一系列方法，所以方法也是教育活动的一个要素。这里所说的方法是广义的，它包括教师在课内和课外所使用的各种教学方法、教学艺术、教学手段和各种教学组织形式，不管它们是具体的、抽象的，或者是潜移默化的。

4.4.2.5　安全教育的环境

任何安全教育活动都必须在一定的时空条件下进行。这种时空条件可以是有形的，也可以是无形的特定的教学环境。有形的教学环境包括校园的内外是否美观，教室设备和布置是否齐全、合理与整洁，以及当时的气候与照明等。无形的环境包括教师与学员之间、学员之间的人际关系，还有课堂上的气氛等。所有这些环境条件是安全教育活动必须凭借和无法摆脱的，因此它们就必然构成安全教育活动的一个要素。

4.4.2.6　安全教育的反馈

安全教育是在安全教育教师与学员之间进行信息传递的交互活动。这种信息交流的情况进行得如何，要靠反馈来表现。对于反馈，过去从事安全教学工作的人也很少注意。这可能是因为反馈有时表现得不是那么明显、具体，从而易被忽略。也可能是因为过去一般过于强调教的一方面，比较忽视学的一方面的缘故。不管怎样，不承认反馈是安全教学活动的要素之一，是对安全教育活动的一种片面认识。

4.4.2.7　安全教育的教师

在安全教育活动中是谁在指导学员学习？显然还有一个绝对少不了的要素，那就是安全教育教师。在安全教育活动中绝对少不了教师这个要素，而且在教育活动中还要依靠教师来发挥主导作用。安全教育教师的综合素质主要指的是教师的思想和业务水平、个性修养、教学态度、教学能力等。

4.4.3　安全教育各要素之间的关系

安全教育的学员、目的、内容、方法、环境、反馈和教师七个要素之间是相互影响的，构成的具体情况是错综复杂的。下面就它们之间的关系做概要分析。

（1）从安全教育的学员说起，学员是学习的主体。所有的安全教学要素都是围绕着学员这一主体而组织安排的，安全教学质量与效果也是从学员身上体现出来的。学员是安全教学活动的出发点，也是安全教学活动的落脚点。在整个安全教学活动中，学员占据中心的地位。

（2）就安全教育的目的来说，安全教育的目的一方面受社会需求和发展的制约，另一方面受人本身发展的制约。在两重制约的结合点上形成了不同层次的安全教育目的。安全教育目的形成之后，它又制约着安全教育活动的全过程。可以说，安全教育活动的全过程都是为达成安全教育的目的而进行的，也可以说，安全教育目的主要是通过具体的课程、教学实践与方法等而实现的。

（3）安全教育内容受课程内容制约，安全教育的课程内容受制于安全教育的目的，当然也受制于社会需要和人本身的发展。而后两者不仅决定着安全教育的方向，同时也决定着安全教育课程的具体内容。这也就是说，直接制约着安全教育内容的是社会的需要、文化科学技术发展的水平以及学员身心各方面发展的程度。而安全教育的课程内容形成之后，就成为安全教育活动中最具有实质性的东西，占有特别重要的地位。

（4）安全教育方法，主要受制于安全教育的课程内容和安全教育技术。它是为把课程的内容转化为学员的知识、能力和素质等，从而达成安全教育目的而服务的。安全教育方法也要受到安全教育环境客观条件的制约。安全教育方法是由安全教育教师来掌握的。因此，安全教育教师的教学能力水平对于方法来说，起到关键的作用。

（5）安全教育的教学环境主要受制于外部条件。这些条件包括物质的和精神的，可控制的和不可控制的。对于教学活动来说，它们可以分为两大类：有利的环境和不利的环境。安全教育教师有责任与学员一起，尽量创造、控制环境，使环境对于安全教育活动产生有利的影响，减少或避免不利的影响。由此可以看出，环境在一定程度上制约着教学过程；同时教师和学员也可以在一定程度上制约教学环境。

（6）安全教育活动的反馈是安全教育教师和学员双方主要围绕着课程内容和方法而表现出来的。它容易被人忽略，加之有时表现得不那么显著，具有一定的弹性，因此特别需要安全教育教师有意识地观察掌握，最好能及时地作出自己的反馈来影响教学的进程。所以，反馈虽然是教师和学员双方自然而然地表现出来的，但重要的是要靠教师有意识地去捕捉来自学员方面的反馈。除了包括测验与考试等的教学评价以外，教师对学员课外特别是课堂上表现的观察，也是捕捉反馈信息的一条非常重要的渠道。只要安全教育教师认识到反馈这一要素，承认其重要性，并经常注意这一问题，他们就可以获取这方面的大量信息，并以之作为一种重要的参照因素来改进安全教育活动。

（7）从安全教育教师这一角度来看，以上六个要素都对教师教学产生影响。也可以说，它们都在一定程度上制约着教师的活动。或者说，它们大都是通过教师来影响学员的学习活动的。因此，教师可以在整个安全教学过程中发挥其主动性，去调整、理顺各要素（包括教师自己这个要素）之间的关系，使其达到最优化，以获得最佳教学效果。正因为教师处于这样一个关键的地位，所以安全教育教师在安全教育活动中起着主导作用。当然，这种主导作用所产生的教学效果如何，最终还得从安全教育的学员方面来检验，因为学员是学习的主体。

以上对安全教育活动七个要素之间的关系的描述，可以用图 4-22 来表示。

图 4-22 可以说明：安全教育的最终任务是要达成安全教育的目的，而安全教育的目的是否达成是要从安全教育的学员身上来体现的。为了达成目的，必须以内容与方法为中介。这种影响情况究竟如何，目的任务是否已经完成，或达到什么程度，这就要从学员方面的反馈信息来判定。在整个教学过程中，环境都会对教师和学员产生有利的或不利的影响。安全教育诸要素之间存在着相互紧密联系的情况，实际上它们之间的关系远比图 4-22 所表示的复杂得多，但也还是有

图 4-22　安全教育活动诸要素关系示意图

规律可循的。

4.5　基于信息传播的安全教育通用模型

4.5.1　信息传播角度的安全教育的基本要素及拓展要素

实施安全教育需多种要素互相配合，上文提出安全教育包含学员、目的、内容、方法、环境、反馈和教师7要素，以信息传播为分析视角，综合考虑以上7要素及安全教育过程中可能涉及的内容，对安全教育要素进行分类整理构建模型，模型包含参与者、信息、软件、硬件、环境5类要素。从系统的角度出发，安全教育这5方面内容强调以信息为桥梁各要素之间相互作用与影响的关系，如果将各类要素看作是各子系统，那么信息便是各子系统之间及其内部交流的关键。

在5类要素中，参与者包括施教者和受教者，信息是指所有涉及安全教育的信息内容，是其他4要素相互作用的桥梁；软件是规范安全教学体系和提升教学的方法和文件类服务；硬件是保障安全教育活动正常开展的基础设施和辅助性服务；环境包含自然环境、科技环境、经济环境、政治社会环境、文化氛围等。在自系统中，只包含具体实施安全教育活动时的要素，而维护教学秩序、制定法律法规等功能所涉及的要素（包括功能和其他参与者）在它系统中，本节不做详细分析。

运用"七何"分析法对安全教育实施进行要素填补与细化，表4-2解释了各要素的内涵，基于安全教育的对称性和补充性，从信息传播的视角出发，融合安全教学系统的双主体特征，将"七何"分析方法扩展为9要素，齐全的安全教育要素可用于安全教育设计功能，有助于完善安全教育的宏观管理和弥补可能出现考虑问题疏漏的情况。

表 4-2　安全教育的拓展要素分析

5类要素	拓展要素	内涵
参与者	WHO1	① 施教者,有明确的教育目的及使命,主要目的是设计特定安全教育体系和传递安全信息; ② 施教者根据不同情况引导、促进、规范个体,能够接收信息反馈再学习,通过反馈提升教学水平,完善安全信息
	WHO2	① 受教者,主要目的是接收安全信息,增长安全知识,提升安全技能,改善安全行为,提高安全意识; ② 不同受教者有不同的学习目的、不同的学习背景和基础、不同的困难和问题以及不同的反思和再学习能力
信息	WHAT	① 主要过程为:信源→信道→信宿→信馈; ② 传播过程包括其他影响因素,如信息失真、信息干扰等,因此,信息反馈是改善信息传播方式方法的关键,不容忽视
环境	WHERE	安全教育的地点:①室内或室外;②学校、政府或企业
	WHEN	安全教育的时间,包含实施安全教育的时间(发生事故后、日常培训等)和时间范围(时长)
	WHY	安全教育的目的和原因,比如新员工进厂培训、学生专业课教育或发生事故后警告教育等

续表

5 类要素	拓展要素	内涵
软件	HOW MUCH	教学程度,梅瑞尔成分显示理论的"目标-内容"二维模型可以用于指导这一要素的使用
	HOW1	教学方法、教学计划、法律法规、规章制度等成文规定
硬件	HOW2	① 教学楼、教学工具、教学媒介等教学资源或辅助性服务物品; ② 硬件保障安全教学有序开展,对硬件的深入研究可向现实模拟、信息化等方面延展

4.5.2　安全教育 DIA 通用模型的构建及作用机理

4.5.2.1　模型构建

任何模型都需满足一定程度的系统性和结构性,其中,安全理论模型需涵盖模型目的、知识、程式和规则。因此,在构建模型时,需考虑到系统各元素以及各元素之间的结构与相互关系。基于安全教育三阶段原理,构建了如图 4-23 所示的 DIA 安全教育通用模型,模型主要包含 3 大板块,分别是安全教育设计（D）、安全教育实施（I）和安全教育评估（A）。

图 4-23　安全教育的 DIA 通用模型

为进一步明晰 DIA 通用模型的科学性和适用性，下面对"以具体系统为对象"和"以安全信息为研究视角"的原因进行详细说明。

（1）以具体系统为研究对象的原因：①限定研究和讨论范围，以便于具体问题的分析与探讨；②就教育学角度而言，教育活动均发生在特定系统之中，故须将模型置于具体系统之中来分析；③就管理学角度而言，人都在系统之中进行所有行为活动。

（2）以安全信息为研究视角的原因：①从信息论角度出发，个体或组织的行为活动过程就是安全信息的流动过程。那么，安全教育培训的实施过程实际是安全教育实施者与安全教育接受者信息传播的过程。②系统问题一般均涉及参与者、硬件、软件和环境等诸多要素，而以信息为纽带，正好可使系统所有要素建立联系。③个体或组织的教育行为始于信息，故其安全教育始于安全信息。

4.5.2.2　模型的内涵

（1）概念内涵。

① 安全教育设计包含宏观、中观和微观三个层次的设计。宏观设计强调体系要素的齐全（9W），体现系统的完整性，是保障安全教育正常有序开展的基础设计。中观设计强调对某一视角下安全教育（如专业课的分类或不同行业安全分类所呈现的安全系列教育课程）的授课体系的设计。微观设计强调施教者对每一具体堂课的设计。三者之间并不独立存在，宏观设计指导中观设计，中观设计指导微观设计，微观设计和中观设计又反作用于上一级设计。

② 安全教育实施功能，这一功能包含施教者的信息处理过程、信息传播过程、受教者信息处理过程以及信息反馈过程。在传播过程中，会存在很多干扰情况：a. 施教者的信息处理过程可能存在的问题是施教者本身对安全信息的认识不够、对安全信息的提取和组织能力不够；b. 信息载体、信息通道和信息刺激 3 方面可能存在语言表达能力或媒体设计不当等问题；c. 受教者的感知认知能力不足，将导致其很难获取有效信息，理解记忆能力不足可能导致对知识存储能力和转换成实践操作的能力不足；d. 在反馈过程中，可能存在受教者不善于发现问题或表达能力存在沟通障碍，施教者不善于接受意见存在动作响应失败等问题。

③ 安全教育评估功能是再学习过程，分为阶段性和总结性安全教育评估，从评估中获取经验教训，修复系统薄弱环节。由于反馈和评估机制的存在，在具体实施安全教育时，不一定完全符合初始设计，另外微观设计可能也存在与宏观设计或中观设计不一致的情况（比如教学场地的变更，教学顺序的调整）。这一情况表明了安全教育整体的动态性和可拓展性。模型的功能及要素解析如表 4-3 所示。

表 4-3　DIA 模型的要素解析

模型功能	要素	解析
安全教育设计功能	宏观	从宏观教学体系入手,运用9W要素进行安全教育设计,撰写方案书,这是保障教学活动有序进行的基础设计。以本科教学为例,由学科主任和教导主任共同完成这一设计
	中观	从中观学科体系入手,主要包含所授课程内容体系、内容顺序、理论与实践配比。以本科教学为例,由学科主任和施教者共同完成这一设计
	微观	从微观教学内容入手,对每一课时具体课程进行设计,包含本课时的教学计划、学习动机激发器,由施教者完成这一设计

续表

模型功能	要素	解析
安全教育 实施功能	施教者	以施教者为中心的安全信息传播,主要包括施教者所具有的安全信息、提取和组织安全信息的能力
	受教者	以受教者为中心的安全信息传播,主要包括受教者感知、认知和处置安全信息的能力
	信息传播	强调安全信息在系统中的传播过程,包含信息载体、信息通道及形成的信息刺激
	信息反馈	强调受教者对接收信息的过程及所接收到的安全信息作出反应,包含感知、认知和处置过程中存在的问题以及对信息所持有的态度,这一过程也包含在系统中的传播
安全教育 评价功能	准备工作	从教学实践中总结经验,是教与学的信息反馈,修复体系薄弱环节。①准备工作是根据评估原则与目的,制定评估体系;②评估实施应从施教者、受教者和第三方 3 个方面全面开展;③根据评估结果采取相应措施。
	评估实施	
	结果处理	

（2）应用内涵。

① 构建安全教育体系。在安全教学系统中，施教者、受教者、安全信息、软件和硬件等形成了相互关联的结构。其中，人作为教学要素中的双主体最具变化性，所以教学活动的最优化，应当是教与学最优化的有机统一，是充分发挥双主体能动性的过程。

根据 DIA 模型，安全教育体系应该包含安全教育设计功能、安全教育实施功能和安全教育评价功能。在构建安全教育体系时，首先要实现安全教育设计，根据 9 要素（9W）进行全方位的考虑，并且要注重各要素之间的关系（如人机界面、人—人交流、信息失真等）；其次，从教与学不同的视角来看，安全教育实施的信息传播链应分别从施教者和受教者两方面出发考虑（本书以学为研究视角，进行进一步分析），在已有的安全教育设计体系基础上，结合实际的安全教育实施过程，提升信息传播率；最后，安全教育评价功能与安全教育实施功能同时存在，相互作用。

② 评价与优化安全教育体系。建立评价体系需满足全面完整性原则、实用可操作原则、可拓展性原则和强韧性原则这 4 项基本原则。从设计出发，对各要素进行考察评价，制定相应的评价机制，保障安全教育体系的完整性；在安全传播过程，采取旁听等形式进行最直观的评价，观测安全教育的可操作性和可拓展性；可从受教者和施教者两方面同时进行安全教育评估与反馈，采取问卷调查、教育成果验收（学生知识考试或实践能力检验）等形式开展。另外，施教者、受教者、教育方法和教育硬件设施是提升安全教育水平的关键要素，在优化安全教育体系时，可从这四方面找突破口，如在受教者信息处理与利用过程模型分析中提到的优化手段。

4.5.2.3　受教者安全信息处理及利用的过程模型

在 DIA 模型中，安全信息实施是从施教者到受教者的一个完整的闭环安全信息传播过程，时间维度上存在安全信息从施教者流向受教者的先后顺序，再由受教者反馈信息给施教者，但分别以施教者和受教者为中心的信息传播并非独立存在，两者互相促进，信息传播与反馈交叉进行，受教者对安全信息处理过程实则是一系列事件的链式效应。为方便研究，提升安全教育的整体质量和效率，以受教者学习安全信息为研究对象，建立并分析以受教者为中心的信息处理和利用的过程模型，如图 4-24 所示。模型内涵主要包含以下 4 点。

① 受教者通过视觉或听觉将安全教育信息输入，并记忆存储。这一过程是受教者感觉、

图 4-24 受教者信息处理与利用的过程模型

知觉对安全信息的初识阶段，在感觉和知觉上增强刺激（利用可视化技术，如虚拟现实），能提升对安全信息的记忆。

② 被受教者所感知记忆的安全教育信息刺激受教育的信息需要，并使其信息需要转化为其信息需求。受教者根据自己的需求与兴趣会对安全信息进行选择、认知和记忆，会发生部分重要安全信息由于受教者的偏好问题未被接受，因此引入考核机制、惩罚机制和激励机制等使其被动学习。

③ 受教者的信息需求促使其产生相关信息行为，如安全教育信息记忆、安全教育信息组织与安全教育信息利用。在接受和认可安全信息的基础上，受教者可形成自我约束和自我承诺的状态。

④ 被受教者利用的安全教育信息可优化其安全行为。根据所学安全信息规范自身行为，从观念上改变自己，形成良好的习惯，并给他人带来正面影响。

4.5.3 具体场景下安全教育 DIA 通用模型的应用说明

如图 4-25 所示，以某企业日常安全管理系列培训为例，运用安全教育 DIA 通用模型，对其多层次设计进行说明指导。

图 4-25 企业日常安全管理培训体系设计

应用说明如下。

① 板块是系列培训课程的宏观设计，由企业安全总监和培训相关负责人（如第三方安全培训公司、企业安全管理培训主任）共同进行设计，以此为蓝本撰写培训方案书。

② 板块是对本次系列安全教育内容体系的构建，根据瑞士奶酪模型，以事故发生的时间倒序分析法和人为因素分类设计课程体系，应考虑三方面因素，个人原因（不安全行为→不安全行为直接前提→防卫）、组织原因（应急与救援→组织因素→预防与监督）和界面原因。

这样可以从最接近事故征兆的状态回访分析各层次的核心因素，这也符合瑞士奶酪模型"光线穿透奶酪"的逻辑，从光线最终透出的漏洞处回望，可以比较清晰确定所有奶酪的漏洞。

③ 板块是以本次系列安全教育的事故调查教育为例进行的课堂微观设计，根据课堂所需进行当堂课的内容和形式设计，施教者根据经验判断受教者的准备情况、学习特征等，利用相关教学资源组织事故调查的课堂内容和形式。

④ 板块是企业安全管理培训实施的具体过程，根据以受教者为中心的信息传播过程的指导作用，在具体培训实施过程中降低其他影响因素，提升安全管理培训效率和质量，并根据实际发生的问题进行反馈，对前三个层次的设计进行调整指导。

⑤ 板块是安全教育的反馈和评价过程，这一过程是动态发展的，根据实际情况，可分阶段进行反馈和评价，评价应包含三部分，即施教者评价、受教者评价和第三方评价。

4.6 安全文化宣教原理

大量实例表明，安全文化宣教是提升组织成员的安全意愿、意识与素质的有效途径，是组织安全文化建设的重要手段。因此，安全文化宣教是当前绝大多数组织（如企业、社区与学校等）进行安全文化建设、安全教育与安全管理等的首选手段。

4.6.1 安全文化宣教的定义与内涵

4.6.1.1 安全文化宣教的定义

目前，学界对安全文化宣教尚无具体定义，基于宣传与教育的定义对其进行定义。安全文化宣教是指某一组织（包括家庭、社区、企业、学校、城市和国家等）根据其现实和未来发展的安全需要，遵循组织成员（受众）的认知学习特点、规律和自身需要，有目的、有计划、有组织地运用各种被赋予了特定安全意义的安全文化符号传播，并通过其引导、教化受众，进而说服受众获得并接受一定的安全观念、知识和技能等，以提高受众的安全意愿、意识、知识和技能等，并规约其不安全行为为目的的一种组织宣教活动和行为。安全文化宣教是一项系统工程，其最终目标是使受众形成一种相对完善、成熟而理性的安全思维、观念、知识和技能等，来认知并解决已有的或未来可能出现的各种安全问题。

4.6.1.2 安全文化宣教的内涵

基于安全文化宣教的定义，解析安全文化宣教的内涵，具体如下。

（1）安全文化宣教是组织文化宣教的主要内容，是组织安全工作的重要组成部分，是一种有效而重要的组织安全管理手段。具体表现为：①组织安全文化是组织文化的重要组成部分；②安全文化宣教是提高组织成员的安全意识和塑造组织成员的安全行为习惯的最直接、最有效手段；③安全文化宣教是组织安全文化建设成败的关键。

（2）安全文化宣教的实施主体是组织（即它是一种组织行为），安全文化宣教内容的设置及其主要受众对象、宣教时段与空间位置等的设定应以组织的现实和未来发展的安全需要为依据。①安全文化宣教带有极强的目的性，它是组织为实现组织设定的安全愿景和目标等而策划、组织并支持运作的，力图使受众按组织的安全文化宣教意图行动的一种组织行为；②从组织的角度看，为增强安全文化宣教的作用效果，即其对提升组织安全状态水平的贡献力，安全文化宣教内容的设置及其主要受众对象、宣教时段与空间位置等的设定应具有针对性，即要与组织的现实和未来发展的安全需要相吻合。

（3）安全文化宣教的内容、形式与媒介等应尽可能符合受众的认知学习特点、规律和自身需要，这样可显著提升安全文化宣教的效果。这是因为，就受众群体而言，符合受众的认知学习特点、规律和自身需要的安全文化宣教内容、形式与媒介等是受众期待得到的安全信息和视听觉体验，能够极大地调动受众的学习积极性和兴趣，也能促使受众更容易理解、认可和接受安全文化宣教内容。

（4）受众对安全文化宣教的内容和形式的最直接接触和体验是各种被赋予了特定安全意义的安全文化符号，主要是一些视听觉安全符号，如安全标语、漫画、手册、PPT、操作姿势、文学作品、微电影、歌曲或小品等。

（5）安全文化宣教的重要目的是使受众获得并接受一定的安全观念、知识和技能，进而提升自身安全素质和规范自己的不安全行为，这一目的的实现过程本质上是一个不断说服受众的过程，说服方式主要有两种：①心理动态说服，是指经过安全文化宣教改变受众个体的认识和心理，导致其行为发生改变；②组织安全文化说服，是指通过安全文化宣教影响组织成员（受众群体）的安全价值观，建立新的安全价值观，从而达到改变受众不安全行为的目的。

（6）安全文化宣教是一项系统工程，在安全文化宣教过程中，贯穿着一系列战略、战术和方法问题。①安全文化宣教战略是指导安全文化宣教全过程的计划和策略，应根据组织的实际安全管理情况等来制定；②安全文化宣教战术和方法是保障安全文化宣教有效、顺利开展的措施和手段，可从受众的态度、宣教内容的强度及宣教形式的灵活度等方面加以设计。

（7）安全文化宣教的最终目标是使受众形成一种相对完善、成熟而理性的安全思维、观念、知识和技能等，来认知并解决已有的或未来可能出现的各种安全问题。换言之，使受众走向并拥有最理性、最正确的安全思维和认知，辨识、规避或控制有可能造成个人或他人伤害的危险（风险）是安全文化宣教的根本所在。

4.6.1.3 功能分析

安全文化宣教主要有劝服、引导、灌输、教化、激励、规约、批评、环境和文化9项功能，并可将它们划分为基本功能、直接功能和深层功能3个不同层次，各功能彼此影响、相互促进，共同决定着安全文化宣教的效果，具体解释见表4-4。其中，基本功能为其他功能的发挥提供基础和保障；直接功能为其他功能的发挥起到支撑作用；深层功能是其基本功能和直接功能的升华和外延。

表4-4 安全文化宣教功能的分类及其含义

层次	名称	具体含义
基本功能	劝服功能	通过安全文化宣教阐明某些安全理念与知识等,使受众相信并在认识和行为上做出相应改变
直接功能	引导功能	安全文化宣教内容为受众的思想与行为等指明了方向,对受众的思想与行为等具有引导作用
	灌输功能	通过安全文化宣教可将安全价值观念与知识等灌输至人们的头脑并不断强化,理性和系统性是其特色

续表

层次	名称	具体含义
直接功能	教化功能	安全文化宣教可融入受众的生存环境,对受众的安全信仰与行为等具有全方位的教育感化作用
	激励功能	安全文化宣教注重对符合组织安全价值标准的行为不断给予鼓励和强化,从而产生模仿与激励效应
	规约功能	安全文化宣教内容可直接或间接规范和约束受众的行为等,即它是受众的安全行为基准和参考
	批评功能	安全文化宣教内容可对某些不符合组织安全价值标准的认识、行为等进行否定或批判,具有批评作用
	环境功能	安全文化宣教有助于为受众群体营造良好的安全氛围和创造舒适的生活、工作环境
深层功能	文化功能	安全文化宣教既要传递安全文化,还要满足安全文化本身延续和更新的要求,其影响安全文化的发展

4.6.1.4　特点分析

经分析发现,尽管安全文化宣教的内容和形式多种多样,但它们具有共同的特点,主要表现在以下 5 方面。①目的性:所有安全文化宣教活动和行为都旨在影响受众的安全意愿和意识等,力图使受众按宣教者的意图做出符合宣教者意图的行为表现;②倾向性:某一组织的安全文化宣教者对宣教内容、形式及媒介等的选择具有趋同性,这与组织群体的整体安全价值理念和审美价值观等有关;③现实性:主要表现在安全文化宣教目标、材料和效果等方面,不符合组织现实安全需要的安全文化宣教目标和材料,就不能获得现实需要的安全文化宣教效果;④群体性:一般而言,安全文化宣教要面向组织各个层面,以求影响最多的受众对象;⑤附和性:安全文化宣教往往依附于组织的其他文化传播,如可镶嵌于组织文艺文化进行传播,这是因为组织安全文化是组织文化的重要组成部分,对于同一组织来说,它们之间并不互相排斥,而是相辅相成的关系。

4.6.2　安全文化宣教的基本模式

4.6.2.1　安全文化宣教的"5-13"模式的构建

模式是对事物在空间结构和时间序列上进行的一种描述,是人类把握和认识事物变化的有力工具。要对安全文化宣教现象进行最具体、最系统且最全面的考察,就必须借助简化的模式再现安全文化宣教现象。简言之,所谓安全文化宣教模式,就是指研究安全文化宣教过程、性质与效果的公式,它既是对复杂的安全文化宣教现象的过程和环节的高度概括和抽象,也可对人们了解、认识,进而深入研究安全文化宣教现象给予极大启迪。同时,安全文化宣教模式研究同安全文化宣教活动本身一样,也是一个不断发展、逐步完善的过程。根据传播学、教育学和文化学相关理论,结合安全文化宣教的自身特点,构建安全文化宣教的"5-13"模式,如图 4-26 所示。

图 4-26 安全文化宣教的 "5-13" 模式

4.6.2.2 安全文化宣教的 "5-13" 模式的解析

安全文化宣教的 "5-13" 模式看似简单，实则内涵丰富，它可视为是描述安全文化宣教行为的一种简便而完整的范式和方法，将其内涵具体解释如下：

（1）"5" 表示在安全文化宣教单向过程中，按照先后次序所涉及的Ⅰ、Ⅱ、Ⅲ、Ⅳ与Ⅴ 5 个关键环节，即该模式把安全文化宣教单向过程分解成了宣教者、安全文化符号、媒介、受众和宣教效果 5 个要素，完整阐述了整个安全文化宣教过程，同时也表明这 5 个要素对安全文化宣教效果具有决定性作用。其中，宣教者、媒介、受众和宣教效果 4 个要素的内涵显而易见，限于篇幅，此处不再赘述，笔者仅对安全文化符号这一要素的内涵进行解释。安全文化符号包含形式和内容，一个安全文化符号可携带一种或多种安全文化基因（如安全理念、制度、规范、知识与技能等），即安全文化宣教者实则是将安全文化基因植入安全文化符号，让受众借助安全文化符号来体验和认知安全文化宣教内容和意图。

（2）"13" 表示对安全文化宣教单向过程中所涉及的 5 个关键要素有直接、重要影响的 13 个问题（因子）(见表 4-5)，设计和优化安全文化宣教模式必须要从这 13 个问题着手，即要着眼于思考并回答这 13 个问题。换言之，这 13 个问题是设计和优化安全文化宣教模式和提升安全文化宣教有效性的重要突破点。

表 4-5　影响安全文化宣教过程的重要问题（因子）的含义

问题	具体含义
1	宣传者的形象和可信任程度直接影响着受众对安全文化宣教内容的相信程度和响应积极性,即影响对受众的劝服作用
2	宣教活动一般是由某一组织(机构)策划并组织开展的,因此需考虑如何科学、合理地建立安全文化宣教组织(机构)

续表

问题	具体含义
3	安全文化宣教内容应与组织现在的实际安全状况相吻合,针对实际安全问题,对症下药,有针对性地进行安全文化宣教
4	宣教目的(目标)是宣教者期望给组织和组织成员带来的某种变化,安全文化宣教内容应与宣教目的(目标)密切结合
5	安全文化宣教内容、形式等应尽可能满足受众的自身需要并符合受众的心理、审美等特点,且要真实、充实而简练
6	根据组织的财力和现有的宣教媒介等实际情况,对安全文化宣教媒介进行预选,形成安全文化宣教媒介备选集合
7	根据安全文化宣教媒介的宣教覆盖范围大小,结合宣教范围的实际需求,在安全文化宣教媒介备选集合中进行进一步筛选
8	受众对宣教媒介具有选择性,因此,要了解和分析受众最注重和最易受影响的宣教媒介,这有助于选择最佳的宣教媒介
9	安全文化宣教要抓住广大受众群体最切身、最迫切、最易感动的安全需要和事实,这有助于劝服受众
10	掌握受众接受安全文化宣教的态度,对赞成、无所谓、中立、反对甚至带抵触的不同受众,采用不同的宣教方式和措施
11	分析受众所处的环境,一些对安全文化宣教持中立、不在乎或反对态度的受众,在一定环境的群体压力下容易改变态度
12	了解受众接受安全文化宣教的能力和水平,如阅读能力、理解水平等,这是受众认知和理解安全文化宣教内容的基本前提
13	根据安全文化宣教效果可以不断调整和优化安全文化宣教的内容、手段等,应选择合理的方法和工具对其进行调查和测量

(3) 安全文化宣教行为并非一次性的单向过程,而是一个双向过程。通过对安全文化宣教效果的调查和评价,并将评价结果反馈至其他各要素,不断调整、完善和优化安全文化宣教的内容、手段与步骤等,分析并排除影响安全文化宣教效果的干扰因素(如误解与曲解等),这是进行有效安全文化宣教的一项重要程序。

(4) 安全文化宣教要实现从"宣教者中心"向"受众中心"的转移。安全文化宣教的起点是宣教者,终点是受众,宣教意图是使受众理解、接受和认可安全文化宣教内容,即起初掌握在宣教者手中的安全文化宣教内容与媒介等的效用必须要借助受众才能发挥并表达出来。换言之,安全文化宣教要实现从"宣教者中心"向"受众中心"的转移,尽可能使安全文化宣教内容、形式与媒介等更适合于受众,更受受众喜爱,这有助于消除宣教者与受众间的张力关系,使受传者不再只是被动接受,而转为积极参与、主动接受和交流的情境中。因此,该模式在分析影响安全文化宣教过程的 13 个重要问题(因子)时,对与受众有关的因素的分析和考虑有所侧重。

4.6.3　受众处理安全文化符号信息的过程模型

4.6.3.1　模型构建

由安全文化宣教的定义与内涵可知,受众对安全文化宣教信息的接受过程其实是受众对安全文化符号信息的处理过程。在此过程中,受众的心理紧张程度和具体行为选择随着接受的视听觉（以视觉为主）刺激的变化而变化。根据知觉心理学，基于受众的视听觉认知特点，建立受众对安全文化符号信息的处理过程模型，如图 4-27 所示。

图 4-27　受众处理安全文化符号信息的过程模型

4.6.3.2　模型解析

该模型将受众对安全文化符号信息的处理过程分为 4 个具有先后顺序的阶段：初识阶段、情感阶段、意向阶段和行为阶段，经历了从感性认识、认知认识、制度规范认识到价值认识 4 个层次，这符合人的一般认知过程。各阶段的具体内涵分别解释如下。

（1）初识阶段指受众对安全文化符号信息的感知觉，是安全文化宣教功能发挥的基本条件。安全文化符号信息通过视听觉信号对受众产生刺激，然后受众根据其对安全文化符号内涵的预知性，实现短暂的接触和感知，这需要安全文化符号内容和形式要对受众具有视听觉冲击力。

（2）情感阶段是指受众对安全文化符号信息的选择、认知和记忆，是安全文化宣教功能发挥的保障和基础。因受受众需求与兴趣的影响，受众对安全文化符号信息具有选择性和偏好，即起初有些安全文化符号信息是受众的期待视野范围中的信息，反之另一些则是受众的非期待视野范围中的信息，这就需要通过一些受众心理驱动方法改变受众的期待视野，从而使这部分安全文化符号信息也转化为受众的期待视野范围中的信息，最后进入受众期待视野的安全文化符号信息被受众主动认知并记忆。但还是有少数尤为重要的安全文化符号信息无法进入受众的期待视野，这就需要一些强制性手段或措施（如安全考核机制与安全惩罚制度等）使受众对其进行被动认知和记忆。

（3）意向阶段是指受众在接受、认可安全文化符号信息的基础上，形成自我安全承诺，愿意接受并遵从安全文化符号所表达的安全理念和规范等，是安全文化宣教效用的内在表现。若安全文化符号信息得到受众的理解和认同，这只是有了被执行的可能，真正要通过受众实际行动体现出来还需要受众形成自我安全承诺，这是一个受众的心理意向选择过程。

（4）行为阶段是指受众按照安全文化符号所传递的安全理念与制度等规范自己的行为，并养成良好的安全习惯，是安全文化宣教效用的外在表现。

此外，该模型也表明安全文化宣教的整个作用过程可分为组织和个体 2 个层面。个人层面即受众对安全文化符号信息的处理过程，这里不再赘述；组织层面可分 2 方面对其进行解释：①安全文化符号信息是组织负责设计并传播的，主要包括安全文化符号质量的把关与传播，其质量包括安全文化符号的内容和形式，其传播包括宣教媒介的选择和布置（如时间与区域等的选择），以及对安全文化宣教过程的防干扰等；②安全文化宣教的整体效果是通过组织安全状态的改变体现出来的，这是安全文化宣教对所有受众个体的作用效果的集中表现，另外，还可根据组织安全状态的改变，通过信息反馈作用及时调整或优化安全文化符号信息，这是不断提升安全文化宣教效果和确保安全文化符号信息时效性等的关键。

4.6.4　受众的心理驱动原理及方法

由上述分析可知，在受众处理安全文化符号信息的过程中，通过采用一些受众心理驱动方法来改变受众的期待视野，从而使更多的安全文化符号信息进入受众的期待视野是提升安全文化宣教效果的关键。因此，有必要对受众的心理驱动原理进行深入剖析，从而找出驱动受众心理的具体方法。分析可知，受众的心理驱动过程实质上是一个"引起受众注意→受众产生兴趣和需要→促成受众欲望"的过程。由此，从心理学角度，根据相关心理学知识和人性需求，笔者提炼出 16 条受众心理驱动的理论依据和与之对应的一些具体方法，见表 4-6。需说明的是，这些受众心理驱动的理论依据和具体方法等并不是相互独立的，在应用过程中应根据实际情况选择一种或多种配合使用，从而提高受众心理驱动的效果。

表 4-6　受众心理驱动的理论依据及具体方法

序号	理论依据	具体方法
1	猎奇心理	增加安全文化宣教内容、形式，甚至是媒介等的新颖度，或设置一些谜语竞猜等探索性或新鲜的宣教内容
2	重情心理	情感启迪法，从受众一致在乎的感情（亲情、爱情、友情等）着手，刺激、唤醒受众的安全意愿和责任
3	联想心理	联想法，从受众熟悉且关注度高的事物着手，这容易使受众产生联想，有助于使其理解和记忆宣教内容
4	恐惧诉求	"敲警钟"法，通过强调事故的严重性或安全的重要性，唤起受众的安全意识，并促成其态度和行为的改变
5	群体心理	氛围感染法，通过营造良好的群体安全氛围，发挥群体效应和群体环境压力驱动作用，从而扩大宣教效应
6	求知心理	根据受众当前急需的安全知识或需迫切需要解决的安全问题，设置与之对应的安全文化宣教内容
7	求简心理	受众通过选择性注意、理解和记忆来对付"信息超载"，即具有求简心理倾向，应保证宣教内容简练而完整
8	求好心理	批评法或赞扬法，给某种不安全行为等贴上一个不好的标签，或对有益于安全的行为等进行正面肯定和赞扬
9	求真心理	证词法或转移法，用安全科学理论来简洁论证或利用某机构（或人）的权威、影响力来代言宣教内容
10	娱乐心理	幽默法等，设置诙谐幽默的安全文化宣教内容或采用形象、活泼的安全文化宣教形式或媒介等
11	安全需要	正面法或反面法，通过一些含有伤害、事故惨状或美好安全图景的宣教内容、形式，唤起人强烈的安全需要
12	审美需要	设计法或"包装"法，通过设计宣教形式和"包装"宣教内容，使宣教形式变得形象、生动而富有美感
13	关怀需要	祝愿法与换位法，宣教内容要体现对受众的安全关爱和祝愿，或通过换位方式将宣教者与受众置于同一处境

续表

序号	理论依据	具体方法
14	褒扬需要	期望激励法、榜样法,宣教内容要体现对受众好的安全表现的期待和正面激励,或通过树立榜样进行宣教
15	尊重需要	互动法等,宣教内容和方式既要体现宣教者与受众间的平等交流,也要符合礼貌原则,表示对受众的尊重
16	体验需要	练习法、情境模拟法与角色扮演法等,设置可让受众参与并亲身体验、实践的安全文化宣教内容和形式

本章小结

　　本章从心理学和生理学的层面描述了安全教育的机理和安全教育的规律;阐述了安全教育学的六条基本原理、内涵和结构关系;介绍了安全教育的基本原则和要素以及安全教育各要素之间的基本关系;介绍了基于信息传播的安全教育通用模型;介绍了安全文化宣教原理。

思考题

1. 试从心理学和生理学层面描述安全教育的机理。
2. 安全教育有哪些传播途径?
3. 试联系实际讨论安全教育的遗忘规律。
4. 安全教育学的六条原理是什么?
5. 安全教育的基本要素是什么?
6. 试讨论安全教育各要素之间的关系。
7. 试扼要介绍基于信息传播的安全教育通用模型的基本内涵。
8. 试讨论安全文化宣教的"5-13"模式。

第 **5** 章

安全教育的主体和客体

5.1 安全教育的主体

安全教育中的人（包括教师、学员等）组成安全教育的主体。在构成安全教育活动的七个要素中，人是最为积极主动的要素，是安全教育活动的发起者、接受者和管理者。其中，学员的活动与教师的活动构成了安全教育赖以进行的统一的活动体系。因此，要组织开展合理的安全教育活动并提高其成效，就必须正确认识安全教育教师和学员在安全教育过程中所处的地位，了解他们各自活动的特点。

5.1.1 学员和教师在安全教育过程中的地位

5.1.1.1 学员是安全教育的对象和学习的主体

（1）可教性是学员作为安全教育对象的身心基础。因人本身具有可教性和发展的巨大潜力，才使人成为教育的对象，并能够通过接受各种社会影响而日趋完善，成为社会合格的一员。可教性是人的根本特征之一，是人的一种先天性格。同样，参与或被纳入安全教育过程体系中的学员，首先是作为安全教育的对象而存在和活动的。在安全教育过程中，学员的地位或身份首先是被教育的对象，这也是学员在教育过程中扮演的首要角色。

（2）能动性是学员作为安全教育学习主体的首要特征。作为安全教育对象的学员在安全教育活动中接受教育影响时并不是消极被动的，而是积极主动的。在安全教育活动中，教师实施的并不是简单的知识传达，而是引导学员进行积极主动的学习。学员在安全教育活动中也不是消极被动地接受，而是积极主动地参与，并以自己的知识经验体系和兴趣动机为基础来获取安全知识，使之转化为具有个性化的安全知识。无论是知识准备、认知能力还是态度和动机，学员的安全知识学习都不是从零开始的，并且在安全教育过程中学员会逐步地意识到自己在安全教育中所处的水平，并通过自己的努力来参与和推动安全教育活动。正是在这个意义上，学员既是安全教育的对象，又是安全教育的主体。

5.1.1.2　教师在安全教育中起主导作用

（1）安全教育教师的职业特征决定了其在安全教学过程中的导向和组织作用。安全教育的教师在学员面前承担着教师的角色。在安全教育过程中需要按教育目标来设计、组织、实施安全教育活动，指导帮助学员通过积极主动的学习掌握安全知识、技能，发展各种能力，并形成科学安全观、价值准则和个性品质。安全教育教师的这一职责和职业特征是参与安全教育活动的其他任何因素所不能代替的。

（2）安全教育教师的素养使之有可能在教育过程中发挥导向和组织作用。安全教育教师一般都受过专门的训练并达到社会的相关标准要求，他们在安全观念、知识、能力等各方面的水平一般都要高于作为教育对象的学员，至少是某些方面。这就使他们能够胜任对学员学习的指导和帮助，并能科学合理地设计、组织和实施最有利于学员学习的安全活动，引导学员自觉地接受安全教育的要求，并努力达到这些要求。

（3）对于学历型安全专业教育、职业安全教育、安全科普教育等不同类型、层次的学员，教师在安全教育中的主导作用和学员的参与作用的程度及比例是不一样的。学历型安全专业教育属于高等教育，其教育方式与一般高校的教育没有多大区别，教师往往发挥主导作用；职业安全教育与培训的学员类型和层次繁多，人员结构复杂，教学目标多样，其教育方式和学员参与教学的程度有很大的不同，有时教师仅起到指导者的作用；很多情况下，安全科普教育学员参与程度类似于听讲座和报告，教师基本掌握教学的主动权。

5.1.2　安全教育过程中学员的心理

安全教育是教育的一个类型，在安全教育过程中，学员的心理与其他教育大致是一样的。学员的主要活动是学习活动，影响学员学习活动的因素是多方面的，有内部因素和外部因素之分。内部因素主要涉及学员的认知和非认知的心理因素；外部因素主要有教学目标、课程教材、教学方法与教学组织形式、教学的环境等（后面有专门的章节加以讨论）。本部分主要讨论学员的认知和非认知心理特征。

学员认知因素主要包括认知发展与学习的准备、认知结构及其变量以及自学能力等；非认知因素主要包括认知因素以外的影响认知过程的一切心理因素，非认知因素并不直接参与认知过程，它对认知过程的影响表现在对认知活动的调节与控制方面。关于认知因素对于学员在学习过程中的影响历来比较受重视，而对非认知因素的影响却有所忽视。

5.1.2.1　学习动机及其培养

（1）学习动机。所谓学习动机，是指直接推动学员进行学习的一种内部动力，是激励和指引学员进行学习的一种需要。有人认为，对知识价值的认识（知识价值观）和对学习的直接兴趣（学习兴趣）、对自身学习能力的认识（学习能力感）、对学习成绩的归因（成就归因），是学员学习动机的主要内容。学习动机和学习是相辅相成的关系。学习能产生学习动机，而学习动机又能推动学习。一般来说，学习动机具有加强学习的作用。中等程度的学习动机能激发或唤起学习的积极性，具有最佳的学习效果。学习动机过强或过弱，都不利于学习积极性的保持。同理，对于安全知识的学习也是符合上述规律的。

（2）激发和维持学员学习动机的 ARCS 模型。学员的动机水平是成功教育的重要因素。当学员对学习内容没有兴趣或缺乏动机时，学习几乎是不可能的。这里介绍 John M. Keller（1987 年）开发的模型 ARCS，该模型说明了成功学习所必需的各类动机，还对如何利用这些信息来设计有效的教学提出了建议。ARCS 模型中 A 即注意力（attention），R 即关联性（relevance），C 即自信心（confidence），S 即满足感（satisfaction）。该模型提示教学设计者应从注意力、关联性、自信心和满足感等方面调动学员的学习积极性，具体的内涵进一步解释如下：

① 注意力。对于认知能力较低的学员，可以通过彩色图片、故事等激发其学习兴趣；对于认知能力较高的学员，可以通过提出能引起他们思索的问题激发其求知欲。

② 关联性。教学目标和教材内容应与学员的需要和生活相贴近，为了提高课程目标的贴切性，可以让学员参与目标制定。

③ 自信心。为了建立自信心，教育过程中应提供学员容易获得成功的机会。例如，在课堂提问时注意将难易不同的问题分配给不同程度的学员，使他们都能参与问题讨论。

④ 满足感。每次教育活动都应让学员学有所得，让学员从成功中得到满足；对学员学业的进步多做纵向比较，少做横向比较，避免挫折感。

ARCS 模型的内容和需要分析的问题见表 5-1。

表 5-1　ARCS 模型的内容及需要分析的问题

种类和亚类	需要分析的问题
A 注意力	
A1 唤起感知	教师做什么才能引起学员的兴趣？
A2 唤起探究	教师怎样才能激起学员求知的态度？
A3 变化力	教师怎样才能保持学员的注意？
R 关联性	
R1 目标定向	教师怎样才能更好地满足学员的需要？
R2 动机匹配	教师怎样并何时向学员提供合适的选择、责任感和影响？
R3 有熟悉感	教师怎样才能将教学与学员的经验联系在一起？
C 自信心	
C1 学习需要	教师怎样才能帮助学员建立积极期望成功的态度？
C2 成功的机遇	学习经历怎样支持或提高学员对自己胜任能力的信念？
C3 个人的控制	学员怎样才能清楚地明白他们的成功是建立在努力和能力基础之上的？
S 满足感	
S1 自然的结果	教师怎样向学员提供应用他们新获得的知识或技能的机会？
S2 积极的结果	什么东西将对学员的成功提供强化？
S3 公平	教师怎样才能帮助学员对他们自身的成就保持积极的感受？

（3）学习动机的培养。培养学员良好的学习动机是学习的必要条件。因此，学习动机的培养也应是安全教育工作的重要一环。根据以上对动机作用的分析，安全教育过程中应着重从以下几个方面来培养学员的学习动机。

① 讲解学习目的，使学员认识到学习的意义。明确学习的意义和作用，是确立或提高学习动机的必要条件，特别是培养学员长远的学习动机所不可缺少的。只有学员认识到当前的学习与自己的工作有密切联系，才能确立起强有力的学习动机。

② 唤起学员的认知兴趣。在学习中认知的内驱力是学习的强有力内因，这种内驱力是一种指向学习任务的动机，它是由好奇心、探究倾向等心理因素派生出来的。学员在学习中

获得了知识，就是对这种动机的最好奖励。安全教育的主要职责也就是要让学员对安全知识本身产生兴趣。如果学员缺乏必要的学习动机，切勿等待学员产生学习动机以后再进行学习。因为动机既是学习的原因，又是学习的结果。学员在学习过程中，学会、学懂了知识，获得了学习上的成功，也就会激发和增强学习动机。

③ 提高学员的志向水平。所谓志向是指一个人在已有经验的基础上，对自己的奋斗目标持有的较稳定的抱负和期望。学员的志向水平在很大程度上影响学员学习的积极性，志向水平高的学员会对自己提出较高的学习目标，并在行动中努力实现它。而志向水平低的学员则容易满足现状，不向更高的目标争取。学员的志向水平与其成功或失败的经验相联系。经常获得成功的体验，则导致志向水平的提高；经常感受失败的体验，则导致志向水平的降低。如果学员经常失败，最终会导致回避退缩的反应，丧失学习的信念。安全教育的教师应向学员提出切合实际的要求，使其经过一定的努力，较好地完成学习任务，逐步积累成功的经验，提高志向水平。

④ 教学内容与方法的新颖性。在教学中以丰富有趣，逻辑性、系统性很强的内容以及生动的教学方法来吸引学员，新颖的事物可以引起学员的探究倾向。教学内容与方法的不断更新与变化，还可以不断引起学员新的探究活动，从而可能在此基础上产生更高水平的求知欲。

值得注意的是，根据许多心理学家的建议，培养和激发学员的动机，应避免频繁地对学员进行具有威胁性的考试与竞争。当学员体验到或预计到因学习不及格或工作不称职而丧失自尊时，则会产生焦虑情绪。这种情绪对当前或未来的自尊心有潜在的威胁，具有担忧的反应倾向。因此，在开展安全教育竞赛或评比中，应避免过多地使学员处于焦虑状态。

5.1.2.2　成人学员的特点

对于专门从事安全教育培训的教师来说，安全教育的对象绝大部分是有一定工作经验的成年人。成人学员有着独特的身心特点和学习特性，因此了解成人学员的特点对搞好安全教育，提高安全教育的质量和效果具有重要意义。

成人学员的学习行为特点如表5-2所示，从中可以得出以下两点认识：第一，对于成人学员，更重要的教育目的在于确认成就感、寻求工作的意义以及从负担的社会责任中追求自我存在的意义；第二，传统教育体制中的某些知识、学习方式并不适合成人学员。成人学员的学习取向是以问题解决为中心的知识，因此，针对成人学员的课程设计必须符合其学习特性的需要。

表 5-2　成人学员的学习行为特点

项目	学习行为特点
学习目的	1.以获得证书或资格为目的； 2.以问题为中心的学员，寻求教育方案解决其问题，以达成其目标； 3.以结果取向为中心的学员，如果没有达到他们想要的教育结果，他们可能会放弃学习，因为他们的参与通常是出于自愿的
学习技巧	1.自我导向，一般不依靠他人给予指导的方向； 2.通常对新信息持以怀疑的态度，接受之前喜欢先尝试，评价具有批评性和主观性
学习要求	1.寻找相关或直接可以应用至实际需要的教育； 2.假如学习是及时的和适合的，他们会为自己的学习负责

续表

项目	学习行为特点
学习时间	1.较少,只有部分学习时间; 2.学习时间分散; 3.有任务需要时学习,学习有阶段性
教师与学员关系	1.平等关系; 2.教师为学习促进者角色

由于学员的特点是多方面的,因此,在教学设计中既不可能、也无须对学员的所有特点做面面俱到的分析,这就要求教学设计者应能根据特定教学任务的要求,判断学员哪些特点对项目的教学设计是重要的,找出需要分析的特点,在此基础上,能够使用合适的方法分析这些特点,并将这些特点加以总结。

在教学设计中,应根据成人学员的特点,设计与其相适应的课程计划和教学方案,这样才有可能获得较好的学习效果。

5.1.3　安全教育教师的基本素质

为了提高安全教育的效果,首先要有理想的教师。特别是在进行安全态度教育时,安全教育教师本身必须经常以身作则开展安全活动,如果这方面做得不好,那么整个安全教育也会因此而失去作用。

5.1.3.1　安全教育教师的基本职责

安全教育教师要掌握学员学习的特点,确定学员的学习目标,以学员为中心,多鼓励、多肯定;注重个性化,强调学员的参与、引导与启发,并能解决学员在生产中遇到的问题;了解学员的学习目标,什么样的结果能使学员满意、如何帮助学员达到目标、学员需要具备什么能力、学员所在部门的长远目标是什么等。要想实现上述目的,安全教育教师必须具有相当的分析能力,了解学员的工作背景与工作职能、知识水平、学习态度;具有教育设计能力,使教育对象掌握应有的知识;搜集相关资料,拟订安全教育的内容,确定教材;设计教学模式、教学活动、实施方案及评估方案,这样才能保障安全教育的质量。因此,安全教育教师的职责是多方面的。在安全教育活动过程中,教师最重要的职责在于运用各种教学手段,调节和控制影响教学的各种变量,以产生最佳的安全教育教学效果。安全教育教师在教育活动中扮演着以下多种角色。

(1)安全知识和技能的传授者。教师在安全教育过程中最首要的角色是知识的传授者,也是一个发动、指导和评定学习活动的人。教师在扮演一个知识的传递者和信息源的角色时,应该认识到,传授知识不等于把知识直接告诉学员,而应该告诉学员怎样和在什么地方找到答案,使学员在接受知识的过程中学会如何学习。

(2)学员的榜样。教师作为学员的榜样,有着十分重要的功能,展示给学员个人的行为模式。如果社会性的学习是通过模仿来进行的,那么这种榜样的作用就十分重要,因为教师的榜样作用会激起学员强烈的认同和模仿的愿望。

(3)人际关系的艺术家。在安全教育过程中,教师扮演的主要角色之一是人际关系的艺术家。教师要用各种技巧和方法进行工作,以产生刺激学员学习的情境。

（4）既是教师也是学者。在学员的心目中，教师可能是一个无所不知的学者。教师在同学员的交往中，会遇到来自学员的难以预料的难题，教师的知识不能仅仅局限在所教的本学科的范围内，需要不断地吸取新的信息，拓宽自己的知识视野。那种认为教给学员一勺自己得到一桶的观点是不够的，教师应该源源不断补充自身的知识。从这个意义上来讲，教师既是一个知识的传授者，同时也必须是一个学者。

5.1.3.2 应具备的知识结构与教学能力

安全教育教师从事更多的是企业的安全教育，既有很强的继续教育性质，又有较强的针对性、实用性和灵活性，其最大特点是教育与生产相结合，主要体现在：一方面，教学要紧紧围绕生产实际进行；另一方面，要结合企业实际需求，在教育方法上强调理论知识教育与实际操作训练相结合，突出技能操作，加强生产实习训练。通过教学与生产实际相结合，且技术具有先进性、实际工作性、针对性极强。当然，安全教育教师首先必须具备一般教师必备的知识结构与教学能力。

（1）安全教育教师的知识结构。教师的知识结构包括三个方面，即专业知识、文化知识和教育科学知识。

① 专业知识。安全教育教师需要有安全科学与工程学科的系统知识，还要有注册安全工程师的执业能力，而不仅仅只具备与教师承担的某门课程有关的专门知识。教师扎实的专业知识是完成各门课程所规定的教学任务的基本条件。教学中教师向学员传授的知识主要就是这种分门别类的专业知识。教师所掌握的专业知识与科学家或其他职业的要求有所不同，教师的专业知识有较强的系统性和层次性，这是由接受这些知识的对象即学员的特点所决定的。教学大纲和教科书规定了学员学习这门学科的基本内容和要求，但不能认为这也是对教师专业知识的要求。教师的专业知识无论在深度和广度上都要远远超出教学大纲的范围，同时还要求教师了解本学科发展的最新成就。

② 文化知识。安全教育教师除了钻研所任学科的专业知识外，还应具备广博的文化知识素养，这是由安全学科是一门综合学科的属性所决定的。现代科学技术的迅速发展使各方面的知识通过网络、广播、电视、报刊等媒介迅速传播，学员所获得的各种信息也会在学校和课堂中反映出来，这会使教师面临许多问题。各学科之间的相互渗透和课程综合化的趋势，也要求教师既要有精深的专业知识，又要涉猎邻近各学科的知识。这样才能丰富教学内容，适应现代教育的要求。

③ 教育科学知识。安全教育教师具有精深广博的专业知识和文化素养，是做好教学工作的必要条件，但不是充分条件。有效地向学员传授知识，还必须掌握教学对象身心发展的规律，学员接受和掌握知识的特点，以及教学的基本方法和技能，也就是教育科学知识。对于教师来讲，专业知识是教学的基本内容，教育科学知识是操作教学内容的工具。教师只有了解教学的客观规律，了解学员的心理特征，运用科学的教学方法，才能有效地促进学员主体作用的发挥，从而获得最佳的教学效果。教学是一门艺术，更是一门科学，没有足够的教育科学知识，只凭自己的经验或模仿，不可避免地会使教学缺乏预见性，增加盲目性。

（2）教师的教学能力。教师的教学能力是教师完成教学任务必备的素养，它主要包括理解和运用教材的能力，语言表达能力，观察了解学员的能力，组织、管理和调控教学活动的能力，教育科学研究能力等。

① 理解和运用教材的能力。教材是根据学科的结构和学员的认知特点编排的知识体系。

教师理解和运用教材的能力，就是指教师能充分认识学科结构和学员认知特点之间的关系，根据学员的认知特点和教材的逻辑结构，分析教材的重点和难点，使之更有利于学员的理解。同时教师还应能分析教材中的每一章、节、单元和每一概念、原理、教学目标的关系，确定学员掌握知识、训练技能等各种教学目标与具体的教材内容的关系。更细的方面还要把握哪一部分应详细讲、哪一部分应简略讲，新旧教材如何衔接，先讲什么、后讲什么，用什么教具、在什么环节上用等。优秀的教师在备课时既要备教材，同时也要"备学员"，根据课堂中学员的认知、兴趣、注意等特点灵活运用教材。

② 语言表达能力。在教学过程中，无论是传授科学知识，还是进行思想教育，主要是借助教师的语言来实现的，教师的语言表达能力直接影响教学的效果。教师的语言应简明准确、生动活泼、具有感染力。简明准确是指讲课时要用恰当的词句，准确地讲清楚各种概念、公式和原理，使学员能听懂教师表达的意思。这必须建立在教师吃透教材和了解学员的基础上。那种语言存在语病、不连贯，不从学员实际出发、空话连篇、不着边际的讲课是不能准确表达出教材内容的。教师的教学语言要口语化，在讲课时把教材或教案中的书面语言转化为口头语言。如果教师讲课离不开教案而照本宣科，学员听起来会感到枯燥乏味。教师教学时不仅要求语法正确，语音、语调也要讲究，不能平铺直叙，而要抑扬顿挫，富有情感，这样的语言能激起学员的情感体验。但是教师语言的表现方式和情感成分也必须根据教材的内容和学员的心理特点而有所不同。

③ 观察了解学员的能力。班级授课的主要缺点之一是难以充分地适应每个学员的发展特点。为了弥补这一不足，就要求教师深入细致地观察和了解学员，最大限度地使教学能够适应每个学员发展的特点，做到因材施教。教师对学员的观察包括学员的学习情况和个性特征。对学员学习情况的观察不仅仅是根据学员的答案来判断他们对知识的掌握情况，更重要的是观察和了解他们掌握知识的过程、他们提出的问题、思维的方式、解题的习惯以及对学习的自我评价等。只有这样才能找到他们学习中的困难所在，提出有效的教育措施。了解学员的个性对教学和教育工作也是极为重要的。个性是在活动中经常表现的、较为稳定的行为特征，因而对个性的观察和了解应贯穿于学员的全部活动中，包括在课内外、校内外、企业与社会中的表现，都应该观察和了解，这样才能全面客观地掌握学员的情况。事实证明，教师自觉地进行有目的、系统的观察，对于客观、全面地了解学员以及提高教师的观察能力，其效果更为显著。

④ 组织、管理和调控教学活动的能力。教师在教学过程中的主导作用就在于能够控制和调节教学过程中的各种因素与变量，最大限度地调动起学员学习的积极性，因而教师在教学过程的组织管理和调控能力对于取得最佳的教学效果极为重要。教学过程的组织管理贯穿于教学的全部过程中。首先，教师要制定教学活动的计划，全面安排好教学活动，包括教材的内容、教学时间、教学方法和组织形式、教具的使用等。这些既要有周密的安排，又要有灵活的运用，才能保证教学活动有条不紊地进行。其次，教学的组织管理能力还应包括针对学员的特点，创造性地发挥教师的主导作用，随时观察学员的注意力、兴趣和学习积极性的变化，以此来调节教学的节奏和各个环节的变换。教育机制也是这种能力的表现。教学活动受各种因素的制约，课堂中随时都可能发生难以预料、必须特殊处理的问题，教师应对这种偶发事件及时作出正确的判断，并采取有效的措施解决问题，防止教学中断，或造成不良的影响。最后，教师应能够从教学的各个环节和阶段中得到有效的反馈信息，并及时地调整自己的教学工作。教师对教学过程的组织管理和调控能力是通过自觉地运用教育学和心理学原

理，并经过个人不断实践逐渐提高的。

⑤ 教育科学研究的能力。教育科学研究不只是教育理论工作者的事情，教师也应具备一定的教育科学研究能力。教师每天都和学员交往，都要研究教材和教法，在教学实践中有很多经验和体会。教师的教学能力有赖于这种经验的积累，但是不能仅仅依靠经验的积累，而应该主动地运用科学的方法，研究学员和教材、教法，整理自己的经验，使之上升到理论的高度。教师从事教育科学研究主要是研究与之交往的学员、教材和教法。教师具备初步的教育科学研究能力对促进教学的科学化、大面积提高教学质量是有积极意义的，同时对教育科学的发展也会起到不可估量的作用。

5.1.3.3 安全教育教师应具备的综合能力

安全教育教师是从事安全教育的，因此必须具有从事安全教育的特殊素质和能力。分析其扮演的角色可知：在企业里，安全教育教师既是企业决策者的战略伙伴，又是企业现状的分析者；新项目的设计与开发者；生产的指导、教练、辅助者；新技术实施的评估者；行政管理的协助者等。从这个意义上讲，安全教育教师的素质要求源于其所从事工作的特殊性。由此可见，普通教师并不能完全胜任安全教育教师的工作，必须选拔那些从事过实践工作，具有实际工作经验，并经过严格培训的高级专门人才，才能胜任安全教育教师的工作。综上所述，安全教育教师除了必须具备一般教师应具有的知识结构和教学能力外，还必须具备以下方面的综合能力：

（1）多年不同工作岗位的实际工作经验及较高的学历水平。只有具备这些能力水平才能了解不同工作岗位的知识能力需求，在学员遇到各类棘手问题时，才能迅速找出解决办法，按照这些实际问题制定相应的拓展训练方案，并设计与之相关联的拓展训练活动项目。针对不同的团队结构和企业文化特点、现代企业对于每次训练目的的要求，能够针对不同的团队和企业性质，结合参训人员的性别结构、年龄层次、教育背景、工作经历等具体情况，拟定独特的拓展训练方案。

（2）广博精深的科学文化以及以师爱为核心的心理素质。安全教育的对象涉及不同行业、不同文化水平、不同层次的人，教师只有具备广博精深的科学文化素质及以师爱为核心的心理素质，才能胜任不同教育要求。

（3）全面创新及使用先进教学手段的能力素质。生产一线技术更新较快，新设备新技术不断出现，经常比培训教材的内容更加超前，教师若没有自我更新能力和使用网络资源的能力，就无法承担起促进安全生产力发展和培训先进技术的任务。

（4）整体素质上的"全能型"和"完整型"以及自我反思、自我鉴定、自我评价的能力。安全教育的对象不仅有普通职工，还包括企业老总、法人代表、总工程师在内的不同层次的管理者、技术能手。其中不乏实践能力、理论水平相当高者，教师如果整体素质上不具备"全能型"和"完整型"以及自我反思、自我鉴定、自我评价的能力，是很难与他们沟通的，更无法得到他们的认可，因而也很难实现安全教育的目标。

（5）应该具有健全的人格特征和心理辅导的能力。由于学员层次不同，能力、水平、素质、性格迥异，教师如果没有健全的人格特征和心理辅导能力，比如存在自卑或高傲心理，都会给安全培训工作带来不便，甚至使工作失败。

（6）有相当的文化判断力。先进技术的使用基础是先进的理念，没有相当的文化判断力，就不能够快速地接受新的理念，也就无法实现新技术的拓展、应用。

（7）开展拓展训练的能力。安全教育教师除了具有上述课堂的驾驭能力和自身素质外，还经常涉及实践操作、新设备新技术的使用，这些称为拓展训练。拓展训练属于实践性教学，教师应具备一定的实际操作能力和户外实训能力。

（8）企业中高层管理经验。只有从事过企业中高层管理工作后，才能够从管理者的角度和层次来观察学员存在的问题，才能真正了解作为企业的领导者希望拓展训练为企业和员工带来的效用。这是一次拓展训练成功与否的决定性因素。教师不仅应很快洞悉他人创建的训练项目所承载的训练内涵，还应该具备开拓创新的能力，去开发新的拓展培训项目。这是保证一个拓展训练方案具有真正知识内涵的基础。

5.2　安全教育的客体

安全教育的客体是指安全教育过程中除了人（安全教育的主体）以外的各种环境条件，包括各种硬件设施、软件及氛围等。安全教育的教学环境是安全教育活动的一个基本因素，任何安全教育活动都是在一定的教学环境中进行的。如果说安全教育的教师和学员是安全教育活动的主角，那么安全教育的教学环境就好比是他们活动的舞台。缺乏这样一个舞台，安全教育的活动就失去了依托。因此，重视安全教育教学环境建设，对于安全教育活动的顺利进行具有重要意义。

安全教育的教学环境与普通教育的教学环境相比，总的说来没有太大的区别，但在某些安全教育内容方面对环境有一些特殊要求，比如一些安全技能训练教育内容需要在现场进行，一些安全技术教育需要有实体设备进行操作，安全教育需要有更多的案例库做支持等。

5.2.1　教学环境概述

5.2.1.1　教学环境的概念

关于教学环境概念有诸多的定义，例如：教学环境是由课堂空间、课堂师生人际关系、课堂活动质量和课堂社会气氛等因素构成的课堂活动情境。教学环境就是学校气氛或班级气氛。由于研究者们所持的学科立场和研究角度不同，因而对教学环境所下的定义也不尽相同。正因为人们对教学环境的概念有不同的理解，因而对教学环境的分类自然也存有分歧。概括地说，教学环境就是教学活动所必需的诸客观条件和力量的综合，它是按照教育和发展人的身心特殊需要而组织起来的育人环境。

教学环境有广义与狭义之分。从广义上说，社会制度、科学技术、家庭条件、亲朋邻里等，都属于教学环境，因为这些因素在一定程度上制约着教学活动的成效。从狭义的角度，即从教学工作的角度来看，教学环境主要指教学活动的场所、各种教学设施、校风班风和师生人际关系等。本章主要指后一种教学环境，即狭义的教学环境。

由于教学环境所涵盖的因素的复杂与多样，要对教学环境做严格的分类实为不易。如果从研究的角度出发，则可对教学环境做出多种分类。例如，从环境的存在形态上可以把教学环境分为有形环境与无形环境、动态环境与静态环境；从环境的分布上可以将教学环境分为室内环境与室外环境；从环境的某些局部特点上又可将教学环境分为时序环境、信息环境、人际环境和情感环境等。但为了论述的方便，这里按照教学环境诸要素的主要特点，将教学环境分为两大类，即物理环境与心理环境，或者称为物质环境与社会环境，前者如校舍建筑、教学设备，后者如学校中的社会交往、学习气氛、各种人际关系、社会信息乃至生活经验等。

5.2.1.2　教学环境构成要素分析

教学环境的尺度可大可小。就一所学校来讲，它是一个复杂的系统，学校内部的一切事物，包括有形的和无形的，几乎都可以说是教学环境的构成要素。其中，直接作用于教学活动并对教学活动效果发生重大影响的环境因素主要有以下几种。

（1）环境物理因素。如空气、温度、光线、声音、颜色、气味等，这些环境物理因素可以直接影响教师和学员的身心活动。一方面它们可以引起教师和学员生理上的不同感觉；另一方面使教师和学员在心理上产生情绪，形成情感。例如，教室里空气新鲜使人大脑清醒、心情愉快，能提高教学效果。反之，则容易使人大脑昏沉，眩晕恶心，大大降低教学效率。

（2）各种教学设施。教学设施是构成学校物质环境的要素，是教学活动赖以进行的物质基础。从大的方面讲，学校的物质设施应当包括校园、教室、图书馆、礼堂、教师办公室、实验室、食堂、宿舍、浴室、操场、各种绿化设施等；从小的方面来看，课桌椅、实验仪器、图书资料、电化教学设备、体育器材等，都是教学活动必需的基本设施。作为教学环境的重要组成部分，教学设施不仅通过自身的完善程度制约和影响着教学活动的内容和水平，而且以自身的一些外部特征给教师和学员以不同的影响。

（3）社会信息。一般来说，教学过程就是一个信息传递的过程，教学活动所传递的信息是学校信息的主要部分。但除此之外，学校还通过各种渠道接收来自各种社会关系、社会群体、社会制度和社会结构等方面的广泛而庞杂的社会信息。学校环境不是一个封闭的环境，它向社会环境开放并不断与社会环境进行着各种方式的交流。其中，信息交流是学校环境与社会环境交流的一种主要方式。近年来，随着大众传播媒介的迅猛发展，各种社会信息通过网络、广播、电视、书报、杂志等媒介大量涌入学校，给教学活动带来了不可估量的影响。这种影响有积极的一面，也有消极的一面。正确处理和运用各种社会信息，有利于学员身心的发展，有利于教学质量的提高。如果处理和运用不当，则会干扰甚至破坏教学活动的正常进行。

（4）人际关系。人际关系是指人们在社会交往中所形成的各种关系。学校中的人际关系，如学校领导与教师的关系，学校领导与学员的关系，教师与学员的关系，教师与教师的关系，学员与学员的关系等，都与教学有密切关系。这些复杂的人际关系在一定意义上构成了教学的人际环境，它们可以通过影响人的情绪、认知和行为而影响教学活动的效果。其中，教师之间的关系、学员之间的关系、师生之间的关系是学校内部最主要的三种人际关系，它们对教学活动的影响最直接、最具体。

（5）校风班风。一个学校的社会气氛，即为校风。它表现为学校的一种集体行为风尚。校风是一种无形的环境因素，也是一种巨大的教育力量。一所学校的学风、教风、领导作风无不与校风有关。校风决定着学校的现状以及将来可能发生的变化。班风指班级所有成员在长期交往中形成的一种共同心理倾向。班风一经形成，便成为一种约束力，反过来又影响班级的每个成员。它既塑造了学员的态度和价值观，又影响他们在教室里的学习活动。

从其心理机制上来看，校风与班风都是以心理气氛的形式出现的。并且，这种心理气氛一旦成为影响整个群体生活的规范力量，它就是一种具有心理制约作用的行为风尚。正因为如此，班风、校风对学校集体成员的约束作用，最终不是依靠行政管理的规章制度和组织纪律的强制力，而是依靠群体规范、舆论、内聚力这样一些无形的力量。

（6）课堂教学气氛。课堂教学气氛，主要指班集体在课堂教学过程中形成的一种情绪情感状态。它是在课堂教学情境的作用下，在学员需要的基础上产生的情绪、情感状态，其中包括了教师和学员的心境、精神体验和情绪波动，以及教师和学员彼此间的关系，它反映了课堂教学情境与学员集体之间的关系。课堂教学气氛有两种类型：一种是支持型气氛，另一种是防卫型气氛。前者是积极健康的教学气氛，后者则是消极的。积极的课堂教学气氛有利于师生间的情感交流和信息交流，有利于教师及时掌握学员的学习情况，得到教学的反馈信息，从而根据具体的教学情境不断调整教学内容和教学策略，取得理想的教学效果。

（7）其他因素。教学环境的要素是错综复杂的，除上述因素以外，还有诸如教师和学员的仪表和言谈举止，教室中的人际距离，教学目标的结构，学员中的非正规团体及其规范，学校中的各种集会等一些其他因素。这些因素都作为教学环境的组成部分，从各个不同的方面对教师和学员的认识、情感和行为，对教学活动各个环节及其整体效果发生着潜移默化、深刻有力的影响。

5.2.1.3　教学环境的特点与功能

教学环境作为一种特殊的社会环境，具有自己特殊的要素构成和环境特征。教学环境的特点主要表现为以下几个方面。

（1）规范性。教学环境与教育人的活动密切相关，环境建设的各个方面都必须符合教育的规范要求，符合人机工程学的要求。

（2）可控性。与其他一些自发形成的环境或自然环境相比，教学环境具有易于调节控制的特点。人们可以根据教学活动的需要，不断对教学环境进行必要的调节控制，撷取其中对提高教学质量有积极意义的因素，消除和抑制不符合需要的因素，使教学环境向着有利于教学活动顺利进行的方向发展。

（3）教育性。教学环境不仅仅是教学活动赖以进行的物质依托和舞台，构成教学环境的各种环境因素本身就具有教育意义。人们在构建教学环境时，对它的教育功能的需要已远远超越对物质功能的需要，这也是教学环境相异于其他环境的一个主要特征。

教学环境特有的要素结构和环境特征决定了其特有的功能原理。教学环境对教学活动及个体发展所产生的一切影响，都是通过自身的功能属性表现出来的。积极良好的教学环境具有以下六种功能，它们从不同的侧面对教学活动和学员身心发展施加影响，并最终通过从总体上提高教学活动的效果和促进个体的发展而显示出自身在教学中的极端重要性。

（1）导向功能。教学环境的导向功能，是指教学环境可以通过自身各种环境因素集中、一致的作用，引导学员主动接受一定的价值观和行为准则，使他们向着社会所期望的方向发展。

（2）凝聚功能。教学环境的凝聚功能，主要指教学环境可以通过自身特有的影响力，将来自不同地理区域、社会阶层和企业背景的学员聚合在一起，使他们对学校环境产生归属感和认同感。

（3）陶冶功能。教学环境的陶冶功能，是指良好的教学环境可以陶冶学员的情操，净化心灵，养成高尚的道德品质和行为习惯。个体的思想信念、道德情操和行为习惯总是在一定的社会环境中形成的。教学环境对人的教育作用不是强行灌输的，而是寓教育于生动形象和美好的情境中，通过有形的、无形的或物质的、精神的多种环境因素的综合作用，在耳濡目染、潜移默化中熏陶和感化学员，从而产生一种"随风潜入夜，润物细无声"的教育效应。

（4）激励功能。教学环境的激励功能，是指良好的教学环境可以有效激励教师的工作热情和学员的学习动机，提高他们的积极性，从而推进教育、教学工作的顺利开展，提高教学工作的质量。在良好的教学环境中，各种环境因素都可以成为激励教师和学员积极性的有利因素。例如，整洁幽静、绿树成荫的校园，宽敞明亮、色彩柔和的教室，生动活泼、积极向上的课堂教学气氛，以及严谨求实、团结奋进的班风与校风，都能给教师和学员心理带来极大的满足感和愉悦感，能充分激发起他们内在的工作动力。特别是优良的班风和校风，更是一种由教师和学员共同创建的强大的精神力量，这种无形的力量反过来又作为一种最持久、最稳定的激励力量，推动着教学工作顺利进行，激励着教师和学员振奋精神，团结向上。

（5）健康功能。教学环境的健康功能，是指教学环境对于教师和学员的生理与心理健康状况具有重大影响。教学环境是教师和学员长期工作、学习、生活的环境，环境的优劣与他们的身心健康关系密切。在一个卫生条件良好，没有空气、水源污染，远离城市噪声，一切教学设施充足完善的教学环境中学习，学员的身体健康必然能得到有效保障。另外，教学环境中是否有和谐宽松的学习气氛和良好互助的人际关系，对学员的心理健康状态的影响也会明显不同。

（6）美育功能。教学环境的美育功能，是指良好的教学环境有利于激发学员的美感，进而培养学员正确的审美观和高尚的审美情趣，丰富他们的审美想象，提高他们感受美、鉴赏美和创造美的能力。审美是人的一种高级心理活动，人与环境之间有着直接的审美联系。实践表明，在和谐良好的教学环境中，处处都蕴藏着丰富的审美内涵，校园中的自然美、教室里的装饰美、教学中的创造美，以及教师和学员的仪表美、情感美、语言美等，都对学员正确审美观的形成产生重要影响。

5.2.2 教学环境对学员学习的影响

教学环境是学员学习活动赖以进行的主要环境，从表面上看，教学环境只处于学习活动的外围，是相对静止的，但实质上它却以环境自身特有的影响力潜在地干预着学员学习活动的过程，系统地影响着学习活动的效果。尽管这种影响在日常教学活动中是看不见摸不着的，但它对学员学习活动的重要性却是不容忽视的。在科学技术迅猛发展的今天，学校环境条件正变得日趋复杂多样，教学环境对学员学习过程的影响也更加重要突出。

5.2.2.1 教学环境对学员学习效率的影响

学习是一个繁重的脑力劳动过程。环境心理学研究结果表明，学员的学习效率与教学环境因素有很大关系。

（1）照明的影响。学员进行脑力活动时，需要有适当的环境光线强度。环境光线过强会给脑细胞以劣性刺激，使人感到烦躁甚至头晕，影响思维判断能力；光线过弱则不能引起大脑足够的兴奋强度。教室内过强或闪烁频率过度的光线会给学员带来身体伤害，除了对学员视力造成伤害之外，还会使人头痛恶心，产生幻觉。

（2）温度的影响。保持用脑环境温度适宜，可以提高大脑处理信息和解决问题的能力。教学环境温度的实验研究表明，最适宜于学员脑力活动的教室温度是 $20\sim25℃$，环境温度每超过这个适宜值1℃，学员的学习能力相应降低2%。教室内气温超过35℃以后，学员大脑的消耗会明显增加，脑力活动水平会大大降低，活动持续时间会减少。

（3）颜色的影响。教学环境的研究表明，颜色在促进人的脑力活动方面也起着重要作用。浅绿色和浅蓝色可使人平静，易于消除大脑疲劳，提高用脑效率；而深红色、深黄色可对人产生强烈刺激，使大脑兴奋，随后则趋向抑制。例如，教室墙壁颜色过于灰暗或鲜明都会造成阅读困难。

（4）声音的影响。教学环境中的声音对学员的脑力活动也产生重要影响。经常处在70分贝以上音响环境中，会使人头晕乏力，兴奋性减弱，记忆力减退，注意力不集中，思维发生紊乱。但音量适中、悦耳动听的声音则可以使人轻松愉快，易于使人在无意中进入脑力活动的佳境。暗示教学中创造的音乐环境之所以能提高教学效率，主要原因就在于它成功地运用了这一原理。

（5）信息的影响。信息刺激缺乏或刺激不良，会抑制人的脑力活动。人脑的功能主要表现在四个方面：一是信息的吸收，二是信息的储存，三是信息的判断，四是信息的重新排列和组合。这几种功能发挥作用及有关脑组织的发展都需要信息的充分输入与刺激。越是接受外界信息的刺激，得到合理的锻炼，它们的发展就越快。在一个良好的教学环境中，丰富的信息可以得到必要的选择控制，有利于脑力劳动信息的传递，不良的信息刺激可以降到最低程度。

（6）情绪的影响。良好的教学环境还能激发学员积极的情绪，并由此来促进脑力活动的进行。情绪对脑力活动的影响具有两重性，愉快的情绪有利于脑力活动，沮丧、愤怒的情绪则不利于脑力活动。例如，当我们情绪愉悦时，往往思维灵活，记忆迅速，头脑清醒；而当我们情绪低落时，则常出现思维迟钝、记忆困难、头脑混浊不清等现象。在日常教学工作中，教学环境往往通过改变学员情绪对学员的脑力活动施加影响。比如学员走进教室，如果展现在眼前的是整齐宁静、清洁优雅、井然有序的环境，必然会精神振奋、情绪高涨；反之，肮脏杂乱、空气污浊的环境则容易使学员情绪低落。

（7）情感的影响。在良好的环境中，教师与学员和谐友好的人际关系，积极向上的学习风气等环境条件都能够激起学员积极的情感体验，从而对脑力活动起到良好的调节和组织作用。良好的教学环境通过形成学员愉悦的情绪、积极的情感来促进脑力活动的效率，这一重要作用正在日益引起人们注意。在教学中运用好教学环境的这一功能，对于提高学习效率，无疑具有重要意义。

5.2.2.2 教学环境对激发学员学习动机的影响

人的各种活动，都是由一定的动机引起的。学员的学习活动，也总是在一定的学习动机的支配下进行的。学习动机是直接推动学员进行学习的一种内部动力，它表现为学习的需要、意向、愿望或兴趣等形式。在教学活动中，学习动机通过发挥自身的指引方向、集中注意和增加活力等功能，对学员的学习过程和学业成绩产生重要影响。

（1）课堂教学气氛对激发学员学习动机的影响。生动活泼、积极主动的课堂教学气氛具有很强的感染力，它易于造成一种具有感染性、催人向上的教育情境，使学员从中受到感化和熏陶，从而激发出学习的无限热情，提高学习活动的积极性。懒散沉闷、教师和学员之间缺乏交流甚至严重对立的课堂教学气氛则会抑制学员学习热情，降低学习兴趣，严重的还可能使学员产生厌学情绪。

（2）教师和学员人际关系对激发学员学习动机的影响。良好的人际关系有利于学员学习兴趣的提高。教育心理学的研究表明，学员的认知兴趣是学习动机中最现实、最活跃的成分。只有当学员真正喜爱自己所学的东西，对它产生浓厚兴趣，才能真正学好它。在教学实践中，由于形成了良好的教师和学员人际关系，教师尊重学员、关心学员、热爱学员，学员反过来也会给教师以相应的积极情感的回报，会更深深地热爱教师。当学员对教师的这种爱达到一定程度时，会产生情感迁移现象，即由爱教师进而爱及所教的课程，对所教的课程产生兴趣。

（3）教师期望对激发学员学习动机的影响。教师期望是一种无形的环境因素，它能在有意无意间对学员的学习积极性产生重要影响。在教学实践中，教师对学员的高期望、积极态度以及客观的评价，都可以提高学员学习自信心，使他们采取适当的归因方式进行自我评价，从而大大提高他们学习的积极性，激发出努力上进的进取精神。而教师对学员的不公正评价和低期望，会严重挫伤学员的自信心和自尊心，使他们采取不适当的归因方式评价自己，由此引起学习积极性的下降，甚至产生自暴自弃现象，影响学习效果。

（4）激发学员学习动机的其他影响因素。如校风、班风和学员之间的同伴关系，对学员学习动机的激发也有着重要意义。如果一个集体的气氛是友好的、相互理解的、相互支持的，那么集体对于动机、工作表现和成就的影响就会是积极的。教学实践表明，严谨、求实、勤奋、上进的校风或班风一经形成，就会成为有巨大推动力的集体心理气氛，这种良好的集体心理气氛往往是激发学员学习动机的直接诱因之一。

5.2.2.3 教学环境对学员课堂行为的影响

课堂行为是学员学习过程中认知、情绪的外在表现。在课堂教学过程中，学员的课堂行为有多种表现方式，如对教师提问的反应行为，学习过程的操作行为，对教学活动表示满意或不满的反馈行为等。研究者发现，各种具体的教学环境因素都对学员的课堂行为产生直接或间接的影响，不同的教学环境可以导致不同的课堂行为。

在日常教学过程中，教师只要稍加留意就会发现，教学环境的各种物理因素，如教室的光线、温湿度、班级人数、教室的空间特点等与学员的课堂行为有着千丝万缕的联系。教学环境的物理因素的确在不同的方面影响着学员课堂行为的表现。例如，教室墙壁和桌椅的色彩过于强烈和鲜艳，容易使学员在课堂上兴奋好动，注意力分散，不专心听讲。教室内温度过高，则容易使学员烦躁不安，课堂上的不友善行为和冲突性行为随之增加，课堂秩序不易维持。

在各种社会心理环境因素中，对学员课堂行为影响最直接、最具体的莫过于学员集体的规范了。集体规范是学员集体在共同的生活中所形成的一种为大多数集体成员所接受的行为准则，它规定了什么行为是可接受的，什么行为是错误的和不能接受的。集体规范一经形成，就作为一种无形的环境力量影响和制约着学员个体的行为，使他们遵从集体所赞同的目标和价值。在教学过程中，教师注意引导和培养健康的集体规范，对于有效控制学员课堂行为、提高教学效率具有重要意义。

综上所述，教学环境的各个方面的确对学员的学习活动施加着潜在而有力的影响。因此，在日常的教育教学工作中，我们应努力为学员创造一个良好的教学环境，以使各种环境因素都成为积极推进学员学习活动的有利条件。

5.2.2.4　网络环境下的学员特征分析

伴随着时代的进步，信息技术正以前所未有的速度迅猛发展。网络技术的迅速发展也为教育注入了新的活力，给予人们全新的学习观念，通过互联网进行安全知识和技能的学习逐渐成为一种新的学习方式。网络环境下的学员也出现了许多新的特征。

（1）网络环境中的学员更容易个性张扬。在网络环境中，没有传统课堂中的面对面，学员容易克服在人群面前的羞涩心理，可以直率地表达自己的意见，不必担心因错误而遭受的嘲笑。学员可以自己控制学习速度，可以根据实际情况放缓交流的节奏，不会立即获得反馈信息，从而避免了外界的干扰。在网络中，采用匿名的方法使得学员降低了正常的社会限制，对自己的抑制减少，可以自由发表大胆而富有创造性的观点。

（2）学员在网络中更容易结成团体，但从众和服从权威的心理却在削弱。在传统教学活动中，学员要找到志同道合的学习伙伴并非易事，而通过网络则可以很容易找到与自己兴趣相同的人结成学习团队。虚拟环境中学习团体的建构是动态的，成员没有时间像传统课堂教学中那样逐步建立彼此的信任关系，而是立刻建立信任关系开展教学互动。在网络中，学员更容易找到与自己持相同观点、有共同学习倾向的同伴。人作为社会动物总是处在人际关系这张大网中，无论在现实还是虚拟网络中，他人或多或少都会影响自己的思维和行为方式，但是网络环境中的成员缺少面对面的交流，从而减少了相互之间的影响。

（3）学员在网络环境中的扮演意识强烈。传统教育中，角色扮演有时是一种可望而不可即的教学方式，而网络环境则为实现学员的角色扮演提供了可能。学员只要点击一下鼠标就可以进入一个新的学习空间，并转换为相应的角色。并且由于一切都是虚拟的，失败后学员可以马上重来，从而削弱了损失，减轻了挫折感，更容易表现出强烈的扮演意识。

（4）学员在网络环境中认知策略发生了变化。从信息传递角度来看，传统教学中，教师、学员除了通过会话外，还可以通过表情和肢体语言来传递信息，学员则使用视觉、听觉、触觉以及情感获取信息。而在网络环境中，可收集的信息类别十分有限，往往导致认知的简单化。由于网上交流绝大部分还是采用纯语言符号，而且慢于正常对话节奏，因此网络中的学习往往显得冷漠，看问题简单化、绝对化。

（5）学员的学习风格在网络中得到了充分的发挥和完善。学习风格是指学员在学习过程中偏好某种或某些教学策略的学习方法，它源于学员个性在学习中的定型和习惯化。学习风格多种多样，并无优劣之分，重要的是是否适合学员的知识建构。教学不是要改变学员的学习风格，而是要促进其发展和完善。在传统教育中很难针对每个学员设计教学活动，学员的学习风格受到不同程度的抑制。网络学习环境的出现，使得具有不同学习风格的学员都可以找到适合自己的学习方案。网络环境承认差异、尊重个性，是学员学习风格发展和完善的催化剂。

（6）学习目标多样化。由于个体对于生命质量的追求、生存价值的认识具有巨大差异，个体所处的社会环境、自然环境和社会角色各不相同，个体受教育程度和受文化环境的影响存在差别，从而产生了多重的学习目标。这些学习目标，总的来说都是为了个体个性和潜能的进一步发展。网络教育中学习目标有多样性和多层次性的特点。

（7）学习类型和思维类型多样化。人的学习类型有听觉型、视觉型、动觉型三种，人的思维类型可按抽象思维、具体思维和有序思维、随机思维进行组合。不同学习类型和思维类型的人学习成效与所选择的学习环境、学习方法相关，他们往往喜欢选择与自己学习类型和思维类型相适应的学习环境和学习方法，以求得更佳的学习效果。在网络环境中，学员可以根据自己的喜好和需要自主选择学习类型和思维类型，学员所具有的学习的自主性和个性化是传统教育下无法比拟的。

（8）网络环境具有开放性、共享性、交互性、协作性和自主性的特点，网络教育强调以学员为主体，充分利用现代教育技术之所能，为各种不同需求、不同类型的学员提供更为个性化的、更符合个体学习特征的学习材料，以使网络教育在教育对象的适应性方面，在对不同对象的因材施教方面，超越传统教育所能达到的极限，从而提高教育的效率、质量和效益。

5.2.3 教学环境的调控与优化

教学环境是一个由多种要素构成的复杂的整体系统，它对学员学习过程中的认知、情感和行为产生潜在的影响，对教学活动的进程和效果施加系统的干预。可以说，教学环境的优劣在某种程度上决定着安全教育教学活动的成效。为了最大限度地发挥教学环境的正向功能和降低负向功能，实现教学环境的最优化，就必须对教学环境进行必要的调节控制。

5.2.3.1 调控优化教学环境的依据

所谓调控优化，主要指依据某些特定的要求，对教学环境的各种因素进行必要的选择、组合、控制和改善，撷取环境中各种有利因素，抑制、改变或消除各种不利的环境因素，实现教学环境的最佳状态，使教学环境有利于学员的身心健康和教学活动的顺利进行。一般说来，调控优化教学环境必须考虑到以下几方面的要求。

外部环境即通常所说的"大环境"，它包括国家的政治环境、社会经济和文化环境、大众生活环境和民族心理环境等。外部环境是影响学校教学环境的"大气候"，外部环境发生的任何变化都可能成为影响或改变学校教学环境的客观力量。依据外部环境变化调控优化教学环境，关键要做好两方面的工作：一是紧随时代发展的脚步，充分利用社会大环境中的各种因素，创建良好的学校教学环境；二是采取各种必要措施，预防和抵制各种不良社会风气和因素对教学环境的渗透和侵蚀，做到防患于未然。是否适应学员身心健康的特点，是调控优化教学环境的一个基本出发点，同时也是检验教学环境是否良好的一个重要标准。

学校实际状况教学环境的优化，主要是指在学校现有条件下达到的教学环境的一种最佳状态，它并没有一个绝对的标准和统一的模式。课堂教学环境是学校教学环境的一个重要组成部分，调控优化课堂教学环境是调控学校教学环境中一项最为经常和重要的工作。由于教学环境具有即时多变的特点，有时还可能出现各种课堂偶发事件，因此，教师必须时刻注意和善于把握教学环境的变化，并根据教学环境变化的需要，对各种课堂环境因素进行必要的调节控制，以使课堂环境保持有序、稳定的良好状态。

5.2.3.2 调控优化教学环境的原则

调控优化教学环境应注意以下几条原则。

（1）教育性原则。教学环境包括培养学员的场所，环境中的各种因素都可能对学员的精神世界产生潜移默化的影响，对教学环境的任何一处装饰点缀都必须慎重，必须考虑它的教育意义。这里的教育性原则，主要就是要求教学环境的一切设计、装饰和布置都必须有利于启迪学员的思想，陶冶学员的情操，激励学员向上，必须充分体现各种环境因素的正面教育意义。

（2）科学性原则。所谓科学性原则，就是要求教学环境的建设和美化要符合学员身心健康和教学规律，要遵循生理学、心理学、教育学、教育社会学、教育美学的基本原理，要通过科学合理的调控优化，使教学环境真正成为科学和艺术的统一体。

（3）实用性原则。教学环境的设计、建设和优化应当根据实际情况和经济条件，本着经济、实用、有效的宗旨进行。创建良好的教学环境并不意味着刻意追求豪华的设施和讲究排场，其主要目的是更好地服务于教学。因此，教学环境建设应立足实际，不能脱离教学实际需要和自身经济能力去追求物质条件的丰裕和环境外表的完美。

5.2.3.3 调控优化教学环境的策略

根据上述要求和原则及教学环境诸要素的特点，可以得出以下几项调控优化教学环境的策略。

（1）整体协调策略。这一策略是指在教学环境的调节控制过程中，要有全局观念，要从整体上对教学环境的各个方面进行规划调整，以便把各种环境因素有机地协调为一个整体。构成教学环境的因素颇为复杂，既有物质的，又有心理的；既有有形的，又有无形的。在具体的调控优化过程中，要将各种因素作为整体来加以全面考虑和控制，并将这些环境因素产生的影响协调一致，使它们向着有利于促进学员身心健康和提高教学质量的方向发展。

（2）增强特性策略。这一策略是指在调控优化教学环境的过程中，环境控制者可以通过增强或突出环境的某些特性，有意形成某种特定的环境条件来影响教学活动及教师和学员的行为，以达到预期的目的。

（3）利用优势策略。这一策略是指在教学环境的调控优化过程中，要充分利用已有的有利环境条件，为教学活动创造一个良好的环境。

（4）筛选转释策略。这一策略是指在调节控制教学环境的过程中，要对存在于教学环境中的各种信息进行一定的选择转化处理，实现信息优控，使信息成为促进学员健康发展的积极因素。教学环境建设不能忽视信息因素，应当把社会信息作为一个重要的环境因素加以调节控制。教师应当对大量涌入的各类社会信息进行及时的筛选转释处理，保留有利于教学、有益于学员学习和发展的各种信息，并利用有益信息排除不利信息的干扰，将自发的信息影响转化为有目的的信息影响。

（5）自控自理策略。这一策略是指教师不仅自己要重视调节控制教学环境，而且要重视学员在调节控制教学环境方面的作用，培养学员自控自理环境的能力，使学员自己学会控制和管理教学环境。同教师一样，学员也是教学环境的主人。学员在教学环境的改善和建设中往往发挥着极为重要的作用。教师应该调动学员参与教学环境建设的主动性和积极性，培养他们对于教学环境的责任感，提高他们控制环境和管理环境的能力。只有这样，创建良好教学环境的工作才能得到最广泛的支持，已形成的良好教学环境才能得到持久的维护，教学环境将会在学员们自觉自愿的不懈努力中变得越来越和谐、美好。

5.2.3.4 调控优化教学环境的例子

下面列举两个典型的优化教学环境例子。

（1）调控座位编排方式。座位编排方式是形成教学环境的一个重要因素。很早以前就有人对座位选择与学员之间的关系做了研究分析。座位的选择并不是随意的，坐在教室前排座位的学员大多是些在学习上比较依赖教师的学员，可能也有部分学习热情特别高的学员坐在其中，而坐在后排座位的往往是些不听讲的学员。座位编排方式对学员的学习态度、课堂行为和学习成绩均有一定影响。

传统的座位编排方式为"横排式"或"秧田式"，即一排排的课桌面对教室前方，形状犹如农村的秧田。教室前几排的课堂气氛比较活跃，学员能积极发言和回答问题，他们参与课堂活动及与教师交流的时间和次数明显比坐在教室后排的学员多，这种状况在很大程度上是由这种座位模式的空间特点造成的。前面的学员正好处在教师课堂监控的有效范围内，教师的课堂监控无疑是影响学员课堂行为的一个重要因素。如图5-1所示，教师监控对于前排和中排学员所造成的压力分别是较高和适中的，在这种有效监控下，学员自然能较好地约束自己的课堂行为，认真听讲，积极反应。而对后排学员来说，压力明显减弱，监控有效性降低，学员容易分心，搞小动作。另外，当学员与教师距离较近，又正好处在与教师交流的有效区域内，教师可以无意中通过眼神、表情、举止将自己对学员的关注和期望传递给学员，使学员心理上产生情感共鸣，从而在行动上积极支持和配合教师的教学。而后排的学员往往因离教师太远，得不到这些暗示和教师及时反馈，因而在课堂上行为散漫，对课堂活动退缩旁观，反应冷漠。为此，教师应采取一些必要措施，如环绕课堂走动，定时调换座位，以及根据需要将座位编排成圆形、马蹄形等，来改善空间特点给学员行为带来的负面影响。

图5-1 课堂座位与接受的压力

（2）调控班级规模。班级规模是教学环境研究人员高度重视的一个重要因素。班级规模不仅对学员的学习动力和学习成绩有影响，而且对教师和学员双方的课堂行为以及个别化教学的实施也有极大影响。教师和学员在规模较小的班级中往往表现得更愉快和更活跃，较小规模的班级可以更好地适应学员的不同需要。

在一个人数较少、规模适宜的班级内，每个学员都有机会参与课堂讨论，回答教师的问题，与教师及其他同学开展正常的交往活动等。而在一个人数过多、规模膨胀的班级内，只有一部分学员能参与正常的课堂活动，相当一部分学员则被剥夺了这种权利，课堂行为大大受到限制。班级规模所影响的不仅仅是学员课堂行为和表现，实际上它无形中也带来了学习机会的公平性问题。其次，班级规模还影响学员课堂上的纪律表现。环境心理学研究表明，人们日常交往中，每个人都有一个个人活动空间，人与人之间都保持着一定的人际距离。当人口密度过大，个人活动空间遭到别人侵占时，人们的行为要随之发生一系列的变化。在日常教学中，我们也可以发现，人数较少的班级课堂纪律往往较好，教师用于课堂管理的时间也较少。而人数较多的大班中，由于单位面积内人口密度过大，学员的个人活动空间相对受到他人挤占，这往往成为诱发学员产生破坏课堂纪律行为的一个主因。这种现象应引起教育工作者足够的重视。

5.3 安全教育主客体的协同作用关系

5.3.1 教师和学员的协同作用关系

安全教育系统可定义为为实现特定的安全教育目的、由安全教育主体和客体等要素有机结合而成的具有安全教育功能的整体。

5.3.1.1 安全教育主客体关系的代表性观点

在安全教育系统中，安全教育主客体关系既是安全教育理论中的重要问题，又是长期以来还在不断讨论的问题。特别是对教师与学员地位的认识仍然没有一个明确的结论。

在长期研究中，对于安全教育的主客体关系，人们逐渐形成了一些代表性的观点：①教师主体论。这种观点认为，教师是安全教育活动的主体。②学员主体论。这种观点认为，安全教育过程中的主体只能是学员而不是教师。学员的活动及自身的发展都是在教师指导和帮助下完成的，但教师不能成为安全教育活动的主体，教师只是不可缺少的指导者。③双主体论。这种观点提出安全教育过程中教师和学员都是主体，两个主体同时并存。④主导主体论。主张安全教育过程中教师是主导，学员是主体。除了以上四种观点外，还有三体说、复合主客体说、过程主客体说、层次主客体说、主客体否定说等。

上述各种观点都有正确之处，也有不足之处。因为每一种观点都不能代表安全教育的全部，只有把它们恰到好处地运用于特定的安全教育实践中，并取得最好的教育效果，这才是最为重要的。

5.3.1.2 安全教育主客体的协同理论

德国斯图加特大学理论物理学教授赫尔曼·哈肯（Hermann Haken）在研究由大量要素（子系统）构成的、相互间存在着复杂的非线性相互作用的开放系统时，提出了协同学理论。协同学提出，系统的协同作用是通过内部各子系统之间的相互影响和相互作用，各个序参量之间的相互协同和相互竞争来实现的。协同学发现，虽然各个子系统千差万别，但这些系统的相变条件和规律并不是子系统特点的反映，而是子系统间协同作用的结果，从宏观演化上遵从着相同的规律。协同学把系统的变量分为受外界作用的控制变量和表示系统状态的状态变量。在系统未进入临界区域之前，控制变量的改变引起系统状态的平滑改变，控制变量控制着系统，只有当控制变量达到临界值时系统才能发生相变。当系统到达临界区域时，控制变量的"控制"作用失效。虽然系统在进入临界区域前和进入临界区域后都是系统内大量子系统之间协同的结果，但两种方式存在明显区别。前者称为被组织系统，后者称为自组织系统。在被组织系统中，各个子系统如何动作和协调是靠外部指令操纵的，控制参量对系统能否发生相变的"控制"起决定性作用。而在自组织系统中，系统中形成的有序结构主要是系统内部因素自发组织起来建立的。

如何看待安全教育过程中教师的作用？根据协同学理论，安全教育过程从无序到有序的转变可以分为被组织和自组织两个阶段。在安全教育过程的大部分时间里，系统都处于被组织阶段。在这一阶段，教师的讲授、引导、启发属于系统的控制变量，控制变量对系统能否发生相变起决定性作用。如果系统没有到达临界区域，就没有出现相变的可能性。因此，协同学认为：外界条件对于系统能否发生相变有着决定性的意义。从这里，可以清楚地看出，在安全教育过程的被组织阶段，只有通过教师的教育活动，才能使学员的学习系统向临界区域过渡，才能促使各个子系统完成量变的积累并最终达到质变。因此，在安全教育过程的被组织阶段，教师起主导作用，是教育过程的决定性因素。

怎样看待安全教育过程中学员的作用？同样，依据协同学理论，当安全教育过程进入从被组织向自组织转变的临界区域时，教育过程的转变不再需要外部指令。在这一阶段，只有通过学员的自主学习活动，才能使学员大脑中的大量子系统自行组织起来。此时，系统中一个随机的微小扰动或涨落，借助于非线性相干和连锁效应被迅速放大，表现为整体的宏观巨涨落，导致系统发生突变，使学员的大脑越过临界区域，形成新的有序结构，从而完成对知识的真正掌握。因此，在安全教育过程的自组织阶段，学员起主导作用，成为教育过程的决定性因素。

从协同学的观点来看，教师和学员在教育过程的不同阶段分别起决定性作用。植根于协同学的安全教育主客体关系理论，除了肯定师生双方在教育过程不同阶段的决定性作用外，还强调师生双方的协同作用。根据协同学理论，在系统从无序到有序的转变过程中，系统内的子系统自我排列、自我组织，似乎有一个"无形手"在操纵着这些成千上万的子系统，这个"无形手"就是序参量。即子系统的协同作用导致了序参量的产生，而产生的序参量又反过来支配着子系统的行为。序参量的支配行为正是非线性系统特有的相干性的表现，整体多于组成部分之和就是相干性的结果。

根据上述理论，由于教师在安全教育被组织阶段起决定性作用，因此，教师必须进行必要的教育，这就从理论上为教师教育的必要性寻找到了根据。同样，因为学员在安全教育自组织阶段起决定性作用，因此，安全知识最终必须由学员自己来建构，这也从理论上为学员自我建构安全知识建立了依据。最后，由于系统从无序到有序的转变需要非线性相互作用，因此，这就从理论上为教师与学员之间的协同与交互作用奠定了基础。

5.3.2　安全教育主客体协同作用达成目标

安全教育的实施过程中，主客体协同作用实现既定目标的关系可用图 5-2 表示。

在安全教育系统的主体中，选取学员的学习兴趣、学习态度、注意力、学习目的、学习技巧、志向水平、学习时间等因素作为影响安全教育实施的学员单向因素；选取教学内容、教学方法、专业知识、理解与运用教材能力、语言表达能力、了解学员能力、调控教学活动能力、科学研究能力、教学模式等因素作为影响安全教育实施的教师单向因素。

在安全教育系统的客体中，选取激励因素、考试频次、竞争程度、师生关系、教学设施、社会信息、班级规模、校风班风、课堂气氛、课程教材等因素作为影响安全教育实施的外部环境单向因素。

采用同样的方法分别分析安全教育主体中的学员和教师与安全教育的客体中的各项因素的关联，如前面论述，教师与学员关系的融洽程度与教学设施的优良对安全教育的成功实施有较大的影响。外界的激励因素、教学设施与学员的学习兴趣有较强的关联性，教学设施与学员的学习注意力有较强的关联性，教学设施与教师的调控教学活动能力有较强的关联性，校风班风与教师的教学模式有较强的关联性。上述的各种复杂联系可用图 5-3 表示，它表达了安全教育主体及客体之间的关联。

图 5-2 安全教育主客体因素集成关系图

图 5-3 安全教育主客体因素关联图

本章小结

本章给出了安全教育系统的主体和客体的内涵，阐述了教师和学员在安全教育过程中的地位与作用；分析了安全教育过程中学员的心理和安全教育教师需要具备的基本素质；概述了安全教育的各种环境因素、教学环境对安全教育活动的影响，安全教育教学环境的调控与优化方法；最后阐述了安全教育主客体的协同作用关系。

思考题

1. 试讨论教师和学员在安全教育过程中的地位和作用。
2. 如何激励学员参与安全教育过程的积极性？
3. ARCS 模型的内容是什么？
4. 安全教育教师需要具备什么基本素质？
5. 安全教师需要具备哪些综合能力？
6. 教学环境主要包括哪些因素？
7. 试讨论教学环境对安全教育效果的影响。
8. 举例说明如何调控与优化安全教育环境。
9. 为什么说安全教育的主客体是一个有机系统？

第 6 章
→ 安全教育方法论

6.1 安全教育的研究方法

6.1.1 安全教育学研究方法的功能

方法一般是指为了达到某一目的采用的各种途径和手段的总和，对其内涵与外延的解读，不同的学科领域有不同的理解，如将方法理解为规则和标准、途径和道路、工具和手段、程序和结构、技巧和艺术、理论知识的自我认识等。方法学就是研究方法的理论与方法。安全教育方法学既具有一般方法学的意义、功能和特征，同时作为安全教育学的特殊研究理论与方法，具有安全科学与教育科学的特殊性。纵观安全教育学方法学研究目的、内容与意义，其具有以下功能。

（1）开拓安全教育学研究新领域、途径和内容的功能。安全教育方法学是以安全教育学理论与实践活动的研究方法为研究对象的，其研究的核心就是探索安全教育学科学合理的研究手段，因此，在研究的过程中能发现或完善安全教育新领域，拓展安全教育学的内容，创新安全教育学与教育实践的途径。

（2）指导与提高安全教育培训实践的功能。一方面，基于安全教育方法学对安全教育理论与方法的研究取得的成果，可以直接用来指导安全教育实践，丰富安全教育培训实践的方法与手段，如将基于心理学的安全教育模式用来指导安全心理教育培训；另一方面，对于安全教育实践中遇到的一些问题与疑惑，可以利用安全教育方法学提供的方法手段来研究予以解决，如企业三级安全培训的效果不佳的问题，可以通过运用方法学创新安全教育培训手段来找到适合企业三级安全教育的方法。

（3）创新安全教育学研究方法与途径的功能。方法学就是研究方法的学说，方法学本身就有创新方法的功能，因此，安全教育方法学除了能为安全教育学研究提供基本的方法手段之外，还可以在此基础上进行方法的开发、交叉融合与借鉴组合等形式的创新，为安全教育学研究不断提供新的方法与工具。

（4）缩短安全教育学研究过程的功能。方法学本质就是对方法的研究。方法得当，事半功倍，也就是说方法具有缩短事物发展过程的功能。对安全教育方法学来讲，主要包括以下两个方面：其一，在具体的安全教育学研究中，科学与适当的研究方法能大幅缩短对安全教育问题的研究时间，使得研究少走弯路，提高研究效率，减少研究支出；其二，缩短安全教育学研究者对研究过程的认识时间。

（5）制约安全教育教学、管理与研究效果的功能。由于科学方法制约着研究主体的思维方式，影响着主体的行为方式，以及其导向的作用，对科学研究的效果、科学的发展与进步有着重要影响。安全教育方法学提供的安全教育方法的理论，直接影响我们在安全教育研究中的思维方式与安全教育管理的手段，最终制约安全教育实践与效果等。

6.1.2　安全教育学研究方法的特征与原则

6.1.2.1　安全教育方法学的特征

依据安全教育及其方法学的内涵和外延，对安全教育方法学的属性、研究目的和社会价值等方面的特征归纳如下。

（1）安全教育方法学在学科属性上具有综合、动态和多层次的特征。安全教育方法学在学科上隶属于安全教育学，同时也可以划到安全科学方法学的范畴。安全教育方法学的方法论是基于社会科学与自然科学方法论发展起来的，安全科学和教育学的方法学是其上位学科，安全教育技术方法学、安全教育管理方法学、安全教育经济方法学、安全教育学原理等是其下位的分支学科或具体的研究领域，因此安全教育方法学在学科属性上具有综合与分层的特征。

（2）安全教育方法学体系具有多元化、系统化和科学化的特征。安全教育方法学是在科学方法学的基础上发展起来的，其方法体系理论上涉及哲学方法论、自然科学方法学、社会科学方法学和逻辑方法等，其方法理论来源多元化，具有明显的综合性特征；安全教育方法学的方法体系既具有一般方法学的属性，又具有系统科学的学科结构体系。

（3）安全教育方法学具有研究目的明确、多维和开放的特征。安全教育的根本目的就是为社会与企业培养所需的各层次的安全人才，提高劳动者与民众的安全意识与技能。而安全教育方法学的主要功能之一是为安全教育提供方法，因此它同样具有与安全教育相同的目的，具有很强的目的性。由于安全教育系统是开放和多维的，安全教育方法学也具有开放和多维的特征。

（4）安全教育方法学具有广泛的社会价值的特征。安全教育培训是目前提高人的安全意识与素质的普遍形式，安全教育方法学的社会意义与价值也体现在这里。通过对安全教育方法研究，能为安全教育提供与开拓新的理论与方法，促进安全教育发展与水平提高，具有重要的社会意义。首先，安全教育为社会安定奠定基础，实现社会的和谐发展；其次，安全教育为企业的安全生产保驾护航，减少事故损失，创造出更多的财富价值，保障劳动者的生命与健康。因此，发展、创新和完善安全教育方法，对促进安全科学与安全教育的发展有着现实的意义，由此可见安全教育方法学研究具有广泛的社会价值的特征。

6.1.2.2　安全教育方法学的研究原则

开展对安全教育方法学研究，必须要紧紧把握安全教育方法学的基本原则，全面指导安全教育工作的开展。在综合考虑安全科学与教育学的方法学原则的基础上，结合安全教育学及其方法学的性质与特征，总结出安全教育方法学研究所要遵循的系统协调性、创造性、动态性和效应性等基本原则。

（1）教育活动是一个牵涉面非常广泛、层次复杂和领域众多的系统工程，系统协调性是教育方法的重要原则，也是安全教育的基本原则之一。其包括安全教育方法学在不同学科间的协调，安全教育过程中教学机构、企业与社会的协调，安全教育的社会效益与经济效益的协调，在安全教学过程中师生之间的协调，安全教育资源在社会各单元与各领域的分配协调，在安全教育教学管理过程中安全行政管理部门与企业、安全教育培训机构与教师的协调，以及在安全教育科研过程中诸要素的协调等。

（2）安全教育方法学的创造性原则主要指安全教育理念、技术与研究的创新，以及安全人才培养的创新等。安全教育方法学就是研究安全教育活动的方法，其研究的过程就是开拓创新的过程，具有理论与实践创新的基础，唯有创新才能促进传统安全教育理念与模式的突破，如在安全人才的培养上注重创新能力的培养，在安全教育方式上善于进行安全教学方法与方式的创新，在安全教育模式上大胆进行理论与方法的创新等。

（3）安全教育教学活动与安全教育各因素的动态性决定了安全教育方法学的动态性。教育方法论强调用辩证的、相对的、动态的、相互联系的观点处理教育问题，以达到教育系统的最佳效益。要求时刻把握安全教育、安全科学、教育学科学及其相关学科的动态发展，在安全教育中注重对人的认知思维模式、心理与学习行为等个体差异与动态变化的研究，在安全教学实践中注意因材施教，注重教学方法的优化组合。安全教育方法学的动态性原则在安全教育实践中具体表现为学员成长的动态性、安全教育环境与背景的动态性以及安全教学、管理过程的动态性等。

（4）安全教育方法学效应性原则是指取得最佳安全教育效果的目的，广义上讲为安全教育的社会效益，狭义的就是指安全教育活动中的安全教育教学、管理与科研等方面的效果。安全教育为达到以上效应，在教育活动中必须注重安全教育方法方式的选择与运用。

安全教育学研究方法可广泛吸收和借鉴哲学方法、自然科学方法和社会学科学方法。实验法是一切自然科学研究的最基本方法，非逻辑方法是社会科学研究的最基本方法，而辩证法、文献法、调查法、归纳法、比较法、系统科学方法是安全教育学基本与主要的研究方法。结合安全教育研究对象特点与需要，综合各种研究方法特征，构建的安全教育学研究方法综合体系如表6-1所示。

表6-1　安全教育学研究方法综合体系

类别	主要方法	方法原理与特征描述	研究对象举例
哲学方法	唯物辩证法	以自然界、人类社会和思维发展最一般规律为研究对象。认为物质世界是普遍联系和不断运动变化的统一整体；辩证规律是物质世界运动的规律；主观辩证法或辩证的思维是客观辩证法在人类思维中的反映。它包括三个基本规律（对立统一规律、质量互变规律和否定之否定规律）以及现象与本质、原因与结果、必然与偶然、可能与现实、形式与内容等一系列基本范畴，而对立统一规律为唯物辩证法的核心	安全教育学的哲学思辩、方法论、指导思想、思维活动、价值观、世界观，以及安全教育的历史观等
	历史唯物主义	历史唯物主义是人类社会发展一般规律的科学，科学的社会历史观和认识、改造社会的一般方法论。基于历史唯物主义辩证观点、方法来科学与客观认识、分析与评价安全教育发展历史过程	

续表

类别		主要方法	方法原理与特征描述	研究对象举例
一般研究方法	质性方法	文献法	通过搜集、鉴别和整理安全教育文献,并基于对文献的研究形成对安全教育历史、事实与理论的科学认识的方法,是进行安全教育的一种基本的研究方法	安全教育历史、发展和理论等研究
		行动研究法	教师和研究人员针对实践中的问题,综合运用各种有效方法,以改进安全教育工作为目的的研究活动。行动研究将教育理论和教育实践融为一体,强调在"行动"中研究,在"情境"中研究,在"做"中研究	安全教育实践活动研究
		调查法	研究者有计划地通过亲身接触和广泛了解(包括口头和书面的,直接和间接的),比较充分地掌握有关安全教育实际的历史、现状和发展趋势,并在大量掌握第一手材料的基础上,进行分析综合,找出科学的结论,以指导以后的安全教育实践活动	安全教育基础研究方法所有领域,如立法研究
		观察法	在自然安全教育实践情境中对人的学习行为进行有目的、有计划的系统观察和记录,然后对记录进行分析,发现心理活动和发展规律的方法	安全教育、教学实践研究
		经验总结法	对安全教育实践活动中的具体情况进行归纳与分析,使之系统化、理论化,上升为经验或理论的一种方法	安全教育理论与法制
		历史法	通过对人类历史上丰富的安全教育实践和教育思想的分析研究,去认识教育发展的规律性,用以指导教育工作。包括史料收集、鉴别与分析归纳	安全教育历史与发展
	量的方法	数学方法	是以数学为工具进行科学研究的方法,即用数学语言表达事物的状态、关系和过程,经过推导、运算与分析,以形成解释、判断和预言的方法	安全教育经济、实验研究
		统计法	通过观察、测验、调查、实验,把得到的大量数据材料进行统计分类,以求得对研究的安全教育现象作出数量分析结果的方法	安全教育量化与统计研究
		实验法	是指有目的地控制一定的条件或创设一定的情境,以引起被试者某些心理活动进行研究的一种方法。实验法可分为实验室实验法和自然实验法,是安全教育实证与量化研究的基本方法	安全教育行为、实践、理论验证与评价等研究
		追因法	基于安全教育结果来追索原因的一种方法,又称为准实验法。可用于安全教育现象的形成理论与原因研究中	安全教育现象研究
		测量法	又称测验量表法,通过测量量表来研究安全教育中人的个性、满意度等态度程度、能力等诸方面问题	安全教育行为与个体研究、评价
	逻辑方法	比较法	通过观察、分析,找出研究对象的相同点和不同点,它是认识事物的一种基本方法。基于在不同时空、地域与国家的安全教育理论、现象与规律的比较研究,是安全教育逻辑研究的一种基本方法	安全教育理论、历史与实践的研究
		分类法	按照安全教育资料的性质、特点、用途等作为区分的标准,将符合同一标准的事物聚类,不同的则分开的一种认识安全教育现象的方法	安全教育资料分析与统计
		归纳法	从个别安全教育现象得出一般结论的方法,或者根据个别前提得出结论的方法,如枚举归纳法、完全归纳法、科学归纳法等,是形成安全教育结论的基本逻辑手段	安全教育逻辑分析基本方法
		演绎法	从普遍性结论或一般性事理推导出个别性结论的论证方法	安全教育理论分析

续表

类别		主要方法	方法原理与特征描述	研究对象举例
一般研究方法	逻辑方法	抽象法	是人们根据所获得的感性材料和感性经验,运用理性思维进行加工的方法,去掉事物非本质的、表面的、偶然性的因素,揭示客观对象的本质与规律,是安全教育实践形成理论的基本方法	安全教育理论与原理研究
		分析-综合法	综合运用分析与综合两种思维模式,两者在一定条件下相互转化,形成一系列循环往复、不断深化的认识过程。人们根据综合得出的整体认识,可以进行科学的分析,获得本质认识,这是安全教育现象、实践与资料加工的常见方法模式	安全教育现象分析与理论辨识研究
	综合方法	系统论方法	系统论是研究系统的一般模式、结构和规律的学问,它研究各种系统的共同特征,用数学方法定量地描述其功能,寻求并确立适用于一切系统的原理、原则和数学模型,是具有逻辑和数学性质的一门新兴的学科。整体性、关联性、结构性、动态平衡性、时序性等是其基本特征。既是系统所体现的基本思想观点,也是系统方法的基本原则。系统论不仅是反映客观规律的科学理论,而且具有科学方法论的含义	安全教育基本分析与研究方法,如安全教育结构、理论与学科体系等
		信息论方法	信息论将信息的传递作为一种统计现象来考虑,给出了估算通信信道容量的方法	安全教育信息研究
		控制论方法	是研究动物(包括人类)和机器内部的控制与通信的一般规律的学科,着重于研究过程中的数学关系	安全教育管理与发展研究
专门方法		人种志研究	是一种研究者与研究对象"交互作用"的定性研究,是研究者在现场对安全教学过程做长期的观察、访问、记录的过程,针对所选择的场所、针对自然发生的对象而做的研究	安全教学模式、过程与教育对象研究
		田野调查法	基于对安全教育研究对象的参与、观察(直接参与,如生活、学习等),从中观察、了解和认识研究对象的社会与文化的研究方法。是从人类行为研究领域引进的,可用于安全教育教学行为研究	安全教育教学模式与效果评价研究
		个案法	从教育实践的案例分析出发,从点到面、由此及彼寻找教育科学研究方法的规律,使得研究结论更为可靠、科学	安全教育案例与个体研究
		内容分析法	将非定量化的文献或其他材料转化为定量的数据资料,并且以这些数据为素材,对文献内容进行统计分析,然后对事实做出判断,形成研究结论的方法	安全教育资料、教学模式研究
		任务分析法	是一种教学设计的技术方法,是指在进行安全教学活动前,预先对教学目标中所规定的、需要学员习得的能力或倾向的构成成分及其层次关系进行分析,为学习顺序的安排和教学条件的创设提供心理学依据。主要包括:归类分析法、层级分析法、图解分析法、信息加工分析法和解释结构模型法等方式	安全教学模式、教育技术与教学方法等实践性研究
		个案研究法	对单一的人或现象进行深入具体的研究,包括了解、确定个案研究对象;观察、调查、收集资料;个案分析与撰写报告几部分	安全教育个案或案例研究
		列表法	就是把所研究的安全教育现象和过程的数字资料,以简明的表格形式表现出来	安全教育统计分析、宣传等研究

6.2　安全教育的教学方法

安全教育的教学方法与其他学科专业的教学方法具有通用性，只是安全教育在某种特定情况下对所运用的教学方法有一些特殊要求和侧重点而已。本节将概述主要的教学方法，并对有关教育方式适合于开展什么类型的安全教育做进一步说明。

6.2.1　教学方法的概念与意义

教学方法是在教学过程中，教师和学员为实现教学目的、完成教学任务而采取的教与学相互作用的活动方式的总称。它包括以下几方面的思想和内容：

6.2.1.1　教学活动的双边性

教学活动是教师的教和学员的学密切联系、相互作用的双边活动。因此，教学方法始终应包括教师的特有方法和学员的学法，如教师进行讲授，要求学员聆听、思考；教师进行演示，要求学员观察、分析。虽然在特定情况下，只以一方面为主，但另一方面总是不可缺少的。教学方法要在实践教学中得到不断改进，也离不开学员的作用。如果只单纯反映教师的活动的教学方法，会使教学陷入生硬灌输、强迫注入的境地。

6.2.1.2　教的方法与学的方法相互联系与作用

教学方法包括教的方法与学的方法，但二者绝不是机械相加，而是密切联系、相互作用的教学活动统一体的两个方面。具体来说，在教学方法运用过程中，教师教的方法制约着学员学的方法，学员学的方法也影响着教师教的方法；教师教的方法必然通过学员的学体现出来，学员的学法实际上是教师指引下的学习方法。每种教学方法也正是通过师生个别的教法与学法的有机结合和辩证统一来发挥作用的。

6.2.1.3　教学方法的构成

教学方法的构成从宏观上可划分为：方法的组织结构、方法的逻辑结构和方法的时空结构。①组织结构是指教学方法本身的构成要素及其组合方式。②逻辑结构是指任何一种教学方法都必须遵循一定的逻辑顺序。教学方法的逻辑起点就是教学目的任务，任何一种教学方法都是以具体的教学目的为它的逻辑起点，同时，这个目的也是它的逻辑终点。教学方法的逻辑结构是教学方法存在的重要形式，如层次结构是指教学方法是由外到里、由大到小、由粗到细等一系列方法和方式组成的体系，这些方式方法就构成了教学方法的不同层次结构。③时空结构从宏观上是指教学方法的结构是历史和逻辑的辩证统一，它体现了教学方法的历史变革与教学方法的历史存在。

教学方法是教学过程整体结构中的一个重要组成部分，是教学的基本要素之一。它直接关系着教学工作的成败、教学效率的高低和把学员培养成什么样的人的大问题。因此，教学方法问题解决得好坏，就成为能否实现教学目的、完成教学任务的关键。教学实践也证明，教师如果不能科学地选择和使用教学方法，会导致师生消耗精力大、学员负担重、教学效果差，给工作造成不应有的损失。所以，正确理解、选择和运用教学方法，对于更多更好地培养人才具有重要意义。

6.2.2 常用教学方法及要求

6.2.2.1 以语言传递信息为主的方法

以语言传递信息为主的教学方法，是指通过教师运用口头语言向学员传授知识、技能以及学员独立阅读书面语言为主的教学方法。由于语言是交际的工具，它在教学过程中是一种非常重要的认知媒体。教师和学员之间的信息传递大多是靠书面语言和口头语言来实现的。而且对学员来说，语言的锻炼与发展也是培养思维品质的一个重要方面。所以，以语言传递信息为主的方法是教学中被广泛应用的方法。

在教学过程中，以语言传递信息为主的方法主要有讲授法、理性灌输法、谈话法、讨论法、互动教学法和读书指导法等。

(1) 讲授法。讲授法是教师通过简明、生动的口头语言向学员系统地传授知识、发展学员智力的方法。讲授法一直是教学史上最主要的教学方法。虽然后来许多现代化的教学手段被引入教学领域，出现了演示法、实验法等，但这些方法手段都必须和讲授法相结合，并由讲授法起主导作用。因此，无论过去还是当前，讲授法都应是教学中既经济又可靠，而且最为常用的一种有效方法。在实际的教学过程中，讲授法又可以表现为讲述、讲解、讲读、讲演等不同的形式，这些形式又各有其特点。讲授法在安全工程课程教学和安全培训中被大量采用。

讲述，是以叙述或描述的方式向学员传授知识的方法。讲解，是教师向学员说明、解释和论证科学概念、原理、公式、定理的方法。讲读的主要特点是讲与读交叉进行，有时还加入练习活动，既有教师的讲与读，也有学员的讲、读和练，是讲、读、练结合的活动。讲演，是教师对一个完整的课题进行系统的分析、论证并作出科学结论的一种方法。它要求有分析、有概括，有理论、有实际，有理有据。这几种形式都是教学中经常使用的。教师采用这些方式，要充分考虑到学员听讲的方式，使教师的主导作用与学员的自觉性、积极性紧密结合起来，否则，就容易导致注入式的讲授。

(2) 理性灌输法。此方法基本同讲授法，主要目的是从理性的角度讲授理论。比如，教师向学员传授安全理论和方法；引导人们理解国家的安全生产方针、法律法规和政策、企业的安全生产规章制度以及安全生产的目标；掌握预防和控制危险的手段和方法。通过理性灌输，来强化安全生产的意识，员工不仅仅知道怎样去做，还知道为什么要这样做。这种教学方法的优点是教学内容具有系统性、理论性，能一次对多人进行教育并且能降低教育成本。其缺点是理论性过强，会让人感到枯燥乏味。因此，采用这种教学方法时，应注意语言的生动性并尽量将理论与实际案例、感性知识相结合，在形式上多采用幻灯片、录像、多媒体等视听相结合的教学手段。

(3) 谈话法。又称问答法，是教师和学员以口头语言问答的方式进行教学的一种方法。谈话法也是一种历史悠久、行之有效的方法。在现代学校中，谈话法也在各科教学中广泛地采用。其优点是便于激发学员的思维活动，培养学员独立思考能力和语言表达能力，唤起和保持学员的注意力和兴趣。教师通过谈话可直接了解学员对知识、技能的掌握情况，获得教学的反馈信息，改进教学。谈话法在师傅带徒弟的安全教育、一对一的安全教育中被广泛使用。

谈话法的形式，从实现教学任务来说，有引导性的谈话、传授新知识的谈话、复习巩固知识的谈话和总结性谈话。无论哪种形式的谈话，都要设计不同类型的问题，开展不同形式的谈话活动，调动学员的积极性。这是发挥谈话法作用的关键所在。

（4）讨论法。讨论法是在教师指导下，学员以全班或小组为单位，围绕教材的中心问题或教师提出的问题各抒己见，通过讨论或辩论活动，获得知识或巩固知识的一种教学方法。这种方法在安全教育的案例分析、安全规章制度建设等方面被广泛使用。

讨论法的优点在于由于全体学员都参加活动，可以培养合作精神，集思广益、互相启发、互相学习、取长补短，加深对学习内容的理解，还可以激发学员的学习兴趣，提高学习情绪，培养学员钻研的能力，提高学员学习的独立性。

讨论法既是学习新知识、复习巩固旧知识的方法，也是提高学员思想认识的方法。它既可以单独运用，亦可和其他方法结合运用。学习新知识的讨论法，需要学员具备一定的基础知识和一定的理解能力、独立思考能力。

（5）互动教学法。互动教学法是在教与学中实现双方交流、沟通、协商、探讨，在彼此平等、彼此倾听、彼此接纳、彼此坦诚的基础上，通过理性说服甚至辩论，达到不同观点碰撞交融，激发教学双方的主动性，拓展创造性思维，以达到增强培训效果的一种教学方式。教师在讲授课程内容中适当辅以向学员提问和学员作答的方式使用最为普遍。

（6）读书指导法。读书指导法是教师指导学员通过阅读教科书和课外读物（包括参考书）获得知识、养成良好读书习惯的教学方法。

读书指导法的特点是既强调学员的"读"，又强调教师的指导。在实际教学中，教师指导学员阅读，必须从指导阅读教科书开始，因为教科书是学员在学校中获得知识的主要来源。虽然各门学科的性质不同，对学员阅读指导的具体方式不同，但都应该注意加强对学员的预习和复习活动的指导，也应注意在各科内容的讲授过程中加强对学员阅读的指导。同时，教师还要指导学员阅读课外读物。

读书指导法不仅是学员通过阅读获得知识的方法，也是培养学员自学能力的重要方法。但采用这一方法，必须把学员的读作为主要方面。不管哪种形式的阅读，都应教育学员要专心致志，学思结合，质疑问难，勤读勤记，理论联系实际。

运用以语言传递信息为主的方法的基本要求是：科学地组织教学内容；教师的语言要清晰、简练、准确、生动，并富有感染力；善于设问解疑，激发学员积极的思维活动；恰当地配合和运用板书等。

6.2.2.2　以直接感知为主的方法

以直接感知为主的方法，是指教师通过对实物或直观教具的演示和组织教学性参观等，使学员利用各种感官直接感知客观事物或现象而获得知识的方法。这类方法的特点是具有形象性、直观性、具体性和真实性。但是，以直接感知为主的方法只有与以语言传递信息为主的方法合理地结合起来，才能保证教学效果的提高。以直接感知为主的方法主要包括演示法、参观法和欣赏活动教学方法。

（1）演示法。演示法是教师在课堂、实验室或现场，通过展示各种实物、直观教具，或进行示范性实验，让学员通过观察获得感性认识的教学方法。它是一种辅助性教学方法，要与讲授法、谈话法等教学方法结合使用。实践证明，演示法不仅能理论联系实际，为学员学习新知识提供丰富的感性材料，而且能激发学员学习的兴趣，提高学习的效果。

（2）参观法。参观法是教师根据教学任务的要求，组织学员到厂矿企业、实践基地、展览馆、自然界和其他社会场所，通过对实际事物和现象的观察而获得知识的方法。参观能打破课堂和教科书的束缚，使教学与生产实际密切联系起来，扩大学员的视野。

运用以直接感知为主的方法的基本要求如下：事先做好准备工作；引导学员有目的、有重点地去观察；引导学员做好总结工作。

（3）欣赏活动教学方法。以欣赏活动为主的方法，是指教师在教学中创设一定的情境，或利用一定教材内容和艺术形式，使学员通过体验客观事物和分析问题，培养他们正确态度、分析思考能力、鉴赏能力等的方法。

运用以欣赏活动为主的教学方法的基本要求如下：引起学员欣赏的动机和兴趣；激发学员强烈的情感反应；提示学员积极辨识真伪和思考；要注意学员在欣赏活动中的个别差异；指导学员的实践活动。

6.2.2.3　以实际训练为主的方法

以实际训练为主的教学方法，是通过练习、实验、实习等实践活动，使学员巩固和完善知识、技能、技巧的方法。在教学过程中，以实际训练为主的方法，包括练习法、实验法和实习作业法等。

（1）练习法。练习法是指在教师指导下进行巩固知识、运用知识、形成技能技巧的方法。练习法的特点是技能技巧的形成以一定的知识为基础，练习具有重复性。在教学中练习法被各科教学广泛地采用。安全应急演练等活动就属于练习法。

（2）实验法。实验法是在教师指导下，利用一定仪器设备，在一定条件下引起某些事物或现象的发生和变化，使学员在观察、研究和独立操作中获取知识，形成技能技巧的方法。

（3）实习作业法。实习作业法是教师根据教学大纲的要求，组织学员到工厂车间或在校内外专门场所，运用已有知识进行操作或其他实践活动，以获得一定的知识和技能技巧的方法。实习作业法对贯彻教学中理论联系实际原则、培养学员独立工作能力起着重要作用。与实验法、练习法等相比较，其实践性、综合性、独立性、创造性更强。这对于促进教学与生产相结合，培养学员的操作技能，都有重大意义。

在教学中，运用以实际训练为主的方法的基本要求如下：对学员实际训练的活动要进行精心设计和指导；调动学员实践的积极性，培养动脑、动口、动手的实际操作能力；重视实际训练结果的总结和反馈，培养学员自我监督、自我检查和自我评定的良好习惯。

6.2.2.4　案例研究法

案例研究法是指在教师的精心策划和指导下，根据教育培训的目的和内容、学员特点，运用典型事故案例，让学员分析和评价案例，引导学员学习，从而提出解决问题的建议和方案的培训方法。目前广泛应用于企业管理人员（特别是中层管理人员）的培训，目的是训练他们具有良好的决策能力，帮助他们学习如何在紧急状况下处理各类事件。

在使用案例研究法时，通常是向学员提供一则描述完整的事故案例，案例要和培训内容相一致，学员可以当堂发言或组成小组来完成对案例的分析，做出判断，提出解决问题的方法。随后，在集体讨论中发表自己小组的看法，同时听取别人的意见。讨论结束后，公布讨论结果，并由教师再对学员进行引导分析，直至达成共识。

这种方法的优点在于将学员解决问题的能力与知识传授相融合，有利于使学员参与企业实际问题的解决；教育方式生动具体，直观易学。其缺点在于事故案例准备需要的时间较长，且对教师和学员的要求都比较高；案例要求具有典型性，不能过分顾及所有受训学员的专业背景。因此，其事故案例来源往往不能满足培训的实际需要。图 6-1 给出了煤矿安全教育运用案例研究法的实施流程实例。

图 6-1 运用案例研究法实施煤矿安全教育的流程实例

6.2.2.5 头脑风暴法

头脑风暴法是一种用来产生主意的方法。这种方法鼓励学员去发现问题，进而产生一系列解决问题的方法，并讨论每种方法的优点和不足，用来帮助学员依靠自己的经验进行学习，它是一种在学员清楚地知道所要解决的特殊问题的情况下采用的方法。

头脑风暴法的步骤：①介绍。提出问题。②产出。要求学员尽量提出自己不同的想法和解决问题的办法，同时要求他们不要对别人的想法做评论，以便大家尽情地就问题提出建议。鼓励大家自由地提出想法，从而激发出别人的创造力。这时，教师的角色是记录员，把大家提出的想法和解决办法写在活页纸上，不加任何评论。③分析。教师和学员一起分析所产生的各种想法，并进行分类，放弃多余的或无关的想法。④结束。对分析结果做出选择，对得出的分类结果还可以继续采用头脑风暴法进一步开展创造性的思维活动。

使用头脑风暴法的注意事项：①保证每个学员都参与讨论，甚至使性格内向的人也要谈出他们的想法。②不允许发表带批评性的意见，评价应该放在最后做归类分析时进行。③第二次头脑风暴可以在第一次头脑风暴结果的基础上进行。

头脑风暴法的优点是使学员依靠他们的经验进行学习，从可提供选择的多项解决问题的办法中做出抉择，产生了高度的参与性，使培训课程更加生动活泼，并刺激创造性思维。缺点是头脑风暴法比较费时间，为了达到头脑风暴法的目的，保持创造性思维过程的方向十分必要，控制不当，易偏离方向。

6.2.2.6　情境模拟法

情境模拟法要求过程在一定的情境中展开，它是案例研究法派生出来的一种具有实践性和可操作性的教育培训方法。它是在假设的"实际情况"中进行的，要求给学员设计出逼真的场景，其中有人物、情节、矛盾冲突、疑难问题等。学员根据情节，可以分别担任不同的角色，按角色的要求提出各自的观点或解决问题的方案。通过设置情境，让学员获得身临其境的感受是这一方法的主要目的。情境模拟法的形式多样，除角色扮演外，还可采用模拟协调会、报告会、辩论会以及应用事故模拟软件等形式，让学员进入环境之中或在模拟操作和判断中获得经验和感受。

这种方法的优点在于通过情境模拟，学员可以体会到与自己工作有关的其他人的心理活动，从而有助于改正过去工作中的不良行为。其缺点在于操作起来比较麻烦，人为性较大，容易影响工作态度，而不易影响行为。

6.2.2.7　角色扮演法

角色扮演法是将现实生活中可能出现的情况写成剧本，要求学员在剧中扮演特定角色，目的是让学员演练如何处理实际问题。表演结束后，进行全班讨论，评价表演结果，分析怎样用不同的方式处理问题。

角色扮演法用于在讲课的开始阶段以唤起对问题的认识，并使每个学员参与进来。在讲课结束后，学员在实践和运用所学到的知识时，可以使用角色扮演的方法。角色扮演能使学员了解和体验别人的处境、难处及考虑方式，学会设身处地，从交往的对手角度想问题，并能看出自己在处理问题上的不足。

角色扮演法的步骤如下：①准备。制定"角色扮演"教学计划，编写剧本，描述每个角色要扮演的情况。②介绍。介绍角色扮演的目的。选出愿意参加表演的学员，其他学员充当观众。③表演。自愿参加角色扮演的学员在规定时间内表演。④结束。在教师的指导下，学员写下角色扮演的结果，将结果与课程的目的结合起来。最后，由角色扮演者自己说出什么地方表演得好，什么地方还有待于提高。

角色扮演法的注意事项：①角色扮演要提前计划，写出剧本。②必须设定表演时间，指定一个"计时员"。③对表演者提出的批评应该是善意的。

角色扮演法的优点是具有互动性和行为性，角色扮演法让学员积极地参与到整个教学过程中，并对其行为演示给予指导，实现教与学的互动；角色扮演教会学员换位思考，重塑、改变学员态度和行为，使学员对过去类似行为或者做法进行反思。缺点是实际生活中的情况可能不同于角色扮演中的情况，学员可能对实际生活中的情况产生错误的印象；一些表演者可能会偏离角色，使表演闹出笑话，把一些事情搞得不严肃；参与者按照固定的角色活动，限制了他们的发挥空间和创新行为；对教学者与学员都有比较高的要求。

6.2.2.8　情感启迪法

"情、理、法"是建立在中国文化的性善论根基上的管理模式。尽管"情"排第一，但"情、理、法"中却是以"理"为中心。以情感人，是要用情来讲理，讲情要讲到合理的地步，同样，讲法也要讲到合理的程度，这才是"情、理、法"的真正意义。在安全教育中，也必须注意"情"，管理者要以实际行动关心和爱护员工，要让员工感受到发自内心的、诚心诚意的关心。即使是批评人，也要顾于情，达于理。尤其是对违章肇事者、事故责任者和受伤害者的安全教育，更要得体得法，既达到教育人的目的，又不伤害其自尊心。情感启迪法的目的，是要让学员从内心深处受到教育。其方式可以是个别谈心、交心，工作中善意的提醒，以充分的依据来证实他的所作所为之不妥，以及采用外围方式，利用父母情、夫妻情、子女情、亲友情等。所谓"精诚所至，金石为开"，用情论理，安全教育才能收到较好的效果。

6.2.2.9　活动熏陶法

寓教育于活动之中，受教育于熏陶之时。这一类教学方法集知识性、趣味性、教育性为一体，其形式丰富多彩，可分为四种类型：①活动类。寓教育于各种活动之中，如在党员中开展"党员身边无事故""党员责任区"活动；在团员中建立"安全文明生产监督岗"活动；在职工中开展技术练兵、技术比武活动，"千次操作无差错"活动，"三不伤害"活动，"危险预知训练"活动以及"安全月""安全周"活动等。②表演类。组织开展安全生产文艺汇演，"安全在我心中"演讲会，安全生产书法、漫画、摄影展，安全生产戏剧曲艺演唱会，安全教育故事会等。③竞赛类。组织开展安全生产知识竞赛，查隐患竞赛，安全生产征文征联竞赛，有奖问答，师徒对抗赛，夫妻擂台赛等。④参观类。组织各种参观学习活动，如到兄弟企业去参观取经，参观新技术、新方法以及新成果展览会等。

6.2.2.10　言传身教法

孔子曰：其身正，不令而行，其身不正，虽令不从。优秀领导者自身的素质修养、人格魅力和行为方式，会自觉或不自觉地成为员工效仿的楷模，给员工带来信心和力量。在安全生产中，企业领导者应自觉成为安全第一的模范执行者，名副其实的"安全生产第一责任者"，并要善于用自己的示范作用和良好素质去激励员工的积极性，使企业形成持久的安全生产局面。另外，还可以借助于榜样的力量。树立榜样，实际上是树立了目标、指明了方向，让员工明白组织的态度和要求。所以，企业应大张旗鼓地表彰安全生产中的先进集体和个人，树立人人关心安全、个个重视安全的良好风气。

6.2.2.11　氛围感染法

安全教育还应体现在企业的整个管理过程之中。文明、整洁、有秩序的作业环境，醒目的警示标志，让人看了心存暖意的宣传标语，严格的规章制度和雷厉风行的管理作风在向员工传递一种向上的企业文化、一种责任感、一种使命感等信息的同时，也起到了暗示和约束作用。作业者受到良好环境和氛围的感染，会自愿地使自己与周围环境保持一致，产生与周围环境相符合的情绪和行为，不文明作业、违章作业等行为便受到约束。反之，管理作风拖拖拉拉，工作场地杂乱无章，会向员工传递一种管理无序的信息，受这种氛围的影响，员工会获得没有约束的暗示，并认为可以我行我素。因此，应尽量营造良好的工作环境和工作氛围，使员工自愿地改变自己，以适应良好的工作环境和工作氛围。

6.2.2.12　期望激励法

在管理活动中，管理者对下属的期望微妙地影响着员工的工作情绪和工作业绩。当员工感受到上级对他们有正面期望时，往往会努力、主动地去实现这种期待，做上级期望的事情，有着积极的行为表现和更好的工作业绩；反之，当管理者对员工有消极的期望时，员工也会被动地去实现这种角色期待，有着消极的行为表现和不良的业绩。在生产过程中，安全管理者应充分利用角色期待所产生的效应，正面激励员工的安全行为，弱化其不安全的行为。

6.2.2.13　自我教育法

安全教育的目的，是希望通过教育，使员工的安全意识得到提升，产生"要我安全—我要安全—我会安全"的转变。随着计算机网络的广泛建立，员工素质的普遍提高，自我教育方法将会得到更为广泛的应用。

6.2.2.14　以引导探究为主的方法

以引导探究为主的教学方法，是指教师组织和引导学员通过独立的探究和研究活动而获得知识的方法。这类方法的特点在于在探索解决认识任务过程中，使学员的独立性得到高度发挥，进而培养和发展学员的探索能力、各种活动能力和创新能力。在这类方法中，教师的地位与前几类方法中的情况有较大不同。在这里，教师有意识地让学员有较大的活动自由，并且使自己作为成员参与到学员的探究活动中去。但这并不意味着可以离开教师的指导，反而由于学员探究活动的复杂化，要求教师的指导更加细致和全面。

以引导探究为主的教学方法又称探索法、研究法和发现法，是指学员学习概念和原理时，教师只是给他们提出一些事例和问题，让学员自己通过阅读、观察、实验、思考、讨论、听讲等途径去独立探究，自行发现并掌握相应的原理和结论的一种方法。它是在教师指导下，以学员为主体，让学员自觉地、主动地探索，掌握认识和解决问题的方法与步骤，研究客观事物的属性，发现事物发展的起因和事物内部的联系，从中找出规律，形成自己的概念。

该方法的基本过程是：①创设问题情境，向学员提出要解决或研究的课题；②学员利用有关材料，对提出的问题作出各种可能的假设和答案；③从理论上或实践上检验假设，学员中如有不同观点，可以展开争辩；④对结论作出补充、修改和总结。发现法对于激发学员学习兴趣、培养学员解决问题的能力、发展学员创造性思维品质和积极进取的精神有较大的优越性。运用以引导探究为主的方法的要求如下：依据教材特点和学员实际，确定探究发现的课题和过程；严密组织教学，积极引导学员的发现活动；努力创设一个有利于学员进行探究发现的良好情境。

除了上述方法外，在企业的安全培训中，还有按需施教法、师徒结对法、典型刺激法、家庭教育法等。上述各种方法只有互相联系、互相配合，才能在教学中发挥出积极有效的作用。教师在实际教学中必须结合具体的客观条件和自己的主观情况，周密计划，选用并组织好具体教学方法的实施程序，方可取得优良的教学效果。这需要教师们付出巨大的创造性劳动。

在企业安全教育中，由于企业人员结构复杂、内部工种繁多、技术要求各不相同，安全教育培训必然是多层次、多内容、多形式和多方法的。这种特点要求必须真正做到因需施教、因材施教、注重实效。所以，各种安全教育与培训方法之间不能彼此独立，在安全培训中要根据实际情况灵活选用一种或若干种并用或交叉应用，使安全教育与培训工作更加充实、完整、高效。

6.2.3 安全教育教学方法的选择与运用

6.2.3.1 安全教育的特点

（1）人们经常都在寻求自身的安全，这种心理状态是近乎出于本能的。既然如此，为什么还是经常有事与愿违的事故发生呢？在实践过程中，由于人们都积累了一定的知识，而很多安全知识又不是什么高深知识，在接受安全教育时总感觉这些知识都知道了，进而采取马马虎虎的态度对待安全教育，仅仅肤浅领略，不求甚解，结果就会出现再三发生触犯禁止事项的行为。当面临发生事故的事实，才开始觉醒，从而感到后悔。可是为时已晚，经常会产生"事前不觉悟，事后便后悔"的叹息之感。

（2）安全教育仅仅掌握知识，也不能完全达到目的，这与一般的学校教育是不同的。安全知识唯有通过实际锻炼或应用，才能收到安全教育的实效。若凭单纯的工作观点或单纯的安全观点，采用传授方法和学习方法，尽管煞费苦心地进行安全教育，结果收效甚微。安全教育方面的知识必须非常紧密地联系工作实际。

（3）安全教育是希望学员在实际操作时能将安全教育中学到的知识和技能从记忆系统里传输出来，并按照知识描述的方法去做。这种要求虽然是合乎道理的，但对操作者来说，遇到实际问题就很不容易掌握了，这是和生产操作的实质问题之间存在差距的缘故。因此，安全教育必须对同样的内容反复地进行教育，使操作者头脑中对安全规程烙下深刻的痕迹，工作中自然而然地通过反射方式，形成安全规范操作习惯。那种"大概了解安全做法就行了"的做法在实际中是无效的。

6.2.3.2 安全教育教学方法的选择

（1）选择教学方法的意义。从理论上讲，安全教育是一种有目的、有计划的社会活动过程。在这一过程中，安全教育的施行，可以看成是一个外推力。受教育的个体是否会发生行为的改变，要看这个外推力被个体认可、消化和吸收的情况。若个体认可这个外推力，并经过自我消化和吸收，就会产生一个内在的驱动力。这一驱动力促使个体的思想意识、心理素质、情绪态度以及行为方式发生改变。这说明，安全教育是一个外在的作用过程。外因需要通过内因起作用，其中一个主要的制约因素是个体的内在响应程度。若个体响应程度高，则安全教育效果好，若个体响应程度低或不响应，则安全教育效果难以令人满意。马斯洛的需求层次理论告诉我们，安全的需要处于第二个层次，是一个基本的需要。常识则告诉我们，没有人希望事故降临在自己头上。因此，每个人都应该有安全的需要，它理应成为人们的优势需要。懂得安全的理论知识、学会安全的操作技能、正确使用安全防护用品等，是作业者的需要。需要是个体内在响应的基础，也是内在驱动力的来源。这就使得安全教育与个体需要之间有了一个契合点，这就是安全教育能迎合员工的心理需求。从这个意义上讲，学员对安全教育应该做出积极的响应。可是，在现实中，安全教育的效果很难说十分理想。其原因是，理论上的应该"响应"与现实中"是否会响应"存在着差距。缩短差距的根本措施是注重安全教育方法和安全教育形式。通过方法和形式的改变来引导受教者，激发内驱力，使学员与教师产生思想共鸣。因而，在实际教学时，安全教育的教师能否正确选择教学方法，就成为影响教学效果的关键问题之一。

（2）选择教学方法的依据。

① 依据教学的具体目的与任务。不同的教学目的与教学任务需要不同的教学方法去实现和完成。如果是传授新知识的教学任务，就得选择语言传递信息的方法、直接感知的方法；如果是形成和完善技能、技巧的任务，就得选择以实际训练为主的方法。

② 依据教材内容的特点。一般说来，不同课程性质的教材，应采取不同的教学方法；而某一科目中的具体内容的教学，又要求采取与之相适应的教学方法。

③ 依据学员的实际情况。教师的教是为了学员的学，教学方法要适应学员的基础条件和个性特征。所以，选择教学方法时，教师要考虑学员对使用某种方法在能力、学习方法、学习态度等诸方面的准备水平。但这并不意味着只是消极地适应学员的现实水平，而是应当注意从学员实际出发，选择那些能促进和发展学员学习独立性的方法。

④ 依据教师本身的素养条件。任何一种教学方法的选用，只有适应教师的素养条件，能为教师所理解和掌握，才能发挥作用。有的方法虽好，但如果教师缺乏必要的素养条件，自己驾驭不了，仍然不能在教学实践中产生良好的效果。因此，教师的某些特长、某些弱点和运用某种方法的实际可能性，都应成为选择教学方法的重要依据。如有的教师形象思维水平高，可以用生动形象的语言把问题的现象和事实描绘得生动具体，然后从所讲事实出发，由浅入深地讲清道理。依据这一特长，可多选择以语言传递信息为主的方法。而有的教师不善于用生动的、具体的语言描述，但善于运用直观教具，在直观教具的配合下能有效地讲清理论，就可多选择以直接感知为主的方法进行教学。

⑤ 依据各种教学方法的职能、适用范围和使用条件。每种教学方法都有各自的适用范围和使用条件，同时又有各自的优点和局限性。某种方法对于某种学科或某一课题是有效的，对另一课题或另一种形式的教学可能是完全无用的。譬如，传授新知识的谈话法，是以学员的知识准备和心理准备为前提条件的，离开了这个条件，用谈话法去传授新知识是困难的。讲授法虽能保证学员在短时期内获得大量的系统的知识，便于发挥教师的主导作用，但是，它不容易发挥学员的主动性、独立性和实践性。探索法、研究法对发展学员的分析问题能力和创新能力起着积极作用，但是，它又受到时间等条件的限制，它必须与谈话、讲解等其他方法配合使用才能收到良好的效果。因此，选择教学方法时，必须认真分析各种方法的职能、应用范围和条件。

⑥ 依据教学时间和效率的要求。教学之所以要采用一定的方法，其主要目的是使教学工作顺利而有效地进行。教学的最优化，就是要求以最少的时间取得最佳的效果。所以，在实际教学中，选择某种教学方法，还应考虑教学过程效率的高低。好的教学方法应该是高效低耗的，至少能在规定的时间内完成教学任务，实现具体的教学目的。

⑦ 选择教学方法，除了以上的一些依据外，还应考虑教学环境、教学设备等因素。

教学方法多种多样，各种方法有各自的特点和作用，在应用中应结合实际的知识内容和学习对象，灵活选择。比如，对于大众的安全教育，多采用演示法等；对中小学生的安全教育多采用参观法、讲授法和演示法等；对于企业职工的安全教育则宜采用讲授法、谈话法、练习法等；老工人经验丰富，但可塑性小，不易接受新东西，应侧重组织他们进行事故案例分析，总结经验教训，鼓励他们传授技术，多学新经验，参观新技术、新成果展览等；青年人不够成熟，可塑性大，接受新知识快，但耐久性差，情绪起伏大，对他们必须强化培训，引导他们参加各种安全表演、读书、竞赛、安全文艺活动及安全小组活动，以寓教于乐的形式使年轻人在潜移默化中养成安全习惯，形成安全行为；对于安全专职人员则应采用讲授法、读书指导法等。

6.2.3.3　安全教育教学方法的运用

选择了适当的教学方法，还要能够在教学实践中正确地运用。

（1）运用教学方法要树立完整的观点。每类教学方法，都有各自的功能、特点及应用范围和具体条件，而且又有各自的局限性。因此，为了更好地完成教学任务，教师必须坚持完整的观点，注意各种教学方法之间的有机配合，充分发挥教学方法体系的整体性功能。

（2）运用教学方法必须坚持以启发式为指导思想。教学中的具体方法是很多的，但无论采用什么方法，都必须坚持以启发式为主的指导思想。启发式是相对于注入式而言的，它不是一种具体的教学方法，而是运用教学方法的指导思想。所谓注入式，是指教师从主观出发，把学员看成是单纯接受知识的容器，无视学员在学习中的能动作用。而启发式则相反，它是指教师从学员实际出发，采取各种有效的形式去调动学员学习的积极性、主动性和独立性，引导学员通过自己积极的智力活动去掌握知识、发展认知能力。由此可以看出启发式教学思想是与尊重学员学习主体地位、指导学员学习方法、培养学员思维能力，特别是创造能力等紧密联系的。也可以把它理解为这些思想的一种综合精神。教学中的各种方法，在不同的教学思想指导下，既可起到启发的作用，也可出现注入式的情况。两者的教学效果截然不同。我们现在采用的许多教学方法，都包含着启发性的因素，有利于调动学员学习的主动性、积极性。但是，启发性因素的作用能否得到发挥，取决于运用教学方法的指导思想。教师若以启发式思想为指导运用讲授法、谈话法、读书指导法、练习法等教学方法，就能唤起学员的学习兴趣，激发学员的求知欲，启发学员独立思考，使学员的学习收到举一反三、触类旁通的效果。反之，若以注入式思想为指导，同是这个方法，却只能导致学员成为一个被动的接收器和记忆器。因此，运用教学方法，要始终坚持以启发式教学思想为指导，充分发挥学员作为学习主体的能动作用。

（3）要善于综合、灵活地运用教学方法，取得最优化的教学效果。为了更好地完成教学任务，实现教学目的，必须坚持运用多种教学方法。实践证明，在教学过程中，学员知识的获得、能力的培养、智力的发展，不可能只依靠一种教学方法，必须把多种教学方法合理地结合起来。多种教学方法的合理结合，首先是由教学内容、教学对象、教学环境条件以及教师素质不同所决定的。教学内容不同，教学对象、条件各异，所采用的教学方法势必不同。复杂多变的教学活动，要求教学方法必须多样化。其次是由学员积极参与教学活动的需要所决定的。心理学研究证明，单一的刺激容易产生疲劳，如果一堂课甚至一个教学阶段只采用一种方法，那么学员就会疲劳；如果采用多种教学方法，就能调动各种感官参与教学活动，提高学员学习的积极性。再次是由各个教学方法的性质和作用所决定的。各种教学方法有各自的适应性，又都有各自的局限性。

教学过程本身是一个动态过程。从教学过程内外诸因素的关系来看，教学方法又处在一个变量地位。虽然教师在备课时根据教学目的、任务、内容和学员实际设计了某种教学程序或具体的教案，但是，在教学实际活动中，存在着各种可能性的变化。教师必须注意随时进行调整。根据教学过程的动态特点运用教学方法，要求教师在备课时要尽量估计教学活动中可能产生的新情况，准备应变办法；到上课时，还要根据教学过程的实际情况，灵活、创造性地掌握教学过程，以争取获得最大的教学效果。

6.3 基于角色扮演的 TTAE 安全教育方法

角色扮演法在教育领域被认为是一种极为有效的教育方法之一，与其他教育方法相比，其更加注重情境模拟活动，可提供更大的教育空间和更多的表现机会，可显著提升教育效果。可见，亟待推广角色扮演法在安全教育领域的应用，以提升安全教育效果。因此，在参考安全理论模型构建方法的基础上，从安全教育者（trainer）、安全受训者（trainee）、安全评估者（assessor）和安全教育场景（environment）四要素开展基于角色扮演的安全教育方法探讨。

6.3.1 基于角色扮演的 TTAE 安全教育模式

开展基于角色扮演的教育应用时，能够满足受训角色的多元化和教育实践的各项要求（如工作难度安排、危险场景布置、错误行为体验等），可获得更好的教育效果。其主要应用优势见表 6-2。

表 6-2 角色扮演法的应用优势

应用优势	具体解释
参与性	受训者扮演指定角色进行教育,教育者和评估者全程参与教育活动
高灵活性	角色扮演的任务、目标、环境可随实际需要进行灵活变换,场景设置表现为多样性
主动性	受训者可根据自己的意愿选择不同角色,并按照要求完成相应教育任务和活动
交互性	多角色教育扮演活动中,需角色间的配合和协作,体现了教育活动的交互特性
仿真性	受训者处在现实相似的场景下参与教育活动,可获得多种实践教育体会和工作演练机会

以角色扮演法为理论基础，结合安全教育实际需求，提出一种基于角色扮演的教育者-受训者-评估者-场景（trainer-trainee-assessor-environment，TTAE）安全教育模式，其中包括 3 类角色：安全教育者（trainer）、安全受训者（trainee）和安全评估者（assessor），以及每种角色所处的安全教育场景（environment）。该安全教育模式概括了四个教育活动要素之间的关系（图 6-2）。

① 安全教育者。根据教育目标依次确定角色扮演时的情感、认知目标及最终行为三类目标，并将主要信息在角色扮演时融合到（传入）模拟场景之中，并使受训者能够主动感知。

② 安全评估者。评估受训者角色扮演能力与行为表现，根据检验标准划分行为等级，评估安全教育效果；记录角色失误行为详细情况，并分析主要失误原因，据此调整、优化安全教育内容或目标。

③ 安全受训者。根据安全教育需要或个体意愿，选择合适的角色类型参与安全教育活动，并根据自身情况作出行为表现。

④ 安全教育场景。三类角色之间的安全教育信息的交流媒介和构建安全教育模拟场景的主要载体。

所构建的安全教育模式中的三类角色、安全教育场景缺一不可，构成一个有机的整体，既具有相互独立的任务，又统一于安全教育系统之中，相互联系、相互作用，共同影响安全

图 6-2 基于角色扮演的 TTAE 安全教育模式

教育过程。

6.3.2 构建 TTAE 的安全教育信息认知模型

6.3.2.1 认知模型构建

安全教育活动过程就是各类安全教育信息在多种角色、安全教育场景之间的信息流动和交互，所提出的 TTAE 安全教育模式执行过程可看作是一种安全教育信息的认知活动。在相关研究成果的基础上，提出了基于角色扮演的 TTAE 安全教育信息认知模型，如图 6-3 所示。

6.3.2.2 模型内涵分析

① 将安全教育活动中受训者所感知的教育信息来源称为信源，信源载体可表现为人、事、物、组织、制度或子系统等。教育者依据受训者情感、认知需求和行为表现等制定教育信源，包括情感目标、认知目标和行为目标。例如：可通过声、光、电等信号传递情感目标，营造某种教育场景的情感氛围（如危险感、压迫感等），让受训者主动感知，实现某种情感目标（如谨慎、愉悦、急迫等）。

② 教育信源通过受训者听觉、视觉和触觉等获得感知信息，形成认知信息，作出响应

图 6-3　基于角色扮演的 TTAE 安全教育信息认知模型

动作，获得某一行为结果，并将行为结果以某种形式（错误警报、灯光刺激等）进行信息反馈，让受训者和评估者感知。

③ 依据行为结果反馈情况，安全教育活动可动态作出适时调整与优化，既可以是简单的信息反馈，也可以是一个新的复杂安全信息认知过程。若行为结果正确，受训角色接受下一轮教育培训，评估者和教育者依据角色需求进行变化，循环 N 次后教育活动结束，即 N 为教育循环次数，可根据企业、工种等安全教育规范或预期培训效果加以确定。若行为结果出现错误，根据行为结果的错误次数 m 进行分类，当 $m \leqslant M$（M 为某一安全教育活动可容忍的最大错误次数）时，表明受训者与本轮培训制定的安全教育目标基本匹配，犯错次数在可允许的范围内，受训者可按照安全教育目标继续进行本轮培训；若 $m > M$，应终止本轮培训，并及时处理反馈的信息，调整培训的情感目标、认知目标和行为目标以匹配安全受训者的现实条件。这种循环认知教育方式有利于促进受训者对实际生产中的某一操作形成一种机械性认知，显著降低行为失误率。

④ 教育活动循环 N 次后，评估者对受训者 N 次正确的行为结果进行打分划级和效果评估，评估参数可以是感知时间、认知时间及行为方式或途径选择等，获得综合评估数值。

综上所述，受训者通过参与 TTAE 模式的安全教育活动，获得切身体验和实践，继而主动认知安全知识，且不断接收、融合新的安全教育信息。

6.3.3 安全教育信息认知失真与优化策略

6.3.3.1 安全教育信息认知失真分析

模型中所构建的安全受训者、安全教育者、安全评估者以及安全教育场景是安全教育过程中必不可少的 4 个要素，其中包含大量的安全教育认知信息。而在实践教育活动过程中，其中任何一个或几个要素都有可能因为某种原因而导致信息感知、认知、执行出现偏差或误解，导致教育信息认知失真。为更加直观地体现影响信息认知的因素与失真率的关系，将安全教育信息认知的影响因素设为自变量，将信息失真率设为因变量，则函数可表达为：

$$f_R(t) = \omega_T \sum_{s=1}^{S} T_s + \omega_A \sum_{g=1}^{G} A_g + \omega_P \sum_{r=1}^{R} P_r + \omega_E \sum_{t=1}^{T} E_t + \omega_O \sum_{k=1}^{K} O_k \quad (6\text{-}1)$$

式中，$f_R(t)$ 为安全教育信息失真率；T_s 为教育者认知影响因素集；A_g 为评估者认知影响因素集；P_r 为受训者认知影响因素集；E_t 为安全教育场景不利因素集；O_k 为其他影响因素集；ω 为影响系数，其下角 T、A、P、E、O 分别为教育者认知影响因素、评估者认知影响因素、受训者认知影响因素、安全教育场景不利因素、其他影响因素。

具体因素分析如下：

① T_s。教育者的教育意愿不强（T_1）、安全文化素养较低（T_2）、交际互动能力欠缺（T_3）、其他因素（T_S）。

② A_g。评估者经验不足（A_1）、评估方法运用不恰当（A_2）、信息认知失真原因分析不准确（A_3）、安全知识能力水平有限（A_4）、其他因素（A_G）。

③ P_r。人的主观认识复杂性（P_1）、安全认知态度和水平较差（P_2）、行为动作能力低（P_3）、其他因素（P_R）。

④ E_t。安全教育场景中出现的不利环境因素，具体如噪声（E_1）、照明不良（E_2）、教育设施故障或缺少（E_3）、其他因素（E_T）。

⑤ O_k。安全教育活动中出现的上述因素之外的其他干扰因素，如突发身体不良状况（O_1）、自然环境突变因素的干扰影响（O_2）、其他因素（O_K）。

6.3.3.2 优化策略

针对安全受训者、安全教育者、安全评估者和安全教育场景可能存在的信息认知失真因素，可采取以下措施减少安全教育周期、安全教育成本，提高安全教育综合效果。

① 在保障安全教育需求和实际效果的条件下，按照受训者的角色特性设置"投其所好"的安全教育内容，即确定好教育信息来源，并保证传入的有效性。

② 提高评估者对受训者的行为反馈正确认知能力，根据受训者具体情况，优化情感目标、认知目标和行为目标，形成一个安全教育信息认知的良性循环。同时，关注受训者的生理、心理负荷，控制好教育强度和节奏，做好沟通交流和监督工作，有利于形成正确的感知信息和认知信息。

③ 尽量减少安全教育场景的干扰因素及信噪，对一些无法避免的干扰因素加强隔离"降噪"措施，保证教育信息传递的准确性和有效性，加强教育活动中的人-机-环匹配。

④ 受训者是安全教育主体，其认知意愿、个体特性、安全素养都会影响感知信息和认知信息的形成。根据不同安全教育要求，如何选择受训者也是教育、考核时需要重点考虑的

内容。

6.3.4　信息认知模型应用实例分析

行人交通事故多是由人的不安全行为造成的典型安全问题，有效的安全教育能减少行人的不安全行为，降低行人道路交通事故，具体案例分析如图6-4所示。

图 6-4　基于角色扮演的 TTAE 安全教育信息认知模型实例

① 行人横过马路需要考虑的因素包括来车车速、人车间距和行人通过速度。假设行人通过速度为一常数，主要考虑来车车速和人车间距。定义人车间距与来车车速之间的比值为安全通过最大允许时间，采用行人安全通过时间与安全通过最大允许时间之间的关系来表达行人通行的安全性。

② 本实例的安全教育目标是建立受训者对于安全通过最大允许时间的判断，综合考虑个体条件（行人通过速度）、周边环境干扰条件，进而培养受训者安全通过马路的技能。例如：建立单向、单行道路交通场景来进行安全教育认知实践，教育活动中模拟不同车速（如35km/h，45km/h，55km/h）、不同人车间距（如 55m，65m，75m）的多种车流场景，受训者需分多次穿过设定的不同车流场景（随机顺序），当不安全穿越马路行为发生时，发出交通事故发生信号（如报警声、红光刺激等），以明确告之受训者此次行为不安全。在此基础上，可构建更复杂的交通通行环境（双向车流、十字路口、机动车非机动车混行等），不断提高行人通过马路的综合安全认知能力。

③ 通过上述安全实践教育后，交通安全评估者（如交通警察）依据道路交通复杂程度、过路时机误判次数等评估指标参数，并结合受训者自身条件对其安全教育效果进行综合评估。

上述行人通过马路的安全通过最大允许时间的安全教育实例分析，充分体现了 TTAE 安全教育信息认知模型的正确性和实用性。

6.4 安全教育的技术方法

6.4.1 现代教育技术方法

现代教育技术是一门新兴的教育学分支学科，它涉及面广，其重要标志之一是从传统的属于文科教育学领域拓展到理工学科领域。由于现代教育技术内容非常丰富，本节不可能介入太多，仅仅将它作为一种教育技术方法来讨论。

6.4.1.1 教育技术的内涵

教育技术是育人技术及其创新整合的技术，核心是教学设计技术和课程开发技术。教育技术的内涵包括以下几个方面：

（1）教育技术以系统理论、教育理论、学习理论、传播理论等为理论基础，进一步形成和发展了自己的基本理论。因此，教育技术是以先进的理论为指导的教学实践活动，又在实践的基础上形成和发展教育技术的理论。

（2）学习过程是教育技术研究和实践的对象，学习是学员通过与信息和环境相互作用而获得知识、技能和态度诸方面的提高。这里的环境包括传递教学信息所涉及的媒体、设施、方法。将学习过程作为教育技术研究与实践的对象，这是教育技术经过长期的探索和实践后才确定的，它标志着教育技术在观念上已从传统的"教"向"学"转移。

（3）学习资源和学习过程是教育技术研究的两个对象。学习资源是指那些可以提供给学习者使用的，能帮助和促进他们进行学习的信息、人员、教材、设施、技术和环境。这些学习资源既可以单独使用，也可以由学员综合使用。现代科学技术的发展，使学习资源不断变化和丰富，为优化学习过程提供了必要的条件，同时也迫使人们对学习资源进行科学而富有创造性的设计、开发、运用、管理和评价。

6.4.1.2 现代教育技术的特征

现代教育技术是 20 世纪 90 年代以后在国内被人们大量使用的一个术语，它与教育技术在本质上是同一个概念。现代教育技术是以计算机为核心的信息技术在教育、教学中的运用，现代教育技术是指运用现代教育理论和现代信息技术，通过对教与学过程和资源的设计、开发、应用、管理和评价，以实现教学优化的理论与实践。一方面，现代教育技术以现代信息技术（计算机、多媒体、网络、数字音像、卫星广播、虚拟现实、人工智能等技术）的开发、应用为核心；另一方面，现代教育技术并不忽视或抛弃对传统媒体（黑板、挂图、标本、模型等）的开发与应用。随着信息技术的发展，目前人们逐渐习惯于使用现代教育技术概念，这也使得教育技术带有了更加强烈的现代化、信息化色彩。

随着现代科学技术的发展和教育信息化建设步伐的加快，教育技术也在不断发展之中，其发展趋势主要体现在以下几个方面。

（1）教育技术作为交叉学科的特点将日益突出。教育技术是涉及教育、心理、信息技术等学科的一个交叉学科。教育技术需要技术，尤其是信息技术的支持。作为交叉学科，教育技术融合了多种思想和理论，它的理论基础包括教育理论、学习理论、传播学、系统理论等。在教育技术领域内，上述理论相互融合，以促进人的发展为目标而各尽其力。现在，教育技术研究不仅关注个别化学习，还对学员之间如何协同与合作进行系统的研究。此外，教育技术交叉学科的特性决定了其研究和实践主体的多元化，协作将成为教育技术发展的重要特色。包括教育、心理、教学设计、计算机技术、媒体理论等不同背景的专家和学者共同研究和实践，开放式的讨论与合作研究已成为教育技术学科的重要特色。

（2）教育技术将日益重视实践性和支持性研究。教育技术作为理论和实践并重的交叉学科，需要理论指导实践，在实践中进行理论研究。目前，教育技术研究最前沿的两个领域是信息技术与课程整合和网络教育，所有这些乃至终身教育体系的建立都强调对学员学习的支持，即围绕如何促进学习展开所有工作。正因如此，人们将会越来越重视包括教师培训、教学资源建设、学习支持等在内的教育技术实践性和支持性研究。

（3）教育技术将日益关注技术环境下的学习心理。随着教育技术的发展，技术所支持的学习环境将真正体现出开放、共享、交互、协作等特点，因此，适应性学习和协作学习环境的创建将成为人们关注的重点。教育技术将更加关注技术环境下的学习心理研究，深入研究技术环境下人的学习行为特征、心理过程特征、影响学员心理的因素；更加注重学员内部情感等非智力因素，注重社会交互在学习中的作用。

（4）教育技术的手段将日益网络化、智能化、虚拟化。教育技术网络化的主要标志就是互联网应用的迅速发展。在信息社会中，互联网是进行知识获取和信息交流的强有力工具，它将改变人们的学习、工作和生活方式。基于互联网的远程教育目前正在发挥着越来越重要的作用。

（5）人工智能是一门研究运用计算机模拟和延伸人脑功能的综合性学科。与一般的信息处理技术相比，人工智能技术在求解策略和处理手段上都有其独特的风格。人工智能的一些成果，以及智能计算机辅助教育系统目前已在教育教学领域得到应用。

（6）虚拟现实是继多媒体广泛应用后出现的更高层次的计算机接口技术，其根本目标就是通过视、听、触等方式达到真实体验和交互，它可以有效地用于教学、展示、设计等方面。虚拟现实技术支持下的学习环境将成为人们进行思维和创造的助手，以及对已有概念进行深化和获取新概念的有力工具。

随着教育信息技术的发展，教育技术网络化、智能化、虚拟化的程度将日益提高，并对教学手段、教学方法和教学模式产生深远影响。现代教育技术的发展也使得安全教育的手段不断更新。

6.4.1.3　现代教育技术在安全培训中的应用实践

安全教育技术方法是将教育技术运用于安全教育、教学理论与实践的综合过程。安全教育和安全培训运用现代教育技术的水平尽管处于落后的状态，但目前正在不断发展之中。例如，中国石油化工集团公司北京燕山石油化工公司的安全教育培训中心运用中国石化远程培训系统，把远程培训相关工作交给教育培训中心来承担，并在教育培训中心成立了远程培训部。远程培训部的职责主要有三个方面：一是负责远程培训项目的实施，例如开设课程，对远程培训班进行管理，对学员管理及考核、培训情况的统计汇总等；二是负责远程课件制作，其中包括音、视频技术的应用；三是负责中心内部局域网的管理和维护，为中心的远程培训工作提供网络支持。该应用取得了很好的效果。

6.4.2 慕课教育技术方法

慕课是一种新兴网络教育形式,由于其包含了诸多教育理论、教育技术及最新的科技,具有广阔的发展和应用前景。因此,本节也把慕课当作一种新颖的教育方法来介绍。

6.4.2.1 慕课的概念与特点

慕课是 MOOCs 的中文表达,MOOCs 是大规模在线开放性课程(massive open online courses)的简称,属于一种网络课程,其特点是所有人均可免费学习。2011 年末从美国发展起来的在线学习方式,发源于过去的资源发布和学习管理系统,结合了网络资源与学习管理系统的课程开发系统。massive(大规模)简写为 "M",相对于传统课程,慕课的学生可多达上万;"O" 是 open(开放)的简写,相对于传统课程主要针对校内学生,慕课的学习者广泛,校内外的学习者皆可参与,不论年龄、职业,只要注册慕课平台便可学习;"O" 是 online(在线)的简写,学习者可以使用网络终端设备快捷地自主完成学习;"C" 是 courses(课程)的简写。慕课教育相对传统的课堂教育还在诸多方面存在优势,如表 6-3 所示。

表 6-3 传统课堂教育与慕课教育的比较

比较方面	传统课堂教育	慕课教育
教育主体	教育实施者单一主体	教育实施者与教育受众双主体
教育形式	讲解-授课式为主	授课-讨论-演示相结合
教育方式	一对多的讲授形式为主	模拟 "一对一" 的讲授形式
时间和地点	受班级规模、时间的限制	灵活,随学员自主安排
信息渠道	单向的信息传递渠道	多向的互动渠道,实时交流
课程配置	单一、固定化的课程配置,教材内容更新慢	可根据业务需要和自我发展需求选择课程,教育内容更新、发布及时
教育技术手段	教学媒体单一	多媒体、视频、网络技术多种形式
评价方式	教师评价为主的结果性评价	师评、自评、互评相结合的过程性评价
教育情境	乏味的人工环境	带入感强

6.4.2.2 慕课应用于安全教育与培训的优势性

(1)慕课的时空随意性和以学员为中心的特点,体现了安全教育双主导向原理。

传统的教育培训学习内容和进度都是由教师决定,统一的培训方式使不同年龄、不同文化水平、不同学习能力的人都要以同样的进度完成培训任务,这中间必然会出现培训效果的差异。学员无法自主配合工作时间,也无法根据自身情况灵活选择课程内容,便会造成培训效率低和员工自主性不高。而慕课同网络在线课程一样具有网络传播的一般特性,即不受时间和空间限制的特点,学员可以随时随地自主进行学习。慕课的时空随意性也是它 "大规模性" 的首要前提条件,可以保证众多学员的多样的学习安排。慕课的这一特性恰好适合安全教育工作的实际特点。企业由于生产工作的持续性,使众多员工难以集中时间集体学习,再加上协调培训场地等因素使得组织过程存在一定难度，供学矛盾突出。而慕课具有网络在线教育的优势，即不受时间和空间的约束限制，员工也可以充分利用工作之余的零碎时间进行自主学习。

（2）慕课精悍短小的短视频教学单元和巨大信息量，弥补了安全教育易枯燥乏味的缺陷，体现了安全教育层次经验原理。

慕课不同于传统的课堂授课，也不同于视频公开课。它的首要优势在于以短视频为学习的具体内容，每个视频单元的学习时间为5~15分钟，能够在保证学员注意力的情况下满足零散时间的学习。由于传统的安全教育内容较为枯燥，集中性的安全培训又往往任务重而且持续时间长，学员既浪费了时间又很难保证学习效率。因此慕课的这一特点从安全教育的机理角度考虑，符合人的认知规律，提高了安全教育效率。在慕课课程中融合了文字、图表、声音、动画、视频等多种媒介，把枯燥的安全培训内容与多媒体相结合，不仅可以扩大信息量，而且还可以将抽象的内容以较强的感官刺激方式呈现出来，使培训形象立体，易于被学员接受和理解，受众获取教育信息的机会和数量都明显提高。

（3）慕课实现资源共享、重复利用，满足安全教育的反复性特点。

安全教育是一项需要反复进行的活动，这是由于人的遗忘规律造成的。根据安全教育的反复原理，人的安全行为、意识需要反复持续的教育刺激加强才能得以维持，因此定期反复的安全教育必不可少。但是现实中的情况是安全教育培训的开展需要一定的成本，且组织存在一定难度，尤其对于企业来说，安全培训是一项兼有经常性和长期性的工作，每组织一次实体培训就要花费相应的人力、物力、财力和时间成本，如果是进行多次反复的教育培训，那工作任务更是艰巨。而慕课可以接受大规模的学员学习，并且在一定范围内实现资源共享，因此在慕课建成后期不但可以大幅度降低教育成本，而且还可以充分利用慕课课程资源重复利用的特点，进行反复学习。另外，慕课规模具有可伸缩性，课程是为无限数量的学习参与设计。当安全教育培训的内容需要更新，那么仅仅补充或修改相应的视频片段即可，也方便了安全教育者的教学管理；同时，利用资源共享特性，也能弥补现实中有限的企业安全培训资源。安全培训中的很多通用性课程，如安全生产法律法规、职业病危害防治等，一般不同年龄和不同岗位的工人都需要学习，因而对于这部分内容相对固定的基础性课程，则可以采用统一的慕课课程视频，通过重复利用节约培训成本。

（4）慕课的开放式获取方式，满足全员安全教育的需求。

慕课具有开放式获取的特点，公众均可参加在线课程的学习。安全教育培训的实施要保证全员性，保证受众整体安全素质水平的提升，而传统的安全教育培训方式很难做到整体性大规模的全员教育。另外，全员原则强调在安全教育培训工作中从企业领导到一线员工都必须有针对性地进行有不同侧重点的安全教育，诸如领导侧重安全认知和决策技术的教育，职工侧重安全技能的教育，安全管理者侧重安全科学技术的教育，而安全意识和安全态度的教育又必须要自上而下全员贯彻。如此大规模的既各有侧重又相互交叉的教育实践活动执行起来，不仅耗时长，而且由于安全教育不同受众的教育侧重点不同，那么如何保证既满足全员教育原则，又满足教育针对性就是亟待解决的问题。而慕课是按照不同的知识点维度组成一个个有针对性的知识模块，学员可以在慕课系统中选择自身教育侧重点的课程学习，同时若想在自身业务范围之外获取更高更广的业务知识，也可以通过慕课这个开放式资源获取和共享的平台，进行有针对性而又广泛的学习，受众自己掌握受教育的控制权和主动性。

（5）慕课交互式活动平台，增加受众的主动反应和学习效果即时强化。

慕课借助交互式练习的即时反馈，由机器自动评分的交互练习以及通过学员的互动增强学习动力，实现了对学习者的即时反馈，脱离了单向对学员进行灌输的传统教育模式，以交互式的特点鼓励学员进行学习，使慕课教育在"大规模"的条件下仍然能有效保证学习效果。学员在实际操作中遇到的问题也很难与安全教育实施者进行沟通反馈，沟通渠道长期不畅的结果便是造成理论与实践相脱节，长久下去便会形成安全教育孤立空洞的窘境。而通过慕课建立有效的学员、教育实施者和教育设计者的沟通平台，可以更方便及时地了解到学员对课程的反馈意见，方便调整教学策略、完善教学内容。网络培训没有教师现场的引导，不能及时感知学员的学习反应，因而需要通过设置可以让学员主动思考和强化效果的阶段性反馈，如慕课视频中的即时测验，只有正确回答问题才能继续学习，这样可以有效避免网络培训所欠缺的监督性。学员间断性地通过选择、填空、回答等方式主动反应，可以保持学员的注意力和提升学习成就感。

（6）慕课的"大数据分析"，帮助进行有效的安全教育评价。

对于慕课这种区别传统实体课堂的教育形式来说，它的受众面广、时间和空间跨度大，要用传统的教学反馈方式往往显得力不从心，因此要采用适应慕课教学效果反馈的形式，比如常见的即时测验、课后练习、讨论区。慕课的效果评估则利用慕课的核心技术——大数据分析，无论从学员注册、慕课视频播放、习题完成情况、讨论区发言还是到期中、期末考核，慕课平台都可以实时收集数据，用于对学习过程的监控，更重要的是能够通过大数据分析，掌握学员的分布情况、学习特点、行为模式以及课程满意度的反馈，对数据进行分析，掌握相关规律，使教育者能够得到即时信息与反馈，有利于创新教学内容与方式。利用慕课教学的这一特点可以收集安全教育过程中的实时数据，一方面可以做到安全教育效果的检验性评价；另一方面也可以完成常被忽视的过程性评价，有效完善安全教育评价过程。

6.4.2.3　安全教育慕课的教学设计模式

基于安全教育教学设计的基本过程模式，即按照分析期、形成期和实施期三个阶段的进程，再结合慕课环境的基本特征，得出如图6-5所示的安全慕课的教学设计模式。该模式同样包含分析期、形成期和实施期三个阶段。

（1）分析期。慕课课程是通过网络在线学习，基于和围绕学员的需求和难点进行课程设计是保证学习兴趣持续的重要手段。教育者可以通过前期分析掌握学习者的背景信息和特征，作为后续课程设计规划的参照。一方面，背景信息可以帮助慕课设计者准确地定位课程；另一方面，这些信息可以更深入地帮助研究受众的行为模式，辨识受众的学习状态、预测未来的行为或结果。分析期所需的资料可以通过以下几种方式获得。

① 网络调查。以网上问卷的方式了解受众群体的基本情况，包括性别、年龄、从事行业、岗位职级、学历层次，以及受众希望掌握的能力、知识内容、技能，或是对即将开设课程所包含的知识概念的理解程度、操作技能的熟练程度，对上述信息进行调查统计分析，提炼出慕课课程的重难点。

图 6-5　安全慕课的教学设计模式

② 查阅文献资料。研究社会对安全教育的需求趋势，何种专业、何种能力、何种课程最符合人才培养目标。

③ 专家、教师调研法。走访专业相关领域的学者专家或是学科教师，根据其教学经验提出针对性强的教学需求。

④ 根据企业实际生产需要，结合企业发展战略，按照企业有关计划部署确定教育需求。为了使慕课建设结构化和可控化，还需以课程力求培养的能力目标为原则，将慕课视频分成不同维度，划分若干知识模块。分析课程体系有助于教育者准确把握课程定位及方向，还会帮助受众梳理知识要点，更加深入地了解课程培养目标。在确立好分类维度后可针对维度划分模块，然后编制知识点网，依据知识点录制慕课视频。安全教育的有些知识点逻辑紧密，可以用渐进式层层深入的单线性点网描述；有些知识点则宽泛分散，存在交叉性，需要用交织性点网描述。

（2）形成期。

① 慕课课程的教学资源可以归纳为三类（如表 6-4 所示），一是面向慕课视频的教学资源，这类资源是完全为教学视频服务的，可以帮助理解教学内容，使教学视频内容丰富、可视性强，包括慕课平台上公布的教学计划、教学大纲、PPT 课件、参考文献、文本文档等辅助学习资料。二是面向互动的教学资源，这一类资源主要依靠网络平台，以素材分享和讨论为主，作为学员与教师之间、学员与学员之间的沟通渠道实现相关课程知识科普。三是面向评价的教学资源，主要是练习题、考核测评，用于过程中和过程后的教育评价。

② 慕课的教学手段与方式是视频录制教学，如演讲式、实地拍摄式、讨论课式、采访式、专家访谈式、幻灯片录屏式、画中画式等，依据具体的授课内容和讲师擅长的方式可选择单个或者多种呈现方式相结合的形式录制慕课视频。

表 6-4　慕课教学资源类型

资源面向类型	资源要素	要素媒介类型
面向慕课视频的教学资源	慕课视频	视频
	教学课件	文本、PPT
	课件讲义	文本、PDF
	教学案例	文本
	文献资料	文本
面向互动的教学资源	课程论坛	网络工具
	课程共享	网络工具
	作品展示	网页
面向评价的教学资源	在线即时测验	视频、网页
	例题习题	文本
	课后作业	文本
	课后作业解析	文本、视频
	终期考核	网页、文本

③ 慕课环境下的安全教育课程为教育者和受众的双主体模式，受众大部分情况下也需要自主学习，而对这种自主学习进行评价是完整慕课的重点环节。一般来说，在慕课视频中穿插的即时练习、小测验或是一节课程结束后的作业任务都可以看作是阶段修正性评价；整个课程结束后，慕课平台会在既定的时间段内开放期末测评的通知，或是提交终期报告、课程作品或是参加网上期末测验，可称为安全慕课的结果检验性评价。再加上慕课平台提供的大数据分析服务功能，可以实现对慕课课程教学的实时分析，以便对课程进行整体调控性评价，利用运用受众的反应数据来完善慕课课程的设计过程。

（3）实施期。

① 慕课团队组建。结合安全教育理论的观点，可以将安全慕课教育者大致分为三类，其中包含慕课教育实施者，即慕课视频中的教师，通过运用多种多媒体教学手段和方式，运用较强的表达能力和演讲技巧传递课程内容；慕课教育设计者，及时掌握安全教育需求信息，设计适应教育需求的课程内容，划分课程维度、知识模块和知识点网；慕课教育管理者。不同于传统的实体课堂教师可以直接掌握学员的学习状态、接收学员的即时反馈，慕课的教师不能与学员直接接触，因而需要专门的管理者通过大数据分析和互动讨论区监控等方式完成对课程的管理和反馈信息的收集；同时还要负责课程推广工作。除此之外结合慕课自身的特征属性，还要明确宣传人员、录制技术人员、后期编辑人员、助教等。

② 制定宣传策略。制作简短的课程宣传视频，包含的宣传信息有：课程概况、教师介绍、课程主题图、课程目标。宣传视频封面上要突出课程标志性特征且画面颜色、图形美观，吸引人。

③ 编写脚本。制作慕课课程要先准备好拍摄过程中的台词讲稿以及课件，在多媒体拍摄设备和技术平台的辅助下录制慕课，然后在慕课平台上线。目前全球三大慕课平台Coursera、Udacity、edX，中国大学慕课等平台可以帮助课程的上线。

6.4.2.4 安全教育慕课的模块设计及实例

（1）课程引导模块。针对不同岗位工种、有无培训经历等背景特征，分别创建课程指导专栏，介绍不同类别的课程设置和任务目标。大体上可对学习内容进行模块化分割，各个模块由多个慕课视频按照一定的逻辑关系循序渐进，组合成线性层次结构或是以某一知识点为中心设置课程，组成一定的网络结构。同时尽可能多地设置学习路线和起点，以满足不同文化基础、不同背景经历和培训基础的员工选择适合自身安全培训需求和个人发展的知识体系结构。员工可以在事先了解培训路径安排的情况下进入学习。

（2）安全知识模块。该模块划可分为通用性安全知识模块和专业性安全知识模块，主要是侧重概念性理论知识的讲解，如安全法律法规、安全操作规程等内容，以慕课视频为单元分知识点设计录制。在慕课视频录制中要结合安全教育培训的特点和教学设计原理对理论内容进行剖析，设计出符合教学设计原理的视频课件。

（3）技能仿真模块。在安全培训中针对安全技能的培训通常会在培训基地进行，但由于工种繁多，实际上没有做到每一工种都有相应的专门培训基地，而且由于工人众多导致实际进行顺利操作的时间也不充分。为了保障实际可行性，很多企业都选择通过教育者的步骤描述来代替现场训练，这使得学习效果很差。因此在慕课课程中添加技能仿真模块，利用虚拟现实技术创造一个与实际作业相似环境，通过演示操作和仿真练习来达到直观理解操作要领的效果，而且还能提升员工的教学参与感和学习自觉性。

（4）情境与事故案例模块。在慕课课程视频中添加现场工作实景视频，方便学员在视频中增强感官感受。根据建构主义的学习认知理论，在真实或是相似的情境中执行或是观察具体任务，学员的内在学习动机和学习积极性就会被调动出来，促进激发受众学习主动性。在传统安全培训中，典型事故案例教育是重要素材，通过事故的原因、经过、后果分析达到警示和教育作用。但在实际过程中，由于事故案例仅仅是文字加上照片的模式，员工对事故的感知很模糊、很抽象，因此在慕课中利用情境创设、设计事故发生动画可以增强员工的理性认知，提高员工安全工作的自觉性与规范性。

（5）测评模块。该模块是为员工提供理论知识测验和操作技能测验，以自测的形式考查对学习内容的掌握情况。当然慕课平台的测评系统仅仅是用于员工自评的工具，其成绩分布统计等数据将汇集到慕课大数据分析系统作为教学反馈，存入培训档案库。由于安全培训关乎作业员工的人身安全、关乎安全生产工作重任，而且对于像特种作业人员更是必须严格考核，所以在利用慕课进行安全培训后还必须组织现场的实际考核，保障员工切实的教育效果和掌握进行正常工作的基本认知和技能。

（6）互动讨论模块。行为学表明群体的合作会在一定程度上对个人行为产生积极效应，为了让进行慕课学习的学员体验到和课堂培训一样的互动交流，慕课平台还要设置互动讨论模块，促进受众间的交流探讨和协作学习。一方面通过沟通加深对教学内容的认识，另一方面可以营造勤于思考的自主学习氛围。同时该模块还提供学习过程中出现的普遍共性问题的解答，包括慕课网络平台的操作问题，也可包括课程内容的相关问题。

6.4.3 安全教育新媒体方法

本小节主要从方法层面介绍可用于安全教育的新媒体，用于安全教育的技术层面知识，可参见第9章。

6.4.3.1　新媒体技术

新媒体，即新兴媒体，是以互联网、数字存储和移动通信为技术支撑，通过网络论坛、手机报、博客、微博、微信、数字电视、手机 APP 等渠道获取信息和数据，从而向社会公众提供消息的快速实时传输的服务。新媒体技术是伴随科技的进步而产生的，尤其由于近几年数字技术、互联网络技术、移动通信技术的迅猛发展，智能手机、平板电脑等智能移动终端的普及，智能手表、谷歌眼镜等移动设备的出现，新媒体的形态呈现出了崭新的面貌。

移动终端的便携性方便人们随时随地获取和传递信息，传播变得碎片化、个性化。能够处理海量信息的新媒体技术的出现，则丰富了人与媒体的交互体验，超越了多媒体技术"线性选择"式的交互形式，能够动态驱动、实时响应，不仅提供文字、图片、视音频、动画等多种媒体种类的表现形式，更重要的是赋予用户前所未有的交互体验与 UI（用户界面）展示，紧紧抓住用户的眼球，提升用户的参与度、体验感受和资源黏合度。这一阶段的新媒体相较前一阶段的新媒体开始关注用户体验，不仅包括交互体验，还可根据用户获取信息的偏好为其提供个性化的信息服务。

新媒体技术具有鲜明的特点：

① 数字化。数字化的出现使大量的传统媒体加入新媒体的阵营，无论是内容存储的数字化，还是传播的数字化，都大幅度提升了媒介的传播效率。

② 互动性。传统的大众媒介都是单向式传播，但新媒体则突破了单向传播，增强了传播者与接收者之间的互动性。新媒体以其新兴技术，特别是互联网，可以连接网上任一用户，实现网络信息资源共享，使用户之间无障碍沟通交流。

③ 个性化。新媒体实现了信息传播与收阅的个人化。以网络环境为基础，基于信息用户的信息使用习惯、偏好和特点向用户提供满足其各种个性化需求的服务。这种新媒体提供的个性化信息服务，令信息的传播者针对不同的受众提供个性化服务。

6.4.3.2　教育新媒体方法

教育是教育者和受教育者之间的一种信息传播活动，教学信息承载在媒体上传递给受教育者，受教育者接收这些信息并根据自己的认知方式进行理解和消化，进而建构自己的知识。教学信息的传播离不开媒体的承载，媒体的发展必定导致教学信息的传播方法、传播形式、传播效果等的改变，进而导致教育理念、教育形态、教育实践等的改变。

教育媒介从最原始的文本、图像、音频、视频、音视频的电子视听媒体，到近几年发展起来的多媒体交互式媒体，随着科学技术变革而不断发展变化。其中，电子视听媒体与互联网交互媒体促进了现代教育方式的变革。

（1）视听媒体在教育中的应用一方面提高了知识传授的效率；另一方面，教育的范围冲破了固定班级的限制，教育的时间打破了固定课程的限制，教学在时空维度都得以扩展。

（2）多媒体互联网交互媒体的应用促成并发展了远程教育，凭借其优越的表现性、交互性和智能性丰富了课堂教学。学生可以更多地通过与媒体交互来获取和吸收知识完成学习，因此满足学生自定步调的学习需求及促进了学生的个性化教学，并且教师完全主导教学的角色开始向引导性教学的角色转变。

教育新媒体的核心支撑科技包括移动互联网、数字存储、移动通信、云计算、模拟仿真技术等。传播的核心途径包括：计算机网站、社交平台、软件等。表 6-5 列举了当下主流的新媒体教育传播方法。

表 6-5　新媒体教育传播方法

新媒体类型	教育资源和工具	举例
网络资源库	电子教案	百度文库、稻壳网等
	微课	微课资源网
	学术资源	百度网盘、百度学术等文献检索网站等
在线教育平台	教育游戏	儿童教育手游、益智手游等
	在线学习平台	慕课、网易公开课、知到、新东方在线等
	远程直播课	腾讯会议、钉钉网课、zoom 等
	线上竞赛	线上知识竞赛等
新媒体教育辅助工具	网络课程辅助工具	网课制作平台、Sakai 在线协作平台等
	教育搜索引擎	Noodle 查询服务器等
移动教育类 APP	电子图书阅读器	Kindle、微信读书等
	教辅软件	"作业帮"APP、"得到"APP 等
	综合性教育软件	学习强国 APP 等
网络社交媒体	社交网站	微博、Facebook 等
	论坛	贴吧、知乎、科学网等
	自媒体	微信公众号、抖音短视频等

6.4.3.3　新媒体方法在安全教育中的应用与影响

安全是人生的必修课，安全教育作为提高社会生活、工作安全水平与幸福感的必要教育活动，运用现代新媒体方法开展安全教育能够产生事半功倍的效果。在我国，已陆续开展大量以新媒体为载体的安全教育与科普工作，经典举例如下。

（1）在线安全教育课程。例如，在智慧树在线网课平台上，"大学生安全文化"课程是国家精品课程。该课程运用信息和媒体技术实现了安全教育寓教于乐，并用现代网络技术拓展了丰富的教学资源。课程以学生为中心，制作编辑了大量具有安全内涵的动画、微电影、漫画、谜语、谚语与小故事，适合学生自主学习和培养安全兴趣。在该课程累计上线 10 个学期的时间内，累计有 70 余万人次选课，涉及近 600 所学校学生，课程互动达近 300 万次。在线课程使得系统的安全教育能够普及更多有需要的人群。

（2）自媒体安全科普。微信作为受众最广的移动客户端，拥有超过 10 亿活跃用户。以微信公众号为代表的自媒体行业输送了大量信息与资讯。安全教育领域也诞生了许多优质自媒体，如应急管理部宣传部宣传教育中心及安全健康教育、消防安全教育平台等。此外，随着短视频行业的快速发展，安全教育短视频科普内容逐渐增加。这些都面向广大群众开辟了一条高效、及时、全面、易懂的安全教育途径。

新媒体技术对安全教育的影响主要体现在两方面：

（1）获取安全教育的渠道多元化。从传统的书籍、报刊等纸质刊物转变为依托数字技术和网络技术的新媒体，安全教育对象可以根据自身需求、兴趣进行筛选或深入学习，能够获取到最前沿、最新和多元化的安全信息。另外，新媒体技术克服传统教育方式中的以知识传输为主的单一模式。

（2）获取安全教育的方式多元化。在无线网络环境下或利用移动数据流量，可以通过手机、电脑、平板电脑等常用工具，自主获取到所期望的安全教育资源，还能采取不同的方式反馈学习体验，提出学习中遇到的问题，参与学习资源的反馈与再创造，实现双向互动的教育体验。

6.5　基于微信平台微学习的安全宣教方法

本节主要从方法层面介绍基于微信平台学习的安全宣教方法，技术层面的知识可参见第9章。

6.5.1　基于微信平台微学习的安全宣教概述

6.5.1.1　移动微学习

新媒体联盟（new media consortium，NMC）发布的《2016 地平线报告（高等教育版）》指出，在当今教育中，混合学习设计的应用与日俱增，将移动学习和传统的线下学习相结合可达到很好的教学效果。《2017 地平线报告（高等教育版）》指出，随着智能手机和平板电脑等电子设备和一些应用程序的丰富和普及，移动学习将成为今后教育技术的主力之一。由此可见，移动学习已成为当今教育界普遍推崇的教育技术之一。

基于移动学习发展起来的移动微学习作为一种新型的学习方式，已被广泛使用。移动微学习是指基于微型内容和微型媒体的新型学习和教育方式，现代社会的快餐化与生活的快节奏化使人们的时间呈碎片化分布，人们很难有相对集中的学习时间。移动微学习通过短小的学习内容、便捷的学习形式，已成为人们利用碎片化时间开展片段化学习活动的一种选择。移动微学习与传统的课堂授课及其他类型的远程学习相比，具有几点特征，具体解释见表 6-6。

表 6-6　移动微学习的特征

维度	表征
学习"微"化特征	①学习工具"微"化：智能手机、平板电脑等便携、微小的移动终端，为移动微学习提供物质基础；②学习时间"微"化：随时学习，不受时间限制，迎合学习者碎片化的时间；③学习内容"微"化：将系统的、大块的信息细化分解为松散的、自包含的小块内容，即对学习内容进行片段化处理，短小的内容之间又不缺逻辑性；④学习活动"微"化：随时随地开展学习活动，碎片化的时间得到高效利用
互动性特征	①实现师生间随时随地的互动：利用移动设备终端，师生之间可以随时随地进行线上问题的交流，更有利于问题的解决；②实现学习者间的互动：学习者之间通过互加好友或者加入学习群、学习论坛等方式，可以加强学习者之间的信息交流，提高学习效率
参与性特征	教师直接参与移动微学习课程的设计，并且设有教学绩效评估机制，师生都能参与到微学习课程设计之中，使得学习效果更加显著

6.5.1.2 微信平台

微信（WeChat）是由腾讯公司推出的社交软件，它打破传统手机通信和移动互联网间的界限，使用户实现跨通信运营商间的信息传播。目前，微信主要提供3大功能，即通信功能、社交功能和平台化功能。微信的3大功能见表6-7。

表6-7 微信的3大功能

功能	描述
通信功能	发送文本、图片、音频、视频等来传递信息，并且可以实现实时通信、多人群聊等，提高了通信效率，增加了沟通的趣味性，沟通成本也得到了降低
社交功能	通过将相关信息进行朋友圈的分享，有利于信息的传播
平台化功能	①微信公众平台：通过订阅相关的微信公众号，接收以及查询所需的相关信息、知识；②微信开放平台：通过微信与第三方媒介的连接功能，将诸如微博、知乎等上的相关信息转发或分享给别人

移动微学习是在移动设备的支持下，能在任何时间、任何地点开展学习的一种新型非正式学习方式。为确保学习的效果，移动微学习要求学习者和教师之间可实现双向沟通，并且为使学习者保持注意力集中，课程设计要具有趣味性。针对移动学习的特征，微信作为移动微学习新平台具有6点显著的积极意义：①打破以教师为中心的单向教学模式；②教学体系更加完整；③更好地调动学习者的积极主动性；④引导学习者合理利用碎片时间；⑤便于推广个性化教育模式；⑥减轻教育工作者的工作量，提高工作效率。

综上分析可见，基于将微信作为移动微学习的新平台，受众更为广泛。并且将微信的一些功能、小程序、小游戏等应用到教学之中，能增加学习的趣味性，有利于学习者更为高效学习，减少学习疲劳感的产生。

6.5.1.3 基于微信平台的安全宣教

经查阅相关文献和走访调研发现，目前，安全宣教实践仍存在诸多不足：①宣教模式落后、课程资源陈旧、课堂互动性差、学生学习积极性不高、教学评价方式单一、教学效果不明显；②缺乏完善系统的安全宣教计划、缺乏完善的安全宣教者工作考核制度、缺乏有效的安全宣教培训效果评估及反馈机制、缺乏有效的监管机制，导致企业安全宣教作为一种形式性的手段，未能从根本上起到宣教意义；③安全宣教流于形式、社会成员参与度低，安全宣教内容陈旧、课程设计枯燥无趣。因此，对现有的安全宣教模式进行改革，提高安全宣教的有效性迫在眉睫。

根据移动微学习和将微信平台用于教育的优点，基于微信平台的安全宣教至少具有资源丰富、师生互动性强、安全知识宣传形式多样化等优势。因此，将基于微信平台的移动微学习模式应用到安全宣教中，可有效弥补现有安全宣教模式存在的不足之处，例如：①定期的安全知识推送，丰富学习者的安全知识，并可使学习者清楚了解哪些是不安全行为，从而有意识地避免不安全行为的产生；②通过观看微信平台所提供的安全事故及标准作业规范等安全类视频，提高学习者的安全技能等。

相比以往面对面授课、张贴安全标语、开展安全会议等形式的安全宣教方式，在微信平台的支撑下开展安全宣教工作具有一些突出优势，具体解释见表6-8。

表 6-8　基于微信平台开展安全宣教的特点和优势

维度	特点	优势
学习需求	目标明确	以问题为出发点,查询与问题的相关课程,有针对性地进行学习
学习内容	片段学习	利用零散的碎片化时间,开展片段化学习,学习内容更具实用性
学习环境	随时随地	没有固定的地点限制,随时随地对自己进行知识"充电"
学习者	非正式学习者	对于学习者的受教育程度没有要求,内容设计简明易懂,适合任何人群
学习方式	在线、线下学习	既可在线学习,也可以下载相关教学课件进行线下学习
学习设备	移动终端	智能手机、平板电脑等均可支持移动微学习

6.5.2　基于微信平台的安全宣教模式的设计与解析

6.5.2.1　核心理论依据

构建基于微信平台的安全宣教模式包括 3 个核心理论,即认知负荷理论、活动理论和安全教育理论。

(1) 认知负荷理论。认知负荷理论是指由学习材料的难度和学习活动的设计所带来的认知负荷,包括内在认知负荷、外在认知负荷和关联认知负荷。降低外在认知负荷,或增加关联认知负荷有助于提高学生对所获得信息的加工处理能力,获得更好的学习效果。因此,在基于微信平台安全宣教模式设计过程中,在学习活动设计过程中考虑将图片、文字、视频、音频等多种信息传递方式相结合。例如,对事故的学习,使用将相关事故视频和事故文字介绍相结合的内容呈现形式,比单纯的文字介绍更有利于学习者对此知识点的理解。此外,消除学习内容中的冗余信息,亦可降低外在认知负荷。例如,对台风灾害形成过程的介绍,使用图片加简要文字介绍的方式,比图片加全文的方式更有利于学生的学习。

(2) 活动理论。活动理论作为学习活动的基础,是研究在特定历史文化背景下的以人的行为活动为对象的理论。活动理论包括 3 个核心要素 (即主体、客体和共同体) 和 3 个中介要素 (即工具、规则和劳动分工)。活动理论强调学习活动中学习者的主体性、对知识的内化、学习过程中的互动性、学习活动设计的完整性、移动技术等的中介作用和学习活动的情境创设。因此,基于微信平台安全教育流程设计的思想是充分考虑到学习者的主体性,利用手机、平板电脑等移动设备,分析安全受教者的学习目标、任务和学习内容,设计个性化的教学内容;通过设计具体的规则、合理劳动分工,充分发挥群体学习的优势,最终完成安全教育的目标。

(3) 安全教育理论。安全教育是通过规范人的行为和思想从而达到安全生产目的的一种有计划的社会教育活动。结合安全科学、教育学和管理科学可将安全教育机理简述为:教育者使用某些方法媒介,将人类社会活动过程中已发生或潜在的各种不安全因素带来的刺激通过理性传达或动作传达到学习者大脑,使其形成安全意识,大脑下次接受同类刺激时,能根据已有的安全意识对刺激做出判断,从而形成有目的、方向的行动。由于人的生理和心理特性,在学习过程中会出现遗忘现象,导致安全教育的内容不能在大脑中永久保存,因此要对受教者进行反复持续的安全教育,确保受教者的安全意识、安全技能处在正确的反应状态。

因此，在基于微信平台安全宣教活动设计过程中，对相关安全知识，以图文的形式定期在公众号内发布推送，强化安全受教者对安全知识的记忆。

6.5.2.2 模式设计

基于微信平台的安全宣教模式运用系统学方法，分析安全宣教内容与目标，设计安全宣教微信平台，基于构建的安全宣教微信平台开展安全宣教工作并对安全宣教的效果进行评估，并根据评估结果持续改进安全宣教微信平台。因此，基于微信平台的安全宣教过程，实际上亦是遵循 PDCA 循环模式的，即计划（plan）—实施（do）—检查（check）—改进（action）。基于微信平台开展安全宣教的模式如图 6-6 所示。

图 6-6　基于微信平台的安全宣教模式

6.5.2.3 内涵解析

（1）前端分析。前端分析是安全教育微信平台设计的基础，分为安全宣教需求分析、安全受教者分析、安全宣教总内容与目标分析。通过前期的分析，确定安全宣教的总内容和总目标，为后续安全宣教微信平台的构建提供参考依据。通过前端分析，在构建安全宣教模式之前，首先确定安全宣教的主体，然后综合分析安全受教者的特征、学习目的与内容等方面的情况，从而判断其是否适合基于微信平台的安全教育模式。安全教育的主体及安全教育目的和内容的分类如图 6-7 所示。

（2）安全宣教实施过程。安全宣教实施过程是基于微信平台开展安全宣教工作的关键环节，包括安全宣教子内容与子目标的确定、安全宣教任务设计、安全宣教子内容设计和安全宣教微信平台组织策略设计。根据认知负荷理论，对安全宣教微信平台设计过程中，安全教育内容设计、安全教育采取的形式、微信平台界面的设置应尽可能地减少安全受教者的认知负荷，这样才能提高利用微信平台开展安全宣教的效果。

① 安全教育子内容与子目标确定。有关研究指出，将复杂的学习材料有逻辑地分解为小块的学习材料，能够减轻学习者的认知负荷，达到更好的学习效果。在上一步确定出安全教育的主体和内容的基础上，设计安全教育的概念图和思维导图，确定安全教育的逻辑框

图 6-7　安全教育内容及目的

架，以便将安全教育课程完整清晰地展现给安全受教者。按照概念图和思维导图划分的课程内容，设计相应安全教育子内容下的子子内容的教学形式。

② 安全教育微信平台组织策略设计。在基于微信平台的安全宣教活动中，主要通过一对一以及多对多的形式开展教育活动。一对一的教学模式主要是指安全受教者通过扫码关注相应的安全宣教公众号，通过在公众号内输入关键字，查找自己所需的相关知识。此外，微信公众号的后台管理人员利用微信公众号的统计功能，定期对用户各关键词的检索频率进行统计分析，找出检索频率最高的几个关键词，定期为用户提供相应的安全知识推送，实现个性化服务。多对多的教学模式主要是指安全宣教者根据安全受教者的特征，建立不同类型的安全宣教微信群，安全宣教者通过扫码或好友邀请等形式进入学习群，群成员在群组内发布与安全教育有关的知识供大家共同学习、交流。群成员遇到不懂的问题时，可以在群内提问，当安全受教者不能及时做出回复时，群成员内的任何成员都可以发表自己的见解，从而提高了学习效率。

（3）安全宣教绩效评估及安全宣教模式改进。基于微信平台的安全宣教绩效评价环节包括学习过程评价、组织活动评价和课程考核评价。及时对利用微信平台开展安全宣教的绩效进行评估，一方面可以使受教者及时发现自己在本次安全知识学习过程中，哪些安全知识掌握不熟练以便及时巩固强化；另一方面，对于宣教者而言，可以及时发现受教者普遍薄弱的环节，以便及时改进安全宣教微信平台的相关内容设计，确保达到更好的安全教育效果。

① 学习过程和活动组织形式评价。学习过程评价主要是评价安全学习者学习过程中安全知识的获取、安全技能的培养等的情况。在每章节学习完成后，在微信公众号内会自动推送调查问卷，只有完成了调查问卷的填写，才能进行下一阶段的学习。教师通过学习过程的评价及时反馈、调整教学内容及方式，学生通过学习过程评价随时反馈自身不足并不断矫正完善，利于教学互长，提高教学质量。

② 课程考核评价。安全受教者完成所有的安全知识学习后，会有一次期末考试，考试题型以选择和填空题为主。安全受教者通过在微信平台完成考试并提交后，可以立即查看自己的成绩，便于受教者对自己的安全知识学习做出总结；也有利于安全教育者了解哪些安全知识学生掌握得还不熟练，为教师教学改进提供依据。

6.5.3 优化基于微信平台的安全宣教的建议

根据本书所构建的基于微信平台的安全宣教新模式，对优化基于微信平台的安全宣教提出 3 方面（即前端分析、安全宣教实施过程和安全宣教绩效评估及模式改进）建议。

（1）前端分析方面的建议。挖掘安全受教者的需求，开展个性化服务。例如：①全面剖析安全受教者所具有的社会身份，开展具有针对性的安全宣教。诸如就企业而言，安全教育的目的是提高全体员工的安全意识，减少安全隐患，降低事故率，降低人员伤害，减少企业经济损失。②开展问卷调查，掌握安全受教者的基本安全素质。安全受教者的学习能力以及所具有的安全知识背景参差不齐，个性化的学习需求尤为突出。因此，在安全宣教微信平台内容设计上，应将安全受教者的安全教育需求考虑在内，开展个性化的安全教育服务。

（2）安全宣教实施过程方面的建议。在安全宣教微信平台建设过程中，应注重安全宣教信息资源的开发和利用。例如：①以安全受教者为核心，利用微信公众平台的数据统计与分析功能，实时跟踪安全受教者的安全教育需求，建设开发与之相适应的安全宣教信息资源；②在安全宣教内容设置方面，安全教育内容设计应当丰富有趣、逻辑性强，这样才能吸引安全受教者的学习兴趣，诸如对事故的介绍，不要单纯以图文的方式进行介绍，可以插入一些时间并不长的事故视频，使受教者在听觉和视觉上同时接受相关信息，更有利于注意力的集中。

（3）安全宣教绩效评估及模式改进方面的建议。对安全宣教绩效及时评价，要有针对性地对安全宣教模式进行持续改进。①针对安全受教者，开展多种形式的安全宣教评价方式，诸如微信调查问卷、微信群课后留言、微信推文留言等，都可以供安全受教者发表自己对于安全宣教的一些建议；②针对安全宣教者，微信管理人员及时将安全受教者反馈的意见告知安全宣教者，安全宣教者综合考虑学期测试成绩以及安全受教者的意见，对安全宣教的内容设计做出相应的调整。

本章小结

本章给出了安全教育研究方法的定义、功能、特征和原则，阐述了安全教育教学的各种研究方法及其体系；系统介绍了常用的安全教学方法及其选择和运用；专门介绍基于角色扮演的 TTAE 安全教育方法；概述了现代安全教育技术方法；专门介绍基于微信平台微学习的安全宣教方法。

思考题

1. 试讨论安全教育的研究方法及其体系。
2. 研究安全教育的教学方法有什么意义？
3. 常用的安全教学方法有哪些？
4. 以语言传递信息为主的教学方法的优缺点是什么？

5.谈谈案例教学法的特点。

6.谈谈基于角色扮演的 TTAE 安全教育方法的重要内涵。

7.选择恰当的安全教育方法的基本要求是什么？

8.为什么现代教育技术在安全培训中作用巨大？

9.什么是慕课？谈谈安全教育慕课应用前景。

10.安全教育新媒体方法主要有哪些？

11.概述基于微信平台微学习的安全宣教方法。

第**7**章

→ 安全教育的教学设计

7.1 教学设计概述

　　教学设计的目的是通过优化教学过程来提高教学的效率、效果和吸引力，以利于学员的学习。教学设计可用于设计不同的教学系统，大至整套教学资源或培训资源的设计，小至某种教学媒体或教学环节的设计。安全教育教学设计与一般教学设计在方法上是相通的，但对于具体的安全教育内容，其教学设计应该具有针对性和有效性。

7.1.1 教学设计的内涵和特征

7.1.1.1 教学设计的定义及其内涵

　　不同的人对教学设计有不同的理解，观点主要有两种：一种是将它看作过程，另一种是将它看作结果。将教学设计看成是过程的观点，重点放在探讨如何指导教师制订计划，如何一步一步地达到目标。将教学设计看成是结果的观点，主要关注教学设计最后要形成的产品或者要实现的任务。实际上，教学设计常用来指过程或结果，因此，要根据具体的情境来确定教学设计的含义，但无论将教学设计看成结果还是过程，其根本任务都是为改进教学实践服务。

　　教学设计的定义很多，例如：①教学是以促进学习的方式影响学员的一系列事件，而教学设计是一个系统化规划教学系统的过程。②教学系统设计是运用系统方法分析研究教学过程中相互联系的各部分的问题和需求，确立解决它们的方法步骤，然后评价教学成果的系统计划过程。③教学设计是指运用系统方法，将学习理论与教学理论的原理转换成对教学资料、教学活动、信息资源和评价的具体计划的系统化过程。④教学的目的是使学员获得知识技能，教学设计的目的是创设和开发促进学员掌握这些知识技能的学习经验和学习环境。

⑤教学设计是对学业业绩问题的解决措施进行策划的过程。⑥教学系统设计是运用系统方法分析教学问题和确定教学目标，建立解决教学问题的策略方案、试行解决方案、评价试行结果和对方案进行修改的过程。⑦教学设计是运用系统方法，将学习理论与教学理论的原理转换成对教学目标（或教学目的）、教学条件、教学方法、教学评价等教学环节进行具体计划的系统化过程。

上述几种定义反映了人们从不同角度和各自的侧重点对教学系统设计内涵的理解，有的突出教学系统设计的系统特征；有的侧重于学习经验与学习环境的设计与开发；有的则从设计科学的角度出发，突出教学系统设计的设计本质等。

通过对这些定义的分析比较，我们可以看出，教学设计主要是以促进学员的学习为根本目的，运用系统方法，将学习理论与教学理论等的原理转换成对教学目标、教学内容、教学方法和教学策略、教学评价等环节进行具体计划，创设有效的教与学系统的“过程”或“程序”。教学系统设计是以解决教学问题、优化学习为目的的特殊设计活动，既具有设计学科的一般性质，又必须遵循教学的基本规律。据此，可以将教学设计定义为：以获得优化的教学过程为目的，以系统理论、传播理论、学习理论和教学理论为基础，运用系统方法分析教学问题、确定教学目标、建立解决教学问题的策略方案与试行解决方案、评价试行结果和修改方案的过程。也有学者认为，在当前的信息化背景下，教学设计可以定义为：充分利用现代信息技术和信息资源，科学安排教学过程的各个环节和要素，为学员提供良好的信息化学习条件，实现教学过程全优化的系统方法。

进行教学设计的顺序一般是先运用系统方法的理念进行学科教学设计，在学科教学设计的基础上进行单元教学设计，最后才是课堂教学设计或课堂中某一教学活动或教学环节所需的教学媒体的设计。在上述三个层次中，如果把学科教学设计称为宏观的教学设计，那么单元教学设计就是中观的教学设计，课堂教学设计就是微观的教学设计，学科教学设计对单元教学设计和课堂教学设计等起到整体的规划、协调和沟通、互补的作用。人们一般所说的教学设计主要指单元教学设计和课堂教学设计，但问题是直接进行单元教学设计和课堂教学设计，极易产生单元与单元之间、单元内部的课时之间的知识内容与实践操作的割裂。为此，进行教学设计时，必须重视整体的设计。

7.1.1.2　教学设计的特征

教学设计的基本特征如下：

（1）以系统思想和方法为指导，探索解决教学问题的有效方案，目的是实现效果好、效率高和富有吸引力的教学，最终促进学员的学习和个性的发展。教学设计活动是一种系统而非偶然的随意的活动，需要考虑系统与要素、结构与功能、过程与状态之间的关系而进行综合设计。

（2）以关于学和教的科学理论为基础。由于这种科学理论是对教学现实的假设性说明，因此教学设计的产物是一种规划、一种教学系统实施的方案或能实现预期功能的教学系统。

（3）重视学习背景和对学员的分析。教学设计是一种产生学习经验和创造学习环境，提高学员获得特定知识、技能的效率和兴趣的过程，而学员的学习总是在一定的背景下发生的。通过学习背景分析，能为后续教学设计的决策提供依据和指导；进行学员分析，能使设计的方案更符合学员的需要。应该认识到，在信息时代，这一特征更加凸显出来了。

（4）教学设计既遵循科学性又体现艺术性。科学性保证了教学设计工作的合理、有效，艺术性反映了教学设计的创造性。因此，教学设计活动是一种具有决策性和创造性的研究和实践活动，它是背景范畴、经验范畴和组织化的知识范畴等三方面综合作用的产物。

7.1.2 教学设计的理论基础

教学设计是综合多种学科理论和技术研究成果的学科，其主要理论基础有学习理论、教学理论、系统理论和传播理论，每一种理论都从不同的视野对教学设计的形成与发展产生重要的影响。

7.1.2.1 以学习理论为基础做教学设计

学习理论是探究人类学习的本质及其形成机制的心理学理论，而教学设计是为学习而创造环境，是根据学员的需要设计不同的教学计划，充分发挥人类的潜力，因此，教学设计必须要广泛了解学习及人类行为，以学习理论作为其理论基础。

由于研究者的哲学观点和研究方法不同，当代学习理论分化为行为主义学派和认知学派。行为主义者认为人类的心理行为是内隐的，不可直接观察和测量，可直接观察和测量的是个体的外显行为。他们主张用客观的方法来研究个体的客观行为，并提出"心理即是行为"的观点。行为主义特别强调外部刺激的设计，主张在教学中采用小步子呈现教学信息。如果学员出现正确的反应，要及时予以强化。虽然行为主义将从动物的机械学习实验中所得出的结论不加任何约束条件地应用于教学，其做法后来受到许多严厉的批评，但行为主义学习理论中重视控制学习环境、重视客观行为与强化的思想、尊重学员自定步调的个别化学习的策略至今仍具指导意义。特别是在行为矫正（即态度的学习）方面，行为主义的贡献是其他学习理论所不能比的。

随着脑科学的发展，人们对心理认知的研究逐渐增多，认知学派占据了主导地位。认知学派否定了行为主义所倡导的学习是机械的、被动的观点，主张研究个体的内部心理活动。认知学派认为学习是个体积极的信息加工过程，教学应该按照信息的心理加工顺序准备教学活动。认知学派对教学设计的主要启示包括：

（1）学习过程是一个学员主动接受刺激、积极参与知识建构和积极思维的过程。

（2）学习受学员原有知识结构的影响，新的信息只有被原有知识结构所容纳（通过同化与顺应过程）才能被学员所接受。

（3）要重视学科结构与学员认知结构的关系，以保证发生有效的学习。

（4）教学活动的组织要符合学员信息加工模型。

因此，教学设计过程要特别重视学员和学习内容的分析，确保学科结构与学员认知结构的协调性，按照信息加工模型来组织教学活动。

7.1.2.2 以教学理论为基础做教学设计

学习理论虽然为教学设计提供了许多有益的启示，但它本身并不研究教学。揭示教学的本质和规律是教学理论的任务。要进行教学设计，不但要有正确的学习观，还要对教学规律有清楚的认识。

古今中外关于教学论的思想源远流长。中国古代以孔孟为代表的儒家教学思想中关于教的方法、学的方法以及教与学关系上的观点，如学而知之、举一反三、因材施教等，对于今天的教学与教学设计仍有不少的启迪。教学设计从指导思想到教学目标、教学内容的确定和学员的分析，从教学方法、教学活动程序、教学组织形式等一系列具体教学策略的选择和制定到教学评价，都是从各种教学理论中吸取精华、综合运用来保证设计过程的成功。

7.1.2.3 以系统方法为基础做教学设计

教学系统设计以系统方法为其核心思维方式，其目的是设计一个有效的教与学的系统。教学系统是由一定数量相互联系的组成部分有机结合起来，具有某种教学功能的综合体。教学系统设计的系统观，就是强调从整体性来看待影响教学成效的各种条件，强调将各个部分有机地联合起来构成一个整体，各个环节相互关联。

所谓系统方法，就是运用系统论的思想、观点，研究和处理各种复杂的系统问题而形成的方法，即按照事物本身的系统性把对象放在系统中加以考察的方法。它侧重于系统的整体性分析，从组成系统的各要素之间的关系和相互作用中去发现系统的规律性，从而指明解决复杂系统问题的一般步骤、程序和方法。无论是宏观教学设计，还是微观教学设计，都强调系统方法的运用。系统方法对于教学设计的形成与发展具有重要的作用，主要表现在：

（1）教学设计首先是把教育、教学本身作为整体系统来考察，并运用系统方法来设计、开发、运行和管理，即把教学作为一个整体来进行设计、实施和评价，使之成为具有最优功能的系统。

（2）教学设计综合了教学系统的各个要素，将运用系统方法的设计过程模式化，提供一种实施教学设计的可操作的程序与技术。系统分析技术、解决问题的优化方案选择技术、解决问题的策略优化技术以及评价调控技术等，构成了系统方法的体系和结构。系统论的观点与方法给教学系统设计实践提供了有效的指导思想，是目前教学设计所采用的最基本方法和技术。

（3）系统理论的发展使人们开始重新审视教学系统，将教学系统作为一个子系统置于社会大系统中，大大拓宽了教学系统设计研究的视野，不仅关注教学系统内部的结构，而且将教学系统与具有提供学习资源潜在可能性的社会系统联系起来。

7.1.2.4 以传播理论为基础做教学设计

按照信息论的观点，教学是由教师的教和学员的学所组成的一种互动的教育活动，是一种信息传播，特别是教育信息传播的过程。因此，传播理论自然成了教学设计的理论基础之一。

传播理论的研究范围很广，它探讨的是自然界一切信息传播活动的共同规律。传播理论虽然不单纯研究教学现象，但可以把教学过程看成是信息的双向传播过程，包括信息从教师或媒体传播到学员的过程和信息从学员传播到教师的过程，也即师生人际交流的过程（当然教学过程不只存在师生交流这一种交流活动）。这样就可以利用传播理论来解释教学现象，找出某些教学规律。

传播理论对教学设计的一大贡献是它的信息传播模式（如图 7-1）。从信息传播模式可以看出，教学传播过程所涉及的要素及各要素之间的动态相互关系，说明教学过程是一个复杂的、双向的动态过程，传播过程的教师、学员、媒体（传播通道）的设计也构成了教学设计过程的基本要素。师生之间的有效交流是教学成功的必要条件之一。从图 7-1 中的信息传播模式中可以看出，在师生交流过程中，信息的传播会受到许多干扰。例如，在课堂教学过程中，如果教师口齿不清或存在噪声，就会使学员很难准确接收教师所讲述的内容。如果教师的语言组织不当或媒体设计不当，那么就有可能造成词不达意，传播了不准确甚至有错误的信息，这种干扰存在于编码过程中。如果学员的阅读能力不够强，那么他将很难从语言材

图 7-1　师生间的信息传播模式

料中获取有效信息，这种干扰存在于译码过程。从传播的角度来看，教学设计者要能够预见到可能的干扰，并利用有效手段消除传播过程中的干扰。

7.2　教学设计的模式

7.2.1　教学设计的典型理论

7.2.1.1　加涅的教学设计理论

美国著名教育心理学家罗伯特·米尔斯·加涅（Robert Mills Gagne，1916—2002 年）对教学设计理论的建立做了开创性的工作，他的教学设计思想比较丰富，其核心思想是"为学习设计教学"，他认为教学必须考虑影响学习的全部因素，即学习的条件。学习的条件又分为内部条件和外部条件。

在加涅看来，学习的发生要同时依赖外部条件和内部条件，教学的目的就是为了合理安排可靠的外部条件，以支持、激发、促进学习的内部条件，这就需要对教学进行整体设计，从教学分析、展开及评价等方面做出一系列事先筹划，即进行教学设计。因为学习的过程有许多有顺序的阶段，所以教学也有相应的阶段。由此，加涅从学习的内部心理加工过程的 9 个阶段演绎出了 9 阶段教学事件，如表 7-1 所示。加涅特别指出，表 7-1 中的 9 个教学事件的展开是可能性最大、最合乎逻辑的顺序，但也并非机械刻板、一成不变的。更重要的是，丝毫不意味着在每一堂课中都要提供全部教学事件。如果学员在学习过程中自行满足了某些阶段的要求，则相应的教的阶段就可以不出现。

表 7-1　教学事件与学习过程的关系

教学事件	内部心理加工过程
1. 引起注意	接受神经冲动的模式
2. 告诉目标	激活监控程序
3. 刺激对先前学习的回忆	从长时记忆中提取原有相关知识进入工作记忆
4. 呈现刺激材料	形成选择性知觉
5. 提供学习指导	进行语义编码（以利于记忆和提取）
6. 诱发学习表现	激活反应组织
7. 提供反馈	建立强化
8. 评价表现	激活提取和促成强化
9. 促进记忆和迁移	为提取提供线索和策略

加涅将学习结果分为五种类型：言语信息、智慧技能、认知策略、动作技能和态度。由于不同的学习结果需要不同的学习条件，每一种教学事件在具体运用上又有不同的要求。因此，加涅在分析学习条件时，根据实验研究和经验概括，详尽地区分了不同学习结果对每一种教学事件的要求。

加涅的教学设计理论除了上述基本原理外，还包括在基本原理基础上衍生出的许多具体的教学设计原理，如在教学中正确处理言语信息、智慧技能和认知策略三类习得的性能相互作用原理，通过任务分析导出教学过程和方法的原理；教学目标制约教学媒体选择与运用的原理以及开发的一系列实施其教与学思想的教学设计技术，诸如用五成分陈述教学目标的技术、任务分析技术、教学媒体选择与运用的技术以及教学结果测量与评价的技术等，形成了一套完整的教学设计理论框架与体系。

7.2.1.2 瑞格卢斯的教学设计理论框架

美国著名的教学设计专家瑞格卢斯（C. M. Reigeluth）对教学设计理论提出了很多富有创见的观点。他提出了建立关于教学设计理论知识库的构想。他把教学理论的变量分为教学条件、教学策略和教学结果，并进一步把教学策略变量细分为教学组织策略、教学管理策略、教学传递策略。

教学组织策略通常可进一步分成"宏策略"和"微策略"两类。宏策略组织教学的原则是要揭示学科知识内容中的结构性关系，也就是各个部分之间的相互作用及相互联系；微策略则强调按单一主题组织教学，其策略组件包括定义、例题和练习等。在实际教学中，宏策略用来指导对学科知识内容的组织和对知识点顺序的排列，它是从全局来考虑学科知识内容的整体性以及其中各个部分之间的相关性；微策略则为如何教特定的学科内容提供处方，它考虑的是一个个概念或原理的具体教学方法。瑞格卢斯的细化理论为教学内容的组织提供了符合认知学习理论的宏策略。

7.2.1.3 梅瑞尔的成分显示理论

由于细化理论只强调对学科知识内容的组织及教学内容顺序的安排，而未提供对实际教学过程的具体指导，即未涉及教学组织的微策略。因此，仅有细化理论还是不够的，在教学过程中通常应把它和成分显示理论结合在一起运用，才能获得最理想的效果。

图 7-2 梅瑞尔的"目标-内容"二维模型

梅瑞尔（David Merrill）首先提出了一个有关知识的描述性理论，认为知识由行为水平和内容类型构成了两维分类。它的行为维度是记忆、运用和发现；它的内容维度是事实、概念、过程和原理。该理论的基本内容可通过一个"目标-内容"二维模型（如图 7-2）来说明。

该模型按照教学目标的要求（希望学员应达到的能力）设计，其横轴代表教学内容类型，包含事实性、概念性、过程性和原理性 4 种。除了增加简单的事实性内容以外，其余 3 种和细化理论中划分的 3 种教学内容类型相同。纵轴代表教学目标等级，由低到高依次分为记忆、运用和发现三级。由图 7-2 可见，将目标和内容二者结合，本来可以组合出 12 种教学活动成分，但由于事实性知识一般只要求记忆（能记住该事实就能运用，而且也不需要去发现"事实性知识"），所以在图 7-2 中删去了"运用事实"和"发现事实"这两种成分，这样就剩下 10 种不同类型的教学活动成分。根据成分显示理论，作为一般的指导方针，这 10 种教学活动成分与各种教学目标之间的关系应如表 7-2 所示。在表 7-2 中清楚地显示出每一种教学活动成分和学员应达到的能力要求之间有一一对应的关系，这正是"成分显示理论"名称的由来。

表 7-2　教学活动成分与学员能力对应表

教学活动成分	学员应达到的能力	
	行为目标	教学目标的阐述
记忆事实	能回忆出事实	能写出、能描绘、能指定、能选择有关事实
记忆概念	能陈述定义	能写出、能描述有关概念的定义
记忆过程	能陈述步骤	能作出流程图、能列出过程的步骤、能对步骤排序
记忆原理	能说明关系	能用文字描述或用图表、曲线表示有关原理中事物之间的关系
运用概念	能分析概念	能区别概念的本质属性与非本质属性
运用过程	能演示过程	能实际操作、演示该过程（包括测量、计算、绘图等）
运用原理	能运用原理	能把所学原理应用于新情境，又能预测和解释所得出的结果
发现概念	能发现概念间的关系	能对概念分类，并发现概念之间的各种关系（例如，上下位、类属及并列等关系）
发现过程	能设计新过程	能设计、分析并验证新过程
发现原理	能发现事物的性质规律	能通过观察、分析、实验发现事物之间的内在联系及性质

有了表 7-2 给出的对应关系，就为制定教学过程的具体处方（即教学组织的微策略）提供了切实可靠的依据。任何教学设计人员有了这种依据，都不难根据其实际教学内容制定出相应的微策略。

瑞格卢斯等人的细化理论和梅瑞尔的成分显示理论一起构成了一个完整的教学设计理论。前者是关于教学内容的宏观展开，它揭示学科内容的结构性关系，可用来指导学科知识内容的组织和知识点顺序的安排；后者则考虑教学组织的微策略，即能提供微观水平的教学处方，给出每个概念或原理的具体教学方法。

7.2.2　教学设计的过程模式

7.2.2.1　教学设计过程模式的含义

教学设计过程模式是连接教学设计理论和实践应用之间的桥梁。教学设计过程模式是在教学设计的实践当中逐渐形成的一套程序化的步骤，其实质是说明做什么，怎样去做，而不是为什么要这样做。教学设计过程模式指出了以什么样的步骤和方法进行教学的设计，是关于设计过程的理论。

教学设计过程模式具备以下几个基本特点：①以特定的理论为基础，在教学设计的实践过程中形成，是教学设计实践的简化形式。②可以用来指导不同背景下的教学项目设计，并为实现特定的目标服务。③以文字或图表的形式进行描述，或者将两者结合进行描述。

7.2.2.2　几种主要的教学设计过程模式

教学设计的过程模式是一套程序化的步骤，不同的教学设计过程模式包含的步骤不尽相同。从教学设计过程模式的理论基础和实施方法来看，主要有三大类：以教为主的教学设计模式；以学为主的教学设计模式；"教师为主导、学员为主体"的教学设计模式（简称"主导-主体"模式）。其中，以教为主的教学设计模式由于学习理论基础的不同，又可分为基于行为主义学习理论（ID1）、基于认知主义学习理论（ID2）。

（1）以教为主的教学设计模式。

① 肯普（J. E. Kemp）模式。该模式是 ID1 的代表模式，模式的特点可用三句话概括：在教学系统设计过程中应强调四个基本要素，需着重解决三个主要问题，要适当安排十个教学环节（如图 7-3）。

图 7-3　肯普模式

a. 四个基本要素。指教学目标、学员特征、教学资源和教学评价。肯普认为，任何教学系统设计过程都离不开这四个基本要素，由它们即可构成整个教学设计模式的总体框架。

b. 三个主要问题。学员必须学习到什么（确定教学目标）；为达到预期的目标应如何进行教学（即根据教学目标的分析确定教学内容和教学资源，根据学员特征分析确定教学起点，并在此基础上确定教学策略、教学方法）；检查和评定预期的教学效果（进行教学评价）。

c. 十个教学环节。确定学习需要和学习目的，为此应先了解教学条件（包括优先条件和限制条件）；选择课题和任务；分析学习者特征；分析学科内容；阐明教学目标；实施教学活动；利用教学资源；提供辅导性服务；进行教学评价；预测学生的准备情况。

教学设计是很灵活的过程，可以根据实际情况和教师自己的教学风格从任一环节开始，并可按照任意的顺序进行；此外，评价与修改贯穿于整个教学过程的始终。

这种模式由于具有较强的实用性和可操作性，同时允许教师按自己意愿来安排教学的各个环节，即具有灵活性，所以多年来，它在世界范围内产生过较大影响，并成为 ID1 教学设计模式的代表作。

② 史密斯-雷根模式。该模式是 ID2 的代表性模式，该模式较好地实现了行为主义与认知主义的结合，较充分地体现了"联结-认知"学习理论的基本思想。这种模式（如图 7-4）很好地吸收了瑞格卢斯的教学策略分类思想，并把重点正确地放在教学组织策略上。需要说明的是，在 ID1 中，学员特征分析仅仅考虑学员的学习基础和知识水平，而在 ID2 中，除此

以外，还应考虑学员的认知特点与认知能力。

图 7-4　史密斯-雷根模式

（2）以学为主的教学设计模式。这种基于建构主义的教学系统设计模式，如图 7-5 所示。

图 7-5　以学为主的教学设计模式

a.教学目标分析。对整门课程及各教学单元进行教学目标分析，以确定当前所学知识的"主题"（即与基本概念、基本原理、基本方法或基本过程有关的知识内容）。

b.学习者特征分析。学员特征分析关注学员的智力因素和非智力因素，其中智力因素分析主要包括学员的知识基础、认知能力和认知结构变量分析。

c.学习情境创设。建构主义认为，学习总是与一定的社会文化背景，即"情境"相联系的，创设与当前学习主题相关的、尽可能真实的情境，有利于唤醒长时记忆中有关的知识、经验或表象，从而使学员能利用自己原有认知结构中的有关知识与经验去同化当前学习到的新知识，或者对原有认知结构进行改造与重组。

d.信息资源的设计与提供。信息资源的设计，是指确定学习本主题所需信息资源的种类和每种资源在学习本主题过程中所起的作用。对于应从何处获取有关的信息资源，如何去获取（用何种手段、方法去获取）以及如何有效地利用这些资源等问题，如果学员确实有困难，教师应及时给予帮助。

e.自主学习设计。自主学习设计是整体以学为中心，是教学系统设计的核心内容。在以学为中心的建构主义学习环境中，常用的教学方法有支架式教学法、抛锚式教学法和随机进入教学法等。根据所选择的不同教学方法，对学员的自主学习应进行不同的设计。

f.协作学习设计。设计协作学习环境的目的是在个人自主学习的基础上，通过小组讨论、协商，以进一步完善和深化对主题的意义建构。整个协作学习过程均由教师组织引导，讨论的问题皆由教师提出。

g.学习效果评价设计。包括小组对个人的评价和学员本人的自我评价。评价内容主要围绕三个方面：自主学习能力；协作学习过程中作出的贡献；是否达到意义建构的要求。

（3）"主导-主体"模式。即以"教师为主导、学员为主体"的教学设计模式，该模式兼顾了以教为主和以学为主两种模式的特点，是上述两种模式的中和。方法的详细步骤本节不予重复介绍。

7.2.2.3 教学设计过程模式的基本要素

随着理论研究的深入和实践领域的拓展，人们对构成教学设计过程模式的基本要素的认识也是发展的。各种教学设计模式大都认为：对象、目标、方法和评价是教学设计过程模式的四个相互联系、相互制约的基本要素。在梳理和分析了系统化教学设计和整体化教学设计的基础上归纳得出，教学设计过程模式的基本要素是分析、设计、开发、实施和评价，即如图 7-6 所示的 ADDIE（analysis，design，development，implementation and evaluation）模式。

图 7-6　教学设计的核心要素

尽管很多模式都包括上述要素，但对要素本身的解释和阐明是不同的，模式构建的背景和适用的场合也是不同的。设计者在实施教学设计时，教学设计过程模式的选择不是随心所欲的，而应根据设计对象的特定需要有针对性地选择适宜的教学设计过程模式。当然，设计者也可以结合设计的需要，局部修改选用的教学设计过程模式，以便更好地开展设计过程。

7.3　基于过程模式的教学设计实施

完整的教育教学设计过程一般包括以下部分：教学设计的前端分析；教学目标的阐明；教学策略的制定；教学设计方案的编写；教学设计的评价与修改。上述各部分相互联系、相互制约，组成一个有机的教学系统，但并非是线性、直线式的关系。

7.3.1　教学设计的前端分析

教学设计的前端分析主要包括学习需要分析、学习任务分析、学员分析、学习背景分析。

（1）学习需要分析是以系统的方式找出学员在学习方面的当前状态与所期望达到的状态之间的差距。其核心是了解问题以及解决问题的必要性和可行性，据此提出解决方案。只有先明确问题及其原因，才可能找出合适的解决方法。

（2）学习任务分析是教学设计中最为关键的教学资源分析阶段。学习任务不仅是制定教学目标的依据，也是未来教学的核心内容。即使教师具有丰富的经验，但也不能忽略由学习理论指导的任务分析工作。

（3）学员分析的目的是了解学员的学习准备状态（包括学员学习起点水平的分析和认知发展水平的分析）、学习风格与学习动机等因素。教学设计的一切活动都是为了学员的学，因此学员分析为教学设计的一切活动提供了依据。

（4）学习背景是指持续影响学员学习的、由多因素组成的复杂系统。所谓学习背景分析就是考察各种影响学员学习的因素。在教学设计中，通过上述内容的分析，可以为教学目标的阐明、教学策略的制定、教学设计方案的编写、评价试题的编制、教学设计的形成性评价提供充分的理论依据。

7.3.2　教学目标的阐明

在教学设计前端分析的基础上，就可以阐明学员通过教学后所要达到的结果性或过程性目标，这些目标的明确化和具体化的过程就是教学目标的阐明。教学目标不仅是编制评价试题的依据，而且也是教学策略制定、教学设计形成性评价实施的依据。在教学设计中，教学目标阐明具有非常重要的地位。

7.3.2.1　教学目标的构成要素

根据梅格的研究，教学目标由三要素组成，即行为（behavior）、条件（condition）和标准（degree）。为了便于记忆与使用，有学者在梅格的三要素基础上加了对象（audience）要素，于是就有了教学目标的 ABCD 要素。

7.3.2.2 教学目标的具体编写方法

（1）教育对象 A 的表述。教学目标的表述中应注明教学对象，例如，"企业专职安全管理人员""参加在职培训的企业员工"等。有的人还主张要说明对象的基本特点。

（2）行为 B 的表述。在教学目标中，行为的表述是最基本的成分，说明学员在教学结束后，应该获得怎样的能力。描述行为的基本方法是使用一个动宾结构的短语，其中行为动词说明学习的类型，宾语则说明学习的内容。例如，"操作""说出""列举""比较"等都是行为动词，在它们后面加上动作的对象，就构成了教学目标中关于行为的表述，如：（能）操作数控机床；（能）说出安全检查的内容；（能）列举安全教育的种类等。在这样的动宾结构中，宾语部分与教学内容有关，教师都能很好掌握。

（3）条件 C 的表述。条件表示学员完成规定行为时所处的情境，即说明在评价学员的学习结果时，应在哪种情况下评价。例如，针对教学目标要求学员"能写出一篇 3000 字左右的安全检查总结报告"的这一行为，其行为则可能是"在哪些提示下？有哪些资料的帮助下？利用什么工具？多长时间？"等条件下完成。

条件包括下列因素：①环境因素（空间、光线、气温、室内外噪声等）；②人的因素（个人单独完成、小组集体进行、各人在集体的环境中完成、在教师指导下进行等）；③设备因素（工具、设备、图纸、说明书、计算器等）；④信息因素（资料、教科书、笔记、图表、词典等）；⑤时间因素（速度、时间限制等）；⑥问题明确性的因素（为引起行为的产生，提供什么刺激和刺激的数量）。

（4）标准 D 的表述。标准是行为完成质量可被接受的最低程度的衡量依据。对行为标准做出具体描述，是为了使教学目标具有可测量的特点。标准一般从行为的速度、准确性和质量三方面来确定。教学目标中，有些条件和标准较难区别。

在一个教学目标中，行为的表述是基本部分，不能省略。相对而言，条件和标准是两个可选择的部分。在编写教学目标时，可以不必将条件、标准一一列出。在运用 ABCD 模式编写具体的教学目标时，应注意以下几个方面：

（1）教学目标的行为主体须是学员，而不是教育教师。在这个意义上，诸如"培养学员的安全设备操作能力"这样的目标表述是不恰当的。因为它的行为主体是教师而不是学员。这样表述意味着只要教师组织学员进行了相关活动，目标就算达成。至于学员达到了多少预期的学习结果，则常常被忽略。

（2）教学目标须用教学活动的结果而不能用教学活动的过程或手段来描述。在这个意义上，诸如"学员应受到观察的训练"也是一个不合格的目标表述。虽然这一目标的行为主体是学员，但它没有表达教学活动最终要达到的结果。可以这样表述，"企业职工在观察工作场景时，应能将不同程度的安全隐患分别标记出来，准确率达 95%。"显然"将不同程度的安全隐患分别标记出来"表达了具体的、可观察的教学结果。

（3）教学目标的行为动词须是具体的，而不能是抽象的。所谓具体，是指这一动词所对应的行为或动作是可观察的，像"知道""理解""掌握"等抽象动词，由于含义较广，各人均可从不同角度理解，给以后的教学评价带来困难。尽管这些词语可用来表述总括性的课程目标和单元目标，但在编写教学目标时应避免使用。

7.3.2.3　教学目标阐明的主要方法

（1）行为术语法。所谓行为术语法，就是用可以观察或测量的行为动词来描述教学目标的方法。结果性目标大都采用行为术语法来描述。

（2）表现性目标表述法。表现性目标表述法是指不需要精确陈述学员学习结束后的结果的方法，该方法主要针对属于内部心理过程或体验等目标。它主要用于描述过程与方法、情感态度与价值观的目标。

（3）内部心理和外显行为相结合的方法。行为目标虽然避免了用传统方法表述目标的含糊性，但它本身也有缺点：只强调了行为结果，而未注意内在的心理过程，因而可能引导人们只注意学员外在行为变化，而忽视其内在的心理变化。此外，在具体的教学实践中，还有许多心理过程无法行为化。因此，为了兼顾学员内部心理过程的变化和可观察的外在行为变化，有人提出可以采取内外结合的方法来表述具体的学习目标。

7.3.3　教学模式和教学策略的选择与实施

如何帮助学员达到预定的教学目标，这是"如何教"的问题，即教学策略的制定。本节讨论教学模式或教学策略中的有些内容与第6章介绍的常用教学方法部分有相似之处，但第6章仅仅是方法的介绍，而本节是从模式或策略的层面加以分析和总结，更具普遍意义。

7.3.3.1　教学策略与教学模式

（1）教学策略。教学策略是指教师在课堂上为达到课程目标而采取的一套特定的方式或方法。教学策略要根据教学情境的要求和学员的需要随时发生变化。在各种教学理论与教学实践中，绝大多数教学策略都涉及如何提炼或转化课程内容的问题。

教学策略是在教学目标确定以后，根据已定的教学任务和学员的特征，有针对性地选择与组合相关的教学内容、教学组织形式、教学方法和技术，形成具有效率意义的特定教学方案。教学策略具有综合性、可操作性和灵活性等基本特征。

教学策略是为了达成教学目的，完成教学任务，而在对教学活动清晰认识的基础上对教学活动进行调节和控制的一系列执行过程。

尽管对教学策略的内涵存在不同的认识，但在通常意义上，人们将教学策略理解为：在不同的教学条件下，为达到不同的教学结果所采用的手段和谋略，它具体体现在教与学的交互活动中。

（2）教学模式。国内外有关教学模式的定义比较多，例如：教学模式不仅是一种教学手段，而且是对教学原理、教学内容、教学的目标和任务、教学过程直至教学组织形式的整体、系统的操作样式，这种操作样式是加以理论化的。教学模式是在一定的教育理念支配下，对在教育实践中逐步形成的、相对稳定的、较系统而具有典型意义的教育体验，加以一定的抽象化、结构化把握所形成的特殊理论模式。

上述两种关于教学模式的定义分别从不同的侧面揭示了教学模式这一术语的含义。从这些定义可以看出，教学模式至少具备以下特点：①在一定理论指导下；②需要完成规定的教学目标和内容；③表现一定的教学活动序列及其方法策略。

一个完整的教学模式应该包含主题（理论依据）、目标、条件（手段）、程序和评价五个要素。这些要素具有不同的地位，起不同的作用，具有不同的功能，它们之间既有区别，又彼此联系，相互蕴含、相互制约，共同构成了一个完整的教学模式。

因此可以认为，教学模式是在一定的教育思想、教学理论和学习理论指导下，为完成特定的教学目标和内容而围绕某一主题形成的，比较稳定且简明的教学结构理论框架及其具体可操作的教学活动方式，通常是两种以上方法策略的组合运用。可见，教学模式属于方法策略的范畴，但又不等同于一般的方法策略。一般的方法策略是指单一的方法、单一的策略，教学模式则是指两种以上方法策略的组合运用。教学模式是教学理论与教学实践的桥梁，既是教学理论的应用，对教学实践起直接指导作用，又是教学实践的理论化、简约化概括，可以丰富和发展教学理论。

（3）教学策略和教学模式的区别。教学策略是指在不同的教学条件下，为达到不同的教学结果所采用的方式、方法、媒体的总和，它具体体现在教与学的交互活动中；教学模式通常是指为达到既定的教学目的，实现既定的教学内容，在教学原则指导下，借助一定的教学手段而进行的教师与学员相互作用的活动方式和措施，既包括教师教的方法，也包括学员学的方法，是教法和学法的统一。

如果从指导解决问题的教育、教学观念和思想出发，可以大致将教学策略和教学模式划分为三大类：以教为主的教学模式和策略，以学为主的教学模式和策略，以及"学教并重"的教学模式与策略。

以教为主的教学模式和以学为主的教学模式各有优缺点，应该将二者结合起来，互相取长补短，优势互补，则可相得益彰。"学教并重"的教学模式和教学设计也正是基于这种考虑而提出的，"学教并重"的教学模式与策略是上述两者的有机结合和灵活运用。当前的教育非常重视培养学员的合作精神和协作能力，无论是以教为主的教学还是以学为主的教学，都要求重视协作学习的设计。

7.3.3.2 典型的以教为主的教学模式和策略

（1）接受学习模式与先行组织者教学策略。教学过程是一个特殊的认知过程，学员主要是接受间接知识，这一特殊性决定了学员获取大量知识必须是接受性的。但把言语讲授和接受学习不能变成空洞的说教和机械模仿，教师需要将有潜在意义的学习材料同学员已有认知结构联系起来，融会贯通；学员也能采取相应的有意义学习的过程，即学员在学习新知识的过程中，积极主动地从原有的知识结构中提取出最易于与新知识联系的旧知识。这样，新旧知识在学员的头脑中会发生积极的相互联系和作用，导致原有认知结构的不断分化和重新组织，使学员获得关于新知识方面明确而稳定的意义，同时原有的知识在这一同化过程中发生了意义上的变化，使具有潜在意义的学习材料转化为学员的认知结构。

先行组织者教学策略的教学过程主要由三个阶段组成，其具体内容如表7-3所示。

表7-3 先行组织者教学策略

	教学过程	教学活动
阶段1	呈现先行组织者	阐明本课的目的 呈现作为先行组织者的概念；确认正在阐明的属性；给出例子；提供上下文 使学员意识到相关知识和经验

续表

教学过程		教学活动
阶段2	呈现学习任务和材料	使知识的结构显而易见 使学习材料的逻辑顺序外显化 保持注意 呈示材料 演讲、讨论、放电影、做实验和阅读有关的材料
阶段3	扩充与完善认知结构	使用整合协调的原则 促进积极的接受学习 提示新旧概念(或新旧知识)之间的关联

运用先行组织者教学策略，需要有一定的教学条件：

① 教师起呈现者、教授者和解释者的作用；

② 教学的主要目的是帮助学员掌握教材，教师直接向学员提供学习的概念和原理；

③ 教师需要深刻理解什么是有意义学习理论；

④ 学员的主要任务是掌握观念和信息；

⑤ 个人的原有认知结构是决定新学习材料是否有意义，是否能够很好地获得并保持的最重要因素；

⑥ 学习材料必须加以组织以便于同化；

⑦ 需要预先准备先行组织者。

(2)"五环节"教学模式。"五环节"的基本过程是：激发学习动机—复习旧课—讲授新课—运用巩固—检查效果。

① 激发学习动机。唤起学员注意的活动，目的在于促使学员集中注意，对上课做好心理上的准备，进入学习的情境。

② 复习旧课。复习已经学过的内容，一方面可以检查前续学习的质量，弥补教学上的不足，更为重要的是激发学员积极主动地从自己原有的知识体系中提取可以衔接新知识的旧知识，为接受新知识做好准备。

③ 讲授新课。教师按照学员的认识活动规律，组织和传授教学内容，促使学员在已有知识的基础上，掌握新知识。

④ 运用巩固。这一环节往往是组织学员练习，使之在运用新知识解决问题的过程中更进一步理解新知识，以加强新知识的掌握程度，巩固新知识。

⑤ 检查效果。检查学员对新知识的掌握情况，及时发现教学中的不足，矫正教学行为，解决教学中的问题，为后续学习和独立作业做好准备。效果检查既可以是教师组织的，也可以是学员自我检查。

(3)九段教学策略。九段教学策略(或称"九段教学法")是加涅将认知学习理论应用于教学过程而提出的一种教学策略。加涅认为，教学活动是一种旨在影响学员内部心理过程的外部刺激，因此，教学程序应当与学习活动中学员的内部心理过程相吻合。根据这种观点，他把学习活动中学员内部的心理活动分解为九个阶段，相应教学程序也应包含以下九个步骤。

① 引起注意。利用有意注意和无意注意的特点，采用不同的方法唤起和控制学员注意。引起注意的方式有很多，如：改变呈现的刺激，如声调、音量、多媒体刺激等；引起学员的兴趣，如提出他们感兴趣的问题、讲一段故事或笑话；用体态语(手势、表情)引起注意，

如教师一个"嘘"的动作、挥手动作、惊奇的表情等；指令性语言，如请仔细听、请注意等。

② 阐述教学目标。教师让学员具体了解学习的目标是什么，包括他们将学会哪些知识、会做什么等，使学员形成对学习的期望，监控和调整自己的学习活动。呈现目标的时候要注意用学员熟悉的语言。

③ 刺激回忆。在学习新知识之前，指出学习新技能所需具备的先决知识和技能，以刺激学员回忆学过的有关知识和技能，使学员了解已有知识和技能与新知识之间的联系，有利于学员建立新知识与旧知识之间的实质性联系，为实现有意义接受学习做好准备。

④ 呈现刺激材料。通过呈现具有鲜明特征的新知识材料，向学员传递与教学内容有关的教学信息，促使他们有选择地感知所学的内容。

⑤ 提供学习指导。教师根据学员对新知识的掌握和领会程度，指导学员对教学内容加以编码，帮助他们同化新知识，以促使学员理解、记忆知识，并形成技能。

⑥ 诱发学习行为（反应）。教师通过让学员积极参与教学活动，并对所呈现的信息以各种方式做出真实的反应。这样，既可以促使学员更好理解和保持所学的新知识，也便于教师判断学员的学习效果。

⑦ 提供反馈。在学员做出各种学习行为和反应后，教师要及时让学员知道学习结果，一方面使学员明确自己的理解与行为是否正确，以便及时调整自己的学习；另一方面，学员从教师的肯定性反馈中受到鼓励，既可以起强化作用，也可以帮助学员建立学习的信心，提高学习的参与度与积极性。

⑧ 评价表现。教师通过各种形式的练习与测试，促使学员进一步回忆和整合所学的知识，并对学员的学习表现做出价值判断，这也是教师检查教学效果的途径。

⑨ 促进记忆与迁移。教师采用间隔复习的方式，增强学员对已习得知识的保持，并采用提示的策略，帮助学员把这些新知识贯穿到后续的学习内容中去（纵向迁移），或把新知识运用于相似而不相同的其他情境中（横向迁移），以促使学员进一步牢固地掌握所学的知识，培养其应用所学知识与技能解决新问题的迁移能力。

上述步骤及其学员的内部心理活动可参见图 7-7。由于以认知学习理论作基础，"九段教学策略"不仅能发挥教师的主导作用，也能激发学员的学习兴趣，在一定程度上调动学员的学习主动性、积极性，建立起学与教之间的联系，再加上其实施步骤具体明确，可操作性强，因此其影响和应用都比较广泛。

（4）掌握学习模式。掌握学习（mastery learning）是美国心理学家和教育学家布卢姆（B. S. Bloom）提出的。他认为，只要用于学习的有效时间足够长，所有的学员都能达到教学目标所规定的掌握标准。所以，在集体教学中，教师要为学员提供经常、及时的反馈以及个别化的帮助，给予他们所需的学习时间，让他们都达到教学目标要求。掌握学习模式的提出主要是为了解决学员的学习效率问题，以大幅度提高学习的质量。这种模式旨在把教学过程与学员的个别需要和学习特征结合起来，让大多数学员都能够掌握所教内容并达到预期教学目标。该模式的教学过程如图 7-8 所示，主要包括以下步骤。

① 学员定向。在这一阶段，教师通过诊断性评价测查学员现有的水平，明确教学的方向，并且向学员详细说明教学目标或课题，使学员了解所谓的掌握是什么含义，应提供哪些证据证明自己已经达到教学的要求，以激发学员正确的学习动机和学习信心。

② 集体教学。掌握学习模式的设想是在不影响传统班级集体授课制的前提下，使绝大

图 7-7　加涅的九段教学策略

图 7-8　掌握学习的模式

多数学员达到优良成绩，所以其课堂教学仍采用通常的集体授课形式，但在讲授新知识之前，给予学习新知识所必需的准备知识。

　　③ 形成性测验。教师采用形成性测验了解每个学员的掌握情况，确定学员已经学会了什么，还有哪些差距和错误，并马上详细地反馈给学员。

　　④ 矫正教学。根据形成性测验结果，如果 50% 以上的学员掌握某些学习内容有困难，教师就应重新进行经过改进的再次教学或集体复习。如果只有部分学员未掌握，则将学员分成掌握组与非掌握组，对掌握组学员给予充实性教学，或者让其辅导别的学员；对于非掌握组学员，则通过小组交流、个别辅导等措施进行有针对性的个别矫正工作。矫正工作可以安排在课外进行，也可以部分或全部占用课堂教学时间。

　　⑤ 再次形成性测验。在这个阶段，教师对学员进行第二次测试，要求这次形成性测验的试题水平与第一次形成性测验是一致的，但指向更明确，主要针对第一次测验中未能掌握的内容，或是学员易犯的错误，学员只需回答第一次测试时未做对的题目。如仍有差错，则再设法用其他的方式予以纠正；如掌握正确率达到 80%～85% 即为通过，并转入下一个单元的学习。

从上述流程可以看出，形成性评价是掌握学习的重要手段，其目的是检查每个学员是否都已掌握了完成下一个学习任务所必需的知识和技能。

（5）情境-陶冶教学策略。情境-陶冶教学策略有时也称暗示教学策略，主要通过创设某种与现实生活类似的情境，让学员在思想高度集中但精神完全放松的情境下进行学习。该教学策略主要由以下几个步骤组成。

① 创设情境。教师通过语言描绘、实物演示和音乐渲染等方式或利用教学环境中的有利因素为学员创设一个生动形象的场景，激起学员的情绪。

② 自主活动。教师安排学员加入各种游戏、操作等活动中，使学员在特定的气氛中积极主动地从事各种智力活动，在潜移默化中进行学习。

③ 总结转化。通过教师的启发总结，使学员领悟所学内容的情感基调，达到情感与理智的统一，并使这些认识和经验转化为指导其思想、行为的准则。

（6）示范-模仿教学策略。示范-模仿教学策略也是教学中常用的一种策略，它主要用于动作技能类的教学内容，包括一些操作技能的学习，该策略主要由以下步骤组成。

① 动作定向。教师向学员阐明需掌握的行为技能及技能的操作原理，同时向学员演示具体动作，使学员明确要学会的行为技能的要求。

② 参与性练习。教师指导学员模仿练习一个个分解的动作，并及时提供反馈信息，消除不正确的动作，强化正确的动作，使学员对所学的动作的掌握逐渐走向精确、熟练。

③ 自主练习。在这一阶段，学员已基本掌握了动作要领，可以将单个的技能结合成整体技能，通过反复练习，使技能更加熟练。

④ 技能的迁移。学员动作技能基本达到自动化的程度，可以不需要思考便能完成行为技能的操作步骤，并且可以把获得的技能与其他技能组合，构成更为综合性的能力。

由于学员的需求不同、教学目标和教学内容不同，不存在适用于一切教学活动的最优教学策略。教学设计者必须掌握一系列适用于不同目标、内容及对象的各种教学策略，才能在教学设计中选取并综合运用各种教学策略，创造出最有效的教学环境，取得最佳的教学效果。

7.3.3.3 典型的以学为主的教学模式与策略

在以学为主的教学设计中，自主学习策略的设计是最核心的环节，是促进学员主动完成意义建构的关键性环节。自主学习策略的具体形式比较丰富，但始终是贯穿"自主探索、自主发现"这条主线，其核心是要发挥学员学习的主动性、积极性，充分体现学员的认知主体作用，其着眼点是如何帮助学员"学"，因此，通常被称为"以学为主的学习策略"或"发现式"教学策略。目前在国内外比较流行的自主学习模式和策略主要有以下几种。

（1）发现学习模式。发现学习是指让学员通过自己经历知识发现的过程来获取知识、发展探究能力的学习和教学模式，它所强调的是学员的探究过程，而不是现有知识。教师的主要任务不是向学员传授现成的知识，而是为学员的发现活动创造条件、提供支持。所谓发现，当然不只限于发现人类尚未知晓的事物，主要是学员的"再发现"。

发现学习的基本过程是让学员通过对具体事例的归纳来获得一般法则，并用它来解决新的问题，其大致步骤包括：

① 问题情境。教师设置问题情境，提供有助于形成概括结论的实例，让学员对现象进行观察分析，逐渐缩小观察范围，将注意力集中在某些要点上。

② 假设-检验。通过分析、比较，对各种信息进行转换和组合，让学员提出假说。而后

通过思考讨论，以事实为依据对假说进行检验和修正，直至得到正确的结论，并对自己的发现过程进行反思和概括。

③ 整合与应用。将新发现的知识与原有知识联系起来，纳入认知结构的适当位置。运用新知识解决有关问题，促进知识的巩固和迁移。

这种教学模式既关注学员对基本概念和原理的提取、应用，也关注学员在发现过程中的思维策略、探究能力和内在动机的发展，因此，有利于培养学员的探索能力和学习兴趣，有利于知识的保持和应用。但是，这种学习往往需要用更多的时间，效率较低，此外，它对学员的要求较高。

（2）支架式教学策略。所谓支架，是指教师所能提供给学员、帮助学员提高现有能力的支持的形式。支架的形式包括认知模型、揭示或给予线索、帮助学员在停滞时找到出路、通过提问帮助他们去诊断错误的原因并且发展修正的策略、激发学员达到任务所要求的目标的兴趣及指引学员的活动朝向预定目标。通过这种支架作用，不停顿地把学员的智力从一个水平提升到另一个新的更高水平，真正做到使教学走在发展的前面。

支架式教学策略由以下几个步骤组成：

① 搭脚手架。围绕当前学习主题，按"最邻近发展区"的要求建立概念框架。

② 进入情境。将学员引入一定的问题情境（概念框架中的某个层次）。

③ 独立探索。让学员独立探索。探索内容包括确定与当前所学概念有关的各种属性，并将这些属性按其重要性大小顺序排列。探索开始时要先由教师启发引导（例如演示或介绍理解类似概念），然后让学员自己去分析；探索过程中教师要适当提示，帮助学员沿概念框架逐步攀升。起初的引导、帮助可以多一些，以后逐渐减少，最后要争取做到不需教师引导，学员自己能在概念框架中继续攀升。

④ 协作学习。进行小组协商、讨论，讨论的结果有可能使原来确定的、与当前所学概念有关的属性增加或减少，各种属性的排列次序也可能有所调整，并使原来多种意见相互矛盾，且态度纷呈的复杂局面逐渐变得明朗、一致起来。在共享集体思维成果的基础上获得对当前所学概念比较全面、正确的理解，即最终完成对所学知识的意义建构。

⑤ 效果评价。对学习效果的评价包括学员个人的自我评价和学习小组对个人的学习评价，评价内容包括：自主学习能力；对小组协作学习所做出的贡献；是否完成对所学知识的意义建构。

（3）抛锚式教学策略。抛锚式教学策略是由温特比尔特认知与技术小组开发的，要求这种教学策略建立在有感染力的真实事件或真实问题的基础上。确定这类真实事件或问题的过程被形象地比喻为"抛锚"，因为一旦这类事件或问题被确定，整个教学内容和教学进程也就被确定（就像轮船被锚固定一样）。建构主义认为学员要想完成对所学知识的意义建构，即达到对该知识所反映事物的性质、规律以及与其他事物之间联系的深刻理解，最好的办法是让学员到现实世界的真实环境中去感受、去体验（即通过获取直接经验来学习），而不仅仅是聆听别人（例如教师）关于这种经验的介绍和讲解。由于抛锚式教学要以真实事例或问题为基础（作为"锚"），所以有时也被称为实例式教学策略或基于问题的教学策略。抛锚式教学策略由以下几个步骤组成。

① 创设情境。使学习能在和现实情况基本一致或相类似的情境中发生。

② 确定问题。在上述情境下，选择与当前学习主题密切相关的真实性事件或问题作为学习的中心内容（让学员面临一个需要立即去解决的现实问题）。选出的事件或问题就是

"锚"，这一环节的作用就是"抛锚"。

③ 自主学习。不是由教师直接告诉学员应当如何去解决面临的问题，而是由教师向学员提供解决该问题的有关线索（例如，需要搜集哪一类资料、从何处获取有关的信息资源以及现实中专家解决类似问题的探索过程等），并要特别注意发展学员的自主学习能力。

④ 协作学习。讨论、交流，通过不同观点的交锋，补充、修正、加深每个学员对当前问题的理解。

⑤ 效果评价。由于抛锚式教学要求学员解决现实问题，学习过程就是解决问题的过程，即由该过程可直接反映出学员的学习效果。因此，对这种教学效果的评价往往不需要进行独立于教学过程的专门测验，只需在学习过程中随时观察并记录学员的表现即可。

（4）探究式学习策略。在教学中可以模拟专家解决问题的过程，使学员获得在真实生活情境中发现问题、解决问题的能力。探究式学习策略主要由以下几个步骤组成。

① 选择课题。教师选择一个令人困惑的情境或问题，涉及的问题或情境必须能够引起学员的兴趣，激起他们探索的意向。

② 解释探究的程序。教师向学员说明开展探究过程应遵循的规则，使学员明确应该如何去寻求可能的解决方案，然后将问题情境呈现给每个学员。

③ 搜集相关的资料。学员根据问题搜集资料，在搜集和证实资料的过程中可以提出问题以获得更多的信息。但教师只帮助学员澄清问题，并不直接给出答案。

④ 形成理论，描述因果关系。当学员提出一个理论假设时，教师停止提问，将这一理论写在黑板上，让学员对其进行讨论和考查，决定是否接受。在这一阶段中，教师鼓励学员通过实验或参考其他资料检验理论，鼓励学员提出多种理论，逐一考查其有效性。

⑤ 说明规则，解释理论。某一理论或创设被学员认可之后，教师要指导学员应用这一理论。要对这一理论的原则或效果以及应用于其他情境的预测性价值进行讨论。

⑥ 分析探究过程。最后，教师和学员讨论所经历的探究过程，考查如何形成理论来解释问题，并讨论如何改进这一过程，从而提高学员的探究技能。

7.3.3.4 典型的协作学习策略

按照认知学习理论的观点，人的认识不是由外部刺激直接给予的，而是由外部刺激和认知主体内部心理过程相互作用的产物。学习过程是每个人根据自己的态度、需要、兴趣、爱好，并利用原有认知结构对当前的外部刺激（教学内容）主动做出的、有选择的信息加工过程。因此学习必须由认知主体，即学员自身来完成。当学员按照自己的需要和自定的进度学习，积极主动完成课程要求并体验到成功的喜悦时，就能获得最大的学习成果。认知领域和动作技能领域的许多教学目标都可以通过个别化教学来达到，如对事实的记忆、概念的理解、原理的初步运用和动作技能的形成等。但是，随着认知学习理论研究的发展，人们发现在某些要求较高层次认知能力的学习场合（例如，问题求解或是要求对复杂问题进行分析、综合的场合）采用协作学习方式往往更能奏效。

（1）协作学习（collaborative learning）的概念。协作学习是近年来受到广泛重视的一种教学模式。协作学习是指学员以小组形式参与，为达到共同的学习目标，在一定的激励机制下为获得最大化个人和小组学习成果而合作互助的一切相关行为。小组协作活动中的个体可以将其在学习过程中探索、发现的信息和学习材料与小组中的其他成员共享。在此过程中，学员之间为了达到小组学习目标，可以采用对话、商讨、争论等形式对问题进行充分论证，以期获得达到学习目标的最佳途径。

（2）实现有效的协作学习的条件。

① 分工合作。以责任分担的方式达成合作追求的共同目的。真正有效的分工合作必须符合两个条件：一是每个学员都必须认识到工作是大家的责任，成败是大家的荣辱；二是工作分配要适当，必须考虑每个学员的能力与经验，做到合理安排。

② 各自尽力，密切配合。小组成员要学会发挥各自的效能，分享学习成果。

③ 社会互动，学会沟通。小组成员在态度上相互尊重，在认知上能集思广益，在情感上彼此支持，学会处理分歧。

④ 必要指导。教师在协作学习模式中并非可有可无，教师的必要指导可以有效控制和保证协作学习的开展、学员对学习目标的实现效率以及协作学习的效果等。

由此可以看出，协作式教学策略是一种既适合于发挥教师主导作用（即以教为主），又适合于学员自主探索、自主发现（即以学为主）的教学策略。

（3）常用的协作学习策略。常用的协作学习策略有课堂讨论、角色扮演、竞争、协同和伙伴等，而实际教学往往包含多种协作学习策略。

① 课堂讨论。这种策略要求整个协作学习过程均由教师组织引导，讨论的问题皆由教师提出。课堂讨论教学策略的设计通常有两种不同情况：一是学习的主题事先已知；二是学习主题事先未知。多数的协作学习是属于第一种情况，但是第二种情况在教学实践中也会经常遇到。

对于第一种情况，课堂讨论策略的设计应包括以下内容：a.围绕已确定的主题设计能引起争论的初始问题；b.设计能将讨论一步步引向深入的后续问题；c.教师要考虑如何站在稍稍超前于学员思维的基础上通过提问来引导讨论，切忌直接告诉学员应该做什么；d.对于学员在讨论过程中的表现，教师要适时做出恰如其分的评价。

对于第二种情况，由于事先并不知道主题，这时的课堂讨论策略设计没有固定的程式，主要依靠教师的随机应变和临场的掌握，但应注意以下几点：a.教师在讨论过程中应认真、专注地倾听每位学员的发言，仔细注意每位学员的神态及反应，以便根据学员的反应及时对其提出问题或对其进行正确引导；b.要善于发现每位学员发言中的积极因素（哪怕只是萌芽），并及时给予肯定和鼓励；c.要善于发现每位学员通过发言暴露出来的、关于某个概念（或认识）的模糊或不准确理解之处，并及时用学员接受的方式予以指出；d.当讨论开始偏离教学内容或纠缠于枝节问题时，要及时加以正确引导；e.在讨论结束时，应对整个协作学习过程做出小结。

② 角色扮演。通常有两种角色扮演形式：一是师生角色扮演，二是情境角色扮演。师生角色扮演就是让不同的学员分别扮演学员和教师的角色，学员被要求解答问题，而教师则检查学员在解题过程中是否有错误。当学员在解题过程中遇到困难时，教师帮助学员解决疑难问题。在学习过程中，他们所扮演的角色可以互换。让学员分别扮演教师和学员的前提是他们对学习问题有"知识上的差距"，怎样衡量和认识这种知识上的差距是运用这种教学策略的难点之一。情境角色扮演要求若干个学员，按照与当前学习主题密切相关的情境分别扮演其中的不同角色，以便营造一种身临其境的气氛，使学员能设身处地去体验、理解学习的内容和学习主题的要求。

③ 竞争。竞争是指两个或多个学员针对同一学习内容或学习情境，进行竞争性学习，看谁能够首先达到教学目标的要求。由于彼此存在竞争关系，学员在学习过程中会很自然地

产生人类与生俱来的求胜本能，所以学员在学习过程中会全神贯注，易于取得良好的学习效果。在运用这种协作学习策略时，教师须注意恰当选择竞争对象，巧妙设计竞争主题，既要避免学员产生受挫感，又能巧妙利用学员不愿服输的心理刺激其进一步学习。另外，一定要突出各成员间的努力是相互促进的，某成员的成功作为外界激励，经过竞争会在其他成员身上产生积极的促进作用，从而形成整个协作小组内的成功正反馈。

④ 协同。指多个学员共同完成某个学习任务。在完成任务的过程中，学员发挥各自的认知特点，相互争论、相互帮助、相互提示或者进行分工合作。学员对学习内容的理解和领悟就在这种和同伴紧密沟通与协作的过程中逐渐形成。

⑤ 伙伴。在现实生活中，学员常常与自己熟识的同学一起做作业。没有问题时，大家各做各的；当遇到问题时，便相互讨论，从别人的思考中得到启发和帮助。伙伴学习策略与此类似，它可以使学员在学习过程中感到自己并不是孤独的，而是同其他伙伴一起互相支持、互相帮助，当一方有问题时，可以随时与另一方讨论。在 Internet 环境中，可供学员选择的学习伙伴更多了，而且具有更便利的条件。在这种系统中，学员通常先选择自己需要学习的内容，并通过网络查找正在学习同一内容的学员，选择其中之一，经双方同意结为学习伙伴。当其中一方遇到问题时，双方便相互讨论，从不同角度交换对同一问题的看法，相互帮助和提醒，直至问题解决。当他们觉得疲倦时，还可以在聊天区闲聊一会儿，使得学习过程不再枯燥和孤单，而是充满乐趣。

上述 5 种协作学习策略，均要求学员积极参与，因而学员的主体作用均能得到较好的体现。但是 5 种策略的实施特点又各有不同：前两种（课堂讨论与角色扮演）对教师主导作用的发挥要求更多一些，因此比较适合于以教为主的学习；后面 3 种更强调学员之间的相互激励、相互切磋和学员自身的独立探索，因而比较适合于以学为主的学习。

7.4 混合式教学设计

从教学设计的发展历程可以看出，教学设计是在多学科理论和技术发展的基础上发展起来的。20 世纪 90 年代以来，新理论、新观念的不断涌现，科学技术的迅猛发展及其在教育中的广泛应用，都对教育的教学设计产生了重大的影响，混合式教学设计就是其中的一种。

7.4.1 混合式教学设计的理论

7.4.1.1 混合式学习的概念

混合式学习，即各种学习方式的结合，最初指的是将传统教室学习与互联网学习结合起来。互联网学习能很好地实现某些教育目标，但是不能代替传统的课堂教学；互联网学习不会取代学校教育，但是会极大地改变课堂教学的目的和功能。

（1）混合式学习的核心是通过应用各种"恰当"学习技术来适应"合适"个人学习风格，并在"适当"的时机向"合适"人传授"恰当"技能，从而实现教学的最优化，包括离线学习和在线学习的结合、自主学习和协作学习的结合、结构化学习和非结构化学习的结合、现成的学习内容和订制的学习内容的结合、工作和学习的结合。

（2）混合式学习包含三层意思：传统学习和在线学习的整合；互联网学习环境中各种媒

体和工具相结合；多种教学方法、学习技术相结合。

（3）混合式学习是指：①结合基于网络的技术以实现教育目标；②混合各种教学方法（如建构主义、行为主义、认知主义）以实现最佳的学习结果，无论是否应用教学技术；③各种形态的教学技术和面对面、教师引导下的训练相结合；④教学技术和实际工作任务相结合。

事实上，严格说来混合式学习不能算是一个新概念，因为这种说法多年以前就已经有了。例如，在运用媒体时，强调发挥各种媒体的综合优势；在选择教学方法时，强调要灵活运用各种方法等。从表面上看，这种转变似乎说明当前教育技术理论是在回归，是在怀旧；而实质上，这一概念的重新提出，不仅反映了国际教育技术界对学习方式看法的转变，而且也反映了国际教育技术界关于教育思想与教学观念的大提高、大转变，说明教育技术理论在不断向前发展，是教育技术理论深入发展的标志。

7.4.1.2 混合式学习思想对教学设计的影响

长期以来，在我国各类教学实践指导思想中占据统治地位的是以教为主的教与学理论，在此基础上的教学设计研究与实践也大多是以教为主的教学设计模式。传统的以教为主的教学设计有利于教师主导作用的发挥，并重视情感因素在学习过程中的作用；其突出的缺点则是强调传递接受式，否定发现式，在教学过程中把学员置于被动接受地位，学员的主动性、创造性难以发挥。以学为主的教学系统设计强调情境创设、信息资源提供、协作学习、自主探究和自主学习策略的设计等，其突出优点是有利于促进学员自主探究和创新精神培养，但却忽视教学目标分析，忽视学员特征分析，忽视教师主导作用的发挥，排斥传统的以教为主的教学设计。

然而，这种从一个极端走向另一个极端的认识和做法是不可取的，混合式教学设计在教学设计和实施过程中，既要发挥教师引导、启发、监控教学过程的主导作用，又要充分体现学员作为学习过程主体的主动性、积极性和创造性。这说明人们对于教育思想、教育观念的认识是在按螺旋方式上升的。实际上只有将以教为主和以学为主这二者结合起来，使二者优势互补，才能获得最佳的学习效果。因此，把"以学为主"的教学设计和"以教为主"的教学设计结合起来又是一种混合式，结合以后的教学设计可称作"学教并重"的教学设计。这种教学设计不仅对学员的知识技能与创新能力的训练有利，对于学员健康情感与价值观的培养也是大有益处的。显然，这种"学教并重"的教学设计既是教学设计的发展方向，也是教学设计领域的重要研究课题。

混合式设计给教学设计的启示是要认识到以教为主和以学为主的教学设计各有优缺点，教学设计理论与模式的发展方向是"混合"式的，即"学教并重"的教学设计。

7.4.2 混合式教学设计例子：信息化教学设计

信息化教学设计是信息时代的产物，它是一种典型的混合式教学设计。随着多媒体技术和网络技术的发展以及信息化教学的日益普及，建构主义对教学设计的影响和渗透已受到越来越多的关注和重视，信息化教学设计也逐渐发展起来。

7.4.2.1 信息化教学设计的定义

信息化教学设计是充分利用现代信息技术和信息资源，科学安排教学过程的各个环节和要素，为学员提供良好的信息化学习条件，实现教学过程全优化的系统方法。

信息化环境下的教学设计是运用系统方法，以学为中心，充分利用现代信息技术和信息资源，科学地安排教学过程的各个环节和要素，以实现教学过程的优化。

信息化教学设计是在先进教育理念指导下，根据时代的新特点，以多媒体和网络为基本媒介，以设计问题情境以及促进学员解决问题能力发展的教学策略为核心的教学规划与准备的系统化过程。

信息化教学是在信息技术环境下和先进的教育理论指导下，通过将信息技术有效地融合于各学科的教学过程来营造一种新型教学环境，学员在教师的引导和帮助下，以自主、合作、探究的方式实现学习目标的过程。而信息化教学设计则是一个系统化规划信息化教学系统的过程。

以上定义都强调现代信息技术和信息资源的运用，这是信息化教学设计区别于一般教学设计的显著特征。信息化教学设计是教学设计研究的一个具体领域，这个具体领域是教学设计在信息技术环境下和教学应用的驱动下而产生的，实际上就是指对信息技术与课程有效整合的设计。

7.4.2.2　信息化教学设计的开发模式

信息化教学设计的开发模式及其步骤如下：

（1）教学目标分析。分析教学目标是为了确定学员学习的主题，即与基本概念、基本原理、基本方法或基本过程有关的知识内容，对教学活动展开后需要达到的目标作出一个整体描述，可以包括学员通过一节课的学习将学会什么知识和能力、会完成哪些创造性产品以及潜在的学习结果，包括知识目标、能力目标、情感目标。

（2）学习问题与学习情境设计。学习问题包括疑问、项目、分歧等，这些问题是整个信息化教学设计的关键，学员的目标是要阐明和解决问题，或是回答提问、完成项目、解决分歧，信息化学习就是要通过解决具体情境中的真实问题来达到学习的目标。

（3）学习环境与学习资源的设计。学习环境的设计主要表现为学习资源和学习工具的整合活动。在设计时也应考虑人际支持的实施方案，但人际支持通常表现为一种观念而不是具有严格操作步骤的实施法则。由于学习环境对学习活动有一种支撑作用，学习环境的设计必须在学习活动设计的基础上进行。不同的学习活动可能需要不同的学习资源和学习工具。学习环境的设计者必须清醒地认识到所设计的学习环境能支持哪些学习活动以及支持的程度如何。

（4）教学活动/学习活动过程的设计。学习活动的设计必须作为教学设计的核心设计内容来看待。学习活动可以是个体的，也可以是群体协作的。群体协作的学习活动表现为协作个体之间的学习活动的相互作用。学习活动的设计最终表现为学习任务的设计，通过规定学习者所要完成的任务目标、成果形式、活动内容、活动策略和方法来引发学习者内部的认知加工和思维，从而达到发展学习者心理机能的目的。

（5）信息化教学设计成果的形式。信息化教学设计的具体成果形式不仅仅是一份传统意义上的教案，而是包括多项内容的教学设计单元包。

（6）教学设计单元包的内容。包括教学设计方案、多媒体教学课件、学员作品规范/范例、学习参考资源、活动过程模板（如实验报告模板、信息调查模板）、活动过程评价量表等。

本章小结

　　本章概述了教学设计的内涵、教学设计的理论基础；介绍了教学设计的代表性理论和几种典型的教学设计的模式；给出了基于过程模式的教学设计实施方法和步骤；阐述了教学模式和教学策略的选择与实施方法；最后简述了混合式教学设计的理论和信息化教学设计基本模式。上述内容可以在做安全教育教学设计时参考使用。

思考题

1. 什么是教学设计？教学设计有什么内涵？
2. 教学设计的理论依据主要有哪些？
3. 教学设计主要有几种模式？
4. 试简述加涅的教学设计理论。
5. 梅瑞尔的成分显示理论的内容是什么？
6. 教学设计的过程模式主要有哪几种？
7. 肯普模式包括哪些具体内容？
8. 试比较以教为主和以学为主的教学设计模式的优缺点。
9. 谈谈如何开展协作型学习。
10. 什么是混合式教学设计？
11. 信息化教学设计主要包括哪些项目？

第 8 章
安全教育评价

安全教育评价贯穿于安全教育活动的全过程，安全教育设计阶段、实施阶段和结束以后都需要有评价，通过评价活动和信息反馈，使安全教育水平和效果不断提高。安全教育评价是一个动态循环的过程，评价不仅仅具有反馈和质量控制的功能，更重要的是能维持系统的高效运行和完整性。安全教育评价同时也体现了安全管理工作 PDCA 循环和持续改进理念。所以，安全教育评价不可或缺，构建完善的安全教育评价理论和体系十分必要。

8.1 安全教育评价概述

8.1.1 安全教育评价的含义及功能

安全教育评价可定义为利用一定的评价方法和手段衡量安全教育活动是否达到安全人才培养目标的一系列工作。安全教育评价是在教育评价的基础上，结合安全教育活动的特殊性进行安全教育效果评估反馈的衡量标准。安全教育评价的主要功能和作用如下：

（1）可以检验安全教育活动的完成质量和执行效果。安全教育的根本目标是培养安全专业人才和实现安全生产，使学员在安全知识、技能、态度等方面的能力得到提升，这也是进行安全教育最为核心的目标之一，检验目标效果是评价的主要任务之一。安全教育的质量如何、成功与否需要运用评价手段来客观有效地判定。

（2）有助于安全教育过程的执行和管控。安全教育评价涉及的范围较广，不单单是结果的考核，更是朝向既定安全教育目标的过程管理方法。结合评价可以查找教育过程各环节中出现的问题并加以修正，以保证安全教育方向的正确性。安全教育活动涉及的要素众多，包括教师、学员、环境、媒介、管理者等，因此把控各要素及其相互关系才能真正使其综合效果最佳。

（3）有助于安全教育的管理决策。安全教育活动的管理者往往需要通过活动后的反馈数据和有效信息来判断该项教育活动的有效性和发展潜力，因此安全教育评价可以为安全教育管理者或安全管理者作出正确决策提供重要信息。

（4）有利于安全教育体系的发展完善。安全教育是一项社会活动，随着经济、技术、文化的发展需要不断更新，安全教育评价结果可以作为完善活动方案的第一手资料，也是安全教学科研的重要资料。通过对评价数据和信息的研究可以促进安全教育创新，提高安全教育效果。

8.1.2　安全教育评价的类型

安全教育活动涉及的要素众多，单一的安全教育评价手段不能满足全面评价的需要，因此应从多视角建立安全教育的评价体系和评价方法。按照评价范围、主体、功能和方法进行划分，可以得到不同的安全教育评价类型和方法。根据评价的需求和目的可以选择相适应的评价类型和方法，以实现评价工作的科学化和最优化。

8.1.2.1　按评价范围分类

（1）宏观安全教育评价。这是从安全教育的战略性眼光出发，从全局的角度审视安全教育目标、结构、投入、社会效果等因素，以安全教育整体环境为评价对象的评价方法。其评估主要是从系统的角度出发，对安全教育整个系统进行宏观的评价行为。

（2）微观安全教育评价。这是以安全教育系统内部各要素为评价单元，如教师、学员、教育方法、教育媒介、教育条件、教育环境等，评价这些要素对实现安全教育目标发挥的作用、彼此之间的协同关系及重要程度等。

8.1.2.2　按评价目的分类

（1）安全教育对象辨识性评价。在进行安全教育活动之前，需要对接受安全教育的群体即学员进行调查分析研究，以便对其知识层次、社会角色、经验构成等基础条件作出判定。其作用是了解学员的基本情况，为后续的安全教育设计做好铺垫。通过对象辨识性评价可以在早期就分析和预测到教育活动执行过程中可能出现的由于学员主体引起的不协调因素和程度，以此提出合理可行的应对措施及建议。

（2）安全教育阶段修正性评价。如果安全教育按设计、实施、反馈三个阶段划分，从设计阶段开始就展开评价，可帮助调节教育活动过程，确保教育活动实施顺利。实施阶段修正性评价可以及时获取反馈信息，适时调节控制和修正过程内容或过程进度，以缩小安全教育实际执行情况与最终目标间的偏差，同时通过评价可为以后的安全教育设计研究提供参考和经验教训。该评价方法也注重评价者与被评价者双方在安全教育活动中的不断交流。

（3）安全教育成果检验性评价。当安全教育活动完成设计和实施阶段后，即进入了反馈阶段。该阶段最主要的任务之一是检验学员安全知识、技能和态度教育等的提高效果。评价结果以等级、分数、排名等方式呈现，较为常见，容易被人接受，因此也被广泛使用。但是该评价方法只注重了最终结果而忽视了结果形成的过程要素发挥的作用，忽视了某些难以用等级、分数量化的教育因素，因而容易导致评价不真实、全面。通常的成果检验性评价方法有试卷测验、模拟操作、实操演练等。

（4）安全教育整体调控性评价。该种评价是对安全教育从前期规划设计到中期组织实施再到后期结果检验的整体综合性评价。该评价可以用于探究已结束的安全教育全过程各环节，分析造成目标偏差的原因，为后续的安全教育提供有效的借鉴信息，为安全教育决策提供依据。其优势在于评价内容多样，因而评价结果较为全面，但也由于涉及内容过多，易导致结果处理复杂、统一评价标准较难设置。

8.1.2.3　按安全教育评价的主客体分类

（1）主体评价。即对安全教育主体——学员和教师的评价。对学员侧重于心理状态、兴趣态度、技巧能力、学习时间等在内的对安全教育有显著影响的要素的评价；对教师侧重于专业知识、科研能力、沟通交流能力、理解与运用教材能力、调控教学活动能力、应变力等在内的对安全教育的实施有重要影响要素的评价。

（2）客体评价。即针对教学环境的评估。教师和学员是安全教育的双主体，而教学环境就是安全教育的客体，是主体能够实现教学目标的重要媒介。广义的安全教学客体评价包括社会风气、法规制度、人际关系等大环境和狭义的安全教学客体各项内容的评价；狭义的安全教学客体评价包括场地设施、课堂气氛、考核频率、外部竞争程度、人员心理环境、教具教材等的评价。

8.1.2.4　按安全教育评价方法的性质分类

（1）定量评价。所谓定量评价，是指采用定量分析方法，通过数学模型或数学方法，对调查搜集、反馈到的数据资料进行处理和分析，从而做出定量结论的评价方法。在进行安全教育评价环节时尽可能使用定量评价方法，由于它能够运用数量化的方式对安全教育过程进行处理、分析和判断，因此在实际工作中更具有说服力和指导性。常见的定量评价方法包括测量和统计方法、模糊数学法等。

（2）定性评价。虽然定量评价可以得出较为直观和客观的结论，但是综合全面的评价仍然需要定性分析的基础，而通过定量评价得出的结论也需要用定性方式对存在的深层次问题进行辨识和剖析。因此定量与定性评价相配合的方式能更好地发挥安全教育评价的功能。常见的定性评价方法有专家评议法，由各方专家组成评议组，对设计方案进行审评，或按照评审标准制表打分评定。

8.2　安全教育评价模式的构建

8.2.1　常见的教育评价模式

教育评价模式是教育评价相对标准化的策略和步骤，它可以对评价工作进行指导。科学可行的评价模式可保证评价活动的有效性。现代的教学评价主要起源于美国，目前西方有关教学评价的理论模式有几十种，常见的教育评价模式主要有：

8.2.1.1　泰勒（目标）模式

泰勒（Ralph W. Tyler）教育评价模式的实质是通过衡量实际活动与既定目标的吻合度，并通过反馈相关信息使实际活动无限接近教育目标。该评价方法操作性较强，但却忽视了定性和过程阶段评价。泰勒的行为目标评价模式对我国教学有较大影响。泰勒模式以目标为中心，表现为"目标-达成-评价"的经典评价模式。目标是评价过程的核心和关键；评价以对学员行为的考察来找出实际活动与教育目标的偏离为依据，评价主旨是通过信息反馈，促使教学活动能够尽可能地逼近教育目标。在这种评价观之下，学员的学习被理解为一系列目标的达成，教师的任务就是如何使目标更有效地自上而下地传达，提高教学的效能。评价则是为了反映学员的学习实质，了解学员正在学什么，还没有学到什么，对知识的遗忘程度等，从而改进教学过程。

8.2.1.2 应答模式

该模式由斯塔克（R. E. Stake）首先提出。其基本思路是将教育决策者和实施者关注的实际和潜在问题当成评价先导，而非从既定的教育目标出发，通过评价结果的反馈使得教育能够对绝大多数人的需求做出应答。该种评价模式运用的是通过定性分析在自然条件下的非正式观察、访谈和描述，评价结果效度较高，弥补了标准化测验的不足。但是，应答模式的适用范围窄，耗费的人力、时间较多。

上述评估方法存在没有将定性与定量、过程与结果评价相结合的问题。教育评价不单单是对于教育效果或是教育过程的单一环节的监控或反馈，还要有系统的视野，从教育之初就需要有评价的思想。

8.2.2 四阶段综合评价模式

该模式是将前期输入评价、过程实时评价、结果评价、转化率评价综合起来形成的教育评价模式。

8.2.2.1 前期输入评价

所谓前期输入，可以分为成本输入、教育架设两个部分。

成本输入可定义为教育培训前的人力、财力、物力和时间的投入。其中人力方面包括：教师、教育设计者、管理者等。如果是运用了现代媒体网络技术的教育需要录制课程视频的，则还需要导演、编导、录音、编辑人员等；财力方面包括：教师酬劳费、教材资料印制费、会场布置费等。

教育架设评价可定义为对教育设计的合理性和可行性进行的论证评价，如教育设计的组织实施形式是否与教育环境相匹配、教育的目标设置是否可行合理、教育内容是否迎合教育学员的实际需要、相应的成本输入是否能够保证教育活动的执行。这是在教育设计阶段需要遵循的原则，同时也是进行评估的有效手段之一。

8.2.2.2 过程实时评价

该评价是在教育传播阶段的评估反馈，目的是在教育过程中及时发现偏差从而进行调整。通过对教育实施过程进行监督、记录，收集、整理、分析相关定性或定量的信息用于实时纠正教育实施过程中存在的偏差。评价者需要在该环节就教育组织实施中存在的重大事件、资源分配、费用、学员反应、影响程度、现实与预期一致性判断、教育进度等问题做出阶段性的评价报告，并提出具体的改进措施。

8.2.2.3 结果评价

该评价是教育反馈评价阶段的主体内容，也是整个评估体系中比重最大的一项内容。它的主要目的是评价教育培训的实施效果，用以衡量短期教育目标的完成情况。结果的评价分为正向与负向结果两方面的评价，即通过测量、测验、解释、判断等手段得出可以用来描述与评判的教育实施后所达到的效果和成绩；再将该成绩与教育的前期输入和教育既定的短期目标联系起来分析，得出此次教育实施后的正向结果与反向结果，对正向结果的价值加以推广，对反向结果的产生原因深入分析。

8.2.2.4　转化率评价

教育培训的生命周期一般由五个阶段构成，分别是：生成期→转化期→稳定期→衰退期→消亡期。教育效果从生成期到消亡期也是一个从无到有的过程。其中转化期则是指教育效果由潜在形式变为显现形式的过程，简单地说就是将所学知识应用于实践的过程，而转化的成效则可以由转化率来反映。

结果评估的方式是通过诸如笔试或现场实际操作等考查方式进行检验，这仅仅是短期内对知识和技能的考评，但实际上教育培训的效果并不是仅仅用一个简单的分数或是等级来评定，短期内呈现出的教育效果也不能代表真实的教育评价结果。比如安全教育更重要的是教育后的一段时间内学员的安全知识、安全技能以及安全态度三方面转化为自身工作行为、转化为安全绩效的提升，即安全教育转化为最终目标能力的考评。

8.2.3　柯克帕特里克四级评估模型

1959 年，美国威斯康星大学唐纳德·柯克帕特里克（Donald L. Kirkpatrick）在其博士论文中开始了培训效果评估方法的研究，提出了四级评估模型，它包括反应层级评估、学习层级评估、行为层级评估、结果层级评估。

第一层级：反应。这个层级收集培训方案结束时关于受训者的反应数据。

第二层级：学习。该层级的目的是评估方案的学习目标是否达成。一般的做法是通过适当的测试或考试。

第三层级：行为。该层级的目的是评估工作绩效是否因培训而发生了变化。

第四层级：结果。该层级的目的是评估培训方案的成本与收益，即估量培训方案对组织的影响，如降低成本、提高工作质量、增加工作数量等。

（1）反应层评估。反应评估指评估被培训者的满意程度，受训人员对培训项目的印象如何，包括对教师和培训科目、设施、方法、内容、自己收获的大小等方面的看法。反应层评估主要是在培训项目结束时，通过问卷调查来收集受训人员对于培训项目的效果和有用性的反应，受训人员的反应对于重新设计或继续培训项目至关重要。

（2）学习层评估。这一层次的评估包括培训前评估和培训后评估两部分，通过比较两次评估之间的差异，以衡量参训人员通过参加培训后获得的知识和增加的技能。学习层评估并不考虑这些新知识和新技能对企业的效益，而旨在了解培训的效果。评估可以在培训的全过程中进行，通过评估反馈，培训管理人员和教师可以及时发现培训结果和目标之间的偏差，做出调整，最终保证培训目标的实现。对学习层进行评估时，设计培训效果评估方案非常重要。通常会通过前后比较或者设置对照组的方式对培训的学习效果进行评估。

（3）行为层评估。行为评估是考察被培训者的知识运用程度。在培训结束后的一段时间里，由受训人员的上级、同事、下属或者客户观察在培训后受训人员工作行为的变化，以及受训人员本人的自评。值得注意的是，行为层是培训效果最重要的指标。

（4）结果层评估。结果层评估即判断培训是否能给企业的经营成果带来具体而直接的贡献，这一层次的评估上升到了组织的高度。结果层评估可以通过一系列指标来衡量，如事故率、生产率、员工离职率、次品率、员工士气以及客户满意度等。通过对这些指标的分析，管理层能够了解培训所带来的收益。

8.2.4 其他评价模式

在柯克帕特里克四级评估模型的基础上，经过后人的不断研究和发展，相继形成了以下比较有影响的评估模型，如考夫曼的五级评估模型、CIRO 评估方法、CIPP 评估模型和菲利普斯五级投资回报率模型（Five-Level ROI）等。

8.2.4.1 考夫曼的五级评估模型

考夫曼（Kaufman）的五级评估模型实质是考夫曼对柯克帕特里克四级评估模型的修正和增补，如表 8-1 所示。

表 8-1　考夫曼的五级评估模型

序号	评估层次	评估内容
1	可能性和反应评估	可能性因素说明的是针对确保培训成功所必需的各种资源的有效性、可用性、质量等问题
		反应因素旨在说明方法、手段和程序的接受情况和效用情况
2	掌握评估	评估学员的掌握能力情况
3	应用评估	评估学员在接受培训项目之后，其在工作中知识、技能的应用情况
4	企业效益评估	评估培训项目对企业的贡献和报偿情况
5	社会效益产出	评估社会和客户的反映，以及利润、报偿情况

在考夫曼的评估模型中，他将评估的定义进行了扩展，并在第五级评估中增加了社会和客户的反映以及企业绩效的分析。

8.2.4.2 CIRO 评估方法

CIRO 培训效果评估模型的设计者是奥尔（Warr. P）、伯德（Bird. M）和莱克哈姆（Rackham）。CIRO 由该模型中四项评估活动的首个大写字母组成，这四项评估活动是：背景评估（context evaluation）、输入评估（input evaluation）、反应评估（reaction evaluation）、输出评估（output evaluation）。

CIRO 评估方法涵盖了背景评估、输入评估、反应评估、输出评估四种基本的评估级别。背景评估收集和使用关于目前操作环境的信息，以便确定培训需求和培训目标；输入评估收集可能使用的培训资源方面的信息，以便为培训做出合适的选择；反应评估收集和利用学员的反馈信息，改进培训项目的运作程序；输出评估收集和使用培训项目的结果或成果方面的信息。

CIRO 评估模型除了对其每一组成部分的任务、要求作出较详尽的说明外，最重要的是它可以向比较先进的系统型培训模式所倡导的评估理念靠拢。相比柯克帕特里克四级评估模型，CIRO 模型不再把评估活动看成是整个培训过程的最后一环，而是具有相当"独立、终结"特点的一个专门步骤，并将其介入到培训过程的其他相关环节。由此，评估的内涵和外延扩大了，其作用不仅体现在培训活动之后，而且还可以体现在整个培训活动过程的其他相关步骤之中。CIRO 评估模型最大的缺点就是未能将评估与培训执行这一重要环节专门结合起来，也未能对反应评估和输出评估可作用于后续培训项目设计、可有助于培训项目改进作出明确的认定和必要的说明。

8.2.4.3 CIPP 评估模型

CIPP 四级评估模型是 Daniel Stufflebeam 等人于 20 世纪 60 年代末提出来的。关于培训效果的 CIPP 四级评估模型包括：情景评估（context evaluation）、输入评估（input evaluation）、过程评估（process evaluation）和成果评估（product evaluation）。

CIPP 模型与 CIRO 相类似，是由情景、输入、过程和成果四个评估级别组成，经过半个世纪以上的不断修改和完善，已发展得比较成熟。

情景评估旨在确定与培训相关的环境，鉴别其需求和机会，并且对特殊的问题进行诊断；输入评估所提供的信息资料，可被用于确定如何最有效地使用现有的资源才能达到培训项目的目标；过程评估为那些负责实施项目的人员提供信息反馈，从而指导实施过程；成果评估是对目标结果进行衡量和解释，包括对预定目标和非预定目标进行衡量和解释。

8.2.4.4 菲利普斯五级投资回报率模型

菲利普斯（Phillips）于 1996 年提出了五级投资回报率模型，该模型是在柯克帕特里克四级评估模型基础上增加了第五级——投资回报率。它是从反应和既定的活动、学习、在工作中的应用、工作业绩结果、投资回报率五个层次进行评估的，如表 8-2 所示，它强调只有当五级评估结束之后，整个评估过程才算完成。

表 8-2　菲利普斯五级投资回报率模型

级别	简要的解释
1. 反应和既定的活动	评价学员对培训项目的反应以及略述实施的明确计划
2. 学习	评价技能、知识或观念的变化
3. 在工作中的应用	评价工作中行为的变化以及对培训数据的确切应用
4. 工作业绩结果	评价培训项目对业绩的影响
5. 投资回报率	评价培训结果的货币价值以及培训项目的成本，往往用百分比来表示

8.2.4.5 更多评估方法

国内很多学者也对培训效果评估进行了研究，研究成果包括定性评估法、定量评估法和定性定量结合法。其中，定性评估法包括目标评估法、关键人物评估法、比较评估法、动态评估法等；定量评估法包括问卷式评估法、收益评估法等；定性定量结合法包括硬指标与软指标结合评估法、集体讨论评估法、绩效评估法等。国内学者的研究成果具有如下两个特点：研究成果非常具体，具有一定的操作性；研究成果缺乏一定的理论基础，很难成为经典被别人引用。

8.2.4.6 培训效果评价方法评述

培训效果评价是培训工作的最后一个环节，但由于培训工作的复杂性以及培训效果的滞后性，要客观、科学地衡量培训效果非常困难。所以，培训效果评价也是培训系统中最难实现的一个环节。因此，培训效果评价工作的开展相对还不充分和广泛。目前企业较为重视的是培训资金投入，如何改善培训的方法和技术等问题，对于培训评价工作重视不够。我国开展培训评价的企业占少数，主要集中在外资、合作及少数管理水平较高的大中型企业。在开展培训评价的国内企业中，很多企业还没建立完善的培训评价体系，测评指标不全面，测评的方法单一，多局限于培训过程评价，中长期跟踪调查评价较少。国内企业进行培训效果评价时采用较多的是柯克帕特里克理论模型，主要原因有：一是开展培训效果评价的企业多为外资企业或国际著名管理咨询机构，在评价体系的设计和应用上受国外理论模型的影响较大；二是国内企业开展培训效果工作尚处于初级阶段，局限于简单应用外国理论模型，未全面开展适合本企业特点的培训效果评价理论研究与实践，理论创新力度不强。

目前国内开展安全教育评估时，很严谨地按照一定的评估方法来对培训质量和效果开展评估的还不多见。国内开展安全培训效果评估经常使用的方法为问卷调查法，调查表设计的内容可以涵盖安全培训的各个过程，表 8-3 是安全培训效果的问卷调查表的实例。

表 8-3　安全培训组织与实施情况调查表

姓名(可选择填写)：　　　工种：　　　班组：

调查项目	编号	具体内容	选项			
			很好	较好	一般	差
A. 培训内容	A1	培训课程目标的清晰程度				
	A2	培训课程的授课时间、课时的满意程度				
	A3	培训课程安排的满意程度				
	A4	对培训教材编排、印制方式的满意程度				
B. 培训方式	B1	对培训上课方式的满意程度				
	B2	对培训方法的满意程度，能够激发学习兴趣				
	B3	上课时指导教师能够了解受众的学习动态				
	B4	对班级规模的满意程度				
C. 培训教师	C1	授课教师精心备课，讲课时能深入浅出				
	C2	对指导教师学识与经验满意程度，有能力指导学习				
	C3	对指导教师的语言表达能力的满意程度				
	C4	指导教师可以对疑问做出充分解释				
	C5	对指导教师调控教学能力的满意程度				
D. 外部环境	D1	对培训设备设施维护情形与使用效果的满意程度				
	D2	对住宿就餐的满意程度				
	D3	对培训教室的满意程度				
	D4	对课堂气氛的满意程度				
对本次培训的综合评价						

8.3　安全教育评价指标体系的构建

要构建完善的安全教育评价体系，首先需要清楚评价的要素、指标，依据科学、合理、客观的评价体系才能得出最符合客观情况的评价效果。

8.3.1 安全教育评价指标

在构建评价体系时，除了考虑安全教育的评价模式外，评价活动内在的规律性和层次性则由评价指标体现。因此，总结出一套适用于安全教育评价的指标体系对于评价工作的开展意义重大。

指标可被定义为评价内容集合的相关元素，既有定量的指标也有定性的指标。安全教育评价指标是指根据安全教育目标、评价主体、内容、客观环境、基础条件以及安全教育设计者最初的需求和意图，结合国家法律法规、企业规章制度等设定的安全教育标准和目的，设计出的能够客观真实反映安全教育质量、效果、状态、等级等特性的元素集合。这里主要包括"与安全教育学员相关"的指标、"与安全教育实施者相关"的指标、"与安全教育组织过程相关"的指标和"与安全教育效果相关"的指标。

8.3.2 安全教育评价指标体系的设计

通常一个指标只能表现事物单一方面的质量或数量，而要全方位体现评价对象则需要多个指标共同描述，这些多个指标也就构成了指标体系。安全教育评价指标体系是指表征安全教育评价对象各方面性质特征的、相互联系的多个评价指标构成的具有内在结构特性的有机整体集合。安全教育评价指标的构成通常采用定量与定性相结合的方式，并兼顾全面性和可行性的特点。对于综合评价一般都采用树状式指标体系结构，如图 8-1 所示。

图 8-1 树状式评价指标体系结构

进行安全教育评价时，由于安全教育目的和效果需求的不同而需要选择特定的指标，构建切合实际的评价指标体系。一般可将安全教育评价指标分为非量化、半量化指标与量化指标两类。

8.3.2.1 非量化、半量化指标

在安全教育管理及评价过程中，通常会遇到难以用数量化的指标来反映事物或现象特征属性的情况。还有一些难以量化的指标可以通过系数法、权重法、雷达图法、最佳阵容法等方法处理得到数量化的表现，这些指标称为半量化指标。

（1）反映指标。反映指标是从学员的角度出发，分析在接受了安全教育后，安全态度、能力和行为等方面上的教育效果的反映。其中，能力指标是指学员通过接受安全教育后体现其工作、组织、决策、应变和创新等相关内容发生变化的指标；行为指标是指由一系列动作组成的操作性、程序性活动方式掌握程度的相关指标；态度指标是指学员因安全教育而形成的安全行为习惯、安全自主意识、态度等塑造情况的相关指标。具体评价指标体系实例如图8-2所示。

图 8-2 具体评价指标体系实例

（2）教学指标（一级指标）。教学指标是从教师的角度出发，包括教学能力、教育管理水平和教学内容三大部分。教学能力指标是指教师在实际安全教育活动中表现出的专业实力和教学素质；教学管理指标是表征教育管理系统自身的完善程度以及管理工作执行效果的指标；教学内容指标是从教学方案出发考查其内容的合理性、针对性、与教育需求的一致性、协调性等，它是反映教学内容是否系统科学的指标。教学评价指标体系结构实例如图8-3所示。

图 8-3 教学评价指标体系结构实例

8.3.2.2 量化指标

（1）投入指标（一级指标）。投入指标反映的是在安全教育活动中投入的前期财力、人力成本，以及从教育实施开始到教育目标达成这一期间耗费的时间成本，如图 8-4 所示。

（2）产出指标（一级指标）。产出指标是以量化的形式反映安全教育所产生的直接和间接结果，用指标的量化数据来评判安全教育的正向或反向效果，如图 8-5 所示。

图 8-4 投入指标体系结构实例   图 8-5 产出指标体系结构实例

8.3.3 培训效果五级评价体系

基于反应-学习-应用-企业效益-社会效益的五级培训效果评价体系类似于考夫曼评价模型，如表 8-4 所示，该体系是一个相对比较全面的培训效果评价模型。

表 8-4 培训效果评价指标五级体系

级别	简要的解释
1.反应	评价学员对培训项目的态度反应
2.学习	评价技能、知识或观念的变化
3.应用	评价工作中行为的变化以及对培训内容的具体应用
4.企业效益	评价培训项目对企业业务的影响
5.社会效益	评价培训项目对社会和顾客的贡献

表 8-5 给出了该五级培训效果评价体系在评价过程的具体评价内容、测量方法和评价者的实例。

（1）反应指标。这是培训效果评价指标中严格程度最低的指标，但却经常被普遍采用。利用反应指标对培训进行评价很重要，其原因是学员反应差的培训可能是质量低的培训，是不为学员接受的培训，从而必定是效果差的培训，学员反应信息是决定是否执行或继续执行的关键因素。可以通过学员反馈方法在培训执行前、执行中或执行后获取学员的反应信息，这点很重要。反应指标的缺点是：反应指标水平高并不必然保证学员掌握培训内容的情况好，更不必然保证培训最终效果好。反应指标水平高只是培训有实际效果和最终效果的必要条件，而不是充分条件。

表 8-5 五级评价过程的评价内容、测量方法和评价者的实例

指标	评价内容	测量方法	评价者
1. 反应	学员对培训的感受和看法	学员反馈	学员
2. 学习	原理、知识、技能等的接受程度	笔试测验 模拟活动	教师
3. 应用	能力提高 绩效增进	学员测定 外部人员测定	教师 直接管理者、顾客
4. 企业效益	质量、产量、成本、生产率	成本收益核算	直接管理者 高层管理者
5. 社会效益	社会整体科技、文化素质贡献率	政府反馈 收集调查资料	政府机构 调查公司
6. 经济效益(4 和 5 的另外表达)	减损产出 增值产出	成本收益核算 收集调查资料	直接管理者 高层管理者

（2）学习指标。该指标反映学员掌握培训内容（包括原理、知识、技术、能力和态度等）的水平。学习指标能表明培训本身的好坏，且在一定程度上反映培训的实际效果，因而是一种严格程度较高的指标。学习指标水平不能决定培训最终效果，但可以在一定程度上预测培训的最终效果。可以肯定，学习指标水平极低的培训，其最终效果亦差。若学习指标水平普遍低，企业就要考虑培训各要素是否有效的问题。学习指标水平的确定难度较大，评价者必须对学员理解、消化和吸收培训内容的程度进行客观评价，并给出得分（等级）和评语。

（3）应用指标。该指标反映学员将培训所学转化为工作行为，并提高绩效水平的程度。应用指标用于确定培训所学与工作岗位上的实际应用之间是否存在一种积极的转换关系。应用指标是一种严格程度很高的指标，它反映培训的实际效果，并能较准确预测培训的最终效果。

（4）企业效益指标。该指标反映企业绩效的增进程度，通常以成本收益来表示。企业效益指标以培训对企业的贡献为评价对象，包括安全水平提高、质量的提高、成本的节约等。企业效益指标的水平通过成本收益核算法来确定。成本收益核算法通过比较培训的成本和收益，来确定培训对企业的贡献。

（5）社会效益指标。该指标反映企业培训对社会整体科技素质、文化素质的推动作用。社会效益指标包括软指标和硬指标两部分。软指标如强化科技教育意识，优化尊重知识、尊重人才的社会环境，提高国际声誉等。硬指标如学员的社会使用合格率、学员的社会职务聘用率、学员的先进工作者获得率等。

（6）经济效益指标。该指标是指企业或社会"投入-产出"的关系，以及"产出量"大于"投入量"所带来的效果或利益。一般来说，一定量的生产耗费和资金占用所取得的有效成果越多，表明经济效益越高。例如，安全培训经济效益包括两个部分：一是通过安全培训提高职工安全素质而减轻发生事故带来的人员伤亡和财产损失，简称为减损产出；二是保障企业正常营业持续获利的过程，简称为增值产出。

8.4 安全教育评价的实施流程

安全教育的评价流程需要根据具体内容而设计或选定，没有固定的格式。比如，课堂讲授和实践操作的评价方法和流程是不一样的，但其中的基本流程要素是相对确定的，可以参

考一般教育评价的实施流程。常见的教育评价流程通常有以下这些内容，参见图 8-6。

图 8-6　教育评价的实施流程实例

（1）确定评价范围。就是确定评价客体、评价主体，包括被评价的组织、人员、活动、事件等。

（2）阐明评价目的。这是一个向教育管理者表明评价意图的环节，利用该环节可以基本确定评价方法与工具。

（3）制定评价方案。依据教育评价的原则、现实教育执行情况选择具有可行性的评价方案。方案中应包括评价对象、评价目的、评价事件、地点、参与人员、评价方法、步骤、采用的评价指标体系、最终报告形式等内容。

（4）收集评价数据。数据的真实性、全面性和客观性决定了评价结果具有的真实性和客观性，因此评价数据的收集工作直接影响着评价效果。例如，常见的安全教育评价数据收集方法如表 8-6 所示，根据评价分类可有针对性地选取相适应的方法。

表 8-6　常见的安全教育评价数据收集方法

数据收集方法	具体内容
资料分析法	相关安全教育教材，相关安全教育纪要，考核资料、学习日志等
现场观察法	安全教育准备现场情况观察，安全教育实施现场情况观察，安全教育过程参与情况观察等
问卷访谈法	安全教育参与人员问卷访谈，安全教育内容、形式、方法、综合效果问卷访谈等

（5）整理分析数据。针对不同类型的数据资料可采取定性、定量或两者均有的方式进行数据统计分析处理。

（6）撰写评价报告。评价报告是对整个教育评价工作的总结和评价结论的载体。完整的评价报告应该包括：评价目的、方法、步骤、结果，存在问题分析和改进措施。

（7）反馈评价结果。教育评价的最终目的是持续改进教育活动的执行效果，通过反馈不仅可以优化教育评价方案，还可以完善教育的其他环节。

 本章小结

本章对安全教育评价的概念进行了定义，分析了安全教育评价在安全教育活动中的作用，根据教育评价的范围、功能、主体和方法对安全教育评价进行了分类；介绍了几种可用于安全教育评价的典型教育评价模式、体现评价的内在层次性指标体系及教育评价实施流程。

 思考题

1. 安全教育评价的含义与作用是什么？
2. 安全教育评价的类型主要有哪些？
3. 试讨论培训效果评价的主要方法及其优缺点。
4. 什么是柯克帕特里克四级评估模型？
5. 简述常用安全教育评价指标体系的构建方式。
6. 安全教育评价指标包括哪些？
7. 安全教育评价实施的一般流程包括哪些内容？

第 9 章

→ 现代安全教育技术

随着现代教育技术的迅猛发展，教育技术在安全教育中的应用显得越来越重要。其实，安全教育与其他教育所使用的多媒体技术并没有什么不同，安全教育需要根据不同的安全教育与安全培训对象、内容、方法、环境、条件等的实际需要，选择最适宜的多媒体技术。

9.1 概述

9.1.1 媒体与教学媒体

教学活动是一个教学信息传递、反馈和控制的过程，它是教学信息的传播者、教学信息的接受者、教学媒体信息载体三者相互作用的结果。

9.1.1.1 媒体的定义

媒体有两种含义，一是指承载信息的载体；二是指存储和传递信息的实体。以传递教学信息为最终目的的媒体称为教学媒体。

教学媒体具有悠久的发展历史，人类最早的个体之间的交流是利用一些信号、简单声音、姿态或手势。后来又逐渐创造出一套非口头语言，如鼓声、火光、图画、音乐和舞蹈以及其他形式的图形符号，这就是人类最早、最古老的传播媒体。

9.1.1.2 媒体的分类

（1）语言媒体。语言媒体是实物、现象等的符号，是促进思维表达的工具，具有交流和传播的功能。

（2）传统媒体。主要是指实物和模型、参观旅行和展览、图片与图示材料、黑板等视觉展示平面以及文字印刷材料等媒体。

(3) 电子传播媒体。以电子技术成果为主发展起来的各种新传播媒体称为电子传播媒体，例如，幻灯片、投影、电影、光盘、广播、电视录像、互联网信息、微信等。

9.1.1.3 教学媒体的分类

根据印刷与否可分为印刷媒体和非印刷媒体，非印刷媒体又可分为听觉型媒体、视觉型媒体、视听型媒体和相互作用型媒体。根据信息传播过程中信息流动的相互性可分为单向传播媒体、双向传播媒体。根据教学媒体的制作技术可分为基于视觉技术的媒体、基于计算机技术的媒体、基于整合技术的媒体等。

9.1.1.4 教学媒体的特征

人们学习知识，一是由自己直接经验获得，二是通过间接经验获得。当学习是由直接到间接、由具体到抽象时，获得知识和技能就比较容易。在教学媒体的研究中，人们得出了一些结论：媒体仅是教学的组成部分，但不等于教育技术；运用媒体的方式方法在相当大的程度上决定学习的效果；不能说一种媒体永远优于另外一种媒体，也不存在解决一切教育难题的媒体；根据媒体特征和学员特点，考虑教学的需要，经过仔细选择和编制的媒体，对学员的学习有明显的帮助；如果教师接受过运用媒体的专门训练，媒体就可能得到更为有效的运用；学校建立合乎要求的媒体中心，可以使媒体发挥更好的作用。

教学媒体的发展趋势是：媒体及其相关设备变得比较小而且更加智能；电子输送系统数量急剧增加；各种媒体信息的数字化和媒体融合；媒体的交互功能更强；形成学习网络并不断发展。

9.1.1.5 教学媒体的特性

教学媒体具有以下的特性：

(1) 工具性。各种教学媒体在教学中与人相比，处于从属的地位，是人们获得和传递信息的工具。

(2) 传播性。教学媒体可以将各种符号形态的信息传送到一定的距离，使信息在扩大了的范围内得以展现。

(3) 表现性。表现性是指教学媒体表现事物的空间、时间和运动特征的能力。

(4) 固定性。教学媒体可以将信息记录和存储起来，在需要时再现。

(5) 重复性。教学媒体的重复性是指教学媒体可以根据需要，在特定的时间、地点多次地个别使用，而它所呈现的信息的质和量仍能保持稳定不变。

(6) 可控性。可控性是指媒体受使用者操纵控制的难易程度。

(7) 参与性。参与性是指应用媒体教学时，学员参与学习活动的机会。

9.1.1.6 教学媒体的作用

教学媒体的作用主要有：

(1) 使学员接受的教学信息更为一致，有利于教学标准化；

(2) 激发学员的动机与兴趣，使教学活动更为有趣；

(3) 提供感性材料，增加学员的感知深度；

(4) 设计制作良好的教学媒体材料能够提供有效的交互；

（5）有利于提高教学质量和教学效率；

（6）有利于实施个别化学习；

（7）将教学媒体和教学相整合，开展协作学习，促进学员的发现、探索等学习活动；

（8）促进教师的作用发生变化；

（9）有利于开展特殊教育。

9.1.2 现代教育技术

9.1.2.1 教育技术的定义

（1）教育技术是教育过程中所用到的各种物化手段。从最基本的黑板、粉笔、文字教材、教具、投影仪、幻灯机、电视机、有线与无线扩音系统、视频展示台到多媒体计算机系统、电视教学网络系统、计算机双向传输交互网络系统和互联网巨系统等，都是教育技术的硬件组成部分。

（2）教育技术还包括经过精心选择和合理组织的学习教材，这些学习教材应当满足社会和学员个人学习的需要，还必须符合认知规律，适合于学员的学习。这是教育技术的软件组成部分。

（3）教育技术还是设计、实施和评价教育、教学过程的方法，这也是教育技术的一个组成部分。

所以，包含教学手段的硬件、软件和方法组成的系统才是完整的教育技术的概念。换句话说，教育技术是由教学硬件、软件和教学方法组成的系统。

9.1.2.2 现代教育技术的定义和内涵

对现代教育技术的理解归纳起来主要有两种：一种指新出现的教育技术，与之对应的是传统教育技术，这种理解强调对传统的革新；另一种指正在使用的教育技术，它包括传统教育技术和新出现的教育技术。由于第二种提法的范围比第一种广泛，第一种称为狭义理解的现代教育技术，把第二种称为广义理解的现代教育技术。

现代教育技术的内涵非常丰富，其表述有许多方式，典型的表达有以下方式：

（1）现代教育技术是把现代教育理论应用于教育、教学实践的现代教育手段和方法的体系，包括教育教学中应用的现代技术手段，即现代教育媒体；运用现代教育媒体进行教育、教学活动的方法，即媒体传播教学法；优化教育、教学过程的系统方法，即教学设计。

（2）教育技术涉及范围比较广泛，几乎包括教育系统的所有方面。现代教育技术仅涉及教育技术中与现代教育媒体、现代教育理论以及现代科学方法论等有关的内容。

（3）与一般意义上的教育技术学相比较，现代教育技术学更注重探讨那些与现代化的科学技术有关联的课题。具体表现在它所关注的学习资源是现代先进的信息、传递、处理手段和认识工具，如先进的电声、电视、计算机系统及其教学软件，而这些系统的开发和利用又是与现代化的科学方法论的指导分不开的。

（4）现代教育技术就是以现代教育思想、理论和方法为基础，以系统论的观点为指导，以现代信息技术为手段的教育技术。现代信息技术主要指计算机技术、数字音像技术、电子通信技术、网络技术、卫星广播技术、远程通信技术、人工智能技术、虚拟现实仿真技术及多媒体技术和信息高速公路。现代教育技术是现代教学设计、现代教学媒体和现代媒体教学法的综合体现，是以实现教学过程、教学资源、教学效果、教学效益最优化为目的。

（5）现代教育技术，就是运用现代教育理论和现代信息技术，通过对教与学过程和教学资源的设计、开发、利用、评价和管理，以实现教学优化的理论和实践。

上述 5 个解释，尽管表述不同，但它们都强调利用新技术来实现教育教学的优化。

9.1.2.3 现代教育技术的发展

（1）现代教育技术以信息技术为主要依托。教育、教学过程实质上是信息的产生、选择、存储、传输、转换和分配的过程，而信息技术正是指用于上述一系列过程的各种先进技术的应用，包括微电子技术、多媒体技术、计算机技术、计算机网络技术和远距离通信技术等方面。把这些技术引入教育、教学过程中，可以大大提高信息处理的能力，即大大提高教与学的效率。现代科学技术的发展突飞猛进，使得各种媒体所拥有的信息资源大幅度增加，包括期刊、论文、专利、图书、软件等。现在人们掌握知识的半衰期在不断缩短，人们好不容易积累起来的知识和技能很快会老化，丧失其原有的价值。因此，教与学的效率显得尤其重要。

（2）现代教育技术更加强调培养复合型人才的观点。在教育目标确定的问题上，既要满足社会的需求，也要重视学员个人的需求，鼓励学员向复合型人才方向发展。所以，在教学内容的选择、在教育方法的运用和教育的形式上，应用现代教育技术来实现对复合型人才的培养是一种趋势。

9.1.3 现代教育技术的教学机理

9.1.3.1 从教学规律来看

现代教育技术克服了传统教学的缺陷，具有信息呈现多形式、更加符合现代教育认知规律的特点。

（1）在建造和形成认知结构方面，现代教育技术的教学系统是基于语义网络理论形成的。人类的认知是一个层层相连的网状结构，这个结构中有节点、链等。各节点之间通过链的作用而结成一个记忆网络。现代教育技术教学结构从最初的知识节点出发，呈网状分布在知识链结构上，形成一种多层次的知识结构。这是一种以人类思维方法组织教学信息的学习环境，学员可以根据自己的实际能力、学习需要来安排自己的学习。显然，传统教学知识结构不仅限制了多层次、多角度地获得知识信息，而且也只能按照教师的教学计划来完成学习。

（2）在认知过程方面，现代教育技术教学符合加涅的认知学习理论——人类掌握知识、形成能力属于阶梯式发展过程。例如，传统的职业技术教育教学过程，尤其是理论教学部分，是由感知教材、理解教材、巩固与运用知识几个环节顺序连接的，形成的时间周期长，学员的记忆易淡化，不利于阶梯式发展过程的形成。而现代教育技术则把感知、理解、巩固和运用融合为一体，使得学员在较短时间内记忆得到强化，可以有效地促进个体主动参与认知结构不断重组的递进式学习过程。

9.1.3.2 从教学模式来看

现代教育技术教学系统既是一个可以进行个别化自主学习的教学环境与系统，同时又是能够形成相互协作的教学环境与系统。不论是传统的电化教育手段，还是多媒体教学系统组成的现代教育技术教学系统，输入与输出手段的多样化使其具有很强的交互能力。多种学习形式交替使用，可以最大限度地发挥学员学习的主动性，从而完成自主学习。与网络技术相结合的多媒体教学系统还可以使学员与学员之间、学员与教师之间跨越时空的限制进行互相交流，实现自由讨论式的协同学习，这显然是传统教学模式无法与之相提并论的。

9.1.3.3　从教学内容来看

现代教育技术可以集声、文、图、像于一体，使知识信息来源丰富，且容量大，内容充实，形象生动而更具吸引力，为学员创造一个宽阔的时域空间，既可以超越现实时间，生动地展示历史或未来的认知对象，又能够拓宽活动范围，将巨大空间与微观世界的事物展示在学员面前加以认知。应用现代教育技术教学系统改变了传统教学方式，使学员占有的时空不断扩大。而传统教学方式则依靠文字教材和教师的课堂讲课，强调教学过程由近及远、由浅入深、由具体到抽象的原则。

9.1.3.4　从教学手段来看

现代教育技术的教学系统主要是指多媒体教学系统。多媒体教学系统强调以计算机为中心的多媒体群的作用，从根本上改变了传统教学中的教师、教材、学员三点一线的格局。学员面对的不再是单一、枯燥无味的文字教材和一成不变的粉笔加黑板的课堂，呈现在学员面前的是图文并茂的音像教材、视听组合的多媒体教学环境与手段和在网络、远距离双向传输的教学系统。所有这一切使得传统教法中抽象的书本知识转化为学员易于接受的立体多元组合形式，使得教学过程与教学效果达到最优化状态。学员在整个学习过程中，充分利用学员的视觉与听觉功能，对大脑产生多重刺激作用，从而使得学习效果显著提高。

9.2　教学媒体的应用

教学媒体选择通常依据教学目标、教学内容、教学对象、媒体特性和教学条件，除了以上五个要素外，还要从整个教学过程出发，综合考虑教学组织形式、教学活动等要素。

常用教学媒体材料的编制需要根据教学大纲所规定的教学目标和教学内容，针对一定的教学对象，运用文字、图表、图形、图像、动画、声音等多种形式，记录、存储、再现和传递教育信息。教学媒体材料的一般编制过程包括：选题分析、材料的准备、脚本的编写、开发、评价和修改。教学媒体材料的编制要求具有科学性、教育性、艺术性和技术性。

9.2.1　印刷类媒体

（1）印刷材料。印刷材料在教学中使用普遍，它包括各种书籍、期刊、挂图等，是教育信息的重要载体。印刷材料的优点是具有稳定性、持久性，使用方便，易于携带，价廉易得。印刷材料的局限性是需要阅读技能，信息传递是单向的，提供的是抽象经验。

（2）图片。图片指的是一些表示人、物和地点的照片，或与照片类似的线条画和绘画。图片的优点是可以把抽象的信息转化为现实的形式，使教学从戴尔的"经验之塔"理论的词语符号层次转变为更具体的图片层次，图片易于得到、价格便宜、使用简便、应用广泛。图片的局限性是很多图片画面较小，在人数较多的大场面下无法使用；图片是平面的，即二维的，不具有立体感，不能表现运动。

（3）图示材料。图示材料是指一些非摄影的、含有文字和符号的视觉提示，通常是用文字、符号、图形、线条等把所要表达的信息要点或它们的内在联系表现出来。教学中常用的图示材料包括简略图、图表、统计图、地图、广告图、漫画等。简略图不画出细节，采用线条的组合来表示人、地、物的概念。由于缺少细节，比照片更易突出教学要点。常用的统计图包括条形图、象形图、圆形图和线条图等。图示材料的优点是材料形式简练，形象生动，表达准确，易于获得，使用简便，不需要任何设备，可以广泛应用。图示材料的局限性是画面较小，在人数较多的大场面下无法使用；材料具有一定的抽象性。

9.2.2 非印刷媒体

（1）黑板。黑板是最常用的传递文字信息的工具，它同时也可以是图像的载体。黑板可以有各种颜色，不过习惯上仍称为"黑板"。

（2）布板、磁性板和多用途板。

（3）实物和模型。实物和模型都是直观具体的教学媒体。虽然实物比模型更真实，但模型更能适合课堂教学环境的需要。模型是一种三维的实物代替物，可以提供实物所不能提供的学习经验。

9.2.3 投影类媒体

投影类媒体主要指那些能将画面放大并在屏幕上展示的媒体形式，传统的幻灯、投影器、电影放映机等都被淘汰了，现在常用的是与计算机一体的多媒体投影仪等。多媒体电脑投影仪是集电脑、投影机、DVD、电视、无线网卡、音响功放、文件传真、实物扫描为一体，实现多媒体便携式操作，一步到位解决了当今信息化电教所涉及的各种设备。与传统的投影仪相比，多媒体电脑投影仪的使用特性发生了本质的变化，从原有相对单一的办公专业应用拓展到了个人娱乐、便携应用。随着技术及核心组件的不断发展，多媒体电脑投影仪会往亮度更高、分辨率更高、体积更小、接口更加丰富的方向发展。

9.2.4 电声类媒体

电声类媒体是以电声技术为基础，能对声音信号进行存储、加工、放大播出并在一定空间中传播，以传递适当的教学信息。电声类媒体包括无线电广播、电唱机、扩音机、收音机、录音机、CD机等设备及其相应的软件。

（1）无线电广播教学。其优点是传播范围广，传播信息及时，应用范围广，费用低，节目质量水平比较高。其局限性是只能传递声音信息，教学信息是定时、单向传递的。

（2）录音媒体。传统教学中使用的录音媒体主要有：录放机、收录两用机、双声道录音机（也叫跟读机）、变速录音机、卡片录音机等，现在大都使用的是数字式录音机。录音的优点是教学媒体价格低廉；录音学习材料容易得到，使用简单；适用于特殊教育；相当普及；更富戏剧性的口头信息；便于复制；操作方便；可以与其他媒体相配合。录音的局限性是很难改变顺序；不易较长时间集中注意力等。

（3）语言实验室。现在的语言实验室都是多功能语言实验室。语言实验室的优点是能提高听说训练效果；为学员提供大量训练机会；实施个别化教学；能提供图像信息；为提高学习效率、实现课堂教学和科学化创造了理想的条件；有助于实现媒体选择组合的最优化。语言实验室的局限性是容易引起疲劳；教师需经过专门训练；教师自建的语言实验室的质量难以保证。

9.2.5 电视类媒体

（1）电视。电视是现代科学技术发展的巨大成果，作为一种大众传播媒介已经成为人们生活中不可缺少的部分。电视教学在扩大教育规模、提高教学质量方面，具有不容置疑的优势。电视的优点是可以将信息即时、迅速、远距离、大范围地传播；使教学变得更有效；可以代替现场参观；图像清晰、色彩鲜艳。电视的局限性是电视信息是单向传播的；学习比较消极、被动；难以满足不同学员的不同需要；设备价格较为昂贵等。

（2）录像。磁带式和数字式录像机是电视录像系统中的重要设备。一套录像装置由摄像机、录像机和监视器三部分组成。录像的优点是可以记录、储存、重放电视节目；学员可以按照自定时间、步调进行学习；可以反复重录使用；制作成本要比广播电视节目低。录像的局限性是价格较为昂贵；不方便资料交流等。

9.2.6 计算机类媒体

随着电子计算机和软件的高速发展，计算机类媒体是当今使用最普遍和效果最好的媒体。其主要优点是：有利于激发学员的学习动机；能够增加真实性，并能够使练习、实验、模拟等教学活动具有更大的吸引力；记录学员过去的操作行为；实现个别化教育的有效工具；为学员提供一个积极有效的气氛；更多的信息资源由教师使用和支配等。

9.3 多媒体教学系统案例

9.3.1 网络化多媒体教室

网络化多媒体教室是数字校园建设工程中的重点项目。目前的网络化多媒体教室，主要实现了对教室中配备的多媒体教学设备集中控制和网络远程管理的功能。随着数字校园建设的深入，校园网的资源越来越丰富，应用平台越来越多，这就要求多媒体教室能够与其他资源平台进行信息交互，实现资源共享。

根据客户新的需求，现在许多公司研制出多媒体教室解决方案。例如，采用中控-信息交互式中控、网络教学计算机、视频采集卡、VGA采编卡等硬件产品；中控远程管理平台、监控管理平台、精品课堂平台等软件产品。可以根据不同需求，为用户组建网络集控型、网络可视型、网络录播型三种类型的网络化多媒体教室解决方案。

多媒体网络中控系统通常采用开放型、智能化多媒体教室建设方案。每间教室配备有多媒体投影机、网络中控、计算机、全钢结构电子讲台和影音系统，构成一个集开放型教学、智能操作、远程控制网管、多媒体教学等多种功能于一体的教学环境。系统设计构建在标准的快速以太网之上，采用TCP/IP协议完成所有信息在校园网上的传输，包括普通的数字信息、视音频信息、控制信息等，是多网合一思想在多媒体教室系统中的延伸。

系统具有如下主要功能。

（1）中控功能。每个教室都可独立实现对教室设备的自动控制、切换等操作。

（2）远程网管。每个中控终端都可接受主控的远程控制、切换，如投影延时开关机等。

（3）远程设备监测。网管中心还可实时监测教室设备使用状态，如随时了解教室端中控系统、投影等设备的使用状态、已使用时间、开启次数等。

（4）实时素材存储。主讲教室的授课内容和电脑画面可实时压缩、存储于流媒体服务器中。

（5）网络视频直播。可将主讲教室的讲课内容和电脑画面实时压缩并传输给校园网上其他用户。

（6）接收教学直播。听课教室可实时收看主讲教室的示范教学，实现同步听课。

（7）双视频流教学。听课教室可同时收看主讲教室的授课画面和电脑画面，二者可同屏显示，也可选择其中任意一路放大至全屏。

（8）远程听课。可通过 WEB 访问的方式进行远程听课，且授课画面和电脑画面可同屏显示。

（9）网络 PC。嵌入式 CPU，Linux 启动远程 Windows 操作系统，电子硬盘存储，网络存储、本地运算，完全具有 PC 功能，无系统崩溃，无病毒侵扰。

（10）多媒体教学。VOD 视频点播、变速不变调的 AOD 音频点播、校园电视台点播等。

（11）一键开机。电子讲台打开后，所有设备依次自动通电开启，无须再一一打开。

（12）一键关机。下课后，教师只需关上柜门即可离去，系统自动延时关闭投影机、升起幕布。

（13）UPS 断电保护。停电后 UPS 自动报警，并转入 UPS 供电，系统自动延时关闭投影机、升起幕布、关闭电脑。

9.3.2　虚拟现实多媒体教学

在教育领域，虚拟现实技术具有广泛的作用和影响。亲身去经历、亲身去感受比空洞抽象的说教更具说服力。主动地去交互与被动地观看，有质的差别。崭新的技术会带给我们全新的教育思维，解决了我们以前无法解决的问题，将给我们的教育带来一系列的重大变革，尤其在虚拟仿真校园、虚拟教学、虚拟实验、教育娱乐等方面的应用更为广泛。

9.3.2.1　虚拟仿真校园

学习氛围、校园文化对人们教育产生巨大影响，发挥重要作用。教师、同学、学友、教室、课堂、实验楼等，校园的一草一木，每一次活动无不影响着我们每一个人。我们从中得到的教益从某种程度来说，有时会高出书本所给予的。网络教育的特点和虚拟现实技术的特点，决定了人们可以仿真校园环境。因此虚拟校园是虚拟现实技术与网络教育最早的具体应用。

随着网络教育迅猛发展，尤其是宽带技术大规模应用的今天，国内一些高校已经开始逐步推广使用虚拟校园模式。随着网络教育的深入，人们已经不满足于对校园环境的浏览，基于教学、教务、校园生活的三维可视化虚拟校园呼之欲出。人们需要一个完整的虚拟校园体系。真实、互动、情节化的特点是虚拟现实技术独特的魅力所在，新技术必将引起教育方式的革命，让我们感受到全方位的教育。

例如，有些广播电视大学远程教育采用基于互联网的类游戏图形引擎。在此基础上，将网络学院具体的实际功能整合在图形引擎中，突破了目前大多虚拟现实技术的应用仅仅停留在校园一般性浏览的应用上，并作为基础平台进行大规模应用，效果良好。他们以学员为中心，构想了一些人性化的功能，以虚拟现实技术作为远程教育基础平台，让学员感受到全方位的教学、校园文化。

9.3.2.2 虚拟教学（实验）

基于虚拟现实技术的特点，虚拟教学（实验）在理工科教学中的实际应用应有广大作为，尤其在建筑、机械、物理、化学等学科有着质的突破。

例如，对建筑景观、结构进行相关的模拟仿真；对城市规划等进行仿真；模拟参观大型工程，展示各种拟建设的工程项目，为国际和国内工程设计投标建立多种层次、细节丰富的虚拟模型，真实再现工程竣工后的情况；机车驾驶模拟装置可模拟列车启动、运行、调速及停车全过程，可向司机反馈列车运行过程中的重要信息，如每节车辆的车钩力或加速度，列车管压力波传递过程等，进行特殊运行情况下的事故处理。现在各种虚拟实验远程教学系统正在不断涌现，见图9-1～图9-3。

图 9-1　虚拟工程实例

图 9-2　虚拟校园实例

图 9-3　虚拟驾驶实例

9.4　多媒体课件的制作

多媒体课件制作技术和方法不是本书重点讨论的内容，这里仅仅作为现代教育技术的例子加以扼要叙述。学习制作多媒体课件的快速、高效途径是通过自己在计算机上的实践，书本介绍的知识仅作为参考。

9.4.1　多媒体课件制作基础

多媒体课件是信息技术发展的产物，是对传统纸质教材和传统课堂教学的必要补充和有效拓展。它利用多媒体制作软件或多媒体创作工具将各种多媒体素材有机地融合在一起，超越时间、空间的限制，生成具有人机交互功能的教学软件。

制作多媒体课件的目的是将其应用于教学活动中。多媒体课件以其直观性、灵活性、实时性、立体化的特点发挥着其他媒体所无法代替的优势。形象直观的知识内容、生动灵活的信息呈现方式、友好的交互界面、反馈与检测作用的发挥等，容易引发学员的学习兴趣，改善师生交互方式，从而提高课堂教学效果。

多媒体课件的基本结构包括：线性结构、树状结构和网关结构等。基本类型包括：演示型课件、助学型课件、练习训练型课件、资料工具型课件、教学游戏型课件、模拟实验型课件等。

多媒体课件开发的注意事项：

（1）课件开发前的论证。根据教学的实际需求来制作课件，尽可能有效利用现有的课件资源，充分考虑现有硬件条件和软件条件的限制。

（2）课件开发的几个误区。多媒体课件只能辅助教师，但不能替代教师；多媒体课件不是黑板搬家行为，替代不可预料的实验；为课件而课件。

（3）多媒体课件制作的原则。要明确教学目标，一切教学活动以学员为中心；要统筹规划和科学分析；多媒体课件应注重内容，不可花哨。

9.4.2　多媒体课件制作流程

多媒体课件制作的流程通常有以下几个步骤。

（1）教学分析。要分析教学目标、教材、学员特性，结合新型教学理念、教学策略及多媒体的特点设计课件。

（2）搜集素材。素材是制作课件的基础，没有好的素材也制作不出好的课件，因此素材的获取与处理是课件制作的一项基础工程。通常采用网上搜索下载、从其他资料中提取或自己动手制作等方法，但要注意资料版权的问题。

（3）确定课件构架。多媒体课件的结构一般分为线性结构、树状结构和网状结构，其类型通常有演示型课件、助学型课件、练习训练型课件等，根据内容和需要确定所制作课件的构架。

（4）稿本编写。稿本也称脚本，是制作多媒体课件的直接蓝本，分为文字稿本和制作稿本。文字稿本是按教学的思路和要求，对教学内容进行描述的一种形式。制作稿本是在教学稿本的基础上，将教学内容、教学策略进一步细化到多媒体素材上，具体到多媒体课件的每一幅画面上的稿本，包括画面的呈现信息、画面设计、交互方式等。

（5）制作步骤。新建演示文稿并保存；封面设计与制作；其他幻灯片的制作；封底的制作；建立超级链接；测试和修改；完成后保存。

多媒体课件制作应注意的几个问题：

（1）多媒体课件只能辅助教师，但不能替代教师。多媒体课件只是教学工作者的一个教学辅助工具，而不能替代教师的主导地位。

（2）多媒体课件不是教学板书的简单摘抄，不是简单地把板书搬上屏幕。

（3）为课件而课件。不能片面追求生动活泼、动感的效果，不顾页面元素的内在联系，过度使用媒体资源，甚至加入与内容无关的图片、动画、音效或视频。

（4）注意背景的选择与色彩的搭配。文字格式的设定，要有好的视觉效果，不能喧宾夺主，要突出教学内容。

（5）要有条有理地组织各类信息，最忌讳的是文件存放混乱。

9.4.3 素材的获取与处理

通常用于课件制作的素材有以下类型：文字素材（*.txt 或 *.doc 等）；图形图像素材（*.jpg 或 *.bmp 等）；声音素材（*.mp3 或 *.wav 等）；视频素材（*.avi 或 *.mpg 等）；动画素材（Flash 动画、三维动画等）（*.swf 或 *.gif 等）。

9.4.3.1 文字素材的获取与处理

（1）设计时注意事项。多媒体课件要展示教学目标、重点知识、难点知识、教学资料、课堂检测等，这些素材主要从键盘输入，如教学目标展示、背景资料等。设计时应注意：内容简洁、重点突出；逐步引入、层层递进；要采用合适的字号与字体等；文字和背景的颜色搭配要合理；应用前一定要保证其正确无误。

（2）获取与处理方式。

① 通常是网上搜索下载。打开浏览器→进入百度等搜索主页→选"网页"→转换成中文输入法→输入关键词（如：安全教育、安全案例）→回车→单击打开搜索到的相关网页→选中欲复制的文字→单击右键→复制→打开 Word 界面→单击右键→粘贴→粘贴选项等（有的网页制作时设置了不允许复制，这时就不方便复制）。

② 键盘录入。单击任务栏中的输入法按钮→选一种中文输入法→光标定位于目标处→

用键盘输入相应的文字。

③ 制作动态三维文字等特殊效果的文字。一般来说标题文字要与内容文字加以区别，标题文字可制成一定效果的文字，如艺术字或动态三维文字。

（3）运用 Ulead Cool 3D 3.5 操作实例。打开 Ulead Cool 3D 3.5 界面→编辑→输入文字→切换成中文输入法，输入"课件制作"字样→选择字体、字号与粗细→确定→百宝箱，在"对象样式—画廊"中选择一种颜色双击进行文字填充→在百宝箱"工作室—背景"中选择一种背景图案双击→在百宝箱"工作室—动画"中选择一种动态效果双击→单击"播放"按钮观看→用工具栏中"大小""移动对象""旋转对象"按钮调整文字的大小、形状、位置→增加帧数（如增加到 90 帧）→文件→创建动画文件→视频文件（或 GIF 动画文件）→选择保存位置→命名文件→保存。

9.4.3.2　图形图像素材的获取与处理

（1）设计时注意事项。多媒体课件中，图形、图像占较大比重，如果设计得好，可以起到事半功倍的教学效果。反之，也会起到副作用。设计时应注意以下几点。

① 图的内容便于观察，图形、图像等画面设计要尽可能大，图处在屏幕的视觉中心，便于学员观察。

② 复杂图像要逐步显示。对于复杂的图，如果一下子显示全貌，会导致学员抓不住重点，也不便于教师讲解。应随着教师讲解，分步显示图形，直到最后显示出全图。

（2）获取与处理方式。

① 用绘图软件绘制图形；从印刷资料中获取（用扫描仪扫描印刷资料中的图像，或用数码相机拍摄）；用 Windows 截屏工具 Print Screen 键（按下 Print Screen 键抓取当前屏幕。然后，打开任意一个图像处理软件，如画图，建立一个新文件→粘贴→用画图中的选择工具选取需要的画面→再新建一个画图文件→粘贴→文件→保存即可）。

② 网上搜索下载。打开浏览器→进入百度等搜索主页→选图片→转换成中文输入法→输入图片类型→回车→单击打开搜索到的相关网页→单击选中的图片→单击右键→图片另存为→选择保存位置和名称→确定。之后可以用 Photoshop 等软件处理图形、图像素材。

9.4.3.3　声音素材的获取与处理

（1）设计时注意事项。在课件中合理地加入一些解说、音乐和音响效果，可以更好地表达教学内容，吸引学员的注意力，起到增强教学效果的作用。设计时应注意：

① 音乐的节奏要与教学内容相符。重点内容处要选择舒缓、节奏较慢的音乐，以增强感染力；过渡性内容则选择轻快的音乐。

② 音乐和音响效果不能用得过多，用得过度反而是一种干扰信息，效果适得其反。

③ 背景音乐要舒缓，否则会喧宾夺主。

④ 要设定背景音乐的开关按钮或菜单，便于教师控制，需要背景音乐就开，不需要就关。

（2）获取方式。

① 网上搜索下载；

② 从教学光盘中提取声音素材；

③ 自己根据需要录制。

（3）处理方式。

① 录音前的准备。将话筒插入电脑主机的麦克风插孔→打开 Audition3.0 界面→选项→Windows 录音控制台→选中麦克风→音量调整至接近最大→关闭录音控制窗口。

② 录制声音文件。编辑模式下单击文件→新建→确定→单击录音按钮开始录音→单击结束按钮停止录音。

③ 录制声音文件的降噪处理。按鼠标左键选择只有环境噪声的那部分波形→效果→修复→降噪器→获取特性→波形全选→确定。

④ 保存录制的声音文件。文件→另存为→选择保存位置→选择保存类型（wav 或 mp3）→输入文件名→保存。

⑤ 多个声音文件的混缩处理。多轨模式下，在音轨一上的空白处单击右键→插入→音频→选择一个声音文件→打开→同样在音轨二上插入另一个音频文件→删除多余部分→调整各个音轨的音量使之平衡→文件→导出→混缩音频→选择保存位置→保存类型（wav 或 mp3）→输入文件名→保存。

9.4.3.4 视频素材的获取与处理

（1）设计时注意事项。视频、动画素材是多媒体 CAI 课件中不可缺少的重要组成部分，由于它本身就可以由文本、图形图像、声音、视频动画中的一种或多种组合而成，利用其声音与画面同步、表现力强的特点，能大大提高教学的直观性和形象性。设计时应注意动画和视频图像应具有重复演示功能。

（2）获取与处理方式。

① 网上搜索下载。

② 从视频文件中截取视频片段。如打开解霸窗口→打开→选取视频文件（注意文件格式）→播放→循环→确定要截取的始点、终点→保存→在对话框中选取保存位置和文件名→保存。

9.4.4 PowerPoint 课件制作

PowerPoint 是目前教学课件制作最常用的工具，本节对其使用做专门介绍。

9.4.4.1 PowerPoint 制作演示文稿

PowerPoint 基础知识如下：

① PowerPoint 的基本操作。在 Windows 界面点击开始→程序→打开 Microsoft Office PowerPoint→新建文件→保存文件。

② PowerPoint 的基本编辑技能。插入幻灯片、文本的输入与编辑、在幻灯片中插入对象、插入艺术字、插入自选图形、插入影片和声音、插入 flash 动画、删除幻灯片、移动幻灯片、复制幻灯片等。

9.4.4.2 演示文稿的修饰和动画的制作

（1）设置幻灯片背景。基本步骤是：定位幻灯片→格式→背景→背景填充→填充效果→图片→选择图片→单击选取合适图片→插入→确定→应用。

（2）设置幻灯片的母版。基本步骤是：视图→母版→幻灯片母版→对母版进行设计→关闭母版视图。

（3）自定义动画。基本步骤是：选中对象→幻灯片放映→自定义动画→添加效果（进入、强调、退出、动作路径）→设置动画效果。

（4）创建超链接。

方法1：选中要链接的对象（文字、图片、自选图形、动作按钮等）→单击幻灯片放映→"动作设置"→单击超级链接到→幻灯片→选择欲链接的某张幻灯片→确定（若超级链接演示文稿以外的文件，则选择"其他PowerPoint演示文稿"或"其他文件"→根据路径选择相应文件→确定）。

方法2：选中要链接的对象（文字、图片、自选图形、动作按钮等）→单击右键→超链接→欲链接幻灯片→插入动作按钮。

9.4.4.3　幻灯片制作的人机学要求

除了前面介绍的多媒体课件制作共同要求之外，这里补充一些幻灯片制作的人机学要求。

（1）幻灯片要符合人视觉的要求。在制作幻灯片时，首先应该使其符合人的视觉要求，使别人看起来既清晰明了又简单扼要，在观看过程中不致引起视觉疲劳。要想达到这些效果，就要根据人机工程学原理从以下几个方面考虑。

① 底色和主体色的搭配。在幻灯片的制作过程中一定要注意底色和主体色的搭配。首先要知道的是各种颜色之间的对比度，即什么颜色之间的搭配使人看起来最清晰，而什么颜色之间又不利于搭配。例如在幻灯片中可以搭配的颜色如表9-1中所示。

表 9-1　清晰匹配色

底色	黑	黄	黑	紫	紫	蓝	绿	白	黑	黄
主体色	黄	黑	白	黄	白	白	白	黑	绿	蓝

另外，还有一些颜色之间根本不能在一起搭配，如表9-2所示。如果在幻灯片中选用了这些颜色，学员会因为看不清教师所讲解的内容而产生一种厌烦的情绪，大大地减弱了教学的效果。

表 9-2　模糊匹配色

底色	黄	白	红	红	黑	紫	灰	红	绿	黑
主体色	白	黄	绿	蓝	紫	黑	绿	紫	红	蓝

② 模板要简洁。要制出一个非常优秀的幻灯片，模板的选择至关重要，因为它基本上决定了幻灯片的整体外观形式。PowerPoint软件已经为我们提供了许多精美的设计模板，另外也可以在网络上下载，同时我们还可以根据自己的需要设计出新颖的模板。在选择模板时应该遵循一定的原则：尽量使所选的模板简洁大方，让人看起来轻松自然；应该注意不能一味地追求模板的漂亮而选择一些过于华丽的模板，因为这不符合人类的视觉要求；在选取模板时要根据幻灯片内容结构的需要，也就是要符合整体布局。

③ 内容要符合视觉要求。首先，如果幻灯片的内容比较抽象时，要尽量避免使用文字，多采用图表、公式。因为图表、公式有时比文字更直观、更容易通过视觉被观众所接受；其次，幻灯片上的内容一定要精简。我们要记住幻灯片不是教科书的电子版，因此制作者一定

要事先认真学习教科书内容并对其进行高度概括；另外还要尽量避免单张幻灯片上出现过多的内容，同时要保证所有的观众都能很容易看清楚幻灯片上的内容。

（2）幻灯片要符合心理学的要求。

① 能够吸引观众的注意力。注意是心理活动对一定对象的指向和集中，是心理活动的重要组成部分。没有注意的参与，任何活动都将无法维持与进行。一个好的幻灯片能够时刻强烈地吸引着观看者的注意力，当然这与制作者的水平有很大程度的关系。

② 要符合观看者的心理要求。应充分利用其新奇心理，防止教育单调、呆板。成年人自我意识的发展水平较高，深切关心自己的发展，这就要求幻灯片的内容要以知识性为主，尽量满足他们对知识的需求，同时还要适当地增加一些趣味性来集中他们的注意力。在制作幻灯片时把对象的心理因素充分考虑进去是非常必要的。只有当幻灯片符合观众的心理要求时，观众才可能沉下心来认真地观看，否则他们将会不理解或者对此不屑一顾，从而不能达到预期的效果，因此这一点值得制作者关注。

（3）幻灯片要符合美学的要求。爱美之心人皆有之。当一个美好的事物出现时，我们就会觉得身心愉快、神清气爽，大脑处于相当兴奋的状态，这时如果让我们去学习，效率就非常高。反之，我们将心烦气躁，神情恍惚。因此幻灯片符合审美学的要求也很重要。

① 注意幻灯片整体结构的优化。在设计幻灯片的整体结构时，要注意形式美法则和完形美法则。首先把设计对象分解成一些基本的构图元素，如点、线、面以及色彩等，然后再从对这些元素关系的分析中获得审美体验，设计出美的构图。例如在考虑版面时，常常把标题看成一组方形的点，把正文的文字看成条形的线，把插图看成矩形的面，考虑它们的形状、方位、数量等方面的变化，并根据视觉美感的形式法则去安排幻灯片的插图、动画、文字。

② 注意幻灯片中内容的搭配。首先在制作中要时时牢记传达信息应该力求主体突出和遵循简单化原则。因为人的视觉生理及心理对于同类信息量的接受是有阈限的；另外，整体简单才有利于突出重点。

9.5 新媒体技术运用

9.5.1 慕课制作技术

9.5.1.1 慕课基础知识

慕课是融入阅读材料、课程视频、问题测试以及交流论坛等内容的一种网络课程，慕课自兴起以来，发展迅猛，主要得益于慕课的独有特征和核心优势。

（1）慕课的特征。慕课具有四个方面的特征：大规模、网络在线学习、开放教学、课程多样。具体如下：

① 大规模。慕课的课程是一个大规模课程群，多则成千上万门；学习人数也不是传统课堂的上百人，而是网络课堂的数万人甚至数十万人。

② 网络在线学习。慕课是网络授课与网络学习的形式，学员可以在网络平台上随时随地开展课程学习，同时也可以在网络平台上进行教师答疑和师生互动。

③ 开放教学。慕课的课程视频、讲义和答疑材料都是在线开放，学习者可以通过开放、透明的课程信息选择自己感兴趣的课程，也可以进行开放式讨论。

④ 课程多样。慕课的课程类别丰富、种类齐全，涵盖各个级层（从小学到大学）、各个

类别的课程（大学公共课程、通识课程、专业课程、实验实践类课程等）。

（2）慕课的优势。与传统课堂授课模式相比，在线网络授课的慕课具有一定的优势。慕课的优势主要体现在以下几个方面：

① 实现自主学习。开放式教学模式没有时间、人数、地点的限制，所有的课程资源完全开放，可以随时随地接受优秀教师的优质授课，通过慕课网络平台真正让学习者实现自主学习，教学模式从以教师为中心真正转变为以学习者为中心，创造了让学习者对自己课业负责的环境。

② 实现精细化教学。将课程章节切分成若干个知识点，并将其录制成 10 分钟左右的视频"微课程"，可以防止学生"走神"现象的发生，帮助学习者保持注意力，提高其学习效率。

③ 实现课程教学优化管理。通过课程目标、课程进度、讨论话题、课后作业、思考题和考试习题的设定，督促学习者有计划、有步骤学习，同时通过教师网络答疑、师生网络互动环节和反馈系统，解答学习者的问题和疑惑，吸纳学习者的意见和建议，做到因材施教。

④ 实现线上与线下结合学习。通过翻转课堂、SPOC 平台等模式，让学习者在课外学习并提出问题，课内完成讨论和交流，打破传统课堂先教后练、课内讲授、课外练习的学习模式，提高学习者分析问题、解决问题的能力。

总的来说，慕课集在线学习、开放教学、规模大和课程多样等优势于一身。在应用慕课时学生可以自主选择学习环境，包括交流平台的选择或小组线上讨论形式等，同时慕课具有坚持自主学习理念、精细化教学模式、师生民主平等关系和合理的评价方式等特征，有助于实现课程教学优化管理，提升学习者的学习效率和解决问题的能力。因此，慕课的引入对推动高等教育发展具有重要意义。基于慕课课程的教学模式见图 9-4。

图 9-4 基于慕课课程的教学模式

9.5.1.2 慕课制作技术的主要步骤

慕课制作技术是慕课制作过程中所用到的各种物化手段，是计算机技术、影视摄影技术、图形图画技术等多种技术的综合。慕课的制作技术主要包括慕课制作的前期准备、慕课录制准备、慕课视频录制、慕课制作的编辑工作、慕课制作成果的交付等五个步骤。

（1）慕课制作的前期准备。慕课制作的前期准备主要包括课程设计与策划，主要包括课程大纲的编写、课程体系设计、授课内容设计和课程文案制作等。慕课的设计与策划与传统课堂教学具有相同点，需要有完整的课程体系（教学目标、教学内容、进度安排）、全面的课程大纲（课程章节、主讲人、课时分配等）、详细的授课内容（章节内容、重点、难点等）和可操作的课程文案（课堂讲授内容、课外延伸学习内容和课后练习等）。同时，慕课的设计与策划不同于传统课堂教学，慕课教学按照知识点来划分成多个短视频，以便于网络学习者集中精力掌握所学内容。在慕课设计和策划上应注意：慕课不是课堂讲授的片段化，知识点不是课程章节，而是章节中某一知识点的完全呈现，各个知识点之间具有连贯性和系统性。

（2）慕课录制准备。慕课录制工作包括 PPT 设计、课程脚本设计、课程素材整理、视频制作规格确定和职责分工等五个方面。慕课课程每个知识点的 PPT 控制在 20 张以内，在 PPT 的制作中要准备丰富、多样的素材。有些慕课制作时需要脚本，脚本的设计一般要求内容全面、通俗易懂且朗朗上口。课程素材的整理包括文字、视频和动画等，一定要做到文字简练、图文并茂且美观大方。视频制作规格根据平台或授课教师要求做出具体设计，如视频拍摄机位、摄像分辨率、视频高宽比等。录制准备应该发挥每个成员的优势，做到分工明确、恰当合理。

（3）慕课视频录制。慕课视频录制方式一般由慕课制作团队与授课教师共同研究确定，录制主要包括交互式大屏拍摄、授课现场拍摄、虚拟场景拍摄、写真拍摄等四种模式。慕课视频录制过程中，授课教师应注意着装、富有激情且状态饱满，以保持最佳讲课姿势。同时，在录制过程中应该加强互动，增强网络授课的实景感。

（4）慕课制作的编辑工作。慕课视频录制完成后，应进行编辑处理，主要包括视频的剪辑（背景模板、背景音乐、构图排版、转场特效）、校对（全面检查、根除错误，使得排版规范和画面美观）、包装与美化（素材插入、特效制作、环节美化、3D 渲染）等步骤，以形成内容正确、逻辑完整和具有吸引力的慕课视频。

（5）慕课制作成果的交付。慕课制作完成后，要将课件交付给网络平台运营，一般应选择运营经验丰富、在线课程较多、管理水平较高的平台，以保证在线教学质量。同时，应根据理论课程的发展及时进行慕课课程的更新，包括课后习题、视频内容、课后讨论的及时更新与补充。

9.5.1.3　安全类课程的慕课制作

在了解了慕课制作技术的基本步骤后，可以在安全教育领域进行运用。这里仅结合慕课制作技术的特点，扼要叙述安全类课程的慕课制作。

（1）通识课程。安全类通识课程慕课制作要注重内容的普适性、基础性、广博性和综合性，内容要繁简适中，知识体系应重点突出，不应该面面俱到；讲解要细致生动，尽量用例证、图片等阐释每个概念、重点和难点；语言要通俗生动，忌用生僻、晦涩的专业术语，让非安全专业学习者理解慕课内容。

（2）专业课程。安全类专业课程慕课制作要注重内容的专业性、系统性、层次性和完整性，内容要逐层递进，注重知识体系的前后联系和逐渐深入；讲解要深入浅出，用文字、公式、动画等多种手段讲解知识点；语言要专业丰富，忌用非专业、歧义性语言进行讲解，让安全类相关专业的学习者或非安全类专业的深度学习者掌握专业知识。

（3）实习实践课程。安全类实习实践课程慕课制作要注重内容的实用性、规范性、针对性（针对安全生产实践需求）和对应性（与理论课程相互匹配），内容可操作性强，注重专业知识的实践转化和应用；讲解要具体、形象，用现场实操的方式边操作、边讲解知识点；

语言要专业生动，用通俗易懂的专业术语进行讲解，让安全类相关专业的从业者或非安全类专业的深度学习者掌握实操知识和技能。

9.5.2 微信平台技术

9.5.2.1 微信及公众微信平台

微信是一个为智能终端提供即时通信服务的应用程序，只需要消耗少量网络流量，就可以实现跨运营商和跨平台发送语音、短信、视频、图片和文字。截至 2016 年第二季度，微信已经覆盖全国 94％以上的智能手机，微信公众号已经超过了 800 万个。而根据最新的数据报告显示，国内移动互联网月度活跃用户突破 10 亿，近 80％的微信用户关注微信公众号。

微信公众平台是微信的主要服务功能之一。开发者或者商家可以在微信公众平台上申请应用账号，通过该公众号，开发者或者商家可以在微信平台上和特定群体进行文字、图片、语音、视频等各种形式的互动和沟通。微信公众平台分为服务号和订阅号两种类型。企业或组织机构可以申请注册服务号，而任何组织和个人都可以申请订阅号。订阅号的主要功能是为特定群体（用户）提供信息和资讯，每天可以发送一条消息，并显示在特定群体的订阅号文件夹中，但是不会收到即时消息提醒。随着微信公众平台的出现和不断完善，为网络教学提供了便捷的信息传播方式和较好的学习平台，教师通过公众号可以将多种形式的学习资料发布到公众号平台，学生可以自行翻阅查看，还可以和学生实现一对一、一对多的即时交流。

9.5.2.2 微信公众平台的功能分析

微信公众平台是微信的功能模块之一，利用其可以进行自媒体活动，即一对多的媒体性行为活动，便于和特定的群体实现文字、图片、语音、视频等各种形式的沟通和互动（图9-5 提供了微信公众平台应用的示例，仅供参考）。微信公众平台具有如下主要功能。

（1）消息的群发推送。服务号一个月之内可以推送 4 条群发消息，推送的内容会显示

图 9-5 微信公众平台应用示例

在用户的聊天列表中提示用户进行阅读查看。订阅号每天可以向关注微信公众号的用户发送一条群发消息，该消息将会显示在对方的"订阅号"文件夹中，需要用户有意识地点击查看。教师可以凭此功能在课前、课后向学生推送学习和复习内容，学生根据自己的时间安排随时进行学习。

（2）自动回复。自动回复功能包括"关键词回复""被关注回复""收到消息回复"。关键词回复是用户输入关键词，可以得到运营者在后台设定的该关键词的消息；被关注回复是关注微信公众平台时收到的回复消息；收到消息回复是当用户向平台随意发送消息时，平台回复的提示消息。学生可以利用此功能查找学习的重点和难点进行学习巩固。

（3）自定义菜单。微信公众平台用户利用自定义菜单功能，最多可以设置三个一级菜单，每个一级菜单最多可以设置五个二级菜单。学生可以利用菜单显示的内容提示进行有序的学习。

（4）消息管理。当用户与平台进行一对一交互时，管理员可以在微信公众平台后台查看最近五天用户发来的咨询信息（信息可以是文字、图片、视频、语音），并根据信息做出应答，实现教师对学生进行一对一的个性化教学。

（5）用户管理。此功能可以对用户进行备注名称的修改和分组管理，这样管理员就可以根据消息内容的不同发送给特定的用户群体（例如根据用户的年龄、性别、地域或者爱好等分组），可以将不需要的用户拉入黑名单，还可以通过设置星标用户对更重要的用户进行分类标识。利用此功能教师可对学生进行分类，针对不同的学生采用不同的教学方法，做到因材施教。

（6）素材管理。运营者可以在后台对图文消息、图片、语音、视频进行保存、增加、删除、修改以及查看等操作，保证消息的及时有效，让学生依据消息推送内容循序渐进地学习。

（7）统计分析。运营者可以在后台对公众号的用户、图文、消息、菜单等进行统计分析，这样可以随时对关注用户数量的增减、推送消息的阅读数量以及所用时间、消息回复人数、查询人数以及用户的属性进行统计分析，随时掌握学生课下学习情况，对发现的问题及时纠正。

（8）公众号设置。此功能主要是用于对微信公众号名称、头像进行修改，一个自然年内可以主动修改两次名称，一个月可以申请修改 5 次头像。可以生成该公众号的二维码，并可以下载不同尺寸的二维码，用户通过扫描二维码就可以添加对该公众号的关注，方便学生关注微信公众号。

微信公众平台的功能非常强大，尤其是可以进行二次开发，使平台的界面和功能更能满足不同用户的需求。对于一般的教学来说，以上功能已经可以满足使用。

9.5.2.3　微信公众平台的特点分析

（1）使用方便，跨平台。微信公众平台解决了不同平台和系统之间的兼容性问题，学习者不再受限于使用的设备和操作系统，只要申请了微信号就可以扫描二维码关注使用公众号，学习门槛低，学习硬件要求低，使用简单方便。

（2）熟人网络，小众传播，传播更具有针对性和真实性。微信相对于其他的社交软件隐私性更强，更有利于熟人之间的交流，推送的消息具有更高的实效性。

（3）收发消息的即时性。微信的终端设备定位在智能手机和平板电脑等移动设备，这有利于学生实现碎片化学习、随时随地学习的需求；也实现了教师随时对学生进行一对一的学习指导，实现个性化教学；大家可以把自己的所见所闻进行分享，没有面对面的羞涩和尴尬，在虚拟的课堂中快乐学习。

（4）媒体内容丰富，分享便捷。微信公众平台交流方式可以是文字、图形、视频、语音等多种媒体形式，学生可以根据自己的喜好进行选择，让枯燥的学习变得生动有趣。

（5）一对一交流。微信公众号针对有特殊疑问的用户，可以进行即时的一对一解答，这样可以保障特殊用户需求，在学习上可以对每个学生进行一对一的教学指导。

（6）朋友圈功能。可以让学生通过图文信息分享自己的作品和心情，好友可以在朋友圈进行动态点赞和评论，加强学生之间的学习和情感等交流，同时获得别人对自己的认可。

9.5.2.4 微信公众平台教学应用的契合性

微信以及微信公众平台具有消息的群发推送、自动回复、自定义菜单、消息管理、用户管理、素材管理、统计分析、公众号设置等功能，可以实现线上一对一和一对多教学、协作学习、群组学习、学生管理和成绩管理等功能。

跟其他主流学习媒体相比较，微信平台具有操作简单，支持移动学习，一般的学习要求都能满足，可以进行二次开发而且开发成本不高等优势。通过扫描二维码关注微信公众平台，就可以通过菜单导航点击学习内容进行学习，不需要学习培训就可以操作；微信平台支持各种移动终端设备，有网络的地方都可以随时随地学习，比传统教学平台方便、灵活；可以借助第三方平台接口进行二次开发，来满足不同的教学需求，极大增加了微信公众平台的教育开发潜力。综上，微信公众平台在教学方面具有一定的优势。

9.5.2.5 微信应用的可行性

微信的消息群发推送、自动回复、用户管理、素材管理、统计分析等功能，可以满足混合式教学（线上＋线下）的学习内容发布、重难点查询、学习情况跟踪、更新学习内容、学习效果统计等线上教学需求。现在越来越多的高校开始尝试以移动终端为硬件支撑的混合式教学模式（如图9-6所示），并获得一定的教学效果。微信作为一种时尚的信息交流工具，几乎人人具备，而且能熟练使用其基本功能。学生使用微信或微信公众平台的情况主要体现在以下几个方面：

首先，微信具有使用的便捷性和应用的广泛性。微信在现在的交互软件中便捷性更高，满足了当代大学生追求时尚、紧跟时代发展的心理需求。微信在大学生中应用非常广泛，满足了大学生们的从众心理。当今社会，智能手机已经在绝大部分地区普及，几乎人人都有一部智能手机，而且基本上都支持微信的应用，这更加提高了微信使用的广泛性和便捷性。

其次，微信可以即时地实现图文并茂的信息传递，满足了当代大学生追求个性的心理特征。刚刚脱离了繁重学业、千篇一律的高中时代，步入大学，在新的学习环境下，学业压力减小，他们更注重展现自我、追求时尚与个性，更热衷于朋友之间的交往。比如他们到了一个地方，拍照片或者拍视频，发送给自己的朋友或者分享到朋友圈，让朋友们知道自己的位置，分享自己看到的美景、享受的美食等，给每位学生一个展现自我的舞台。

再次，微信不仅方便了学生之间的信息交流，其丰富多彩的共享资源，满足了在网

图 9-6　混合式教学模式的构建

络环境中成长起来的大学生们从网络获取学习资源的需求。相比 QQ 等交互软件，微信更适合在智能手机上使用。在大学几乎每个班都建立微信群，平时作为一个普通的日常事务交流群。针对每一门的学习，可以建立专门的微信群，课前，大家根据教师上传到微信公众平台的学习内容有选择性学习，交流分享自己的学习心得；课后，对教师布置的作业，对疑难知识点，可以发表自己的想法，任课教师引导学生慢慢探讨，一步步完成作业或者操作，提高学生的成就感，从而进一步提高学生学习的积极性和探究能力，让学生逐渐养成自学的习惯。这样既有利于教师主导作用的发挥，又有利于学生主体地位的体现。

从以上可以看出，微信的基本功能为混合式教学提供了有力支持，新颖的媒体形式大受学生欢迎，丰富的内容推送和便捷的操作为线上学习提供保障，一对一交流让个性化教学成为可能，分析统计可以随时监督学生的线上学习，智能手机在大学生中已经普及等，为借助微信开展混合式教学模式研究提供了有力保障。

9.5.2.6　微信平台技术在教学领域的应用步骤

总的来说，将微信平台技术应用下的混合式教学模式分为课前学生自主学习、课中师生研讨学习、课后学生内化学习等三个阶段，如图 9-7 所示。

（1）课前学生自主学习阶段。此阶段是教师和学生的课前准备阶段。要想完成一节优秀的课堂教学，前期的准备是非常重要的，教师和学生需要共同配合完成。教师要备课，准备好教学内容，以及上课所需要的素材和教具，了解学生原有知识水平和心理状况。学生在上课前应对所要学习的知识进行预习，并调整好心态准备上课。教师根据教学目标的要求，首先制定每一章节学习任务单，即学生需要掌握的知识、达到的技能、可以采用的学习方法以及对重难点知识标注等；其次，教师根据需要掌握知识的特点，制作成图文、视频、语音等发送到微信平台，供学生随时随地在线或者下载学习；再次，学

图 9-7 基于微信公众平台的混合式教学模式

生在课前学习过程中遇到的问题和学习感悟都可以在微信公众平台中进行群组讨论，或者利用微信平台的一对一交流功能和老师、同学进行单独交流，教师在参与过程中对学生有针对性引导和指教；最后，教师可以利用微信公众平台对用户的分析功能查看学生学习情况，再汇总讨论区域学生反映的问题和心得体会，进行仔细分析和汇总，以此为依据调整下节课的课堂教学内容的重难点。需要动手操作的，教师准备好素材在课堂上进行面对面讲解、演示，或者让学生自己动手操作体验，调动学生学习的积极性、激发学生学习的欲望和增强学生的动手能力，提高课堂学习效率。

（2）课中师生研讨学习阶段。课中就是面对面课堂教学阶段，但又区别于传统的课堂授课。课上不再是教师对知识的讲授和展示，而是教师根据课前学生在微信公众平台的学习反馈及分析，集中解答学生在学习过程中普遍遇到的问题，同时对小部分学生遇到的个别问题也可进行一对一的指导。接着进行本节课重难点知识的讲解，加深学生对知识的理解和巩固。教师在按传统方式讲解新知识的时候，观察学生对于每一个知识点的反应，结合教学目标决定该知识点讲解的深度和宽度，如果有的同学对某一方面表现出浓厚的兴趣，可以自由发言，说出自己的观点、体会，或者听取其他同学的意见，教师进行点评和指导，这样既能照顾大多数同学的学习进度，又能对部分同学的深度学习提供帮助，让绝大部分同学感受到来自学习的成就感，让个别同学感受到研究的乐趣。对于动手要求高的知识点，可以利用多媒体等进行现场演示，或者在上机实践操作课上，以问题为导向让学生自己动手练习。对于有难度的问题可以分成小组讨论，以小组协作的形式完成任务，并进行展示或者做出总结，锻炼学生的团队协作能力，获得团队中的存在感以及团队成员对自己的认同感，让每个学生的主体地位得到充分的体现，同时让教师的主导地位贯穿整个教学过程。

（3）课后学生内化学习阶段。此阶段主要是学生通过完成教师发布到微信公众平台上的作业，达到对知识的复习、巩固和内化。教师把本节课讲解的重点知识进行总结并发送到微信公众平台，课后学生自己下载进行复习巩固，学生还可以就某些感兴趣的问题进行进一步探究学习；教师把需要学生完成的作业发送到微信公众平台，学生可以利用自己的时间安排在下节课上课之前下载完成并提交作业。对于还是不理解的问题，可以利用自动回复功能寻求解答，可以和教师、同学私聊请教，也可以在微信群里进行讨论学习。学生可以把疑难问题反馈给教师，教师根据学生的反馈和作业完成情况，调整下一节课的教学内容。教师还可以设置一些开放性的题目，让学生通过查阅资料、讨论交流、申请援助等方式完成，并随时和教师进行同步或异步交流讨论，满足学生随时随地学习的需求，实现线上学习和线下学习的有机结合。教师通过参考课前预习、课上学生表现和作品展示以及学习感悟、课后学生作业完成情况，进行教学过程性评估，并不断修改基于微信公众平台的混合式教学，形成一个不断完善循环的教学模式。

9.5.3 抖音平台技术

9.5.3.1 平台算法及规则

了解抖音平台的算法和规则，对于在抖音上成为成功的教育视频创作者十分重要。

（1）抖音推荐算法。众所周知，当前抖音是国民级 APP，其流量巨大，也吸引了非常多的内容创作者。那么多的创作者上传视频到抖音，不可能每一个视频都给用户推荐，这时候就需要用到推荐算法了，让用户观看海量的视频中喜欢的内容。

如何让创作的视频被抖音的算法抓取，从而推荐给更多的人呢？主要有以下五个维度，分别是：完播率、点赞数、评论数、关注数、转发数（按顺序排名重要性）。

同类视频很多，以上五个维度对比中，总分数高的就获胜，从而获得更多的推荐，从而再对比，再推荐，越到后面越激烈，如果输了自然就会停止推荐。

（2）抖音审核机制。抖音每天都有大量的创作者发布视频，基于社会主义核心价值观，设定视频审核过滤机制，过滤不符合广大人民精神文化需求的视频。抖音的审核标准如下：

① 社区内容规范。

a.不能涉及国家领导人、公、检、法、军、国徽国旗等形象或词语；

b.不能借社会负面事件、热点事件、敏感事件、红歌军歌、革命烈士等进行商业营销宣传；

c.不能涉及邪教、封建迷信、反动组织等相关元素；

d.不能涉及违法违规、低俗色情、血腥恐怖相关元素；

e.不能出现违反公序良俗、社会价值观相关元素，如出轨、家暴、炫富、歧视、引战、吸烟、脏话、整蛊、恶搞、虐待等；

f.不能出现易引发人身安全风险危险行为和危险动作；

g.不能泄露和曝光个人隐私或个人信息；

h.不能出现密集恐惧、血腥暴力、引人不适等相关元素。

② 版权法律风险。

a. 不能使用未授权第三方的名字、Logo、形象、图片、音频、视频等（若投放相关素材，则需要单独确认，同各线产品运营）；

b. 不能使用抖音平台不能出现的艺人、红人相关素材；

c. 不可使用未授权的影视剧、综艺片段等素材；

d. 不可搬运站内外视频。

③ 未成年人相关。

a. 未成年人不能作为代言人拍摄商业营销内容；

b. 未成年人可参与营销视频的拍摄，但不能单独出镜；

c. 高风险行业（食品、美妆、游戏、酒水、医疗、医疗器械、皮草等）严禁出现任何未成年人相关元素。

④ 内容营销规范。

a. 不可出现联系方式、微信号、二维码、链接、地址、日期等元素，或引导主页、评论等查看联系方式的相关话术；

b. 不可出现促销活动、商品价格、打折信息、优惠券红包、引导购买、站外平台导流等招揽信息；

c. 不可对商品、产品或服务等进行细节性的描述（材料、外观等）或吹捧性的效果介绍；

d. 不可在视频开头或结尾出现定帧，常见于品牌露出、活动介绍、产品宣传等；

e. 不可长时间（4s 左右）主体展示商品、产品、品牌、Logo 等；

f. 不可在标题直接露出品牌，可植入性提及品牌，但不能有吹捧性质的效果引导。

抖音的审核方式如下：

① 机器审核。提前设置好人工智能模型来识别视频画面和关键词，用来审核作品和文案是否存在违规行为。如果违规可能会导致降低推荐、删除作品、仅自我可见等。严重违规则被抖音平台直接删除。如果无法直接判定是否违规，则会进入人工审核。

② 人工审核。对机器筛选出来疑似违规的作品，由人工进行审核。人工审核主要围绕三方面：视频标题、视频封面、视频关键帧。如果确定违规，将会进行：删除视频、降权通告、封禁账号等处罚。

9.5.3.2 账号注册及定位

了解了抖音的算法和规则，就可以使用抖音软件，首先需要注册账号以及内容定位。

（1）账号注册阶段。注册的流程按注册界面提示即可顺利完成，此处不再赘述。但需要注意的是，注册抖音需要良好的手机设备和网络，且没有历史违规记录。

尽量不要去连接公共区域的 Wi-Fi，倘若该网络已经有封号记录，此时连该 Wi-Fi 可能会被关联而导致限流甚至封号。

账号信息一定要突出教育内容定位，不要有任何的违规和广告信息，头像不可用网络图片，简介不能有联系方式。

（2）账号内容定位。什么是内容定位？就是接下来要更新的方向，固定的更新方向可以让粉丝更加垂直，切记不要什么视频都发，会使得账号定位模糊，粉丝很杂。垂直的粉丝使得内容会有更好的效果。

目前有的内容分类有（以下分类涉及网络词语）：

① 颜值。美女、帅哥、美妆、美发、瘦身、时尚、护肤、穿搭、街拍等。

② 兴趣。汽车、旅行、游戏、科技、动漫、星座、美食、影视、魔术、声音等。

③ 生活。动物、情感、家居等。

④ 技艺。音乐、舞蹈、技艺、文艺、绘画、程序员、外语、魔方等。

⑤ 体育。足球、篮球、减肥、健康、瑜伽等。

⑥ 手游以及电脑游戏。王者荣耀、我的世界等。

⑦ 上班族。职场、办公室、程序员、办公软件、Excel、Word、PPT、Office等。

⑧ 学生党。小学、初中、高中、大学、语文、数学、公考、校园、教育等。

⑨ 小孩。早教、母婴、育儿、玩具等。

⑩ 探索发现。教你××、××界的××、对方是你的××、××粉丝团、手机用户××等。

⑪ 其他。明星、演员、品牌、购物车、金句、政务、探店、头条系、技术流、娱乐、养生、法律、心理、手表等。

9.5.3.3　需要用到的工具

（1）拍摄需要的工具。

① 拍摄设备。对于绝大部分人来说，拍视频用手机就足够，前期完全不需要用到相机。但是拍摄的手机建议在800万像素及以上，手机分辨率设置为1080P及以上（如果支持4K的话，调成4K），30帧以上。

② 稳定器。用手拍摄的话屏幕会很抖，为了提高视频拍摄的质量，提高稳定性，我们需要用到一些辅助的设备，比如：

a. 手机拍摄三脚架；

b. 手机拍摄手持云台；

c. 蓝牙控制器（如果一个人不方便按开关键，可以用蓝牙控制器）。

③ 麦克风。主要作用是：增强音效；便于收音，让声音效果听起来更好。

④ 补光灯。手机拍摄非常需要光线条件，这时候就需要用到补光灯。

（2）视频后期处理需要的工具。

① 视频画面、添加字幕、声音处理。做抖音本身就是记录美好的生活，所以可以不借助专业的剪辑软件，但为了保证教育效果还是用专业的剪辑软件更好，但会使用专业软件的人群毕竟较少，可以使用抖音官方的剪辑工具：剪映。

剪映的底部基础功能和快影类似，功能包括剪辑、音频、贴纸、滤镜、特效、比例等，剪映导出的视频没有水印，但分享的路径非常单一，只能分享到抖音。剪映作为抖音官方剪辑工具，契合度可谓天衣无缝。而且剪映APP支持抖音曲库，还有各种风格配乐和转场音乐，基本可以满足大部分用户的剪辑需求。

② 封面制作。有些类型的账号没有固定封面也是可以的，视频内容的一帧就是封面，但有一些内容还是需要制作封面的，比如教育类、影视类的账号，几个短视频连成一个系列教育就需要制作封面了。专业的工具有photoshop，但这也是有一定难度的，若操作不熟练，很难做好。这时候可以借助设计、创客贴等图片设计网站，官网自带新手指导，操作也

比较好上手。

（3）数据分析工具。飞瓜数据是一款短视频数据分析工具，它可以对抖音账号进行数据追踪，了解账号的运营情况，还能实时查询平台热点，以及抖音平台近期的热点数据，从而帮助我们更精准地把握教育方向，有很好的参考作用。

9.5.3.4 基础的运营技巧

一个合格的教育类短视频，需画质清晰，视频比例格式正确（1080×1920）。

（1）从视频时长下手。根据上文中提及的抖音视频算法，参考五大维度（完播率、点赞数、评论数、关注数、转发数）来提高推荐，其中完播率至关重要。因此，这里建议大家将一部分视频时长控制在 10 秒以内，方便用户快速看完视频，提高视频完播率，来获得更高的曝光率以达到更好的宣传教育效果。

（2）投"dou＋"（上热门）测试视频。投"dou＋"的真正意义并不在于投"dou＋"本身，而是通过投"dou＋"测试抖音视频是否正常推荐，如果点击"dou＋"（如图 9-8 所示），它提示此视频不适合上热门，那么这个视频就是有问题的。如果能够正常上热门，那说明视频是正常的，教育效果基本满意。

图 9-8 "dou＋"应用示例

（3）从视频标题下手。标题主要包括文案＋话题，其核心作用有两个：

① 给平台看。为了获得平台更多精准推荐，获得更多的曝光。

② 给用户看。为了让看到的用户为视频停留，点赞、评论、转发。

上文已提及抖音是机器审核＋人工审核。所以标题首先是要给机器看的，因此需要在视频标题当中插入一些核心的关键词和话题，以让抖音机器给作品打上标签，推荐给更多精准的人群。也可以让用户很好了解视频主题，更好地让用户停留。

（4）参考抖音热门内容。在抖音火过的内容，经过二次修改，还是有可能继续火起来的。同样，可以参考在抖音教育领域近期大火过的作品，对内容更新（注意：不可抄袭，防止涉及版权问题），往往效果要比原创要更好，教育的内容也更容易被大家接受。

（5）调整好心态。在教育类抖音视频创作初期，很多人用心发了几个作品，播放量就是只有几百，心态上可能会受打击，此时需要调整好心态，只要播放量正常、作品领域垂直，坚持做好教育作品内容是一定可以帮助到大家的。

9.5.3.5 常见的问题解答

（1）如何获得长视频权限。需要自己向抖音申请才能开通。

（2）如何开通商品橱窗。同时满足这三个条件：1000 个粉丝以上＋10 个视频作品＋实名认证。

（3）怎么开始教育直播。实名认证就可以了，点击抖音页面下方＋号，就有直播的选项，电脑投屏需要 1000 个粉丝才可以。

（4）"dou＋"是什么。"dou＋"是一款内容推荐工具。

（5）搬运作品可以火吗。可以伪原创，但是不能搬运。若被检测到，会导致违规。

（6）发第二遍真的会火吗。未必，但确实有这种情况发生，可以优化标题、封面、视频内容、时长、背景音乐等，让视频更有机会火起来。

（7）被限流怎么办。如果视频推荐量不高，但是抖音又没有说明降低推荐，那么就要尝试更换视频风格了，因为粉丝很可能已经对视频内容失去了兴趣。应该提高视频内容质量。

（8）可以删除作品吗。没这个必要，可能会降低权重，直接设置私密就可以了，也就是仅自己可见。

（9）视频审核要多久。一般情况下，审核会在几分钟内完成；随当日机器和人工状态的不同，部分作品审核时间可能会延长。抖音有专门的工作人员监控审核时长，针对性调配机器和人力投入，尽力保证用户体验。

（10）视频发不出去怎么办。首先查看视频内容有没有违规，是否有水印或者搬运，如果不确定可以随便拍个视频，还是发不出去就可以排除作品违规。要么就是网络或者设备有问题，要么就是账号有问题。建议开飞行模式换 IP，再拍摄一个视频用"dou＋"测试是否正常，如果还不能过审核基本就是设备和账号的问题。账号前期需要养号，设备可以恢复出厂设置。

（11）有人盗视频怎么办。直接点击举报投诉，填写相关信息即可。

本章小结

本章概述了媒体与教学媒体，教育技术和现代教育技术的概念、内涵和作用，介绍了多媒体在现代教育技术教学中的应用和典型案例，给出了常用多媒体课件制作工具和课件制作流程等，介绍了新媒体技术（包括慕课制作技术、微信平台技术、抖音平台技术）的运用，以便在安全教育中能有效结合或应用现代教育技术。应该指出，学习多媒体技术需要借助计算机和相关软件进行才最为有效，这方面内容不是本章所能涵盖的。

思考题

1. 教学媒体有哪些类型？
2. 现代教育技术的内涵是什么？

3.现代教育技术对学习认知有什么重大改变？

4.传统印刷类媒体会消亡吗？

5.多媒体教学系统应该有哪些功能？

6.试讨论什么情况下比较适合采用虚拟现实教学。

7.你最熟悉的媒体制作工具是什么？为什么？

8.试讨论新媒体技术（包括慕课制作技术、微信平台技术、抖音平台技术）在安全教育中的运用。

第 10 章
➡ 安全教育培训项目开发

10.1 国家规定的企业安全教育培训项目

《安全生产法》等 20 余部法规对安全培训作出了规定。近十多年来，原国家安全生产监督管理总局（现为应急管理部）出台了许多安全培训的部门规章、规范性文件、培训大纲和考核标准，实施了全员培训、持证上岗、从业人员准入、培训机构准入、教考分离、经费保障、责任追究的法律制度。迄今全国已建成的安全培训机构有 4000 多家，有专职教师 2 万多名。全国年均培训 2000 万人次左右。由此可知，我国安全培训具有巨大的社会需求和市场。

10.1.1 国家对生产经营单位安全教育的规定

原国家安全生产监督管理总局在《生产经营单位安全培训规定》中明确了生产经营单位负责本单位从业人员安全培训工作。生产经营单位应当按照《安全生产法》和有关法律、行政法规和上述规定，建立健全安全培训工作制度。生产经营单位应当进行安全培训的从业人员包括：主要负责人、安全生产管理人员、特种作业人员和其他从业人员，未经安全生产培训合格的从业人员，不得上岗作业。

10.1.1.1 生产经营单位主要负责人和安全生产管理人员的安全培训

生产经营单位主要负责人和安全生产管理人员应当接受安全培训，具备与所从事的生产经营活动相适应的安全生产知识和管理能力。

煤矿、非煤矿山、危险化学品、烟花爆竹等生产经营单位主要负责人和安全生产管理人员必须接受专门的安全培训，经安全生产监管监察部门对其安全生产知识和管理能力考核合格，取得安全资质证书后，方可任职。

生产经营单位主要负责人安全培训应当包括下列内容：国家安全生产方针、政策和有关安全生产的法律、法规、规章及标准；安全生产管理基本知识、安全生产技术、安全生产专业知识；重大危险源管理、重大事故防范、应急管理和救援组织以及事故调查处理的有关规定；职业危害及其预防措施；国内外先进的安全生产管理经验；典型事故和应急救援案例分析；其他需要培训的内容。

10.1.1.2　特种作业人员培训

特种作业人员是指其作业的场所、操作的设备、操作内容具有较大的危险性，容易发生伤亡事故，或者容易对操作者本人、他人以及周围设施的安全造成重大危害的作业人员。由于特种作业人员在生产作业过程中承担的风险较大，一旦发生事故，便会带来较大的损失。因此，对特种作业人员必须进行专门的安全技术知识教育和安全操作技术训练，并经严格的考试，考试合格后方可上岗作业。

10.1.1.3　其他从业人员的安全培训和"三级"安全教育

企业生产经营单位主要负责人和安全生产管理人员以外的人员称为生产经营单位其他人员。原国家安全生产监督管理总局在《生产经营单位安全培训规定》中明确：煤矿、非煤矿山、危险化学品、烟花爆竹等生产经营单位必须对新上岗的临时工、合同工、劳务工、轮换工、协议工等进行强制性安全培训，保证其具备本岗位安全操作、自救互救以及应急处置所需的知识和技能后，方能安排上岗作业。

制造业等生产单位的其他从业人员，在上岗前必须经过厂（矿）、车间（工段、区、队）、班组"三级"安全培训教育。生产经营单位可以根据工作性质对其他从业人员进行安全培训，保证其具备本岗位安全操作、应急处置等知识和技能。

10.1.1.4　经常性安全教育培训

经常性安全教育培训项目很多，如各级领导和管理部门的安全培训，注册安全工程师和安全评价师的继续教育培训，安全培训机构教师的培训，安全生产新知识、新技术、新工艺、新设备、新材料的培训；新的安全生产法律法规培训；新的作业场所和工作岗位存在的危险因素、防范措施及事故应急措施培训；应急演练培训；事故案例培训等。

10.1.2　厂矿企业"三级"安全教育

安全生产教育培训的形式很多，厂矿企业"三级"安全教育是安全教育的一种形式。"三级"安全教育是指厂（矿）级安全生产教育、车间（工段、区、队）级安全生产教育、班组级安全生产教育。"三级"安全教育制度是企业的基本安全教育制度。教育的对象是新进厂的人员，包括新进入的员工、临时工、季节工、代培人员和实习人员。

10.1.2.1　厂矿企业"三级"安全教育培训内容

（1）厂（矿）级安全生产教育培训主要内容。如安全生产情况及安全生产基本知识；本单位安全生产规章制度和劳动纪律；从业人员安全生产权利和义务；有关事故案例等。煤矿、非煤矿山、危险化学品、烟花爆竹等生产经营单位厂（矿）级安全培训除包括上述内容外，应当增加事故应急救援、事故应急预案演练及防范措施等内容。

（2）车间（工段、区、队）级安全生产教育培训主要内容。如工作环境及危险因素；所从事工种可能遭受的职业伤害和伤亡事故；所从事工种的安全职责、操作技能及强制性标准；自救互救、急救方法、疏散和现场紧急情况的处理；安全设备设施、个人防护用品的使用和维护；本车间（工段、区、队）安全生产状况及规章制度；预防事故和职业危害的措施及应注意的安全事项；有关事故案例；其他需要培训的内容。

（3）班组级安全生产教育培训主要内容。如岗位安全操作规程；岗位之间工作衔接配合的安全与职业卫生事项；有关事故案例；其他需要培训的内容。

10.1.2.2　厂矿企业"三级"安全教育的组织实施

厂（矿）级安全教育培训一般由主管部门组织，由安全技术管理部门共同实施。车间（工段、区、队）级安全生产教育培训由车间（工段、区、队）负责人，会同车间安全管理人员负责组织实施。班组级安全教育由班组长会同安全员、带班师傅组织实施。

10.1.2.3　厂矿企业"三级"安全教育与其他安全教育的关系

"三级"安全教育是最基础的安全教育，新员工除要接受"三级"安全教育培训以外，还必须接受经常性的安全教育、复工教育、"四新"教育，特别是要从事特种作业的员工，还必须接受专门的特种作业人员安全教育培训，取得特种作业人员操作资格证才能上岗作业。"三级"安全教育不能代替其他教育，其他教育也不能代替"三级"安全教育，员工只有通过这些教育培训，才能不断提高自身的安全意识和技能，从而实现安全生产。

10.1.3　特种作业安全教育

10.1.3.1　特种作业及人员的范围

（1）电工作业。含发电工，送电工，变电工，配电工，电气设备的安装、运行、检修（维修）、试验工，矿山井下电钳工。

（2）金属焊接、切割作业。含焊接工，切割工。

（3）起重机械（含电梯）作业。含起重机械（含电梯）司机、司索工、信号指挥工、安装与维修工。

（4）企业内机动车辆驾驶。含在企业内及码头、货场等生产作业区域和施工现场行驶的各类机动车辆的驾驶人员。

（5）登高架设作业。含2米以上登高架设、拆除、维修工，高层建（构）筑物表面清洁工。

（6）锅炉作业（含水质化验）。含承压锅炉的操作工、锅炉水质化验工。

（7）压力容器作业。含压力容器灌装工、检验工、运输押运工、大型空气压缩机操作工。

（8）制冷作业。含制冷设备安装工、操作工、维修工。

（9）爆破作业。含地面工程爆破工、井下爆破工。

（10）矿山通风作业。含主风扇机操作工、瓦斯抽放工、通风安全检测工、测风测尘工。

（11）矿山排水作业。含矿井主排水泵工、尾矿坝作业工。

（12）矿山安全检查作业。含安全检查工、瓦斯检验工、电气设备防爆检查工。

（13）矿山提升运输作业。含主提升机操作工、绞车操作工、固定胶带输送机操作工、信号工、拥罐工。

（14）采掘（剥）作业。含采煤机司机、掘进机司机、耙岩机司机、凿岩机司机。

（15）矿山救护作业。

（16）危险物品作业。危险物品（含危险化学品、民用爆炸品、放射性物品）的操作工、运输押运工、储存保管员。

（17）经应急管理部批准的其他作业。

10.1.3.2 从事特种作业人员必须具备的基本条件

年龄满18周岁；身体健康，无妨碍从事相应工种作业的疾病和生理缺陷；初中（含初中）以上文化程度，具备相应工种的安全技术知识，参加国家规定的安全技术理论和实际操作考核并成绩合格；符合相应工种作业特点需要的其他条件。

10.1.3.3 特种作业人员安全教育培训的内容

安全技术理论，包括安全基础知识和安全技术理论知识；实际操作，包括实际操作要领及实际操作技能；其他需要安全教育的内容。

10.1.3.4 特种作业人员复审培训内容

典型事故案例分析；有关法律、法规、标准、规范；有关本工种的新技术、新工艺、新材料；对上次取证后个人安全生产情况的经验教训进行回顾总结；其他需要安全教育的内容。

10.1.4 新入厂人员的"三级"安全教育内容

新入厂的人员（包括合同工、临时工、代训工、实习人员及参加劳动的学员等）必须进行不少于三天的"三级"安全教育，经考试合格后方可分配工作。"三级"安全教育的主要内容有以下几个方面。

10.1.4.1 新入厂人员的厂级安全教育内容

厂级安全教育一般由企业安全部门负责进行。

（1）讲解党和国家有关安全生产的方针、政策、法令、法规及有关生产与建设的规程和规定；讲解劳动保护的意义、任务、内容及基本要求，使新入厂人员树立"安全第一、预防为主"和"安全生产、人人有责"的思想。

（2）介绍本企业的安全生产情况，包括企业发展史（含企业安全生产发展史）、企业生产特点、企业设备分布情况（着重介绍特种设备的性能、作用、分布和注意事项）、主要危险及要害部位；介绍一般安全生产防护知识和电气、起重及机械方面安全知识；介绍企业的安全生产组织机构及企业的主要安全生产规章制度等。

（3）介绍企业安全生产的经验和教训，结合企业和同行业常见事故案例进行剖析讲解，阐明伤亡事故的原因及事故处理程序等。

（4）提出希望和要求。如要求受教育人员要按职工守则和企业职工奖惩条例积极工作；要树立"安全第一、预防为主"的思想；在生产劳动过程中努力学习安全技术、操作规程，经常参加安全生产经验交流、事故分析活动和安全检查活动；要遵守操作规程和劳动纪律，不擅自离开工作岗位，不违章作业，不随便出入危险区域及要害部位；要注意劳逸结合，正确使用劳动保护用品等。

新入厂人员必须进行教育，教育后要进行考试，成绩不合格者要重新教育，直至合格，并填写《职工三级教育卡》。

10.1.4.2 新入厂人员的车间级安全教育内容

各车间有不同的生产特点和不同的要害部位、危险区域和设备，因此，在进行本级安全教育时，应根据各自情况，详细讲解。

（1）介绍本车间生产特点、性质。如车间的生产方式及工艺流程；车间人员结构，安全生产组织及活动情况；车间主要工种及作业中的专业安全要求；车间危险区域、特种作业场所、有毒有害岗位情况；车间安全生产规章制度和劳动保护用品穿戴要求及注意事项；车间事故多发部位、原因及相应的特殊规定和安全要求；车间常见事故和对典型事故案例的剖析；车间安全生产、文明生产的经验与问题等。

（2）根据车间的特点介绍安全技术基础知识。

（3）介绍消防安全知识。

（4）介绍车间安全生产和文明生产制度。

（5）其他需要安全教育的内容。

车间级安全教育由车间行政一把手和安监人员负责。

10.1.4.3 新入厂人员班组级安全教育内容

班组是企业生产的"前线"，生产活动是以班组为基础的。由于操作人员活动在班组，机具设备在班组，事故常常发生在班组，因此，班组级安全教育非常重要。

（1）介绍本班组生产概况、特点、范围、作业环境、设备状况、消防设施等。重点介绍可能发生伤害事故的各种危险因素和危险部位，可用一些典型事故实例去剖析讲解。

（2）讲解本岗位使用的机械设备、工器具的性能，防护装置的作用和使用方法；讲解本工种安全操作规程和岗位责任及有关安全注意事项，使学员真正从思想上重视安全生产，自觉遵守安全操作规程，做到不违章作业，爱护和正确使用机器设备、工具等；介绍班组安全活动内容及作业场所的安全检查和交接班制度；教育学员发现了事故隐患或发生了事故，应及时报告领导或有关人员，并学会如何处理紧急险情。

（3）讲解正确使用劳动保护用品及其保管方法和文明生产的要求。

（4）实际安全操作示范，重点讲解安全操作要领，边示范，边讲解，说明注意事项，并讲述哪些操作是危险的、是违反操作规程的，使学员懂得违章将会造成的严重后果。

班组安全教育的重点是岗位安全基础教育，主要由班组长和安全员负责教育。安全操作法和生产技能教育可由安全员、培训员或师傅传授。

新入厂人员只有经过"三级"安全教育并经逐级考核全部合格后，方可上岗。"三级"安全教育成绩应填入《职工三级教育卡》，存档备查。

安全生产贯穿整个生产劳动过程中，而"三级"教育仅仅是安全教育的开端。新入厂人员只进行"三级"教育还不能单独上岗作业，还必须根据岗位特点，对他们再进行生产技能和安全技术培训。对特种作业人员，必须进行专门培训，经考核合格，方可持证上岗操作。另外，根据企业生产发展情况，还要对职工进行定期复训安全教育等。

10.2　由安全培训机构开发培训的项目

安全培训项目开发就是通过社会需求调研、安全培训设计、安全培训实施和评估等诸多环节，把企业、公司、组织等的潜在和显现的安全培训需求，形成一个安全培训项目行为主体，满足培训委托方当前需要和潜在需要的过程。从安全培训机构自己开发的培训项目来分析，安全培训项目开发可以分成两大类：

一是由安全培训机构多年的客户资源积累和项目资源积累开发的安全培训项目，它紧扣安全培训市场、客户、资源、资质等要素，以期形成深厚、丰富、良好的安全培训资源，开发高层次、高水平、高回报（包括社会责任、社会效益）的可持续安全培训项目；二是由送培单位点题和安全培训专家提炼而开发出来的安全培训项目，安全培训专家把与项目相关的要素按安全培训规律的要求组织起来，对安全培训对象、内容、方法、运行、师资、管理、效益等要素进行整合，以期达到最大的社会和经济效益。

10.2.1 由客户和项目资源积累开发的安全培训项目

安全培训机构拥有深厚、丰富、良好的客户资源，是安全培训项目开发的基本要求，具备一定的识别安全培训项目资源的视野，这是安全培训项目开发的必备条件。为此，安全培训机构必须高度重视这类培训项目的开发工作。

（1）积累安全培训资源。客户资源靠积累，项目资源要积累，因此，必须用积极的心态、长远的目光，本着互惠、双赢、服务的原则，坚持用心、用情的方式去积累安全培训资源，任何急功近利和无所作为的思想与做法既不可取，也十分有害。积累安全培训资源有以下途径：一是通过拜访、汇报、回访等方式，加强与客户的联系，进一步了解客户需求；二是通过举办论坛、年会、联谊会等活动，加强安全培训信息的交流，共同加速培育安全培训需求；三是不定期请客户到安全培训机构，说出自身的新安全培训理念，推广安全培训新项目，为下一步实质性的安全培训项目开发打下基础。

（2）识别安全培训资源。安全培训项目的开发要求必须具有较高的市场化和区域性的视野，在众多的安全培训信息中，能够及时识别出安全培训资源。其中一项重要工作就是要用足用好政策，善于根据全国、企业安全教育培训会议精神，企业近期、中长期发展战略，根据企业人力资源开发规划、企业职工队伍建设要求，开发具有较高水平、较高回报（包括社会责任、社会效益）、能够可持续发展的待开发的安全培训项目。识别安全培训资源除了识别有待开发的安全培训项目，也包括识别需要进一步再开发的安全培训项目，需要进一步完善的安全培训项目等滚动、衍生的安全培训项目，还包括识别引进的安全培训项目、合作的安全培训项目等。

（3）争取安全培训资质。资质就是安全培训机构是否具有从事某种安全培训活动的核心能力，需要有关安全培训送培单位审核批准。不具有相关资质，就说明没有实施某项安全培训工作的能力，安全培训资质是通行证。要获得更大的发展空间，必须要有过硬的安全培训资质。为了提高安全培训项目开发的成功率，占据安全培训市场份额，安全培训机构要积极争取各类型的安全培训资质，获得办学许可。此外，还可以通过派出具有较高水平的人员参与企业安全培训规划、计划的编制，企业考核有关人员的标准与办法制定，人力资源方面开发的课题研究与教材开发，展示安全培训机构的核心培训能力，为安全培训项目开发铺平道路和奠定坚实基础。

（4）形成开发机制。安全培训项目开发的要求的实现，机制是保证。一方面，安全培训项目开发需要安全培训机构解放思想、求真务实，加强舆论引导，转变思想观念，敢于尝试新的体制，适时调整现有的机制。另一方面，需要坚持机制创新，用新机制引导安全培训项目开发；建立分工负责、相互协作的安全培训项目开发体制机制；安全培训机构负责人牵头挂帅，发挥安全培训项目开发职能部门和有关人员的优势，同时调动教师、管理人员参与安全培训项目开发的积极性和主动性，有效提升安全培训项目开发的频度与效果。

（5）及时认真梳理。影响安全培训项目开发成功的因素是多方面的，而其中最重要的是及时认真梳理开发结果，分析开发安全培训项目的科学方法，总结安全培训项目开发方面的经验与不足，提出下一阶段安全培训项目开发的方向，促进安全培训项目开发的能力与速度紧跟市场和企业的需求。通过及时认真梳理，促进安全培训项目的形成与发展，努力促进和优化项目实施，培育安全培训文化氛围，使安全培训机构的全体人员参与各种与安全培训项目相关的活动，带动相关安全培训要素的科学发展，进而实现安全培训机构全面协调和可持续发展。

10.2.2 根据送培单位需要开发的安全培训项目

根据送培单位的意图，安全培训专家加以提炼而获得安全培训项目，这是安全培训项目开发的一种常见形式。这类安全培训项目开发就是安全培训专家把与项目相关的要素按安全培训规律的要求组织起来，主要围绕安全培训什么、谁来培训、如何培训等问题，把安全培训对象、内容、方法、运行、师资、管理、效益等要素进行整合，编制出安全培训方案。安全培训方案是培训活动的依据，也是进行安全培训考核的重要依据。从这个意义上说，高标准、高质量的安全培训方案设计是安全培训项目开发的关键环节，是安全培训运行体系中的纲，纲举才能目张。

（1）正确理解点题意图。送培单位所点题目常常为寥寥数语的定性描述形式，对安全培训项目提出了概念性、倾向性、方向性的要求，这是人力资源部门基于组织层面和工作层面得出的一种安全培训需求分析结果，反映送培单位对某个安全培训项目的期望、愿望。接到送培单位点题意图后，需要安全培训项目负责人具备一定的见识和阅历，用自己较高的理解和驾驭点题意图的能力，对点题意图作出初步的直观判断，力争后续工作准确切题，否则就会出现文不对题或浅尝辄止的现象。

（2）成立方案编制小组。安全培训项目负责人组织相关的专家和安全培训师组成安全培训方案编制小组，着手编写安全培训方案。参加编制的人员构成要合理，编写人员应包括各方面的专家和学有专长者，具有相当技术职称或职业资格。编写工作要建立责任制，明确分工，落实负责人，实行安全培训项目负责人主编负责制。安全培训项目负责人要负责方案的统稿与修改，注意做好协调工作，对编写工作需要投入多少力量，如何分工协作，什么时间完成等问题，要作出周密的计划，对安全培训方案进行全面整合。

（3）进行安全培训需求调研。根据送培单位点题意图传递的各种信息——安全培训对象、培训方向，培训后培训对象主要从事的工作等，进行安全培训需求调查分析工作；在多大范围内进行安全培训需求分析，安全培训需求分析的思路和方法，做好设计调查问卷、访谈提纲、日程安排等准备，收集与安全培训需求相关的消息、情报、文献和资料等，分析理想状态与现实状态之间的差距，判断安全培训对象的现实状态相对于工作岗位职责内容、职业能力标准、胜任能力特征模型以及安全培训意图期望之间的差距缺口，找到真正的安全培训需求，形成需求分析的结论。

（4）安全培训方案编写工作。在安全培训需求调研论证的基础上，主要围绕培训什么、如何培训、谁来培训及培训管理等问题展开。安全培训方案主要包括：指导思想、培养目标、培训内容、课程设置、学时分配、培训日程安排、培训方式、培训考核及效果评价、经费预算等内容，有的安全培训方案还包括培训所用的设备、设施、工具及材料等。重点做好以下工作：安全培训内容的选择，安全培训方法的选择，安全培训师资的选择，安全培训费用的确定。注意对安全培训方案各个要素之间，做到名称统一、内容统一、要求统一、标准统一、格式统一、序号统一，统一章节设置、比例设置、表述方式等。

（5）安全培训方案审核确定。安全培训方案初步编制之后，及时邀请企业有关专家召开安全培训方案评审会，对安全培训项目开发工作进行评审，征求意见，改进完善安全培训方案，进一步增强安全培训方案的适宜性、有效性。审核一般从内容当否、难度大小、可行与否、时间长短四个维度，判断安全培训项目开发实现送培单位点题意图程度，对安全培训方案提出具体修改意见，根据会议讨论情况对安全培训方案进行具体修改。安全培训项目开发是安全培训机构的生命线工程，涉及安全培训机构生存和发展的前景，需要相关安全培训机构进一步拓宽视野，充分发挥专业优势，结合企业实际需要，做好市场、信息、项目等开发工作，努力开辟新的安全培训渠道和安全培训项目。

10.3　安全培训项目开发的内容和要点

10.3.1　安全培训项目开发的内容

安全培训项目的开发工作是一项系统工程，它的内容极其广泛，主要包括以下六个方面。

（1）安全培训项目的确定与开发。安全培训项目的开发来源于社会需求和科学调查。我国正在全面建设小康社会，而小康社会的目标之一就是形成全民学习、终身学习的学习型社会，促进人的全面发展。因此，我国将对人力资源开发与培训愈加重视，安全培训需求也是如此，这必将给安全培训项目的开发带来前所未有的机遇。社会有了需求，安全培训机构还必须掌握了解需求的方法，建立获取信息的专业系统，及时综合分析，确定和开发切实有效的安全培训项目。所开发并确定的安全培训项目要力求做到"新""实""效"。所谓"新"就是指安全培训项目要新颖，能吸引客户并反映当前形势。所谓"实"就是指安全培训项目的开发要来源于生产实践，符合实际需求。所谓"效"就是指安全培训项目一旦实施，取得社会效益和经济效益的概率较大。

（2）安全培训对象的开发。这是安全培训项目开发的一项重要工作。

① 要注重对安全培训项目的宣传，尽可能扩大安全培训对象的范围，使更多的人了解和认同设定的安全培训项目，从而产生需求。

② 要让安全培训对象参加安全培训机构进行的诸如需求状况等方面的调查摸底，为安全培训提供准确、严谨的基础数据和资料。

③ 要及时向安全培训对象提供安全培训信息，提出安全培训要求，布置学前作业，使其做好安全培训前的心理准备和基础知识储备，并准备必需的学习资料和参考书。

（3）安全培训内容（课程）的开发。安全培训内容（课程）的开发，应遵循以下基本原则：

① 紧密围绕项目的安全培训目标而开发；

② 注重理论联系实际，摸清实际需求；

③ 把培养能力、提高素质放在重要位置；

④ 具有较强的针对性、实用性和一定的超前性。

遵循以上原则，安全培训机构应该深入了解安全培训对象现有的安全素质能力水平或技能水平，与其岗位规范和岗位标准进行比较，找出能力或技能的差距。经过归纳分析，找出带有共性的"瓶颈"问题。安全培训内容或课程开发就应该以解决这个"瓶颈"为重点而展开。此外，所开发的安全培训内容（课程）应该既涵盖本安全培训项目必备的主要知识，也要突出重点，有所侧重，而且要力求反映当前安全科学技术或管理的新成果和新经验。

（4）安全培训教材的开发。

① 要加强安全培训教材开发的组织领导。一般应成立安全培训教材开发小组，主要负责制定教材开发方案、组织编者进行编写、征询专家意见和审定出版等工作。

② 要认真遴选教材主编和其他编撰人员。作为某一个安全培训项目教材的编写人员，既要有一定的学术水平和影响，又要有较为丰富的教学经验；既要熟悉本安全培训项目的最新发展情况，又要了解安全培训对象的经营、生产、管理、服务等工作的实际情况，还要具备一定的现代职工安全培训知识和先进的理念。

③ 要积极采用新的教材编写方法（如模块式教材编写方法等），并制定编写体例和编写提纲。

④ 教材内容应加大案例的比例。编撰人员除直接引用国外和国内现有的案例外，应紧扣教材内容，深入基层一线搜集整理新案例，强化教材的通俗性、可读性和生动性。

⑤ 教材初稿完成以后，应由教材开发小组组织相关专业的同行专家审定，并反复修改，以保证教材编写的质量。有些安全培训项目，已经有现成的教材体系或有个别成形的教材，此类安全培训项目教材开发的重点应该是如何对现有教材进行最佳选择，并编写有关补充教材，完善已有的教材体系。

（5）安全培训方法的开发。企业职工安全培训不同于基础教育或学历教育，它与其他教育相比，具有较强的实践性和可操作性等特点。在企业职工安全教育的大量实践活动中，已经开发出许多行之有效、丰富多彩的安全培训方法，如案例分析、情境模拟等参与式教学方法，并在安全培训教学中引入了讨论、观摩、实地考察、电化教学、网络教学等环节。因此，在安全培训方法的开发方面，一方面，要继续创新开发出新的方法；另一方面，要加大对现有安全培训方法的综合应用的研究，保证学员主动、愉快、高效地学到想学的知识，最大限度地挖掘学员的学习潜力，这应该是安全培训方法开发的主要方向。

（6）安全培训管理和评估体系的开发。安全培训项目不同，安全培训管理和评估体系也应该有所不同，用一套安全培训管理和评估体系应付所有类型的安全培训项目是不现实的。所以，在开发安全培训项目的同时应该开发安全培训管理和评估体系。安全培训管理和评估体系应该包括：教学管理体系、质量管理体系、学员管理体系、评估体系等。

10.3.2　安全培训项目开发需要重视的关键问题

（1）领导重视。领导重视是安全培训机构搞好培训项目开发工作的关键，安全培训项目开发的决策与管理是安全培训机构领导的重要职责。实践证明，开展安全培训项目开发工作，领导必须首先强化自身的项目开发意识，充分发挥领导的组织管理及决策作用，带头学习和领会项目开发的理论、方法，亲自参与安全培训项目开发工作。只有这样才能对安全培训项目开发形成强有力的支持，促进安全培训项目开发工作深入、持久地开展下去。

（2）全员参与。安全培训项目开发不是某一个人的事情。只有在安全培训机构的全体人员的广泛参与下，发挥集体的智慧和力量，才能保证这项工作的顺利开展。在全员参与的过程中，团队合作是一种重要的方式，特别是通过跨专业的通力合作，是搞好安全培训项目开发工作的重要保证。

（3）健全机制。为了保证安全培训项目开发管理体系的有效运转，必须建立和完善基本的运行机制。首先，要制定资金投入制度，按照一定比例从安全培训经费中划拨专项经费，保证安全培训项目开发的资金投入。其次，要建立和完善激励机制，对在安全培训项目开发工作中有突出贡献的组织和个人进行适当的精神和物质奖励。再次，要建立安全培训项目开发管理程序，以保证此项工作高效、有序地进行。

（4）注重方法。

① 要做好安全培训市场分析。分析和鉴别由于环境变化而造成的主要机会和威胁，识别和确定竞争者，知己知彼，及时采取适当的对策，使安全培训项目的开发与市场环境的变化相适应，并在与同行的竞争中取得竞争优势。如根据安全培训实体拥有的资源，分析内部优势与劣势以及外部环境的机会与威胁，进而选择适当的安全培训项目开发战略。

② 要做好市场细分，有效地选择并确立目标市场。通过对企业群体和安全培训组织市场的细分和分析，了解、识别和确定企业的安全培训需求，根据自身实力和目标，判断和选定要进入的一个或多个安全培训的子市场。

③ 要制定切实可行的安全培训项目开发方案，按照方案实施开发工作。经过一定的调查研究，安全培训机构有关人员需要拟定安全培训项目开发方案。它应该由七个部分组成：项目名称；项目类型；前景分析；资金能力和人力资源状况分析；方法及步骤；成本预算和经济效益测评；社会效益评估。

（5）搜集信息。信息是安全培训实体迅速适应市场变化，获得生存与发展的有力保障，是安全培训机构开展安全培训项目开发工作的重要依据，是提高开发效率、完善开发管理的最直接的原始资料。它包括安全培训活动中的各种文件、数据、报表和资料等。安全培训项目开发信息种类很多，既包括文件、规定、制度，也包括安全培训现场控制信息；既有涉及本企业、本培训机构内部的信息，也有涉及企业和培训机构外部的信息，如：企业的安全培训需求、安全培训市场变化、安全培训政策法规、国际国内的安全培训标准和有关专业的技术标准等。要使信息在安全培训项目开发中发挥重要作用，必须达到及时、准确、全面、系统的要求。信息工作是安全培训项目开发的一项重要的基础工作，安全培训机构必须认真做好信息管理工作。

① 要认真确定安全培训及项目开发工作对信息的总体需求；

② 要应用各种手段搜集和获取所需的各种信息；

③ 对所收集的信息利用先进的科学方法进行整理、分析；

④ 在安全培训项目开发中充分利用所掌握的信息资源；

⑤ 对信息的应用效果应该定期进行评估。

（6）建立开发小组，健全开发机制。安全培训项目开发是一项综合性很强的工作，应建立专门的安全培训项目开发小组，增设安全培训项目开发岗位，明确职责，全面负责安全培训项目开发工作。

（7）确立长远战略，力求持续发展。通过对安全培训市场的分析研究，确定长期安全培训项目开发战略，确定安全培训项目开发目标，制定安全培训项目开发方案，做到既维持和保护现有的安全培训市场，又不断创新，开发新的安全培训项目，开拓和占领新的安全培训市场，以保障能够持续、稳定和健康地发展。

（8）挖掘安全培训资源，开发热门项目。例如，开发利用虚拟现实仿真教学、网络教学、学习过程交互、教学管理全天候等安全培训项目。

10.4　安全培训工作的改革和完善

10.4.1　抓好安全培训的各个环节

安全教育培训是安全生产基础管理的一项重要内容，是提高劳动者安全意识和安全技术水平的重要途径，也是实现安全生产形势根本好转的治本之策。安全教育培训工作是神圣的，是对社会、对企业、对人民的负责，是对每一个生命的尊重。

10.4.1.1　切实有效做好安全培训需求分析

安全培训需求分析具有很强的指导性，是确定安全培训目标、设计安全培训计划、有效实施安全培训的前提，是现代安全培训活动的首要环节，是使安全培训工作准确、及时和有效的重要保证。安全培训需求分析就是指在规划与设计每项安全培训活动之前，由安全培训部门采取各种办法和技术，对组织及成员的目标、知识、技能等方面进行系统的鉴别与分析，从而确定安全培训必要性及安全培训内容的过程。更直观地说，安全培训需求分析就是安全培训师采用科学的方法弄清谁最需要培训、为什么要培训、培训什么等问题，并进行深入探索研究的过程。

以"问题"为导向的安全培训理念，就是把企业生产过程中的突出安全问题作为安全培训的切入点，通过安全培训，可以较大幅度地提高安全生产水平。"基于问题为导向"的安全培训方案开发步骤如下：

（1）发现问题。即针对组织、工作和个人三个层面开展安全培训需求调研，广泛收集各个层面针对安全培训主题提出的认为有待解决的问题。

（2）提出"问题清单"。即对所有收集到的问题进行系统整理和分析，明确本次安全培训将要解决的问题。

（3）实施"三次转化"。即采取科学的手段，实现安全培训需求到安全培训课程的转化。以上三个步骤，安全需求分析贯穿其中。

10.4.1.2　安全培训课程设置应具有针对性、实效性

（1）要深入了解企业安全教育培训的需求。作为培训机构必须树立面向企业、为企业服务的思想，首先应了解企业所在的行业、培训对象的岗位、培训对象需要重点掌握的内容以及企业的"职业健康安全方针"。只有详细了解企业培训对象的基本情况，才能确定与企业"职业健康安全方针"相一致的安全教育培训的指导思想，才能确保安全教育培训课程设置的有效性、针对性、实用性。"以人为本、以法为准、以防为先、全员参与、分类对待、各有侧重"，这是我们进行安全教育培训应遵循的基本方针。

（2）根据不同的培训对象，设计和策划不同的课程和培训方式。培训机构要在调研、论证的基础上，根据不同的培训目标、不同的培训层次和不同的培训对象，考虑培训对

象的岗位职责要求、专业技术能力、受教育水平、工作经验、曾经接受过的培训以及可接受程度等因素，制订有针对性的培训教学计划与课程，选用实践性和实效性强的教材，并在培训过程中注重理论联系实际，以解决企业当前面临的问题为主要目的，追求学习的直接有用性和实效性。重点放在帮助学员解决工作的实际问题，以便学员更好地适应工作，履行职责。

① 对企业负责人的培训应侧重宏观安全形势的了解，安全法律法规、现代安全管理方法、安全经济学和事故赔偿损失、事故应急救援等方面内容。

② 对企业专、兼职安全管理人员的培训应侧重安全管理方法、安全管理手段、安全标准规程、综合安全管理知识等方面；掌握安全生产事故所呈现的新的规律和特点。

③ 对企业特种作业人员的培训要突出实践能力的培养，侧重安全操作规程、技术规范和劳动安全防护知识等方面的培训。

④ 对于态度好、技能差的员工，培训侧重安全知识传输和能力培养；对于态度差、技能好的员工，侧重安全意识及事故教训方面的培训。

(3) 要从师资队伍、教材和教学方法等方面保证安全教育培训的质量。建立一支既具备专业理论知识，又具备实践经验的教师队伍，是开展安全培训的基本条件，是培训工作得以顺利开展和取得效果的根本保证。针对企业对安全培训的需求多样化的特点，面对不同课题和行业的安全培训，培训机构可以请高校教师来讲，可以请政府官员来讲，也可以请企业有经验的管理干部和专业技术人员来讲，这样讲课比较灵活，更有针对性。

10.4.1.3　注重教材的选用和教学方法的改革

在安全教育培训工作中，教材的选用和教学方法的改革非常重要。因此，在安全教育培训中，要重视培训教学方法和课程设置的研究与开发。

(1) 以能力培训为主线。在保证培训质量的前提下提高培训效率，使学员在有限的时间内获得较多有效的知识量，把以"应用安全技术管理为主体"的理论教学体系和"以实践能力培训为目标"的实践教学体系紧密联系起来。特种作业人员的培训采用动手实践，在实际操作过程中发现问题，使学员能够用理论指导实践、在实践中消化理论。

(2) 安全培训教学过程采用现代化培训手段，充分利用网络建成统一的安全教育培训信息管理系统。采用现代化的教学设施和多媒体教学手段，将文字、声音、图形、图像、视频相结合，优美灵活的画面能够让呆板的安全教育培训生动鲜活起来，能够激发受训学员的学习积极性和注意力，使抽象问题形象化，从而使枯燥的文字叙述变得生动有趣，实现教育培训管理信息化。

(3) 搞好案例教学是理论联系实际的好方法。案例教学法是通过具体教育情境的描述，引导学员对一些特殊情境进行讨论的一种教学方法。它的着眼点在于学员创造能力以及实际解决问题的能力。案例教学法是通过对一个个具体案例的思考，启发学员的创造潜能，它真正重视的是解决工作中实际问题的过程。案例教学具有形象、生动、授课效果好的特点。采用案例教学法，可以有效地使学员理解安全生产的相关知识，有助于培养学员实际解决问题的能力，是目前安全培训教学中应当积极采用的教学方法。发动学员对案例进行分析，给其诊断，找出病因，结合所学的理论知识，再结合各个单位的安全现状作出正确分析，杜绝各种安全隐患的出现，把各种安全隐患消灭在萌芽状态。有条件的可以建立安全实景模拟教育基地，改善广大市民和企业员工安全知识和安全技能的欠缺。

（4）采用研讨式教学。研讨式教学就是培训教师和学员之间平等对话、互动交流，使参与培训的学员获得并建立新的安全知识，形成新的安全理念，产生愉悦自信的体验。创造一种有利于学习的宽松气氛已经成为安全教育培训教学发展的新需要。让来自不同单位的学员以开放、互动的方式畅谈自己的想法和做法，互相启发，互相学习。整个学习环境宽松、和谐，在合作过程中，实现"要我学"向"我要学"的转变。

（5）要经常深入企业，搞好跟踪调查。主动征求企业的意见与建议，定期对安全教育培训工作进行评估与分析，在遵循教学计划和培训大纲的前提下，不断探讨和改进教学方法，做到有的放矢，因人施教；增加安全教育培训工作的启发性、针对性和实效性，力求课程设置的内容更贴近安全生产的实际；增强企事业单位培训学员的分析能力、思考能力和解决问题的能力，拓宽视野，普及安全知识，消除安全隐患，避免安全管理失误。安全教育培训工作是一项持之以恒、不断完善的系统工程，安全教育培训工作是一项艰巨的任务，进一步增强培训质量，提高全员安全素质，这是掌握安全主动权的关键。要坚持不懈地抓紧抓好安全教育培训工作，不断夯实安全生产工作基础，从而达到实现安全生产、保障人民生命安全的目的。

10.4.2　开展远程安全培训项目开发

10.4.2.1　远程安全培训的现状

远程安全培训是随着网络技术、多媒体技术等信息技术的迅猛发展而应运而生的新型继续教育形式。它在我国现代远程教育发展的基础上逐渐被大家所接受。又因为它能够提供时间分散、资源共享、自主性强的学习平台，在解决供学矛盾和节省安全培训成本上优势独特而日益受到社会的青睐。但也还存在诸多问题，如对远程安全培训的作用缺乏客观务实的认识；把远程安全培训和网上安全培训资源等同起来；对远程安全培训的开展目的还存在装饰门面的思想；把远程安全培训与面授安全培训割裂开来；项目的系统性和针对性欠缺；远程安全培训课件缺乏实用性等。

10.4.2.2　企业远程安全培训项目的开发

安全培训机构根据各个安全培训项目的内容和对象，从实际出发做好传统模式与远程模式的选择。单就远程安全培训项目来说，具体应该按照以下几个方面做好项目的开发。

（1）结合企业的发展战略做好中长期安全培训规划。企业安全培训应该是一个系统工程，应该紧紧围绕企业的发展战略，根据企业的人力资源现状开展切实有效的安全培训项目，为企业的发展服务。一个企业的安全培训必须结合企业的发展战略，能够做好中长期的安全培训规划，以作为企业近3～5年的年度安全培训计划纲领。

（2）以企业中长期安全培训规划为依据，切实做好年度安全培训需求调研。由企业的中长期安全培训规划而分解出的年度安全培训计划，主要是提出了企业当年的安全培训目标，也就是要使相关的受培人员在素质和能力上达到什么样的标准和程度。而要确定具体的安全培训项目以及具体的培训内容，就必须根据年度安全培训目标进行扎实的培训需求调研。

（3）明确远程安全培训的适用范围，结合面授安全培训确定好远程安全培训项目。找到安全培训的切入点就可以确定年度安全培训项目，根据安全培训对象的实际情况和安全培训内容的要求进行安全培训方式的选择论证。以前，企业安全培训主要是以传统安全培训模式进行，只是进行外训和内训两种形式的选择，而现代企业安全培训有了远程培训这一新模式的选择。远程安全培训可能贯穿一个培训项目的始末，亦可能只是一个培训项目的一个阶段，与传统安全培训互相配合。另外，远程安全培训不仅仅停留在企业的内训项目上，目前在一些企业的外培项目上也开始渗入远程模式。

（4）远程安全培训以培训学员自主学习为主，与传统安全培训相比缺乏一定的现场氛围，因此对学员学习的动力和积极性要求更高，否则是很难收到较好的安全培训效果的。

10.4.2.3　企业远程安全培训项目的实施

企业远程安全培训项目的成功开展，既需要开发出符合企业发展的安全培训项目，以满足企业需求，还要进行远程安全培训实施方案的设计，以满足学员能够顺利投入学习的需要，只有这样才能保证企业远程安全培训项目收到预期的效果。在实施上，应重点关注以下几点。

（1）要充分考虑成人学习特点，增强趣味性、实用性和针对性。企业安全培训面对的对象主要是在岗的成人员工，对于一个离开学校已经很多年的成年人来说，在缺乏督促和氛围的情况下，如果面对的学习过程枯燥乏味，让其顺利完成安全培训学习是非常困难的。因此，在远程安全培训内容确定后，对现有的安全培训资源要进行用心整合，对过程中的导学服务要精心设计，增强安全培训内容的实用性和直接性，增强过程导学的趣味性，以引导帮助学员顺利完成安全培训。

（2）加强网上单元型的实战型考核和交互性点评，淡化学习过程考核。针对成人的安全培训，安全培训内容的实用性和彼此的交流很重要。安全培训重在对所要求内容的掌握程度，而不是学习时间的长短，因此，在学习支持服务中，将安全培训内容进行单元划分，每个单元结合工作实际，在网上对所学知识进行实际运用测试，并通过讨论区进行学员之间的互评和辅导教师的点评，营造虚拟的安全培训班课堂研讨交流氛围，有助于提高学员继续学习的兴趣。

（3）远程安全培训的资源可以包含很多内容，每个安全培训学员的具体情况各异，在学习的过程中所遇到的困难也是千差万别，学习支持服务就是要围绕主体安全培训课件，提供辅助课件资源以备学员在学习的过程中自主选择，无论是相关的信息性资源还是辅助课件甚至是必要的纸质资料。此外，相应内容所配备的辅导教师也是远程安全培训的重要资源。便捷丰富的安全培训资源的配置，是远程安全培训顺利进行的重要保证。

本章小结

本章介绍了国家对生产经营单位安全教育的规定，厂矿企业开展"三级"安全教育的内容，特种作业人员安全教育的内容，新入厂人员的"三级"安全教育的内容；分析了由安全培训机构自己开发安全培训项目的两种主要方式：由客户和项目资源积累开发的培训项目和根据送培单位需要开发的培训项目；最后对抓好安全培训工作的要点和开发远程安全培训项目做了一些探讨。

？ 思考题

1. 试讨论我国安全生产培训的需求和发展状况。
2. 生产经营单位人员的安全教育可分成哪几类？
3. 什么是厂矿企业"三级"安全教育培训？
4. 什么岗位属于特种作业岗位？
5. 特种作业人员的安全培训有什么特殊规定？
6. 新入厂人员的"三级"安全教育的内容是什么？
7. 由安全培训机构自己开发安全培训项目通常有几种类型？
8. 安全培训项目开发的主要内容有哪些？
9. 安全培训应主要做好哪些关键环节？
10. 试讨论企业远程安全培训项目开发与实施的前景。

第 **11** 章

安全培训项目和课程的设计与实施

11.1 安全培训项目的设计与实施

11.1.1 安全培训项目的设计步骤

安全培训项目设计从严格上讲应该没有固定的内容，因为它必须是针对某一特定人群的需要而专门设计的。但是安全培训项目设计的基本要素还是可以确定的，通常包括培训目标、培训时间、课程设置、实践安排、学员准备、教材选取、教师聘任、培训地点、具体实施、考试测评、效果反馈、资料归档等诸多要素。

（1）培训目标必须根据前期调查分析、培训项目委托单位意见、学员学习要求、学员具体背景等综合分析而定，具有较强的针对性、可行性和特色，学员经过培训后能够达成培训目标。

（2）培训时间需要考虑培训委托单位和学员允许参加培训的时间要求、国家对各种安全培训项目规定的课时要求；培训的具体时间段还需要考虑季节、培训机构一年业务情况等因素。

（3）课程设置要围绕培训目标制定，在内容安排上要根据培训对象的特点编排，培训内容要时时更新，突出每期培训的特点。

（4）实践安排也非常重要，要根据培训内容的特点和需要安排一定比例的实习、实训、观摩等实践活动。实践活动是加强理论联系实际和提高学员学习兴趣与效果的重要途径。

（5）学员在参加培训之前做好必要的准备，对提高培训质量也很重要，比如要求学员事先调查本单位的一些事故案例、做好参加演讲的课件等，这些内容在培训项目设计时都需要考虑。

（6）教材可优先选取国家安监相关部门推荐的优秀教材，根据培训需要尽量考虑内容合适、经济、新颖的教材。由于教材内容往往落后于安全生产的新形势和新要求，安全培训不能完全依据教材来讲授，通常需要把教师的培训课件同时发给学员参考。

（7）教师的聘任非常关键，应该选用对本次安排的培训课程最拿手、最有实践经验的教师承担培训任务。除了在安全培训机构挑选教师之外，还要尽量在企业公司聘请一些专家参与培训课程的教学。

（8）培训地点的选择首先需要根据培训内容的需要和学员学习生活的便利来安排，之后再考虑经济性和环境适应性。对于一些大企业公司委托的培训任务，安全培训地点可以直接选择在其企业公司。经常把安全培训地点选择在大城市的宾馆里是不太合适的。

（9）具体实施的安排越精细越好，而且需要做好各种突发事件的预案，比如某位教师突然不能来讲课、某位教师需要变化上课时间等，就需要安排别的教师补场和临时变更教学计划等。

（10）考试测评有多种方式，需要根据国家的相关规定和课程的特点精心设计，同时也要充分反映培训的效果和质量。

（11）效果反馈有多种途径，通常有学员反馈、学前学后的知识能力变化的比较反馈、培训后学员行为观念改变的反馈等。设计培训项目时也需要适当考虑效果反馈的方式。

（12）资料归档需要根据国家规定和安全培训机构的管理规定处理。

图 11-1 和图 11-2 给出了两个培训项目设计的具体实例。

图 11-1　对外公开的培训项目各项工作内容及其分解实例

图 11-2　企业内部的培训项目各项工作内容及其分解实例

11.1.2　抓好企业安全培训项目实施"五环节"

培训是现代企业生产经营过程中的一个重要环节，而安全培训则是其中的重要组成部分。强化、完善安全培训是企业应当做好的重要工作。对于安全工作中存在的种种问题，安全培训虽然不是万能的，但没有安全培训却是万万不能的。在某种意义上，安全培训甚至可以说是其他各项安全工作的根基。

安全培训教育需要采取多种形式，如组织员工学习、讨论、分析、借鉴企业系统内人身伤害和设备损坏的一些典型事故案例，倡导安全管理氛围，让每一位员工在工作中养成重视安全、遵章守制的良好习惯。要做好安全培训工作，应当注重以下 5 个关键环节。

11.1.2.1　按照需要培训的内容，对安全培训进行细化分类，从而使培训更有针对性

没有一种类型的安全培训是万能的，企业在进行安全培训时，应根据不同的侧重点，按照需要培训的内容，对安全培训进行细化分类，从而使培训更有针对性。例如，安全培训可以细分为安全意识类型培训、安全知识类型培训、安全技能类型培训、安全法律法规专题解读等。

(1) 安全意识类型的培训。意识决定行为，行为决定安全生产的结果。安全生产管理的重中之重是员工，员工建立安全意识是关键，员工是安全生产管理中最具有决定性的因素，同时也是最不稳定的因素。因此，企业可通过安全文化宣传、安全事故学习、不安全事件分析等多种形式，从正面引导员工，利用反面教材教育员工，从而实现员工从"要我安全"到"我要安全"的意识转变。

(2) 安全知识类型的培训。安全知识培训的主要内容包括安全法律法规制度、职业健康与安全体系内容、安全管理标准等，这些内容都是开展各项工作的依据，只有学会并正确运用才能保证安全工作的顺利进行。企业在培训方式上也应力求生动活泼、形式多样，以增强培训效果。如演习、观摩、制作 Flash 安全动画等，都能起到很好的作用。

(3) 安全技能类型的培训。安全技能培训与安全知识培训相比，应该更加侧重实际、实践。企业可以通过技术问答、反事故演习、技能比赛、技术讲课等多种形式，对员工进行培训。还要加强现场培训和现场实践，增强职工遵守安全规程、检修、安装、运行规程，安全工作规定和有关安全技术措施的自觉性和严肃性。严格要求特种作业持证上岗，如起重作

业、特殊焊接等现场施工，既要注重现场实践的培训，增加培训和实践的实用性，防止培训工作流于形式，又要促使被培训人员把时间和精力都放在学习上，放在安全技能的提高上。电工、焊工、起重工、压力容器检验员等特殊工种，不仅需要培训，还应取得相应操作资质证书才能上岗。

（4）安全法律法规专题解读培训。企业安全生产管理人员是企业专门负责安全生产管理的人员，是国家有关安全生产法律、法规、方针、政策的具体贯彻执行者，可以说是企业安全生产的"保护神"。企业必须重视对安全管理人员的教育培训，使其了解国家最新的安全法律法规，具备与所从事的生产经营活动相应的安全知识、安全管理能力和职业道德，以保障企业的安全生产。

11.1.2.2　对企业及员工的需求进行分析，从而确定安全培训类型

对安全培训进行分类后，就要对企业及员工目前的需求进行分析，从而确定安全培训类型。需求分析主要包括以下方法。

（1）召开会议。负责培训的部门或人员，应加强与企业管理层的沟通，了解企业目前安全管理工作的方向，分析企业培训需求。

（2）个人面谈或电话访谈。企业可以通过个人面谈或电话访谈的方式了解员工工作和能力现状。

（3）调查问卷。企业可以通过问卷的方式对员工的个人期望进行调查，从而找出与公司期望的差距。

（4）工作观察。即在工作中观察员工真实能力，从而确定培训方式。

11.1.2.3　根据员工需求制定合理的实施计划

安全生产培训工作与其他工作一样，需要根据需求制定合理的实施计划。培训计划应切合实际，因人而异，让每个员工都能在培训中找到自己的位置。

（1）首先要确定培训内容。比如，一个员工的安全理论水平较高，实际操作水平欠缺，那么在制定培训计划时，就要增加实际操作、事故处理等安全技能方面的内容，以使这位员工的整体素质能有所提高。以班组安全培训为例，由于员工是设备的直接使用者，培训重点就应定为掌握基本安全操作技能，因此，可以对班组员工采取仿真模拟培训的形式，以便重现作业现场，使培训对象掌握的知识以最快的速度转化为安全技能。

（2）在明确了培训内容之后，就要确定如何实施培训，包括确定由谁来实施培训课程、预测讲课效果、预算经费、确定激励学员的方式等。

（3）无论哪种培训，仅凭几次培训是无法取得立竿见影的效果的。只有在实际工作中长期坚持培训，才能使企业、员工的安全水平逐步提高。因此，企业在制定培训计划时，不仅要对某一次培训做计划，更需要根据实际情况制定一个长期的培训计划。

11.1.2.4　做好计划的实施工作

在制定计划之后，还应做好计划的落实和实施工作。

（1）在确定具体的安全培训师时，可以选择从外部专业培训机构聘请，也可以选择内部人员。不论选择何种方式，都应保证培训师的背景、知识和技巧与所培训的内容相符合。比如，针对班组的技术培训，可以选取班组中的技术骨干讲课，传授工作经验和工作方法，这

样可使讲课内容更切合实际、更加具体，员工也更容易接受和理解。

（2）在确定具体培训日期时，尽量不要将课程安排在节假日，因为在节假日培训，学员们的心态不好，培训效果往往不理想。同时，课程安排也要符合科学规律，每天培训最好不要超过 6 小时。培训地点的选择也要适宜，比如，技能型培训应尽量安排在作业现场，实行一对一培训或交叉培训的方式，以解决问题为主；知识型培训则较适宜采用课堂教学的方式，应以分析问题为主。同时，在作业现场进行一些有针对性的考问讲解、事故预想，使员工在工作的同时安全素质得到提高。

11.1.2.5　进行安全培训的效果评估

安全培训效果评估，也就是对安全培训进行评价，是指依据培训目标，对培训对象和培训本身做一个效果判断。除了运用第 8 章的教学评价方法之外，简易的培训项目效果评估还可以采用直接评估和间接评估的方法。

（1）直接评估。就是指对员工进行理论知识和业务技能考试，用量化的成绩来评估培训的效果。通常企业应至少每年进行一次安全知识、技能的考试，以检验安全培训取得的效果。

（2）间接评估。主要是指过程评估，通过对员工接受培训前后的工作态度、熟练程度、工作成果等情况进行评估。企业整体的安全绩效，也在很大程度上反映了培训的效果。

培训效果评估不仅是为了检验某次培训的效果，更是为了培训项目的改进，或者是为企业以后培训工作积累经验，一般的培训项目都要进行效果评估。从严格意义上讲，培训评估并不能说是培训的最后一个阶段，因为在有些培训中，评估可能是贯穿于培训工作的始终。强化安全培训教育，切实强化员工的安全意识，增强安全心理素质、应急自救的能力，提高整体安全素质。

11.1.3　安全培训项目实施讲究"四化"

如何使安全生产培训工作具备全面性、针对性、实用性和有效性，可从培训对象精细化、培训管理标准化、培训手段多样化、培训方法科学化入手，以提升安全培训效果。

11.1.3.1　培训对象精细化

从安全生产工作职责来看，对于基层人员的安全培训可分为 4 大类。

（1）政府官员。主要有乡镇（街道）领导（党委书记、镇长、分管领导等）、社区（村居）干部。对他们实行分类培训，有利于突出重点、强化意识、细化责任、明确工作重心，形成齐抓共管局面。

（2）基层安监人员。主要有安监部门干部（领导班子、一般人员、执法人员）、乡镇安监机构人员。将他们分类培训有利于针对职能开展专业技能培训，增强履职能力。

（3）企业管理人员。主要有企业负责人、企业安管人员、车间班组长。对他们进行分类培训和分级培训，有利于强化企业主体责任和管理水平，形成梯次责任体系。

（4）从业人员。按行业、工种、岗位可分成若干群体。这类人员的培训主体是企业，安监部门主要是指导、协调、帮助企业完善培训方案，创造培训条件。

依据不同的培训对象，从不同的角度开设课程，才能做到有的放矢。具体而言，对政府官员宜从宏观管理的角度开设课程；对安监管理人员重点在于主要应掌握执法技能；对企业安管人员要从提升安全意识和素质的角度开设课程；而对企业员工应多加强安全操作规范等的安全培训。

11.1.3.2　培训管理标准化

安全培训机构的办学条件、教学质量、管理水平，直接影响培训效果。办学硬件要达到国家的基本标准，教学资源要得到最优配置，教学过程要实现全面质量管控。

（1）办学条件达到国家标准。内容包括：注册资金或者开办费；专职或者兼职的管理人员；健全的机构章程、管理制度、工作规则等；具有规定学历的专职或者兼职教师及数量，教师具有上岗资质；满足培训需要的教学及生活设施等。具体办学条件需要参考国家有关标准所规定的要求。

（2）教学资源得到最优配置。要稳定学校教师队伍，使专兼职教师结构合理，开展能满足法律法规、安全管理、安全技术、行业主体专业的教学。教材采用统编教材，有备用的辅助教材。教师授课提倡采用多媒体教学，推荐统编课件，鼓励自制课件。不断充实师资力量，形成年龄梯次，保证培训工作的可持续发展。学校还要根据培训范围，配备图书资料和网络数字资源，提供学员自学所需的课外书籍和文献资料等。

（3）教学过程实现全面质量管控。应有充裕的生源和经费投入，保证教学活动正常进行。安全培训收入不能满足教学活动支出的，应有充实的资金保障。具体管理工作如下：

① 制定清晰的安全培训工作流程，公开办学环节的相关责任。整个办学过程，从培训报名到考前指导各个环节都要有具体责任人，各教学环节实现无缝对接，并对社会公开，方便学员知晓，接受社会监督。

② 规划系统的培训工作计划，确保教学活动的有序开展。安全培训机构每年必须制定适合本地需求的招生培训计划，并根据计划配备必需的师资、教材及实训器材等，保证教学活动正常进行。遵循严谨的理论教学规范，确保学员掌握基本理论知识。

③ 理论课程要有经审查通过的教案和课件，有充裕的教辅资料供学员借阅，安排充分的师生互动交流和法定的教学课时。

④ 配有充足的实践操作练习场所，确保学员得到实实在在的操作训练。常年办班的专业培训机构必须有自己的实操基地和场所，有不同层次的仪器设备，保证学员具备较强动手能力。

⑤ 建立严格的教学考核机制，确保培训成果的真实可靠。安全培训机构要建立内部考核机制，将培训学员一次性通过率和学员的满意度作为对教师的考核要求，与奖惩挂钩，促使教师履职到位。

⑥ 保证客观的教学情况反馈，提高培训质量的社会信度。每个班均建立教学意见反馈制度作为教学必需环节，听取社会的意见，一方面作为全面考察办学效果的手段，另一方面可根据企业需求，提高培训的针对性。

⑦ 配备齐全的教学档案资料，为培训工作留下轨迹。教学档案是反映教学过程的客观记录，是记载教学成果的历史资料，也是接受社会监督的备查台账，同时还是学员接受培训的轨迹。必须及时整理，按序归档，方便查阅。安全培训机构应同步建立电子档案。

11.1.3.3　培训手段多样化

安全培训工作任务巨大，培训对象的要求各异，单纯利用安监部门认定的培训机构已经不能满足社会经济发展的要求。因此，拓展培训手段也是安监部门创新培训工作的职责。

（1）依托高校、职业学院、技工学校的教育平台。一是定向招生。通过学校招生途径，为企业、经济开发园区等定向培养，就地实习，提供留得住的高素质人才。二是在职学历教育，实行订单式招生。在现职人员中通过成人高考形式录取入校，进行定专业、定岗位教育，提高现有人员的水平。三是走校企合作之路，开展短期培训班。学校和企业在培养目标、课程设置、师资配置、学员实习、技能评价等方面进行多方位的合作，培养不离岗的实用人才。

（2）利用注册安全工程师考试这一平台，提高现职人员的监管水平。注册安全工程师是国家对安全工程师实行的标准化考试，取得考试资格者即具备安全工程师的业务水平。借助这个平台，可以对现职的机关、企事业单位的安全监管人员进行正规化的训练，使其掌握必要的知识，尽快成为内行。

（3）聘请专家学者开设专题讲座。开设专题讲座是进行安全培训的重要补充，目的在于开拓广大安全管理工作者的视野，拓展思路，提高他们的理论素养，把理论和实际工作结合起来，推动安全监管方面工作。

（4）发挥其他中介机构的作用。安全生产中介机构是为社会提供安全生产咨询、评价、评审、培训、考核、认证、检测、检验和注册等服务活动的机构，集中了一批安全生产科技人员，是为企业实施安全技术服务的重要载体。借助中介机构可以对企业的各类人员实施现场技能的培训，为企业实行安全培训筹划，帮助企业实施全员教育。

（5）发挥行业协会、理事会、专家委员会的作用。行业协会、理事会和专家委员会对行业的安全生产情况能提供专业指导，承担行业协调管理职能。借助于这个平台，可以对行业内企业有针对性地开展先进安全管理经验、技术、措施的培训。

（6）开展安全技能竞赛、比武活动。激发各类人员"学知识、钻技术、促工作"的热情，挖掘和培养一批业务技术精湛的安监执法人员和安全管理人员，促进广大职工的安全意识和安全技能的提高。

（7）建设安全生产远程教育平台。针对企事业单位培训工作的问题，利用现代远程教育手段，为各生产经营单位建设安全培训远程学习终端，帮助企业实施安全培训整体解决方案，分行业、分工种、分阶段开发专家的音、视频培训课程，完善安全生产培训体系，辅以在线考核评估、在线交流等远程功能，可对从业人员实施有成效的安全培训考核和管理。

11.1.3.4　培训方法科学化

对于不同对象，应选用不同的课程和教学方法。

（1）对政府官员开设的课程大多是宏观安全管理、安全发展的趋势化和前瞻性课程，在课堂教学的基础上可选用考察、观摩的形式。而课堂教学亦宜采用多媒体讲课、互动讨论的方法等。

（2）对安监管理人员开设的课程多是具体监管方面的课程，加之我国安监机构成立时间较短，应用性的规范相对偏少，对安全监管人员宜采用互动式的教学方法，相互启发，彼此借鉴，取长补短，共同提高。

（3）对安全执法人员宜采用案例式的教学方法。对安全执法人员开设的课程大多是执法实务方面的课程：如何在复杂案情中，正确分析发案原因；如何面对不同当事人的心理状态，客观反映案件实情；如何在责任裁定中，准确把握裁量尺度等。需要在大量案例的研习中，不断提升案例式教学的作用。

（4）企业安管人员是安全生产的直接责任主体，他们应全面掌握本企业的安全知识、行业的安全发展趋势和先进的管理方式。开设的课程可从社会责任和业务素质的角度选配，应根据课程内容的需要选择不同的教学方法。

（5）企业从业人员一般都是岗位一线从事操作层面工作的员工，开设的课程也主要涉及操作规范，采用体验式、模拟式的教学方法有利于增强他们的感性认识，通过模仿规范动作，纠正违章行为，体验危险感受，防止造成伤害。

11.1.4 企业安全培训实施使用方法选择

企业员工安全培训选择不同的培训方法，对培训的效果会产生不同的影响。安全培训方法的选择要和培训内容紧密相关，参见图 11-3。不同的培训内容适用不同的培训方法，不同的培训方法有不同特点，在实际工作中，应根据企业公司的培训目的、培训内容以及培训对象，选择适当的培训方法。只有这样，才能切实达到企业培训的目标，收到较好的培训效果。如何在众多培训方法中选择适宜的方法，下面介绍几条原则。

图 11-3   安全培训方法选择考虑的主要因素关联图

（1）首先，企业安全培训要形成明确的培训目标，这样才能在具体实施培训时围绕目标划定培训的领域，进而确定达成目标所使用的培训方法。

（2）确定了培训活动的领域之后，就要分析各种培训方法的适用性。培训方法必须与培训需求、培训课程、培训目标相适应，同时，它的选择必须符合培训对象的要求。因此，要对众多培训方法的优、缺点及其适用领域有所了解，才能作出正确的选择。

（3）对众多培训方法的优、缺点比较分析之后，就要确定最优、最合适的培训方法。优选培训方法应做到"五保证"：保证培训方法的选择要有针对性；保证培训方法与培训目的、课程目标相适应；保证选用的培训方法与学员群体特征相适应；保证培训方法与企业的培训文化相适应；保证培训方法与培训的资源（设备、资金、场地、时间等）相适应。企业安全培训坚持"五保证"的原则来选择培训方法，才能保障培训的顺利实施并使培训卓有成效。

企业员工安全培训方法可使用第 6 章介绍的安全教育方法，根据安全培训的特殊需要，还可以开发一些独特的安全培训新方法。

11.2 安全培训课程的开发与实施

11.2.1 安全培训课程的开发流程

如何设计科学的、适合于企业需要的安全培训课程，是企业人员安全培训工作的一项重要课题。安全培训课程设计的核心要素包括培训理念、培训方法、课程结构和实施流程等。

首先要有先进的理念，安全培训是一种有组织的知识、技能、信息、信念等传递的管理训导行为，安全培训也是一个增值过程。安全培训不仅使人增长安全知识和能力，而且可以改变人的安全行为、个性、角色和思想。

安全培训课程不同于安全专业教育和职业教育，参加学习的学员情况、课程时间、单门课程课时安排，以及整体课程架构、授课师资、教学大纲等多个方面与高校的专业人才培养都有很大的不同。高校安全专业教育和职业教育中的学生背景、专业能力和新知识领域的认知度、接纳度等基本上都是一致的，学习需求也主要在于教师的合理引导。安全培训教育的学员的学习需求先于教学实施，这就要求培训课程的设计和内容开发是在需求调查分析的基础上，对需求调查分析中的有关内容进行适度合并，从而确定培训目标，再来根据培训目标设计培训课程，并进行课程内容的开发。另外，培训教育基本上属于非脱产学习的在职教育，总体学习时间相对较短，而分配到每个授课单元的教学时间就更短，教师在实施教学时的教学方式与高校的学科教育、职业教育有很大的不同。

一门培训课程开发的基本流程如图 11-4 所示。

图 11-4　一门培训课程开发的基本流程

11.2.2 安全培训课程的开发

安全培训课程开发是教师的核心能力。能否开发出满足培训对象需求、具有较高水平和达到良好培训效果的课程是衡量一个培训教师的水平高低的重要标志。

安全培训课程开发通常需要经历以下步骤：

（1）课程需求分析。课程开发教师需要了解培训委托企业公司的概况、项目的目的和要求、学员的基本情况、可以利用的培训资源和条件、允许的培训时间等。

（2）根据需求调查结果确定本课程的目标。不同类型培训的课程目标各有其特殊性，课程目标要紧贴需求、目标适度、表达准确，尽可能做到定量化。

（3）课程内容设计通常没有固定的模式，但一般需要按照一定的逻辑结构关系将课程内容进行科学组织与合理安排。图 11-5 和图 11-6 给出了两种典型的课程结构模式。

图 11-5　课程内容设计的横向结构实例

图 11-6　课程内容设计的纵向结构实例

（4）课堂教学设计。课堂教学是课程开发内容实施的关键一环，更需要精心设计。各个教师的讲课风格有很大不同，课堂设计没有固定的形式，也没有哪种模式是最好的，教师根据自己的风格和培训需要自己选择。图 11-7 和图 11-8 给出了两个课堂教学设计的实例。

图 11-7　课堂教学设计实例（一）

图 11-8　课堂教学设计实例（二）

11.2.3　安全培训大纲及考核标准编制实例

本节以"安全培训教师培训大纲及考核标准"为例加以说明。

11.2.3.1　适用范围

本大纲和考核标准规定了取得岗位证书的安全培训教师的基本条件、培训内容和考核要求。本大纲和考核标准适用于安全培训教师的培训和考核。

11.2.3.2　申请取得安全培训教师岗位证书的基本条件

具有良好的身体素质和心理素质；具有一定的安全工程专业基础知识，三年以上现场实践经历或相关工作经历；具备与教学内容相关专业学历或职称。

11.2.3.3　培训大纲

（1）培训要求。应按照本大纲和考核标准的规定对安全培训教师进行培训和继续教育。培训应坚持理论与实践相结合，侧重教学技巧、教学方法及教学掌控能力的训练；注重培训教师职业素养、安全生产法律法规、现代安全管理、安全技术知识的培训；将国家新颁布的有关法律法规及技术规范和标准，国内外先进的教学管理方法和理念及时纳入教学之中。通过培训，使安全培训教师了解多种教学组织形式；熟悉国家有关安全生产法律法规、成人心理和成人培训特点；掌握培训需求分析、培训课程开发、教学过程设计、培训效果评估方法；具备较强的成人培训教学组织能力。

（2）培训内容。安全生产法律法规和安全管理基础知识包括：安全生产形势，安全生产方针、政策，安全生产法律法规、规程、标准及技术规范等，相关安全管理制度，安全管理基础知识等。培训教师的素养和业务能力包括：培训教师的角色定位，培训教师的基本素养和职业素养，安全培训的教学规律及现代培训理念，成人教育心理学知识，成人培训的特点，课堂掌控能力与授课艺术等。培训方法、技术的运用包括：培训需求分析，培训设计，培训实施方法，培训效果评估，培训课程设计与开发，培训方式方法，多媒体技术，培训课件制作技术等。

（3）继续教育要求与内容。继续教育要求安全培训教师每年应接受继续教育；继续教育按照有关规定，由具有相应资质的安全培训机构组织进行。继续教育内容主要包括安全生产形势，新颁布的安全生产法律法规、政策、规程、标准及技术规范，相关行业的新技术、新工艺、新设备、新材料及安全技术要求，安全培训组织的新理念、新方法。

（4）学时安排。培训时间应不少于 56 学时。继续教育时间每年应不少于 40 学时。

11.2.3.4 考核要求

（1）考核办法。

① 考核的分类和范围。安全培训教师的考核分为理论基础知识考核和教学能力考核；安全培训教师的考核范围应符合本标准的规定。

② 考核方式。理论基础知识的考核采用笔试方式进行，满分为 100 分，80 分及以上为合格，考试时间为 120 分钟；教学能力考核可通过现场授课，也可通过课程设计或课件制作、撰写论文、面试答辩等方式进行。考核成绩评定为优、良、合格、不合格。理论基础知识、教学能力均合格者为考核合格，考核不合格者经本人申请可允许补考一次。

③ 考核内容的层次和比重。理论基础知识考核内容分为了解、熟悉和掌握三个层次，按 20%、30%、50% 的比重进行考核；教学能力考核内容分为熟悉和掌握两个层次，按 30%、70% 的比重进行考核。

（2）考核要点。

① 安全生产法律法规和安全管理基础知识。主要包括以下内容：了解安全生产基本形势，熟悉安全生产方针、政策，熟悉安全生产法律法规，了解安全生产规程、标准及技术规范等，掌握相关安全管理制度，熟悉安全管理基础知识。

② 培训教师的素养和业务能力。主要包括以下内容：了解培训教师的角色定位，熟悉培训教师的基本素养和职业素养，熟悉安全培训的教学规律及现代培训理念，了解成人教育心理学知识，了解成人培训的特点，掌握课堂掌控能力与授课艺术。

③ 培训方法、技术的运用。主要包括以下内容：掌握培训需求分析方法，熟悉培训设计方法，熟悉培训实施方法，掌握培训效果评估方法，掌握培训课程设计与开发，熟悉培训方式方法，熟悉多媒体技术，掌握培训课件制作技术。

（3）继续教育考核要求与内容。

① 继续教育考核要求。安全培训教师每年参加继续教育都应进行考核。

② 继续教育考核要点。主要包括以下内容：了解安全生产形势，熟悉新颁布的安全生产法律法规、规程、标准及技术规范，了解相关行业的新技术、新工艺、新设备、新材料及安全技术要求，掌握安全培训新理念、新方法。

11.2.4 安全培训课程教学大纲编制实例

企业的安全培训课程不同于大学里开设的课程。前者一般是以问题为中心设置的，后者是按专业设置的；前者注重课程内容的实用性和针对性等，后者注重课程体系的完整性和前沿性等。每一门安全培训课程需要有培训大纲，它是进行该课程培训的指导性文件。安全培训课程大纲是对具体课程的完整描述，它包括课程名称、课程目标、培训对象、培训内容、培训方式、考核方式、课时等。本节以"安全法规"课程大纲为例，但不是样本。

课程名称：安全法规

学时：12

适用对象：企业安全管理干部

大纲执笔人：×××；审核人：×××

一、课程目标

学习了解我国安全生产法律法规体系，掌握安全生产主要法律、重要行政法规、重要规章及标准的基本要求和主要内容，重点掌握《安全生产法》的主要内容，正确理解国家对矿山、建筑施工单位和危险化学品的生产、经营、储存单位安全生产管理的基本要求，对生产经营单位的安全生产保障、从业人员在安全生产中的权利和义务、安全生产的监督管理、事故的应急救援与调查处理以及安全生产的法律责任有比较深刻的认识，并能运用安全法律法规的基本知识分析解决企业安全管理的实际问题。

二、课程的主要教学内容和教学方法

第一章 安全生产法律基础知识

1.基本内容

安全生产法律的概念、特征及其分类；安全生产立法的必要性及其重要意义；我国安全生产法律体系的基本框架。

2.教学基本要求

掌握：法的概念、特征及其分类；我国安全生产法律体系的基本框架。了解：安全生产立法的必要性及其重要意义。

3.教学重点

法的概念、特征及其分类；我国安全生产法律体系的基本框架。

4.教学方法

讲授法、提问法、案例教学法。

第二章 《安全生产法》

1.基本内容

生产经营单位的安全生产保障；从业人员的权利与义务；安全生产的监督管理；生产安全事故的应急救援与调查处理；安全生产法律责任。

2.教学基本要求

掌握：安全生产的监督管理；生产安全事故的应急救援与调查处理；安全生产法律责任。了解：生产经营单位的安全生产保障；从业人员的权利与义务。

3.教学重点难点

重点：安全生产的监督管理；生产安全事故的应急救援与调查处理；安全生产法律责任。难点：安全生产的监督管理。

4.教学方法

讲授法、提问法、课堂讨论法、案例教学法。

第三章 安全生产单行法律

1.基本内容

《矿山安全法》《消防法》《道路交通安全法》。

2.教学基本要求

掌握：《矿山安全法》《消防法》。了解：《道路交通安全法》。

3. 教学重点难点

重点：《矿山安全法》《消防法》。难点：《消防法》。

4. 教学方法

讲授法、提问法、案例教学法。

第四章　安全生产相关法律

1. 基本内容

《刑法》《劳动法》《矿产资源法》《职业病防治法》等。

2. 教学基本要求

掌握：《刑法》《职业病防治法》。了解：《劳动法》《矿产资源法》等。

3. 教学重点难点

重点：《职业病防治法》。难点：《职业病防治法》。

4. 教学方法

讲授法、提问法、案例教学法。

第五章　安全生产相关行政法规

1. 基本内容

《煤矿安全监察条例》《建设工程安全生产管理条例》《危险化学品安全管理条例》《特种设备安全监察条例》《安全生产许可证条例》《工伤保险条例》《国务院关于特大安全事故行政责任追究的规定》等。

2. 教学基本要求

掌握：《危险化学品安全管理条例》《特种设备安全监察条例》《建设工程安全生产管理条例》等。了解：《煤矿安全监察条例》《国务院关于特大安全事故行政责任追究的规定》《安全生产许可证条例》《工伤保险条例》。

3. 教学重点难点

重点：《煤矿安全监察条例》《建设工程安全生产管理条例》。难点：《建设工程安全生产管理条例》。

4. 教学方法

讲授法、提问法、案例教学法。

第六章　安全生产相关部门规章

1. 基本内容

《注册安全工程师执业资格制度暂行规定》《注册安全工程师注册管理办法》《安全生产违法行为行政处罚办法》《煤矿安全生产基本条件规定》《煤矿建设项目安全设施监察规定》《安全评价机构管理规定》《危险化学品生产储存建设项目安全审查办法》《非煤矿矿山建设项目安全设施设计审查与竣工验收办法》等。

2. 教学基本要求

掌握：《安全生产违法行为行政处罚办法》《煤矿安全生产基本条件规定》《煤矿建设项目安全设施监察规定》。了解：《注册安全工程师执业资格制度暂行规定》《注册安全工程师注册管理办法》《危险化学品生产储存建设项目安全审查办法》《非煤矿矿山建设项目安全设施设计审查与竣工验收办法》《安全评价机构管理规定》。

3. 教学重点

重点：《安全生产违法行为行政处罚办法》《煤矿安全生产基本条件规定》《煤矿建设项

目安全设施监察规定》。

4.教学方法

讲授法、提问法、案例教学法。

第七章　安全生产标准体系及主要标准

1.基本内容

安全标准概述，安全生产标准体系。

2.教学基本要求

了解：安全标准的定义、作用、范围、种类；安全生产标准体系制定修订程序。掌握：安全生产标准体系。

3.教学重点难点

重点：安全生产标准体系。难点：安全生产标准体系。

4.教学方法

讲授法、提问法。

三、教学环节与学时分配

序号	教学内容	总学时	讲课	自学
1	安全生产法律基础知识		2	
2	《安全生产法》		3	
3	安全生产单行法律		2	
4	安全生产相关法律		1	
5	安全生产相关行政法规		2	
6	安全生产相关部门规章		1	
7	安全生产标准体系及主要标准		1	
	小计		12	

四、考核方式

考勤成绩占40%，课程结束考核占60%。

五、参考书

中国安全生产协会注册安全工程师工作委员会编.安全生产法及其相关法律知识.北京：中国大百科全书出版社，2011.

11.3　安全培训教学实战经验

11.3.1　安全培训课堂教学的"五技巧"

关于如何上好一堂安全培训课，下面介绍课堂教学的五点技巧。

11.3.1.1　讲故事引人入胜组织教学

引人入胜组织教学的任务是稳定学员情绪、集中学员注意力、维护培训秩序。例如由讲述故事引入教学内容，这个过程一般需要1～2分钟的时间，由教师运用讲述、提问等方式来完成。

通常可利用多媒体课件叙述故事和提问。如：从前有一个小和尚学剃头，老和尚先让他在冬瓜上进行练习，小和尚每次练习完成后，就将剃刀随手插在冬瓜上，久之养成随手插刀的习惯。学成后在给老和尚剃头时，也将剃刀随手插在了老和尚的头上，也就是这种习惯的动作要了老和尚的命。这个故事告诉我们很多事故都与习惯性的行为有关。在日常生产中避免事故的发生，凡事要注重从"小"处着手，万事必须突出一个"细"字。结合我们的实际工作，就是把各项规章制度细化到班组、个人；把日常的检查细化到每个环节、每个员工的行为；要求我们的各级管理人员能深入下去，从细微处着手，尽职尽责去抓、去管、去落实。抓安全没有什么高招可言，唯有严格制度、落实责任、细化管理、常抓不懈才是解决问题的真正出路。只有人人都养成良好的习惯，才能从根本上杜绝事故的发生。

11.3.1.2　由检查学员已学知识导入新课内容

通过检查学员对已有知识掌握的情况，对已学知识进行复习、巩固、加深。有目的加强新旧知识的联系，再现为学习新课所必需的知识和技能，进而引入新课，并设法激起学员对学习新课的兴趣和动机。导入新课一般3～5分钟即可。例如讲授叉车安全驾驶操作规程可以这样导入新课。提问：安全驾驶叉车准备好了吗？引导回答："四懂""三好四会""三个过得硬"。懂原理、懂构造、懂性能、懂制度和操作规程。车辆要用好、管好、保养好；会操作、会排故、会检测、会保修。安全设备过得硬，熟悉车辆上的各种安全装置的用途，并正确使用；操作技术过得硬，在驾驶和作业中要动作熟练，不误操作；要在复杂情况下过得硬，能正确判断和预防事故，做到防患于未然。

11.3.1.3　由典型案例介绍引入要讲的新内容

讲授新知识是教学过程的主要组成部分，其目的在于使学员掌握新知识和新能力。教师教授时，应按照知识、技能点的内在联系，贯彻有关的教学原则和所选用的教学方法的要求，用清晰的表达，明快条理的板书或PPT等，将本课的内容、要点正确无误地传授给学员并指导学员进行学习，使学员对安全生产有全面的了解。讲授新知识是一堂课的主干部分，因而占用时间最多，讲授新知识一般以占用一堂课的1/2～2/3时间为宜。例如讲授叉车安全驾驶操作规程中车辆出车前检查的新知识。首先，案例引入：开车人不顾雪天路滑，开带病车（刮雨器损坏）上路，导致了悲剧的发生，因此出车前应做好检查，不开带病车行驶。其次，根据生产实际情况讨论出车前应检查的项目有哪些。讨论可使学员积极地自主参加、诱发兴趣，通过自己的努力总结过去的经验，可以获得解决新问题的能力。如：①叉车作业前，应检查外观，加注燃料、润滑油和冷却水。②检查启动、运转及制动性能。③检查灯光、音响信号是否齐全有效。④叉车运行过程中应检查压力、温度是否正常。⑤叉车运行后应检查外泄漏情况并及时更换密封件。最后，扩展知识为车辆的技术状况对行车的影响。机动车辆的技术状况随着使用而不断恶化，这对安全行车有着重要影响。机动车辆的转向或制动装置的技术状况对安全行驶影响最大。机动车前桥、车轮、轮胎、灯光照明装置、喇叭、玻璃刮雨器等的技术状况对行车安全也有直接影响。另外，发动机能否保证不间断工作，传动装置、车架、悬架装置等有关零部件的技术状况，对行驶安全也有一定的影响。

11.3.1.4　当堂应用所学知识分析案例巩固所讲新内容

巩固刚讲完的新知识是为了加深对新内容的理解，尽可能做到当堂消化和巩固。教师可用提问、复述、当堂练习等方法，检查学员理解、掌握的情况，发现问题，及时弥补，使所学知识、技能得到及时巩固，并形成一定的技能，也为课外作业做好准备。巩固新知识要做到重点突出，纲目分明，温故知新，切记简单复习。巩固新知识宜控制在 5～10 分钟内。例如讲授企业内机动车辆事故发生的一般原因时，利用一两个案例让学员自己分析事故的主要原因、经验教训和防范措施，使学员牢固树立"安全第一"的思想。

11.3.1.5 临近结束前布置课后练习，巩固学习内容

布置作业目的在于进一步巩固所学知识和技能，培养学员独立工作的能力。由于成人学习和工作之间的矛盾，可能会造成学员课后练习的完成无法保证。因此，在布置课后练习时，要求内容要典型，数量要少。另外，对难度较大的作业，应当给予提示。布置课外作业，一般用 1～2 分钟即可完成。同时，为保证课后练习的完成，培训教师对学员的课后练习要进行认真检查、批改、评定。例如讲授特种作业人员安全生产职业规范一节时，留的课后练习为"结合自己的工作岗位，简要谈谈特种作业人员如何遵守岗位职责？"

上述五点介绍了一堂培训课的教学组织过程中使用的技巧，教师在设计课堂教学活动时可以参考，举一反三。

11.3.2 安全培训教学工作的"七个五"

搞好安全培训教学工作的"七个五"是煤矿安全先进人物宋卫国经过长期工作实践总结出来的，具有较强的实用性，可为安全生产培训提供有益参考。

11.3.2.1 "五个对待"

对待安全课，要像守护良心一样备好课。对待新员工，要像敬畏生命一样用心讲。对待违章者，要像面对事故一样动情劝。对待教师岗位，要像伟大母亲一样尽责任。对待混师人，要严厉谴责。

11.3.2.2 "五个代表"

活跃安全生产课堂，代表让学员深度理解安全知识。动情讲解事故案例，代表必须撼动学员麻木的心灵。照着念课件和书本，代表对不起安全教师崇高称谓。应付安全生产培训，代表在昧着良心亵渎员工生命。努力创新授课形式，代表用责任提升员工学习兴致。

11.3.2.3 "五个避免"

避免重资格办证轻安全培训，防止安全培训走过场、培训中心异变为办证中心、培训人员持证前后安全素质一个样；避免重日常杂务轻教学质量，防止工作不分主次，培训中心异变为总务中心，培训机构硬件金玉其外、软件败絮其中；避免重纪律考核轻绩效考核，防止出工不出力，出现应付差事的教师甚嚣其道；避免重挑小毛病轻不凡业绩，防止有明显优缺点的人被求全责备，使教学人才流失沉沦；避免重学历职称轻能力水平，不能以高学历、高职称作为提拔教师的唯一衡量标准。

11.3.2.4 "五个培训"

培训出安全意识过强的学员；培训出安全素质过高的学员；培训出安全思想过硬的学

员；培训出安全行为过严的学员；培训出安全人格过关的学员。

11.3.2.5 "五个努力"

努力讲声泪俱下的事故案例；努力讲感情投入的安全知识；努力讲实用性强的安全技能；努力讲丰富多彩的安全文化；努力讲深入心灵的规程措施。

11.3.2.6 "五个要求"

要求乏味的授课动起来；要求枯燥的课堂活起来；要求教师的责任强起来；要求安全的知识用起来；要求"三违"的人员少起来。

11.3.2.7 "五个一体化"

安全知识与趣味幽默教学一体化；授课模式与教学效果评价一体化；素质考核与促进自觉学习一体化；教学质量与教师政治待遇一体化；学员反馈与教育创新改革一体化。

11.3.3 安全培训效果的"四懂四会"

安全培训效果要达到"四懂四会"。

11.3.3.1 懂"要我安全"，会"我要安全"

懂"要我安全"是指真正理解安全的极端重要性，懂得安全生产是党和国家的一贯方针和基本国策，是企业发展稳定的前提、家庭幸福美满的基石和亲人时时刻刻的期盼；真正理解"安全第一，预防为主，综合治理"的深刻内涵，摆正安全与生产和效益的关系，牢固树立安全第一的思想观念；真正理解企业操作规程是总结积累了事故教训，是用鲜血乃至生命换来的，决不允许违反操作规程；真正理解不注意安全，早晚会出事故，轻则流血流泪，重则家破人亡。

会"我要安全"是指能够用安全第一的思想指导自己的行为，先安全后生产，不安全不生产；能够主动掌握安全生产必备的技能；能够真正做到从思想到行动上时时刻刻注意安全。

11.3.3.2 懂"操作规程"，会"安全操作"

懂"操作规程"是指熟悉并理解所在岗位的生产操作规程；熟悉并理解所操作的设备、设施、工具的原理、性能、工艺流程；对所使用的所有设备会操作、会维护、会保养、会排除故障；针对操作过程中存在的问题，有责任和义务提出建议，对操作规程不断进行改进、优化。

会"安全操作"是指在安排或接受工作安排时，明确安全要点和注意事项，并在实际操作中切实落实到位；在生产或操作前能够做好各项准备工作，安全防护措施到位；在生产或操作时能够严格按照操作规程进行安全操作，不违章操作；在生产或操作过程中能够随时观察、注意发现所有异常情况，并能够采取有效措施加以解决，确保"四不伤害"；在工作、操作完成后，能够将工作、技术、安全等事项，按规定正确进行交接班，不遗留安全隐患。

11.3.3.3 懂"危险辨识"，会"消除隐患"

懂"危险辨识"是指明确工作范围内的所有危险源；明确危险可能发生的条件或征兆；明确危险可能发生的概率；明确危险一旦发生可能造成的后果；明确危险评估的方法：危险大小＝危险概率×危险后果；明确危险源处理、管控的程序和措施。

会"消除隐患"是指在生产或操作前先进行安全确认，熟练掌握安全确认的方法，做到先确认、后生产，不安全、不生产；发现安全隐患，能够采取切实可行的方法，及时消除隐患，或采取可靠的防范措施，确保安全；熟练掌握安全器材的使用方法；对可能威胁生命财产安全的隐患，在隐患及时消除前，不冒险作业；对短时间不能消除且暂时不会形成安全威胁的隐患，能够采取适当的方法进行防范，并在规定的时间内消除。

11.3.3.4 懂"安全禁忌"，会"紧急避险"

懂"安全禁忌"是指明确工作范围内人员准备、生产、结束全过程必须禁止的事项或情况；明确工作范围内设备运行必须禁止的事项或情况；明确工作环境、外部干扰可能对安全构成影响和威胁的禁止事项或情况；明确人员、设备、环境忌讳存在和发生的事项或情况。

会"紧急避险"是指在条件、设备发生异常时，能够及时发现并立即停止作业，及时有效避险；发生事故时，能够采取切实可行的措施紧急救援；熟悉安全通道，在人员安全没有保障的情况下，能够及时撤离到安全地带；在危险可能波及的范围内，及时划定警戒区域，禁止人员进入，防止事故扩大；熟悉报告程序和手段，在没有能力排除隐患、消除危险的情况下，要立即停止生产，采用快捷、正确的方法上报；在原因没有查明、隐患没有排除、安全没有保障时，不得恢复生产。

11.3.4 安全培训课堂教学的"九要点"

（1）每堂课都要制定时间表。对时间的安排可以进行讨论和展示，而且可为每一部分设定大致的时限，这是完成每堂课的前提，时间表可以起到提醒的作用。

（2）遵循成年人学习习惯。现在的培训已不仅仅以说和演示的方式进行，作为教师应该给予学员一定的挑战，尊重学员，给他们以自我发现方式学习的机会，提供一个安全学习场所，给予专业的反馈。

（3）保证学员均等参与。让一些性格外向的、比较自信的学员在讨论中扮演主角非常容易，但学员中不乏性格内向的，他们不愿意发言和展示自己。这时候教师应该确保时间得到公平分配，不要总让几个活跃的角色占了课堂的大部分时间，应采用轮流展示的方式，使每个人都有发言的机会。教师可直接把问题交给那些沉默不语的人，可以把一些"棘手"的问题抛给活跃学员，寻求他们的帮助，以引导其他人畅所欲言。这样做既体现了培训的公平性，又调动了每一个学员的积极性，让学员意识到自己是集体中的重要一员，积极地融入教学。

（4）应对不良表现的学员。有时会有这样的情形，有些学员看上去比较冷淡、不友好或者比较内向，教师可以主动干预。在很多情况下，干预此类表现可以起到影响其他人行为的作用。教师可以通过主动接近，使其意识到教师对他们的关注，把注意力放在问题上，不要进行人身攻击，倾听他们的任何抱怨，提供力所能及的帮助。

（5）拿出最佳状态。学员往往对培训有很高的期望，所以教师需要拿出100％的热情。

如果事情并不像计划进展得那样顺利，应该试着略做调整。不要为任何不足道歉，学员可能并没有意识到那是一个问题；处理问题时要有自信，软弱和缺乏果断将会使学员渐渐丧失信心。

（6）认真回顾。在每天结束时或者第二天开始时，回顾一下大家已经学过的内容，可以通过如下方式进行：教师做一个简短的总结；所有学员轮流发言，回忆到目前为止他们学到最有用的是什么。

（7）善于倾听。教师不要在真空中讲课，注意倾听学员说什么和怎么说，大部分的在职员工都在岗位上积累了一定的工作经验，对一些态度类的课程，有的学员不太接受。例如，如果遇到学员表现出了强烈的抵触情绪或当场反驳时，教师应耐心倾听学员想表达的东西，必要时对其问题进行简单复述，让其表达完整，不要一味反驳，使学员反感。教师对问题充分理解后，找一个合适的切入点对问题进行解决，并可以让学员提一些建议，但要注意把握分寸，慢慢地由"配角"转为"主角"，最终使学员心服口服。在课堂中，要善于观察学员的肢体语言，消极的态度通常表现为：避免眼神与教师交流、双臂交叉、身体后倾、背靠椅背，眼神表现出对教师的不友好，或直接打断教师讲话插嘴反驳。大多数情况是学员对培训内容有异议，对于这样的学员教师要善于倾听并给予耐心的解答，但又不能完全被其左右，因为还要照顾到其他学员的求知欲望。

（8）良好的学习氛围。当人们学习了某种技能，在运用之前需要有机会去实践。可以通过以下方式创造学习气氛：运用幽默和自我否定；强调从反馈中学习的重要性；进行角色模仿，并及时进行反馈；建立学习交流，鼓励互相学习。

（9）让培训更有趣。如果有轻松的学习环境，人们可以学得更好，也可以从中获得乐趣。但这并不意味对学习的不重视。教师可以通过以下方式让学员保持轻松的心情：讲一些合适的笑话或自我解嘲，经常在课堂中加进自己对工作的一些体会，谈一些自己的成功与失败，与学员共同分享，这样真实的例子更利于学员接受，并让学员更信任自己。还可以用一些相关的轶事来解释枯燥的理论，总之要使课堂保持欢快的节奏。不同行业的培训有不同的特点，在教学中，培训师应针对培训的课程、学员特点等运用不同的培训技巧，提问、讲评、反馈都有很多的技巧。随着培训经验的积累，培训师在技巧运用上也会越来越科学。

11.3.5 安全心智模式"七步"培训法

某企业创建了安全文化培训学院，实施安全心智模式"七步"培训法，使企业员工素质得到持续提升，塑造了科学的安全操作心智模式，对安全操作认知、安全价值理念认同进一步加深，有效降低了违章率，提升了企业安全管理水平，有力促进了煤矿企业安全生产。

安全心智培训模式的七个步骤如下：

（1）目标定向。通过分析评定学员安全行为、安全认知、安全价值观等现状，帮助学员深入分析，形成个性化培训方案。

具体做法：一是多方面搜集学员基本信息、违章分析报告、单位提供的倾向性培训意见等资料，初步了解学员安全行为基本情况；二是通过填写目标定向调查表、安全意识量表、抗逆力量表、心理资本量表、人格量表，了解学员性格特征、抗逆力、安全意识等信息，帮助学员找出导致不安全行为的主要因素；三是通过理论知识考试、胜任特征水平自我评估，了解学员应知应会内容掌握情况，帮助学员发现自身能力与岗位胜任能力的差距；四是通过引入专业心理咨询工具箱庭疗法，让学员在沙盘上摆放模具，探寻学员内心深处的症结；五是通过进行"一对一"深度访谈，进一步摸清学员固有的不安全心智模式。通过知识、技能和心理三个维度检验学员自身存在的问题，最终确定教学目标，实施"一把钥匙开一把锁"的个案式培训。

（2）情境体验。通过反例体验、案例警示、现身说法三个环节，触动身心，冲击视觉，震撼心灵。

具体做法：一是设置反例体验项目。根据学员违章容易造成的伤残后果，选择相应的项目进行体验，把学员认为与自身无关的事件变为现实生活场景，让学员从负面角度亲身体验伤残人员生活情境，警示违章管理和违章行为造成的严重后果，生成相应的情感、态度和价值观。二是建立事故案例视频资源库。搜集各类伤亡图片、事故案例警示视频，将多个真实事故资料还原拍摄成 3D 影片，综合形成卡、图、影的立体化情境模拟体验。通过观看事故影片和案例图片，警示违章的可怕性、危害性和灾难性，组织学员讨论影片内容与现场工作之间的联系，引发学员深入思考安全、违章和家庭幸福的关系，让学员在可视化体验中冲击思维，身临其境中模拟操作。三是引导学员结合自身经历和体验感受，深入区队学习室参加班前班后会，讲述反例体验和案例警示的心得体会，达到安全宣传和自我帮教的目的，从内心深处实现对安全操作的深刻认知和"安全第一"价值观的认同。

（3）心理疏导。通过负面情绪疏导和正向情绪激发，塑造学员积极心理品质，促进学员心智模式的正面转化，实现学员从"要我安全"到"我要安全"的思想转变。

具体做法：一是填写情绪测评表、抑郁测评表、焦虑测评表、情商测评表等量表，了解学员情绪状态；二是运用压力与情绪管理设备，评估学员情绪压力等级，帮助学员压力释放、情绪平抚、自主调节；三是运用"一对一"咨询和箱庭疗法等形式，了解困扰学员情绪和安全的心理问题，实施心理疏导，帮助学员挖掘心理潜力，提高自我认知，走出心理困惑，塑造安全认知模式；四是开展团体心理辅导，提升学员在团体中自我成长和协作的能力；五是进行感恩自测练习，描绘安全警戒线，培养爱自己、爱家人、爱岗位、爱企业的正向心理品质。通过心理疏导，让学员在潜移默化中感悟深化认知，重塑心智模式，有效解决违章罚款和警诫谈话效果不强、作用不持久的问题。

（4）规程对标。让管理者和员工根据安全规程、专业工作标准，自主进行对标分析，查缺补漏，达到用岗位规程和标准来规范自己行为的目的。

具体做法：一是运用案例教学，对照学习安全规程和工作标准，发现违章行为，找出事故根源和应对措施；二是运用情境模拟，设置与学员有关的工作岗位职责和任务情境，通过角色扮演，体验岗位工作过程，并参照规程标准，找出可能引发事故的影响因素；三是运用对照分析，让学员对照工作标准，分析自己的工作行为和方式，发现自己在工作中存在的问题，找到相对应的工作标准方法，推进学员专业知识、实际技能和认知决策系统化。

（5）心智重塑。通过对管理岗位风险源辨识-系统诊断卡、关键操作岗位危险源辨识-应对卡的学习，达到重塑安全心智模式的目的。

具体做法：一是编制关键岗位危险源辨识表、管理岗位危险源辨识-系统诊断卡、关键操作岗位危险源辨识-应对卡，将每个岗位危险源以及易产生的后果和应对措施，以图文并茂的形式展现在学员面前，使学员能够直观地对所在岗位危险源进行确认，并对照危险源与应对策略，进行危险源判断与处理；二是建立情境模拟仿真室，拍摄关键岗位危险源辨识3D 影片，观看关键岗位安全事故，展示事故给人的生命带来的毁灭性伤害。通过学习，学员实现由发现危险的被动应对到对预知危险的主动防控，进而塑造科学的、安全操作的心智模式，固化正确的行为方式。

（6）现场践行。通过观摩对标、换位体验、实际操作等方式，将重塑后的心智模式应用到实践中。

具体做法：一是针对不同层级、不同专业、不同原因入校的学员，合理确定不同的践行内容；二是组织安全管理人员到安全好、质量优的区队，践行日常安全管理和现场轮岗盯班，侧重对标管理、诚信履职、制度建设、安全教育、质量标准化建设等方面的内容；三是以一般员工担任义务安监员的形式进行换位体验，侧重危险识别、对标操作、手指口述等方面的内容；四是根据学员岗位及其需求，明确践行标准、时间和要求，协调相关职能部门，对践行情况进行过程跟踪和效果评价。

（7）综合评审。通过理论知识、专业技能、综合能力、安全心智测评与总结体会撰写等环节，全面考查学员在知识、技能和心理等方面的现有状态，检验安全心智模式的培训效果。

具体做法：一是通过理论题库上机考试，检验学员的安全知识、专业知识，以及本专业岗位职责和安全操作规程的学习掌握情况；二是根据践行单位、职能部门给出的反馈评价意见和学员践行报告，按照评分标准进行定量打分，提出综合考评意见；三是运用公文筐测试方式，模拟现场事故情境，列举问题清单，考核学员处理问题流程及危机应对措施，全面考查学员现场判断问题能力、临场应变处置能力和组织协调沟通能力等；四是利用安全意识考评表、安全教育图片、安全心智小故事等心理测试专业工具，全面检验学员入校前不安全意识、心理、态度等方面的改善情况；五是引导学员系统梳理学习体会，认真总结反思工作中存在的突出问题，全面分析个人在认知、技能、心理及管理方面的差距、不足及其原因，制定详细的整改措施，形成书面总结报告。经过评审小组综合考查评定，达到标准，方可结业。学员离校并不意味着培训结束，还要进行一定时间的跟踪反馈，填入档案，以检验培训效果。

11.3.6 安全培训教师课堂必修技能

11.3.6.1 应对紧张的方法

紧张是正常的，而且更多时候需要紧张，因为紧张能让人更兴奋、更投入，但过度紧张会使自己患上讲台恐惧症，特别是新教师。过度紧张源于担心自己的表现，担心学员的反应，担心出意外。因此，克服紧张在于拥有积极的心态，要相信和期望自己可以做好，而且赋予积极的心理暗示。

（1）当紧张时，要心理暗示自己，紧张是很正常的，紧张将使今天发挥得更好！

（2）临近讲课时，找个安静的角落，心里默默冥想，我对这个主题已经准备很久了，没有人比我更好，我是这个领域的专家，我能行！

（3）临近讲课时，做几次深呼吸，心随呼吸的气流而动，不想别的。

（4）上台前做些伸展运动，必要时用手轻拍自己面部，放松面部僵硬的表情；也可以对着镜子给自己一个微笑。

（5）开场时，先按照自己的方式讲开场白，之后再逐渐进入正常讲课的状态。

（6）专注于自己的讲解主题，尽量把要讲授的内容背诵下来，内容熟悉了，紧张自然就消退了。

（7）上台后可以运用事先准备好的问题向学员提问，把压力转给学员，情绪稳定后，再进入正常讲解。

（8）克服紧张最好的方法是进行持续训练，做多了就不会紧张了。

另外，讲课前提前一天或半天到教室熟悉环境，了解教室的基本条件，并做好预案，避免讲课时出现意外导致自己很紧张，比如多媒体的连接和使用、话筒的效果、环境的噪声影响程度等。

11.3.6.2 开场白的设计

开场白对集中学员注意力、为讲课定调、树立教师的权威非常重要。开场白一定要新颖、有吸引力，与讲课主题密切联系，更好地衬托主题。开场白主要有以下几种类型：

（1）提问型。这是最简单、最直接、最常见的，也是比较容易掌握的方法。询问问题必须与主题相关，但不必太直截了当；问题不能太难或太容易；避免重复开场。

（2）讲故事型。所讲故事要与主题有联系，故事新颖，与时俱进，故事经得起推敲。

（3）引经据典型。引用经典权威的著作和古今名人名言等作为开场白，注意引用的名言与培训对象的层次相适应。

（4）案例运用型。运用一个具有代表性的与主题相关的案例作为开场白，也是一种具有吸引力的方法，通过案例把学员带入讲课的主题。

（5）数据列举型。开场的时候，提供一组翔实、准确的重要数据，吸引学员的注意。

开场白还有实物展示法、游戏法、微电影法等，也可以是几种类型的集合。

11.3.6.3 课堂语言和发音

（1）讲课语言表达注意事项。讲课语言表达的基本原则是清楚、易懂、有吸引力，语言表达要慎用专业术语，注意语态运用、词语隐含意义、修饰语和语气的作用，尽量避免没意义的口头语。

（2）讲课发音注意事项。发音不要太过平实、没有力度、含糊不清，优美的声音要清晰、有力、热情、悦耳，讲课时需要重视停顿、语调、语速的适当变化。

11.3.6.4 课堂身体语言的应用

身体语言包括表情、眼神、站姿、手势、走姿等。正确的身体语言更加准确地传递教师的思想，帮助学员理解教师的意图，有利于控场、塑造讲台魅力。

比如当教师讲到关键的地方时，为了给学员以深刻的印象，可以用手势和目光来引起学员的注意。当教师讲到富有诗情画意的动情之处时，手势应该是柔和而舒展的；当教师讲到激动或愤怒之处时，手势应是急剧而有力的。

教师在查看学员书面作业时，看到一个学员漏掉了一些必要的而又很明显的项目，用手指着作业本上的遗漏之处就足够了，什么也不必说。

当有学员迟进教室，并且教材已经讲过时，一般教师可以指着黑板上的书面作业而不必说什么，但如果有些话必须说时，教师可以低声地向迟到的学员说明。

教师对学员的一个微笑可以意味着"好，回答得很好"，或者"该轮到你了"，或是充满了鼓励："过来，试一试。"显然当时的情境决定着意义。由于动作取决于情境，所以动作也具有意义。

教师对学员的一个目光，可以表示"请你安静""你做得很好""你来回答""你试一试"等。拙劣的教师也可能会用藐视和嘲弄的目光来打击学员的积极性，挫伤他们的自尊心。

总之，在日常的教学中经常使用姿势和非言语表达。面部表情和目光的变化在与学员的交往中也是必要的。

11.3.6.5 课堂时间管理

课堂时间安排出现前紧后松、前松后紧、平均分配、过度拖延、不顾不管等都是不适宜的。管理好课堂时间可以保证内容重点突出，确保培训效果。管理好课堂时间要预先设计、反复演练。通常开场时间可占 10%，讲课时间占 80%，结尾时间占 10%。

本章小结

本章介绍了安全培训项目设计和实施应该抓好的关键环节和注意事项，给出了安全培训实施选择适宜方法的要点，安全培训课程设计、大纲及考核标准的编写要素和实例，系统总结了许多安全培训的实用技巧和教学经验。

思考题

1. 开发一个安全培训项目应抓住哪些关键问题？
2. 如何选择适合企业安全培训教育的教学方法？
3. 安全培训师的培训内容主要是什么？
4. 开发一门安全培训课程应包含哪些主要内容？
5. 谈谈安全培训课堂中使用什么技巧比较受学员欢迎。
6. 试给出几种安全培训课堂授课内容的组织方式。
7. 谈谈如何才能学到优秀安全培训师的教学经验。

第12章
安全培训的质量控制与管理

2018年3月国家组建应急管理部，原国家安全生产监督管理总局并入应急管理部，本章的内容基本按照原国家安全生产监督管理总局的相关规定编写。

12.1 我国安全培训的管理办法

12.1.1 安全培训的管理原则

安全培训是指以提高安全监管监察人员、生产经营单位从业人员和从事安全生产工作的相关人员的安全素质为目的的教育培训活动。安全监管监察人员是指县级以上各级人民政府应急管理部门、各级矿山安全监察机构从事安全监管监察、行政执法的安全生产监管人员和矿山安全监察人员；生产经营单位从业人员是指生产经营单位主要负责人、安全生产管理人员、特种作业人员及其他从业人员；从事安全生产工作的相关人员是指从事安全教育培训工作的教师、危险化学品登记机构的登记人员和承担安全评价、咨询、检测、检验的人员及注册安全工程师、安全生产应急救援人员等。

安全培训工作实行统一规划、归口管理、分级实施、分类指导、教考分离的原则。应急管理部指导全国安全培训工作，依法对全国的安全培训工作实施监督管理。国家矿山安全监察局指导全国矿山安全培训工作，依法对全国矿山安全培训工作实施监督管理。国家安全生产应急救援指挥中心指导全国安全生产应急救援培训工作。县级以上地方各级人民政府应急管理部门依法对本行政区域内的安全培训工作实施监督管理。省、自治区、直辖市人民政府负责矿山安全培训的部门、省级煤矿安全监察机构按照各自工作职责，依法对所辖区域矿山安全培训工作实施监督管理。

安全培训的机构应当具备从事安全培训工作所需要的条件。从事危险物品的生产、经营、储存单位和矿山企业主要负责人、安全生产管理人员、特种作业人员以及注册安全工程师等相关人员培训的安全培训机构，应当将教师、教学和实习实训设施等情况书面报告所在地应急管理部门、矿山安全培训监管机构。

12. 1. 2　安全培训工作的规定

安全培训应当按照最新规定的安全培训大纲进行。安全监管监察人员，危险物品的生产、经营、储存单位与非煤矿山企业的主要负责人、安全生产管理人员和特种作业人员及从事安全生产工作的相关人员的安全培训大纲，由应急管理部主管部门组织制定。煤矿企业的主要负责人、安全生产管理人员和特种作业人员的培训大纲由国家矿山安全监察局组织制定。除危险物品的生产、经营、储存单位和矿山企业以外其他生产经营单位的主要负责人、安全生产管理人员及其他从业人员的安全培训大纲，由省级应急管理部门、省级矿山安全培训监管机构组织制定。

应急管理部主管部门负责省级以上应急管理部门的安全生产监管人员、各级矿山安全监察机构的矿山安全监察人员的培训工作；组织、指导和监督中央企业总公司、总厂或者集团公司的主要负责人和安全生产管理人员的培训工作。省级应急管理部门负责市级、县级应急管理部门的安全生产监管人员的培训工作；组织、指导和监督省属生产经营单位、所辖区域内中央企业的分公司、子公司及其所属单位的主要负责人和安全生产管理人员的培训工作；组织、指导和监督特种作业人员的培训工作。市级、县级应急管理部门组织、指导和监督本行政区域内除中央企业、省属生产经营单位以外的其他生产经营单位的主要负责人和安全生产管理人员的安全培训工作。省级矿山安全培训监管机构组织、指导和监督所辖区域内煤矿企业的主要负责人、安全生产管理人员和特种作业人员的培训工作。

危险化学品登记机构的登记人员，承担安全评价、咨询、检测、检验的人员及注册安全工程师、安全生产应急救援人员的安全培训按照有关法律、法规、规章的规定进行。

除主要负责人、安全生产管理人员、特种作业人员以外的生产经营单位的从业人员的安全培训，由生产经营单位负责。

对从业人员的安全培训，具备安全培训条件的生产经营单位应当以自主培训为主，也可以委托具备安全培训条件的机构进行安全培训。不具备安全培训条件的生产经营单位，应当委托具有安全培训条件的机构对从业人员进行安全培训。

生产经营单位应当建立安全培训管理制度，保障从业人员安全培训所需经费，对从业人员进行与其所从事岗位相应的安全教育培训；从业人员调整工作岗位或者采用新工艺、新技术、新设备、新材料的，应当对其进行专门的安全教育和培训。未经安全教育和培训合格的从业人员，不得上岗作业。从业人员安全培训情况，生产经营单位应当建档备查。

12. 1. 3　安全培训的考核规定

安全监管监察人员、从事安全生产工作的相关人员、依照有关法律法规应当取得安全资质证的生产经营单位主要负责人和安全生产管理人员、特种作业人员的安全培训的考核，应当坚持教考分离、统一标准、统一题库、分级负责的原则，分步推行有远程视频监视的计算机考试。

安全监管监察人员，危险物品的生产、经营、储存单位及非煤矿山企业主要负责人、安全生产管理人员和特种作业人员，以及从事安全生产工作的相关人员的考核标准，由应急管理统一制定。

矿山企业的主要负责人、安全生产管理人员和特种作业人员的考核标准，由国家煤矿安全监察局制定。

除危险物品的生产、经营、储存单位和矿山企业以外其他生产经营单位主要负责人、安全生产管理人员及其他从业人员的考核标准，由省级应急管理部门制定。

省级应急管理部门负责市级、县级应急管理部门的安全生产监管人员的考核；负责省属生产经营单位和中央企业分公司、子公司及其所属单位的主要负责人和安全生产管理人员的考核；负责特种作业人员的考核。

市级应急管理部门负责本行政区域内除中央企业、省属生产经营单位以外的其他生产经营单位的主要负责人和安全生产管理人员的考核。

省级矿山安全培训监管机构负责所辖区域内煤矿企业的主要负责人、安全生产管理人员和特种作业人员的考核。

除主要负责人、安全生产管理人员、特种作业人员以外的生产经营单位的其他从业人员的考核，由生产经营单位按照省级应急管理部门公布的考核标准，自行组织考核。

应急管理部门、矿山安全培训监管机构和生产经营单位应当制定安全培训的考核制度，建立考核管理档案备查。

12.1.4　安全培训的发证规定

接受安全培训人员经考核合格的，由考核部门在考核结束后10个工作日内颁发相应的证书。

安全生产监管人员经考核合格后，颁发安全生产监管执法证；煤矿安全监察人员经考核合格后，颁发煤矿安全监察执法证；危险物品的生产、经营、储存单位和矿山企业主要负责人、安全生产管理人员经考核合格后，颁发安全资质证；特种作业人员经考核合格后，颁发《中华人民共和国特种作业操作证》（以下简称《特种作业操作证》）；危险化学品登记机构的登记人员经考核合格后，颁发上岗证；其他人员经培训合格后，颁发培训合格证。

安全生产监管执法证、煤矿安全监察执法证、安全资质证、特种作业操作证和上岗证的式样，由应急管理部统一规定。培训合格证的式样，由负责培训考核的部门规定。

安全生产监管执法证、煤矿安全监察执法证、安全资质证的有效期为3年。有效期届满需要延期的，应当于有效期届满30日前向原发证部门申请办理延期手续。

特种作业人员的考核发证按照《特种作业人员安全技术培训考核管理规定》执行。

特种作业操作证和省级应急管理部门、省级矿山安全培训监管机构颁发的主要负责人、安全生产管理人员的安全资质证，在全国范围内有效。

承担安全评价、咨询、检测、检验的人员和安全生产应急救援人员的考核、发证，按照有关法律、法规、规章的规定执行。

12.1.5　安全培训的监管

应急管理部门、矿山安全培训监管机构应当依照法律、法规和安全生产培训管理办法的规定，加强对安全培训工作的监督管理，对生产经营单位、安全培训机构违反有关法律、法规和安全生产培训管理办法的行为，依法作出处理。

省级应急管理部门、省级矿山安全培训监管机构应当定期统计分析本行政区域内安全培训、考核、发证情况，并报应急管理部。

应急管理部门和矿山安全培训监管机构应当对安全培训机构开展安全培训活动的情况进行监督检查，检查内容包括：具备从事安全培训工作所需要的条件的情况；建立培训管理制度和教师配备的情况；执行培训大纲、建立培训档案和培训保障的情况；培训收费的情况；法律法规规定的其他内容。

应急管理部门、矿山安全培训监管机构应当对生产经营单位的安全培训情况进行监督检查，检查内容包括：安全培训制度、年度培训计划、安全培训管理档案的制定和实施的情况；安全培训经费投入和使用的情况；主要负责人、安全生产管理人员和特种作业人员安全培训和持证上岗的情况；应用新工艺、新技术、新材料、新设备以及转岗前对从业人员安全培训的情况；其他从业人员安全培训的情况；法律法规规定的其他内容。

任何单位或者个人对生产经营单位、安全培训机构违反有关法律、法规和安全生产培训管理办法的行为，均有权向应急管理部门、矿山安全监察机构、矿山安全培训监管机构报告或者举报。接到举报的部门或者机构应当为举报人保密，并按照有关规定对举报进行核查和处理。监察机关依照《中华人民共和国行政监察法》等法律、行政法规的规定，对应急管理部门、矿山安全监察机构、矿山安全培训监管机构及其工作人员履行安全培训工作监督管理职责情况实施监察。

更加全面的安全生产培训管理规定参见国家安全生产监督管理总局修订的自 2012 年 3 月 1 日起施行的《安全生产培训管理办法》。

12.2 安全培训质量的影响因素

安全培训是一项系统工程，其预期目标的实现程度受多种因素的影响。主要有以下 14 个方面，如图 12-1 所示。

图 12-1 安全培训质量的影响因素鱼刺图

（1）培训需求分析。安全培训需求分析是保障培训质量的首要环节，是教师与学员第一次沟通的桥梁，不同的岗位、不同的培训对象授课的需求是不一样的。通过需求分析，教师明白了学员的需求之后，就会在授课时有针对性、有侧重点，如果学员的诉求得到了重视，在培训时就会积极主动地参与。表 12-1 给出了一个了解学员基本情况的问卷调查表。

表 12-1　学员情况问卷调查表实例

调查项目	编号	具体内容	选项		
			是	部分	否
基础知识	A1	是否了解企业的安全生产方针			
	A2	是否了解企业的安全生产目标			
	A3	是否熟悉与本岗位相关的安全生产法律法规知识			
	A4	是否掌握自身的岗位职责			
	A5	是否了解本岗位的操作规程			
	A6	是否了解工余安全管理知识			
	A7	是否了解安全生产基本知识,包括防火用电、工业卫生等			
	A8	是否了解危害辨识与风险评价相关知识			
	A9	是否熟悉本岗位操作的工艺流程			
	A10	是否了解工作现场的劳保着装要求			
	A11	是否了解劳保用品的检查、维护保养方法			
	A12	是否了解职业危害知识,包括职业危害的辨识、防护等内容			
	A13	是否了解与自身岗位相关的应急预案知识			
	A14	是否了解本公司的事故事件报告程序			
技能掌握	B1	是否能够熟练操作工作设备、工具等			
	B2	是否能够按照操作规程、岗位职责等开展本岗位工作			
	B3	是否能正确佩戴自己使用的劳动防护用品,并进行检查、使用、维护保养			
	B4	是否能够按照应急预案的要求在出现紧急情况时有序地开展应急工作			
	B5	是否能够按照事故事件报告程序进行事故事件的报告工作			
	B6	是否能够辨识并评价本岗位的危险有害因素			

(2) 培训目标。没有目标的行动是低效的。在了解企业员工需求的基础上,结合企业安全生产现状,制定明确的培训目标,为安全培训提供导向,同时也有利于培训过程中质量的控制以及培训效果的检验与评估。

(3) 培训师资。师资是安全生产培训中的核心资源,师资的质量直接影响培训的质量。现在的安全培训教师主要存在两大不足:一是从事安全管理工作的兼职教师缺乏系统的教学理论知识与方法;二是从事教学工作的专职教师缺乏相应的实践经验和必要的操作技能。所以对培训教师必须进行事先的培训以满足要求。为了保障培训的质量,达不到要求的教师不得上岗。对培训教师要求既有理论知识,又有现场实践经验;既有生产工作的知识和经历,又有安全工作的知识和经历,还有安全生产培训的知识和经历。

(4) 培训方案与内容。为了将培训需求转化为培训课程,实现培训宗旨,应设计培训方案与授课内容。培训的内容要紧密结合生产工作实际,不能与生产实践脱节,突出学以致用、用之有效,也就是要做到干什么、学什么,缺什么、补什么。但在实际培训工作中由于岗位种类和工作层次不同,受教育的对象不同,所需掌握和使用的技能也不同,因而必须有侧重地进行培训。同时,在组织集体培训的同时,还要结合岗位的不同,有针对性地加强安全培训工作。否则，不仅达不到培训应有的效果，还有可能使学员出现逆反心理，产生抵触情绪。

（5）培训教材。一部好的培训教材是教师与学员的有力帮手，现在市场上培训教材琳琅满目，既有通用的培训教材，也有专用的教材。教材应具有先进性、科学性、针对性、实践性，但是现实与理想总是存有差距，许多教材一成不变，多期培训使用同一种教材，针对性与适用性有待提高，培训效果不理想。新情况、新问题、新技术层出不穷，一些符合现在安全生产特点的内容不能及时地纳入教材及时更新。一些培训机构不顾实际情况，临时拼凑教材，致使学员对教材不满，严重影响培训效果。为了降低教材带来的问题，企业与培训机构组织相关人员对教材及时更新、编写，同时利用现代化的教学手段开发远程教育教材，提高教材水平。

（6）培训设施与环境。即使再优秀的教师和再好的学员，如果没有必要的培训设施与良好的学习环境，培训的质量也很难达到预期的效果。为了确保培训设施不影响培训质量，培训场所应具备以多媒体与网络通信为基础的现代化教学设备，同时为学员提供良好的学习环境。

（7）培训制度。无规矩不成方圆，培训制度是安全生产培训系统中的"软件"部分，制度的建立使管理与培训工作有章可循。有部分学员对培训认识不到位，认为是可有可无，走形式而已，更无视培训纪律，缺课迟到，找人代课，这样的培训结果可想而知。在安全培训过程中，没有严格的制度就不会有高质量的培训效果。在培训之前必须完善培训制度，在培训中严格执行，为培训质量提供制度的保障。

（8）培训管理与控制。安全培训是一项系统工程，培训各个环节从始至终都渗透着管理的痕迹，教学的组织实施、制度的落实等都需要在管理中来实现，良好的管理能够以最小的耗资获得最大的成效。条件情况，时刻都在发生变化，现实与设计的目标之间有时是存在偏差的。为了使现实更接近目标，在发生偏差时应进行及时的控制，以实现培训质量。

（9）培训方式与方法。授课方式直接影响课堂氛围、学员的积极性，进而影响培训效果。培训方法各有优缺点，其方法的选择应根据接受教育的对象的不同，要有针对性、实用性和重点，不能面面俱到。否则，不仅起不到培训应有的效果，还有可能使受培训者产生逆反心理。为此，创新培训方法，是加强和改进培训工作，提高教学质量的关键环节之一。

（10）培训档案管理。培训档案的建立，既彰显了对培训工作的重视程度，又是对培训工作规范化的有力保障，同时也为下次培训与培训的持续改进提供参考资料，并且通过培训档案可以了解企业人员的安全培训状况，为企业的安全发展提供决策依据。培训档案主要包括两个方面：一是培训人员、培训机构、相关的法律法规等信息；二是培训内容、材料评估考核等详细信息。

（11）培训服务与保障。培训能够顺利进行，并取得良好的效果，服务与保障必不可少。在培训过程中，培训的各种教具必须有足够的保障，教师与学员的衣食住行必须妥善解决，通过保障与服务为培训营造良好的环境，学员的身心得到放松，学员以饱满的精神投入到培训过程之中，有利于培训质量的提高。

（12）培训跟踪与反馈。全程跟踪与反馈是控制安全培训质量的关键环节。通过跟踪与反馈可以时时了解培训的实际情况，以及在培训过程中出现的问题，能够及时改正安全培训中的错误与偏差，为安全培训质量保驾护航。

（13）培训考试。考试是控制培训质量的最后一个环节，必须倍加重视，决不能流于形式，同时也不能拘泥于传统的考核方式。在考核方法上应该有所创新，采用多种方式，最大限度地实现考核成绩真实体现培训质量，同时也能反映学员的真实水平。对于考试舞弊的学员严格按照规定，取消考试资格，参加下次补训。考试不合格者，不论年龄有多大，资格多老，一律不得发证。

（14）培训评估与改进。安全培训中的效果评估是安全培训工作中的重要环节，它是对安全培训质量进行考核、改进、完善和提高的必要手段。评估工作不仅仅在培训后进行，而是每个环节都应该进行，例如培训工作准备阶段的需求分析，每个阶段在培训跟踪的基础上对实际效果进行评估，这样才能及时发现问题，改进培训，确保培训过程中没有过大的偏差，保证培训的质量。安全培训工作不是一蹴而就的，更不能想当然地认为员工的安全知识、安全技能、安全操作靠一次培训就能够满足要求，培训工作要持续不断。每次培训都是对上一次的改进与提升，因此每次培训结束后都应该做好总结，为下一次更好培训提供资料与经验。

12.3　安全培训质量控制的 PDCA 方法

基于以上分析可知，影响安全培训质量的因素很多，如果对主要因素进行控制与管理，那么安全培训的质量就会有保障。戴明的 PDCA 循环方法是常用安全培训质量控制方法之一，PDCA 循环即 P（plan）——计划，D（do）——实施，C（check）——检查，A（action）——改进，其关系表达如图 12-2 所示。

图 12-2　安全培训 PDCA 管理模式

下面对 PDCA 循环安全培训质量控制方法做进一步讨论。

12.3.1　P 阶段：计划

P 环节至关重要，它的目的是保证安全培训质量，突出重点，讲究实效，避免盲目，该阶段主要包括三个部分。

（1）培训需求分析。安全生产培训需求分析主要有三个层面，即组织分析、人员分析、任务分析。组织分析是指对企业的安全生产目标、安全环境等因素进行分析，对组织中存在的安全问题进行界定，找出现有的安全状况与理想的安全状况间的差距，并确定安全培训是否为解决此类问题的最有效的方法。人员分析是指找出安全问题的原因，分析该原因能否通过培训来解决，以此来确定安全培训的对象与培训的内容。任务分析是指员工的职责及各个岗位对员工安全知识、安全技能、安全行为的要求。培训需求分析有多种方法，每种方法各有优缺点，在具体操作中根据实际情况选择，具体的需求分析方法有小组工作法、访谈法、问卷法、观察法、咨询法、测验法、书面资料研究法等。

（2）培训项目分析。培训项目可以通过5W1H的原理加以分析。5W1H是指why（为什么要培训，即培训的目的）、who（所涉及的人员，即师资与培训对象）、what（培训的内容、教材是什么）、when（时间）、where（培训场所）、how（如何培训，即培训的方法）。

① 培训的目的（why）。在安全培训前，一定要确定真正的培训目的，并结合需求分析三个层次，使其成为培训的纲领。

② 师资与培训对象（who）。通过需求分析中的人员分析可以确定培训对象，但培训师资的选择往往需要考虑多个方面。培训教师至少有两方面的要求：一是要有一线的经历，对一线的情况有所了解，有实践经验。二是要有系统的教学理论知识以及能够熟练地掌握必要的教学方法，具有较强的沟通能力。为了确保师资力量，应按照规模适当、结构合理、素质优良、专兼结合、动态管理的原则，培养和优化师资队伍。教师的培养可从三方面进行：一是在对现有的师资队伍进行培训的过程中，采取"优胜劣汰"的方法，尤其要"劣汰"，以提高师资队伍的整体授课水平。二是充分挖掘系统内的专家，他们有着丰富的操作经验，授课内容以实战案例为主。挖掘这些专家，并对其进行一定的关于授课技巧方面的培训，使其成为连接理论基础与工作实际的中坚力量。三是直接从外地引进优秀的专业教师。

③ 培训的内容、教材（what）。培训内容应具有针对性，应体现学以致用、用之有效的效果。安全培训内容应根据培训对象的不同而分别确定，必须充分考虑不同的工种、不同的学历等因素，更不能采用一刀切的方法，采取同样的培训模式，使用完全相同的教材。培训内容应齐全，既包括法律法规，业务内容、专业知识等理论知识，也包括实践课程。

培训教材要符合国家安全生产培训大纲与考核要求，新的安全知识要纳入其中，一定要体现科学、实用、操作性强的特点；同时教材要与现代化教学手段相配套，将单一的文字教材演变成以培训教材为核心的多媒体教学体系。为了保障教材质量，相关部门应大力加强教材建设的工作力度，可采取如下方式：一是鼓励自主创新，坚持开发与利用相结合，根据安全生产工作实际，有针对性地选用相关培训教材；二是要鼓励教材的及时更新，提高素材的时效性；三是加强培训教材课件和题库建设，同时也应建立安全培训教材著作权的维护制度。

④ 安全培训时间（when）。可根据培训的内容、相关法律法规的要求以及培训对象的能力等因素来决定安全培训时间。

⑤ 培训的方法（how）。选择哪种方法实施培训，是安全培训规划的主要内容之一，同时也关乎着培训质量的优劣。每种培训方法都有适用对象与优缺点，根据培训的内容与培训对象的特点灵活选用。常用的培训方法有案例教学法、研讨教学法、直观教学法、现场教学法、榜样教学法等。

（3）制定保障措施。俗话说："兵马未动，粮草先行。"如果没有良好的保障措施，再好的方案也只能是纸上谈兵。保障措施分两部分，包括硬件与软件，软件包括培训制度与管理服务，硬件包括培训设施。确保在培训过程中，制度合理、管理科学高效、服务到位、培训设施齐全。

12.3.2　D阶段：实施

D阶段包括培训实施与管理、跟踪与反馈，对培训过程进行跟踪控制，做好相关工作的记录，例如考勤情况。该阶段控制的重点应是培训内容、培训方法、培训教师。在培训过中做好及时反馈与沟通，并评估每个环节的实施情况，以便能及时发现问题，进行改正与完善。

12.3.3　C阶段：检查

培训结束后，培训效果要通过对员工进行考核来体现。考核分两部分：一是理论知识考试、事故案例分析研讨、技能现场操作；二是对培训员工进行长期跟踪，来了解培训后的员工安全行为是否有所改善，安全能力是否提高等，培训后是否对企业的经济效益与社会效益产生影响。安全培训评估是培训系统工程中的核心组成部分，它起着承上启下的作用，既是对此次培训工作的总结，又为下次培训工作提供资料与经验。

12.3.4　A阶段：改进

根据评估的效果，分析存在的问题与不足，确定努力方向，并提出改进措施，将问题转入下一个PDCA循环中去解决，以保证培训质量的提高。同时该阶段要做好培训档案的管理工作，档案应包括此次培训的全部信息，为下次培训提供资料帮助。

12.4　加强安全培训管理工作的"五种机制"

安全培训管理工作需要有严谨的机制，以下是我国一些优秀安全培训机构和企业单位总结出来的五个方面的典型经验或称为"五种机制"。

12.4.1　安全培训管理要做到"五到位"

(1) 领导重视，组织到位。安全培训主要是指提高生产经营管理人员、作业人员的安全生产知识、安全技能素质，以达到安全生产目的而进行的职业教育和训练。采取"统一规划、分级管理、分类指导、严格考核"的管理模式，企业领导在计划所有培训中，要把安全培训放在第一位置；在所有投入中，把安全培训投入放在第一位置；在对班子的所有考核中，把事故率高低作为班子对安全培训工作重视程度的第一指标，真正把重视安全放在各项工作的首要位置，形成齐抓共管安全培训工作的强大合力。

(2) 以人为本，认识到位。要把人作为安全培训的主题。通过培训，提高人对安全生产的重视程度、操作技能和管理水平，改善人的安全素质，增强人的安全生产法规意识，提高人依照安全生产法规进行生产活动的自觉性、主动性。

(3) 落实责任，对策到位。坚持"装备、管理、培训"并重的原则，实现安全生产的工程技术对策、监督管理对策和教育培训对策。教育培训对策，即通过多种形式、持续不断的培训，使监督人员、管理人员、从业人员等从不同的方面掌握安全知识和技能；工程技术对策和监督管理对策是搞好安全生产的治本之策，是建立安全生产长效机制的重要举措。

(4) 健全制度，工作到位。建立一套科学的安全培训管理制度，如通过"教考分离"制度，调动"教"与"学"两个方面的积极性；通过实施"安全培训责任制及追究制度"，把培训任务完成的情况与各级管理者的责、权、利挂钩，使培训通过责任制的形式，渗透到各级管理者的目标管理中。

(5) 发现问题，改进到位。做好培训效果评估工作，改进培训方法，深化教学改革，完善培训体系，不断提高安全培训质量。

12.4.2　安全培训工作要实现"六个结合"

(1) 坚持个性培训和共性培训相结合。在安全教育培训工作中分工种、按岗位进行技能培训，提高岗位工的安全技术水平。共性安全培训，即针对职工队伍中普遍存在的薄弱环节，立足于对员工的共同要求进行的培训。

(2) 坚持理论培训和实践培训相结合。坚持学以致用，把安全培训与生产实践有机统一起来，提高职工的实操能力。学习理论是为了运用理论去指导实践。实践培训是加强职工现场安全操作技能的培养。将两者结合起来，做到不仅知其然，而且知其所以然。

(3) 坚持突出重点和兼顾一般性培训相结合。安全培训要区分层次，分别对待。突出重点即抓主要矛盾，着力抓好关键岗位、特殊工种职工的安全培训。坚持突出重点，及时纠正个别人的不良行为，有针对性地对安全技能差的职工进行补课。兼顾一般，即开展全员安全培训，做到人人有责。

(4) 坚持统一性和多样性教育培训相结合。安全培训既要注重上级管理部门的统一领导与指导，又要结合实际，创造性地开展内容丰富、形式多样的培训活动，实现整体安全培训水平的提高。

(5) 坚持集中培训和经常性培训相结合。针对一个时期、一个阶段安全形势任务的需要，确定主题进行培训，达到统一思想认识，推动安全工作的目的。如企业的季节性安全培训，新设备投产前的培训，新工人上岗前的培训等。经常性教育培训要做到教育培训工作经常化、规范化、制度化，常抓不懈。

(6) 坚持自我培训和组织培训相结合。安全教育培训关键靠自身，靠职工自己主动提高安全意识、安全理论素养与技能操作水平，组织安全教育培训班仅仅是提供一个平台，营造一个外在氛围。

12.4.3　安全培训工作要强化"四个不"

(1) 培训阵地不含糊。以职工安全培训中心为主阵地，在企业相关部门建立工艺技术实训基地，在生产现场建起"导师带徒"培训场地，有针对性地对不同岗位的所有职工进行日常强制学习，实现职工与职工、岗位与岗位、班组与班组之间的联动，有效地提升员工的安全技术素质。

(2) 外出取经不作秀。认真吸取各类事故教训，组织各专业人员到兄弟单位进行安全培训方面的实地参观，学习他们在安全培训、标准化建设等方面的先进经验，提升企业安全培训水平。

(3) 班前培训不打折。如实施班前、班后"十分钟"培训。讲安全，对职工思想状况进行安全排查，组织职工面对"全家福"进行安全宣誓；话任务，及时传达上级精神，总结点评安全工作；抓培训，坚持"每日一题"专业知识培训。

(4) 安全考试不掺水。如按照企业生产产品、工艺的实际情况，以现场操作技能为主，采取"每日一题，每周一案，每月一考，每季一评"的形式，制定月度培训计划，采取周五学习日等形式组织学习，月底对员工进行严格的闭卷考试。

12.4.4 安全培训工作实施"五路并行"

（1）试点探路。每月召开一次安全培训会议，专题研究部署安全生产教育培训工作。抓试点，对试点中涌现的先进做法和成功经验及时总结，予以推广。

（2）考核指路。做好安全生产监察工作与抓好安全生产教育培训并重，将安全生产培训工作纳入安全质量标准化目标责任考核的重要内容，严格按标准考核、奖惩。

（3）典型带路。通过召开安全生产培训工作现场会等形式，树立典型、学习典型、交流经验。在安全培训工作中，要对工作到位、思路清晰、经验丰富的单位，及时召开现场推进会，推广先进的典型经验。

（4）执法引路。安全生产培训是法律法规的强制要求，加大培训执法力度和监督考核，结合"标准化车间"达标工作，进行安全培训专项执法，确保安全培训覆盖率和持证率。

（5）质量兴路。从开班通知、学员报到、学习场所、培训课程、教师选用、培训教材、学习用品等方面精心筹备每一期培训。制定《学员管理制度》等，对考试、考核不合格的予以经济处罚或通报批评，并记入学习档案。

12.4.5 安全培训重点工作落实"五项保障"

（1）把提高安全意识放在首位。由于职工的安全意识和自保互保意识差，原本可避免的事故也时有发生。比如"三违"现象，大家都认为不对，但为什么屡禁不止？一个根本原因就是每一次"三违"不一定都发生事故，致使有些职工产生侥幸心理。通过培训，以提高职工的安全意识。

（2）强化培训手段。采取课堂教学、模拟教学、电化教学、实践教学等相结合的教学方法。通过电化教学，学员看到生产工艺流程和事故酝酿发生、发展的演变过程及规律；通过模拟教学，增强教学的形象性和直观性，使学员便于理解和消化课堂知识；通过实践教学，让学员进行实际操作，使学到的理论知识得到验证。

（3）不断提高教学质量。安全培训的最终目的是实际、实用、实效。通过向送培单位发放调查表或采用座谈的形式征求送培单位或受培人员对培训工作的意见，增强培训的针对性、实用性；采纳基层单位的合理化建议，不断改进培训教学工作和管理工作，从而确保培训工作的持续改进。

（4）重点问题讲深讲透。对危害大和易发、多发事故，无论是预兆、预防措施还是事故案例，都要讲深、讲透。结合典型事故，讲案例、论危害、教预防，严格执行"手指口述"制度，提高学员的感性认识。

（5）严格学员管理。学员通常来自生产一线，不习惯培训环境，学习时坐不住、心不安，注意力不集中，甚至上课时打瞌睡等。为此，制定学习纪律、学习评比制度，对优秀学员给予表扬。

12.5 安全培训教师队伍素质及能力提高方法

提高安全培训教师队伍素质及能力，是企业安全教育培训机构的重要工作内容之一，是企业提升员工素质、实现安全稳定形势的根本保障。尽管上面对安全培训师队伍水平提高的方法已经做过一些叙述，但由于安全培训师的水平至关重要，本节将进一步加以强调和阐述。

12.5.1 安全培训教师队伍的素质要求

教师素质是存在于教师身上的对学员产生教育作用的基本的、稳定的要素，是教师完成本职工作中应具备的条件。作为从事安全培训的教师，在教学中应具备以下基本素质：

（1）政治思想素质。作为一名教师要有较高的政治思想素质、理论水平和实事求是的工作作风。这种素质的好坏决定着其他素质的优劣，影响着教师职业活动、工作态度和培训效果。一名从事安全培训工作的专业教师，应深刻理解和树立安全第一的指导思想，并将其贯穿于任何安全课程始终，必须紧紧抓住安全课程的特点，使学员从思想上充分认识到安全生产工作的极端重要性。

（2）职业道德素质。作为一名教师必须遵守职业道德规范，热爱事业，严于律己。在实施安全培训时，安全培训教师要以自己良好的道德行为影响参训学员，使学员在接受安全培训的过程中达到自身道德素质的提升，更好地服务于各自的生产实践活动。一名专业安全培训教师在充分履行教师职能的基础上，要努力将以人为本核心价值观与安全培训内容有机结合，辅助和贯穿于安全培训工作实践之中；把提高员工素质和管理人员能力作为抓好安全培训工作的要务；把提升安全培训效果作为落实安全培训工作的目标；把自身职业道德素质提升和业务能力进步放在重要位置。

（3）科学文化素质。教师科学文化素质是教师从事教育必备的素质。因此，这就要求教师只有不断地学习才有可能得以生存和发展。一名专业安全培训教师，不仅要有较高的思想修养，精深的专业知识、教育科学知识，还要掌握更多的安全相关知识。

（4）业务能力素质。优秀的业务能力素质，是培养合格人才的保证，是开拓安全培训教育新领域的必要条件。决定教师安全培训质量高低的直接因素就是教师的业务能力，这种能力的强弱同时决定着安全教学活动的效果。一名专业安全培训教师，在提升自身业务能力的过程中，更要把自己等同于一名专业的安全管理人员，需要对当前国家、企业安全生产工作进行分析、判断，需要不断学习和掌握安全生产管理理论和原理，能够具备对突出安全问题的分析能力，并能提出改善问题的建设性意见。提高安全培训教师队伍素质，将安全培训教师自身素质的提升真正落到实处，应采取行之有效的途径和方法。

12.5.2 安全培训教师队伍的能力要求

教师教学能力是教师完成具体教学任务的能力，是教师职业能力构成中的核心能力之一。教学能力是从事教师职业的立身之本，是教师素养的重要组成元素。安全培训教学能力有待提高的各方面包括：理解教材和筛选、整合教学资源的能力；课堂教学设计、科学策划的能力；课堂教学过程中动态生成教学内容的能力；调动受训学员主动参与教学互动的能力；注重引导训练和转化受训学员知识的能力；对教学活动进行反思以及理论实践相结合的能力等。对于安全培训教师而言，迅速提高上述方面的教学能力并适应安全教学要求，是一个至关重要的问题。为了尽快适应当前安全培训要求，提高专业安全教师的教学能力，教师课堂教学基本功的训练就显得尤为重要。

教学基本功的范畴很广，它包括课前准备基本功、课堂教学基本功、学科专项基本功、信息技术辅助基本功、教学测量评价基本功、教学研究和实践基本功等。课前准备基本功包括安全培训受训学员结构、教材状况分析，编制安全培训教案等。课堂教学基本功包括安全培训内容结构组织、安全培训方法选择和课堂互动方案设计与实施等。学科专项基本功包括安全相关理论、原理等知识的掌握等。信息技术辅助基本功包括相关课堂需要的安全培训信息、图示及视频启发等。教学测量评价基本功包括组织课后评估，合理、科学设计安全培训评估表，切实达到指导改善安全教学的目的。教学研究和实践基本功包括总结、归纳安全教学成果，提炼教研课题进行研究和实践，分享安全教学的成果和经验。

扎实的安全教学基本功是安全培训教师在具备一定素质的基础上能力提升的结果，是一名专业安全培训教师必备的能力。提升各类安全教学基本功应着重强调以下几个方面：

（1）培养安全培训教师理解和驾驭教材的能力。教材不是教学的根本依据，而是教学工具，根本依据是课程标准。教材中不仅有知识内容，而且蕴藏着丰富的具有思想性、科学性和教育性的内容。安全培训教师对教材的理解绝不仅仅是对知识内容的理解，更重要的是要理解其中的思维能力训练的内容和思想内容的教育方法，要研究教材的逻辑性、系统性和合理性，这样才能够在安全教学过程中做到通俗严密、思路清晰、融会贯通、化繁为简和深入浅出，才能够旁征博引、娓娓道来和引人入胜，才能够选用恰当的方法突出重点和难点，才不会让受训学员感到枯燥无味和兴趣索然。

（2）培养安全培训教师根据教学目标选择教学方法的能力。教学能力是教师能力结构中的重要组成部分，要使教学活动有条不紊地进行，必须具备各方面的组织能力。其中，课堂教学的能力应当包括两个方面：一方面是教师确定安全培训目标及组织教材的分析能力；另一方面是教师调动学员参与安全培训积极性选用教学方法的能力。安全培训教师就是要根据安全学科特点及受训学员情况，选择和优化课堂安全教学的方法，逐步探索出符合安全培训特点和受训学员认知的教学模式。

（3）培养安全培训教师应用信息技术手段辅助教学的能力。信息技术在教学上的应用，是教育事业的现代化标志之一。在课堂安全教学中使用录音、投影、电视、电脑、网络等多媒体现代化教学手段，有利于使受训学员集中精力，活跃思维，提高参与培训的兴趣；有助于为受训学员提供逼真的情境，科学、生动和直观地展示安全培训教师用语言很难表达清楚的问题情境和动态过程，从而增大课堂安全教学的密度，提高课堂安全教学的效率。

（4）培养和训练安全培训教师实施课堂安全教学的基本功。一名合格的安全培训教师，除了有扎实的专业知识，还必须有过硬的课堂教学基本功。课堂教学语言应力求达到清楚、准确、生动和精炼，同时还要借助表情、手势等体态语言更完美地表达课程内容。

课堂安全教学设计要注意遵循计划性、准确性、简洁性、启发性、示范性和艺术性的要求，充分发挥让受训学员获得正确结论的引导作用。由此可见，安全培训教师的基本功训练在安全教学过程中有着极其重要的意义。

12.5.3　安全培训教师队伍的技能要求

成为一名合格乃至优秀的安全培训教师，需要在职业能力方面做好充分的准备。

（1）充分了解学员的构成与背景，了解培训的目标与要求。比如对矿山企业的安全培训，包括矿长资格证、安全资质证、特种作业人员上岗证等多种取证培训，还包括复训。学员的年龄、学历、工龄等参差不齐。因此，首先必须完全了解清楚学员的培训类型，其学历背景及专业背景如何，然后才能因材施训，才有可能成为一名受学员欢迎的培训师。其次，培训教师与学员之间的关系不同于一般的师生关系，是一种"合作"关系。在培训的过程中，学员是主体，培训师在整个过程中要发挥"疏、导、演"的作用，让学员愿意学，积极主动地去学，方能达到预期的培训目的，使学员有所收获。

（2）培训的内容要有针对性和实用性，使学员学有所获。培训不同于学历教育，学员一般具有丰富的现场实践经验，一般都有工作中不好解决的问题乃至难题，所以，培训教师在策划教学方案时不仅要充分考虑培训大纲，更要通过与学员互动，及时调整培训内容，使所授内容与学员关心的问题一致，即有实用性，这样才有利于调动学员的积极性。适时收集学员工作中遇到的问题，针对问题进行培训，并组织适当的讨论，让解决过类似问题的学员介绍其工作经验与方法，培训教师适当总结，这样才能引起大家的共鸣，激发大家参加培训的学习兴趣，增强培训效果。

（3）培训方法要灵活多样。学历教育中更多地采用了课堂讲授式，但安全培训不同于学历教育，有其自身的特点，单纯地使用说教式不仅不利于讲清楚现场问题的解决方法，更易于使学员厌倦，失去学习的兴趣。因此，在培训的过程中，灵活运用多种培训方法，如案例式，以某一事故或技术难题为案例，通过案例分析，使学员掌握解决问题的关键与技巧。案例分析中，可以适当地分组讨论，以充分调动学员参与的积极性。还可以采用启发式教学，举一反三，闻一而知十。所谓培训教师的主导作用，益在善于引导启迪，使学员自奋其力，自致其知，非教师滔滔讲授，学员默默聆听。所以，要想成为一名合格的培训教师，在培训中一定要注意多种教学方法的灵活运用，目的在于调动学员的积极性和注意力，以提高学员学习的兴趣。

（4）培训手段要综合运用。在现代的安全培训中，一是要充分利用各种媒体。PPT的信息量要远远大于黑板，因此要优先使用PPT。PPT的设计要合理，色彩搭配要适宜，文字与图形要合理融合，在PPT中可以插入适当的视频和音频，以增强课件的教学效果。二是要充分利用肢体语言。单纯的口述易于使人厌烦，配以适当的肢体语言，如手势、表情、姿态等，充分利用目光交流，以调动学员的积极性，了解学员对教学内容满意与否。三是要注意与学员的情感交流。培训教师要注意营造和谐、真诚、理智的气氛，注意观察课堂气氛及变化，适时调整及控制。四是要注意通过提问来调节课堂气氛，吸引学员参与教学，启发学员积极思维。但提问中要注意问题的层次性，要注意教师的态度要和蔼，而非傲慢。

（5）充分准备，克服焦虑。准备远比资历重要。作为一名合格培训教师，对培训内容应了如指掌，"台上一分钟，台下十年功"就显示了培训准备工作的重要性。在实际培训过程中出现冷场大多是由于对培训内容不够熟悉。因此，培训教师要准备好一份讲义和笔记，而且事先要反复练习，尤其是开端部分，良好的开端是成功的一半。培训教师一定要克服焦虑，不能显现出紧张情绪。要坚信站在讲台上就证明是有资格的，表现要自然一些。要避免焦虑，需要注意：一是事先检查与教学相关的设备，保证一切设备完好使用；二是确保所使用的资料在某些方面有过人之处；三是运用一些技巧，始终保持与大家的眼神交流；四是调整好情绪和状态，如果太紧张，不妨准备个笑话，但一定要与培训内容相关。

（6）适当地激励学员，克服沟通障碍。适当地进行提问或小测验，以了解大家的意见，不断挑战大家。讲述时要结合实例，尤其是学员单位或熟悉单位的案例，更有利于激励学员，使其投入最大的精力参与教学过程。培训教师在陈述的过程中要尽量使用易于理解的词语，口语或工作中的惯用语更好。尽量避免使用新词，动作和语言要搭配，避免闲聊。

（7）要加强培训教师的职业能力培养。培训教师的职业能力培养，是从事培训活动不可或缺的内容，安全培训教师的安全认知能力和相应的安全理论学习能力是标志职业能力的重要内容。安全培训教师首先应有正确的安全价值观，牢固树立"安全第一，珍爱生命"的理念，同时应注意不断地学习安全理论知识，不断提升自己的安全素质。其次，安全培训教师要有正确的安全行为习惯，如以身作则，绝不违章，不闯红灯。再次，培训教师要有很强的责任感，要尊重学员的时间，懂得理论联系实际，不断更新教学内容，提高知识水平和授课能力。要向学员全方位展示自己的人格魅力，力争做到每堂课都精彩纷呈，让学员学有所获。最后，培训教师要懂得心理学的基本知识，虽然不能成为心理学家，但应该掌握心理学的基础知识，理解文化、心理行为的关系，并在培训教学中加以运用，以收到事半功倍的效果。

（8）培训教师要注意培训效果的评价，以此来指导自己工作的改进。培训教师绝不应该只负责讲授培训内容，而应在培训内容讲授完毕后，进行课堂调查，也可以采用问卷调查，以了解学员培训的效果及培训中存在的问题，以便在今后的培训工作中加以改进，不断提高自己的授课水平。

12.5.4　安全培训教师队伍建设的"八个渠道"

（1）加强素质建设。加强专兼职教师职业道德修养，树立爱岗敬业的思想，通过组织专兼职教师开展课件评选、教师基本功训练等活动，建设一流的培训基地、一流的师资队伍、一流的安全文化。

（2）优选培训师资。经常在企业精心挑选优秀的、有实践经验的并有授课能力的人员充实到安全培训的教师队伍中，并从各方面关心、爱护他们，提高他们的地位和待遇。

（3）深入生产现场。要求从事安全培训工作的专兼职教师深入生产现场，了解情况，并适时对他们进行专业业务培训。如请工程师和技师在现场讲课、组织专兼职教师下现场调研等。

（4）强化合作协调。挖掘、发现、培养专兼职教师，发挥生产现场技术人员、服务厂家技术人员的技术优势，请他们走进课堂、现身指导。

（5）走出去请进来。推荐优秀专兼职教师参加培训交流会，派出兼职教师外出学习新技术、新工艺、新管理方法，拓展思维，开阔眼界；聘请厂外专家、学者为专兼职教师授课，丰富知识储备，提高教学水平。

（6）注重学以致用。发挥"传、帮、带"作用，通过教学业务交流、教案研讨、专题讲座等，做到学以致用。

（7）建立激励机制。建立优秀教师选拔激励机制，让优秀教师物质、荣誉双丰收，激励教师队伍健康成长。

（8）发挥教师优势，组织教材编写。安全培训机构教师主编部分教材，有利于提高教师知识、技能水平，同时也有助于总结培训经验。

12.5.5　安全培训教师能力提高的五项措施

（1）建立安全培训教师体系，提高安全培训教师自身素质。建立安全培训教师的培训机制，逐步扩大安全培训教师队伍，是提高安全培训教师自身素质的有效途径。因此，要有计划、有步骤地实施对安全培训教师的培训，形成"优中选优，末位淘汰"机制，大力推进安全培训教师队伍建设。例如实施企业注册内训师制度，每季度开展一次包括提高专业素质培训与提升授课技能、技巧的安全内训师培训班。

（2）开展安全培训教师岗位练兵，提高安全培训教师基本素质。必要的安全培训教师岗位练兵活动，能够极大地刺激安全培训教师队伍提升自身基本素质的愿望，也极大地提高了安全培训教师的授课质量。因此，在提高安全培训教师自身素质上要充分调动安全培训教师的主观能动性，在岗位上开展练兵实践活动，比如每年在安全内训师队伍当中开展一次赛讲活动，评出年度优秀安全内训师若干名，有效地促进安全内训师基本素质的提升。

（3）组织安全培训专题业务讲座，提高安全培训教师理论水平。开展面向安全培训教师的专题业务培训是一种行之有效的方法。在专题业务培训的选题上，要重点突出针对性、超前性和操作性。针对性就是对安全培训教师分层次组织开展专题业务讲座，使不同水平安全培训教师的业务能力得到同步提升；超前性就是在专题业务讲座的内容选择上要有前瞻性，既要考虑创新性的安全理论及原理，也要考虑当前最前沿的安全理念，使安全培训教师可以将安全生产领域最先进的理念传递给受训人员；操作性同样考虑的是专业业务讲座的内容，可以选择在基层安全工作中有突出成效的个人和集体代表，通过讲座的形式将他们开展安全工作的方法和措施灌输给安全培训教师，丰富安全培训教师的授课内容，潜移默化提升安全培训教师的业务理论水平。

（4）培养安全培训项目带头人，带动安全培训教师素质提升。全面开展安全培训项目管理，培养和确立思想好、素质高、业务精的安全培训教师为安全培训项目带头人。同时，加大对安全培训教师开发安全培训项目的激励力度，促进安全培训教师自主、自觉、自愿地开发多种形式并被受训人员广为接受、喜闻乐见的安全培训课程。高效的安全培训项目的设计和实施，是提升安全培训效果的最佳通道。因此，要通过突出安全培训项目带头人的业绩展示，极大地调动安全培训教师参与安全课程设计和实施的积极性，从而带动更多安全培训教师素质的提升。

（5）开展安全培训教研、科研活动，提高安全培训教师群体素质。发挥安全培训教师的群体作用，设立专项安全课题，开展教研和科研活动，形成安全培训教研成果。如开展备课、说课、讲课、评课等系列的安全教学活动，也可以组织安全培训教师进修安全教学基本功竞赛等活动，全面推动安全培训教师自身素质的提升。

12.6　安全培训管理信息系统简介

我国安全培训工作实行统一规划、归口管理、分级实施、分类指导、教考分离的原则。现阶段，我国正在推广安全培训管理信息系统建设工作，当安全培训管理信息系统建设完成并与互联网对接后，将大大提升我国安全培训管理工作水平。一般安全培训管理信息系统具有申报项目管理、培训机构管理、试题管理、学员信息管理等基本功能。

安全培训管理信息系统是一个以人为主导，利用计算机硬件、软件、网络通信设备以及其他办公设备，对安全培训所涉及的相关信息进行收集、传输、加工、储存、更新、拓展和维护的系统。图12-3是湖南省某单位设计的安全培训管理信息系统的功能框架图，该系统分为申报项目管理、培训机构管理、考生信息管理、培训资质管理、证书管理、考试管理、试题管理、事务管理八大模块。其中的培训项目信息关联如图12-4所示。

图 12-3 安全培训管理信息系统功能框架实例

图 12-4 安全培训项目的信息管理要素关联实例

安全培训管理信息系统是一种无形的资源，其中大量的安全培训信息资源可以很好地利用；安全培训管理信息是开展安全培训活动决策的基础；安全培训管理信息系统可高效用于安全培训活动的日常管理工作和质量控制；安全培训管理信息系统为联系组织内外提供了快捷方便的平台和纽带。未来安全培训管理信息系统将显示出越来越大的作用和不可替代的功能。

本章小结

　　本章分析了影响安全培训质量的主要因素，重点介绍了安全培训质量控制的 PDCA 方法、我国安全培训的管理规定，加强安全培训管理工作的"五种机制"，安全培训教师队伍素质、能力及技能的要求和提高的方法，最后对安全培训管理信息系统做了简单介绍。

思考题

1. 影响安全培训质量的主要因素是什么？
2. 为什么 PDCA 方法可用于安全培训质量控制和提高？
3. 谈谈我国为什么要对安全培训做出细致的管理规定。
4. 试讨论和评述安全培训管理工作的"五种机制"的意义。
5. 提高安全培训教师队伍素质、能力和技能有哪些主要的途径？
6. 为什么安全培训管理信息系统建设对提高安全培训管理水平意义重大？

· 附 录 ·

安全培训方案设计和课件制作参考题目

《中华人民共和国职业分类大典》将我国职业归为 8 个大类，66 个中类，413 个小类，1838 个细类（职业）。8 个大类分别是：

第 1 大类：国家机关、党群组织、企业、事业单位负责人，其中包括 5 个中类，16 个小类，25 个细类；

第 2 大类：专业技术人员，其中包括 14 个中类，115 个小类，379 个细类；

第 3 大类：办事人员和有关人员，其中包括 4 个中类，12 个小类，45 个细类；

第 4 大类：商业、服务业人员，其中包括 8 个中类，43 个小类，147 个细类；

第 5 大类：农、林、牧、渔、水利业生产人员，其中包括 6 个中类，30 个小类，121 个细类；

第 6 大类：生产、运输设备操作人员及有关人员，其中包括 27 个中类，195 个小类，1119 个细类；

第 7 大类：军人，其中包括 1 个中类，1 个小类，1 个细类；

第 8 大类：不便分类的其他从业人员，其中包括 1 个中类，1 个小类，1 个细类。

一、请查阅以下有关企业或工种的作业性质、特点及国家安全培训的相关标准，按照 5 天 30 课时来安排，试为相应的企业或工种设计出一个安全培训方案，包括：①安全培训通知；②安全培训计划：含安全培训指导思想、培训内容、课程安排、教材和参考资料、培训时间地点（假设）、培训考核等；③学员登记表、学员报到时提供的材料等；④陈述你所做的安全培训方案的特色和重点。

二、根据你设计的安全培训方案和安全教育学的知识，准备其中一门专业课程的 PPT 课件，30 页以上，供 3 个小时的培训使用，并准备试讲。PPT 格式要求如下：

项 目	要 求
软件版本	文件制作所用的软件为 Microsoft Office
文件格式	采用 PPT 或 PPTX 格式,不要使用 PPS 格式。如果有内嵌音频、视频或动画,则应在相应目录单独提供一份未嵌入的文件
模板应用	模板朴素、大方,颜色适宜,便于长时间观看;在模板的适当位置标明课程名称、模块(章或节)序号与模块(章或节)的名称
	多个页面均有的相同元素,如背景、按钮、标题、页码等,可以使用幻灯片母版来实现
版式设计	每页版面的字数不宜太多。正文字号应不小于 24 磅,使用 Windows 系统默认字体,不要使用仿宋、细圆等过细字体,不使用特殊字体,如有特殊字体需要转化为图形文件
	文字要醒目,避免使用与背景色相近的字体颜色
	页面行距建议为 1.2 倍,可适当增大,左右边距均匀、适当
	页面设计的原则是版面内容的分布美观大方
	恰当使用组合:某些插图中位置相对固定的文本框、数学公式以及图片等应采用组合方式,避免产生相对位移
	尽量避免不必要的组合,不同对象、文本的动作需要同时出现时,可确定彼此之间无时间间隔
	各级标题采用不同的字体和颜色,一张幻灯片上文字颜色限定在 4 种以内,注意文字与背景色的反差
动画方案	不宜出现不必要的动画效果,不使用随机效果
	动画连续,节奏合适
导航设计	文件内链接都采用相对链接,并能够正常打开
	文件中链接或插入的其他素材满足本要求中关于媒体素材的技术要求
	使用超级链接时,要在目标页面有"返回"按钮
	鼠标移至按钮上时要求显示出该按钮的操作提示
	不同位置使用的导航按钮保持风格一致或使用相同的按钮

三、提交方式和时间

纸质材料:(1)培养方案为 A4 纸 WORD 格式打印稿;(2)PPT 为每张 A4 纸打印 6 页的讲义格式打印稿。

电子文件:培养方案和 PPT 文件同时发送教师邮箱,文件名为"姓名+培训方案题目"。

完成时间:××××年××月××日前。

1.煤炭开采和洗选业企业安全管理人员

2.石油和天然气开采企业安全管理人员

3.黑色金属矿采选企业安全管理人员

4.有色金属矿采选企业安全管理人员

5.非金属矿采选企业安全管理人员

6.谷物磨制企业安全管理人员

7.饲料企业安全管理人员

8.植物油企业安全管理人员

9.制糖企业安全管理人员

10.屠宰及肉类企业安全管理人员

11.水产品企业安全管理人员

12.焙烧食品制造企业安全管理人员

13.方便食品企业安全管理人员

14.饮料制造企业安全管理人员

15.烟草制品企业安全管理人员

16.纺织业企业安全管理人员

17.皮革、毛皮、羽毛（绒）及其制品企业安全管理人员

18.木材加工及木、竹、藤、棕、草制品企业安全管理人员

19.家具制品企业安全管理人员

20.造纸及纸制品企业安全管理人员

21.旅游饭店企业安全管理人员

22.餐饮企业安全管理人员

23.石油加工、炼焦及核燃料加工企业安全管理人员

24.化学原料及化学制品企业安全管理人员

25.肥料企业安全管理人员

26.农药企业安全管理人员

27.涂料、油墨、颜料及类似产品企业安全管理人员

28.日用化学产品企业安全管理人员

29.医药制造企业安全管理人员

30.化学纤维制造企业安全管理人员

31.塑料制品企业安全管理人员

32.水泥、石灰和石膏的制造企业安全管理人员

33.黑色金属冶炼及压延加工企业安全管理人员

34.有色金属冶炼及压延加工企业安全管理人员

35.金属制品企业安全管理人员

36.交通运输设备制造企业安全管理人员

37.电气机械及器材制造企业安全管理人员

38.废弃资源和废旧材料回收加工企业安全管理人员

39.装卸搬运企业安全管理人员

40.建筑装饰企业安全管理人员

41.铁路运输企业安全管理人员

42.道路运输企业安全管理人员

43.城市公共交通企业安全管理人员

44.水上运输企业安全管理人员

45.航空运输企业安全管理人员

46.管道运输企业安全管理人员

47.油漆工

48.车工

49.铸造工

50. 焊工

51. 金属热处理工

52. 涂装工

53. 装配钳工

54. 锅炉设备装配工

55. 电机装配工

56. 机修钳工

57. 汽车修理工

58. 锅炉设备安装工

59. 变电设备安装工

60. 维修电工

61. 手工木工

62. 土石方机械操作工

63. 砌筑工

64. 混凝土工

65. 钢筋工

66. 架子工

67. 装饰装修工

68. 电气设备安装工

69. 管工

70. 汽车驾驶员

71. 起重装卸机械操作工

72. 化学检验工

73. 食品检验工

74. 防腐蚀工

75. 管道工

76. 路面清洁工

77. 家庭保洁工

78. 装卸搬运企业负责人员

79. 建筑装饰企业负责人员

80. 铁路运输企业负责人员

81. 道路运输企业负责人员

82. 城市公共交通管理人员

83. 水上运输企业负责人员

84. 航空运输企业负责人员

85. 装卸搬运企业负责人员

参考文献

[1] 吴超，孙胜，胡鸿.现代安全教育学及其应用 [M].北京：化学工业出版社，2016.

[2] 青岛贤司.安全教育学 [M].成都：成都科技大学出版社，1983.

[3] 胡鸿，吴超，廖可兵，等.安全教育学及其学科体系的研究 [J].安全与环境工程，2014，21 (3)：109-120.

[4] 胡鸿.安全教育学及其方法学研究 [D].长沙：中南大学，2010.

[5] 孙胜.现代安全教育的机理与优化方法及其实践研究 [D].长沙：中南大学，2012.

[6] 胡德海.教育学原理 [M].兰州：甘肃教育出版社，2006.

[7] 靳玉乐，李森.现代教育学 [M].成都：四川教育出版社，2005.

[8] 张春兴.教育心理学 [M].杭州：浙江教育出版社，1998.

[9] 郝文武.教育：主体间的指导学习 [J].教育研究，2002 (3)：23-26.

[10] 王晓辉.师生关系对研究生创新能力的影响研究 [D].武汉：华中师范大学，2010.

[11] 赵秀玲.主体性教育思想与我国大学人才培养模式改革 [D].武汉：华中师范大学，2010.

[12] 王蓬贤.学与教的原理 [M].北京：高等教育出版社，2000.

[13] 徐媛，吴超.安全教育学基础原理及其体系研究 [J].中国安全科学学报，2013，23 (9)：3-8.

[14] Keller J M. Development and use of the ARCS model of instructional design [J]. Journal of instructional development，1987，10 (3)：2-10.

[15] 徐媛.安全教育学基础原理及其应用研究 [D].长沙：中南大学，2015.

[16] 肖远军.教育评价原理及应用 [M].杭州：浙江大学出版社，2004.

[17] 孙绍荣.高等教育方法概论 [M].上海：华东师范大学出版社，2002.

[18] 吴超.安全科学方法学 [M].北京：中国劳动社会保障出版社，2011：397-436.

[19] 张剑平.现代教育技术：理论与应用 [M].2 版.北京：高等教育出版社，2006.

[20] 杜进祥，赵云胜.安全教育室可派上大用场 [J].现代职业安全，2007 (8)：100.

[21] 万明高.现代教育技术理论与方法 [M].北京：北京大学出版社，2007：48-73.

[22] 汪琼.MOOCs与现行高校教学融合模式举例 [J].中国教育信息化，2013 (6)：14-15.

[23] 董喜明.安全生产培训机构培训管理者素质要求初探 [J].中国安全生产科学技术，2009，5 (2)：181-184.

[24] 国务院安全生产委员会.国务院安委会关于进一步加强安全培训工作的决定 [Z].安委〔2012〕10 号.

[25] 国家安全监管总局.安全培训教师培训大纲及考核标准（试行）[Z].安监总厅培训〔2012〕175 号.

[26] 罗云.现代安全管理 [M].北京：化学工业出版社，2010.

[27] 黎艳珍.安全培训效果评估体系研究 [D].长沙：中南大学，2009.

[28] 张莉聪.现代培训理念下的安全培训教学体系研究 [J].华北科技学院学报，2009 (2)：93-96.

[29] 杜进祥.三级安全教育——新工人成长的关键期 [A] //2007 年中国职业安全健康协会年会论文集，2007：266-269.

[30] 邱少贤.关于安全教育学的分析与探讨 [J].中国安全科学学报，1993，3 (2)：38-42.

[31] 易灿南，吴超，胡鸿，等.比较安全教育学研究及应用 [J].中国安全科学学报，2014，24 (1)：3-9.

[32] 栗继祖，王克勤.安全生产培训机构教师培训教材 [M].北京：煤炭工业出版社，2011：77-119.

[33] 王力.安全培训研究 [D].北京：北京交通大学，2007.

[34] 周刚林.安全生产培训体系的完善与创新 [D].北京：首都经济贸易大学，2009.

[35] 王海燕，肖波.提高安全培训效果方法探讨 [J].工业安全与环保，2005 (9)：34-36.

[36] 刘小荣.煤矿企业现代安全教育与培训方法研究 [D].青岛：山东科技大学，2009.

[37] 董正亮，王方宁，郭启明，等.PDCA 循环管理法在安全培训中的应用 [J].工业安全与环保，2007 (10)：36-37.

[38] 隋旭.安全生产培训工作的实践与思考 [A] //2005 年中国职业安全健康协会学术年会论文集，2005：106-108.

[39] 黄新文，戈明亮.基于 PDCA 的安全培训质量控制 [J].安全，2013 (9)：45-47.

［40］于立娜.如何把握安全培训教学活动中的五个环节［J］.科技创业家，2013（7）：175.

［41］李春.安全培训效果影响因素分析［J］.安防科技，2006（11）：51-53.

［42］姜伟.用培训方法建设安全文化的效果评估研究［D］.北京：中国矿业大学，2012.

［43］刘武芝，刘彬，毕静香."564558"安全培训机制的建立与运行［J］.现代企业教育，2012（12）：240-241.

［44］赵鹏飞，聂百胜，张忱.煤矿企业安全培训存在的问题及对策分析［J］.煤矿安全，2013，44（1）：222-224.

［45］刘伟.10大培训技巧［N］.中国保险报，2008-05-15.

［46］余姝兰，王利元，蒋笑天.安全培训管理系统的设计与实现［J］.怀化学院学报，2013，32（5）：57-60.

［47］朱江涛，尹艳，樊文新.安全培训讲究"四化"［J］.劳动保护，2011（8）：48-49.

［48］杨玉中.安全培训教师职业能力培养浅谈［J］.教育教学论坛，2013（2）：25-26.

［49］琚耀庆.七个"五"：一套行之有效的安全培训"宝典"——聚焦宋卫国探索研究的"安全培训法"［N］.山西经济日报，2013-04-10.

［50］隆兴国.企业安全培训应做到"四懂四会"［J］.湖南安全与防灾，2012（9）：40-41.

［51］王伟.浅谈培训机构的培训项目开发［J］.中国培训，2009（3）：9-10.

［52］刘彦.浅谈培训技巧在企业职工培训中的应用［J］.黑龙江科技信息，2010（1）：94.

［53］胡义贵.浅谈企业远程培训项目开发与实施［J］.中国成人教育，2010（8）：118-119.

［54］何卫东.强化安全培训的五个关键环节［J］.华北电业，2013（3）：78-79.

［55］马建军.试论职工培训项目的开发工作［J］.石油教育，2004（1）：71-74.

［56］孟永刚.提高安全培训教师队伍素质及能力的思考与实践［J］.中国培训，2013（9）：53-55.

［57］黄知恩，吴超，李明.基于角色扮演的TTAE安全教育模式研究［J］.中国安全科学学报，2018，28（12）：116-121.

［58］高开欣，吴超，王秉.基于信息传播的安全教育通用模型构建研究［J］.情报杂志，2017，36（12）：132-137.

［59］黄仁东，贺芹平，王秉，等.基于微信平台微学习的安全宣教新模式研究［J］.中国安全生产科学技术，2018，14（9）：78-83.

［60］王秉，吴超.安全文化宣教机理研究［J］.中国安全生产科学技术，2016，12（6）：9-14.

［61］王秉，吴超.安全文化学［M］.2版.北京：化学工业出版社，2020.

［62］王秉，吴超.安全信息素养：图情与安全科学交叉领域的一个重要概念［J］.情报理论与实践，2018，41（7）：35-41.

［63］董世魁，马俊伟，刘世梁，等.大学课程慕课制作与运行［J］.中国大学教学，2019（11）：24-28，87.

［64］陈江.慕课的建设与实施策略［J］.北京广播电视大学学报，2014（1）：33-42.

［65］邱娜.基于微信平台的混合式教学模式应用研究［D］.济南：山东师范大学，2018.

［66］余溢文，虞蓓蓓，赵惠祥.基于微信平台的学术期刊交流平台构建研究［J］.中国科技期刊研究，2014，25（05）：664-666.

［67］缪丽.创业教育对大学生创业行为的影响机理研究［D］.无锡：江南大学，2018.

［68］黄玺，吴超.安全态度的转变过程及方法研究［J］.中国安全科学学报，2018，28（06）：55-60.

［69］伍远岳.知识获得及其标准研究［D］.武汉：华中师范大学，2015.

［70］张东良，周彦良.教育学原理［M］.北京：北京理工大学出版社，2017：66-68.

［71］杨海茹，刘清堂，吴林静，等.大数据时代生理信息分析的教育应用及趋势［J］.现代教育技术，2019，29（6）：34-40.

［72］李永香.马斯洛需要层次理论视阈下大学生思想政治教育激励教育法优化研究［D］.兰州：西北师范大学，2013.

［73］涂涛，李文.新媒体与未来教育［J］.中国电化教育，2015（1）：34-38.

［74］马骁.健康教育学［M］.北京：人民卫生出版社，2004.

［75］郑振佺，王宏.健康教育学［M］.2版.北京：科学出版社，2016.

［76］王秉，吴超，黄浪.一种基于安全信息的安全行为干预新模型：S-IKPB模型［J］.情报杂志，2018，37（12）：140-146.

［77］吴超.安全信息认知通用模型构建及其启示［J］.中国安全生产科学技术，2017，13（3）：5-11.

［78］吴超，王秉.行为安全管理元模型研究［J］.中国安全生产科学技术，2018，14（2）：5-11.

［79］黄浪，吴超，王秉.基于信息认知的个人行为安全机理及其影响因素［J］.情报杂志，2018，37（8）：121-127.